# DAS BLAUE BUCH
## DER FAHRRADTECHNIK

Der Leitfaden für Fahrradschrauber von Park Tool

*von C. Calvin Jones*



4. AUFLAGE

# DAS BLAUE BUCH DER FAHRRADTECHNIK — 4. AUFLAGE

## Der Leitfaden für Fahrradschrauber von Park Tool

Park Tool Company

Titel der englischsprachigen Originalausgabe: Big Blue Book of Bicycle Repair


Das Blaue Buch der Fahrradtechnik wird von Park Tool Company herausgegeben.

**Park Tool Company**
5115 Hadley Ave N
St. Paul, MN 55128
T: +1 (651) 777-6868
F: +1 (651) 777-5559
http://www.parktool.com

Für Korrekturen der deutschsprachigen Version senden Sie bitte eine E-Mail an: info@parktool.com

Aktuelle Informationen zu Produkten und weitergehende Tipps finden Sie auf http://www.parktool.com

Autor: C. Calvin Jones
Lektor: Dan Garceau
Grafikdesigner: Joel King
Deutsche Übersetzung: Jörn Schwalba

Wir danken den Herstellern für die Bereitstellung der in diesem Buch abgebildeten Fahrräder und Komponenten.

### HINWEISE ZUM URHEBERRECHT



### HAFTUNGSAUSSCHLUSS

Die Informationen in diesem Buch sind Stand der Technik zum Zeitpunkt der Drucklegung und wurden zuvor sorgfältig recherchiert. Autor, Übersetzer und Park Tool Company lehnen jegliche Haftung ab für Schäden oder Verletzungen, die Personen oder Sachen direkt oder indirekt bei Anwendung der enthaltenen Anweisungen oder beschriebenen Produkte entstehen.

**Vertrieb Buchhandel D/A/CH:** Delius Klasing & Co. KG, D-33602 Bielefeld, www.delius-klasing.de

**ISBN 978-3-667-11884-4**

Druck und Herstellung in den Vereinigten Staaten von Amerika

Park Tool®

Mit Stolz präsentieren wir das BBB-4, die vierte Ausgabe des „Blauen Buchs der Fahrradtechnik". Erdacht, recherchiert, getestet und geschrieben von Park Tools langjährigem Ausbildungsleiter, Calvin Jones. Dieses Buch, in Verbindung mit unserer wachsenden Sammlung von Reparatur-Videos auf unserem YouTube-Channel, hilft Ihnen, Fahrradtechnik nicht nur besser zu verstehen, sondern bietet Ihnen Schritt-für-Schritt-Anleitungen für die Pflege und Wartung aller Arten von Fahrrädern.

Im Jahr 1956 übernahmen mein Vater Howard und sein Partner Art Engstrom ein kleines Eisenwarengeschäft namens Hazel Park Radio & Bicycle in St. Paul, Minnesota. Da beide gern mit den Händen arbeiteten, schien es die richtige Wahl zu sein. Neben Rasenmähern und Schlittschuhen wurden auch Fahrräder verkauft, mit denen beide bis dahin wenig Erfahrung hatten. Mit steigendem Reparaturaufkommen wurden Howard und Art es leid, um die auf den Kopf gestellten Fahrräder auf dem Boden herum zu rutschen. Mit der Hilfe eines alten Freundes, John Johnson, entwickelten sie ihren ersten Montageständer für Fahrräder. Sie stellten schnell fest, dass es Bedarf für andere Werkzeuge gab, die das Leben einfacher machen konnten. So gründeten Sie ein Unternehmen zur Herstellung von Fahrradwerkzeug. Zunächst produzierten Howard und Art für die Marke Schwinn, dann firmierten sie um von Park Cycle Center Repair Stand Company in Park Tool Company. Damit begann unsere Geschichte.

Heute ist Park Tool Company ein Unternehmen, das über 500 verschiedene Fahrradwerkzeuge produziert und in über 70 Länder der Welt liefert. Gehen Sie in einen beliebigen Fahrradladen in Amerika oder einem anderen Land und Sie werden mit Sicherheit Park Tool Werkzeuge in der Werkstatt und wahrscheinlich auch im Verkaufsraum finden. Unsere Philosophie ist ganz einfach: Baut die besten Fahrradwerkzeuge, damit Mechaniker schneller, smarter und präziser arbeiten können. Wir verbessern und erweitern unsere Produktlinie ständig, um auch weiterhin die Erwartungen von professionellen Werkstatt- und Teammechanikern zu erfüllen, ebenso wie die von Hobbyschraubern zu Hause und unterwegs.

Diese vierte Ausgabe des Blauen Buchs enthält neue Kapitel und Abbildungen sowie Ratschläge und Vorgehensweisen für einige der neuesten Komponenten und Fahrradteile. Daneben finden Sie wieder zahllose bewährte Anleitungen für grundlegende Reparatur- und Pflegearbeiten. Wir wissen, dass Information und Wissen neben gutem Werkzeug am wichtigsten ist. Wenn Sie sich etwas von diesem Wissen aneignen und sich sicher genug fühlen, es anzuwenden, werden Sie sich eine neue Dimension des Fahrrads erschließen. Mit dem grundlegenden Verständnis für das Fahrrad und seine Technik werden Sie häufiger und weiter fahren als vorher. Sie werden verstehen, was ein bestimmtes Fahrrad oder Bauteil besser kann als ein anderes. Sie können Ihr Fahrrad auseinander nehmen und wieder zusammenbauen — nur so zum Spaß. Dieses Handbuch gibt Ihnen den grundlegenden Überblick über Fahrradtechnik. Das BBB-4 ist so aufgebaut, dass es Sie anschaulich durch eine Vielzahl möglicher Reparaturen führt, von Reifenpanne bis Lagertausch, von Kettenwechsel bis Einspeichen und von Laufrad zentrieren bis Steuersatz einpressen. Rennrad oder Mountainbike, Liege- oder Kinderfahrrad, Citybike oder Tandem – welches Rad Sie auch fahren, für jeden Fahrradtyp gibt es genügend Informationen zu Wartung und Reparatur.

Unser Autor, Calvin Jones, ist zweifellos einer der qualifiziertesten Mechaniker und Ausbilder in der Fahrradindustrie weltweit. Mit über 45 Jahren Branchenerfahrung „lebt und atmet Calvin Fahrrad". Hier ist eine kurze Übersicht seiner wichtigsten Qualifikationen:

- Mechaniker des US-Olympiateams
- 15-maliger Leitender Mechaniker des US-Teams bei den MTB-Weltmeisterschaften
- Ausbilder bei Mechanikerlehrgängen im US-Olympiastützpunkt Colorado Springs für über 30 Jahre
- Ausbilder für Fahrradmechaniker im Barnett's Bicycle Institute für 8 Jahre
- Technischer Berater für zahlreiche Hersteller in der Fahrradbranche, Rennteams und Fahrradhändler
- Autor des Blauen Buchs und des Handbuchs „Park Tool School" für Dozenten und Fahrradhändler zur Durchführung von Reparatur-Workshops (Ausgaben 1-4)
- Ausbildungsleiter bei Park Tool seit 1997

Sie werden sicherlich zustimmen, dass Calvin seine Hausaufgaben gemacht hat und ein umfassendes, gut nutzbares Handbuch geschaffen hat. Es wird Ihnen fast alle Fragen zu Reparatur und Wartung am Fahrrad beantworten. Dies ist das Buch, von dem Howard und Art nur träumen konnten. Mit besonderem Dank an Calvin für seinen Einsatz bei diesem Projekt präsentieren wir voller Stolz die vierte Ausgabe vom Blauen Buch der Fahrradtechnik.

Eric Hawkins
Inhaber/President
Park Tool Company

In meinen Jahren der Arbeit an Fahrrädern und der Ausbildung von Menschen über die Arbeit an Fahrrädern habe ich festgestellt, dass Menschen in vielen verschiedenen Formen lernen. Jemand zieht es vor, Bilder von etwas zu sehen und keinen Text zu lesen. Eine andere Person möchte schriftliche Verfahren sorgfältig Schritt für Schritt lesen. Und noch ein anderer kann sich die Grundprinzipien eines Teils erklären lassen und es dann selbst herausfinden. Wenn ich meinen Job beim Schreiben erfüllt habe, wird dieses Buch jedem der verschiedenen Lerntypen etwas bieten.

Wir alle haben unsere Gründe, warum wir ein Fahrrad reparieren, und das kann zumindest teilweise unsere Arbeitsweise bestimmen. Manchmal wird angenommen, dass die Motivation für jede Arbeit darin besteht, die Aufgabe rasch zu erledigen, damit wir so schnell wie möglich wieder aufs Rad steigen können. Allerdings kann die Reparatur selbst oft der Grund dafür sein, dass wir an dem Fahrrad arbeiten. Für viele ist der Bau eines Laufrads ein perfektes Beispiel dafür. Die Wahl der idealen Nabe, der Speichen und der Felge, dann der Prozess des Einspeichens, Spannens und Zentrierens aller Komponenten, um ein robustes und zuverlässiges Rad zu schaffen, kann ein großes Gefühl der Erfüllung vermitteln.

Jede Gelegenheit, etwas zu verbessern, ist eine gute Möglichkeit zu lernen. Versuchen Sie, dies im Hinterkopf zu behalten, auch wenn Sie diesen einen Platten flicken, im Regen, nachts, in der Kälte. Es geht um mehr als nur das Erlernen von Fahrradreparaturen. Versuchen Sie, aus jedem Problem zu lernen, das eine Reparatur erfordert. Undichte Wasserhähne, ein Computerproblem, eine quietschende Tür, alle mechanischen Dinge bieten die Möglichkeit, grundlegende Konzepte von Hebelwirkung, Reibung, Spannung, Materialstärke, Verklebung und – hoffentlich – Logik anzuwenden.

Ein großer Teil jeder Reparatur ist es, zuerst das Vertrauen zu haben, dass Sie es schaffen können. Gewinnen Sie Selbstvertrauen durch einfache Reparaturen und erweitern Sie dann Ihre Fähigkeiten, wenn Ihr Wissen wächst. Deshalb sind die anderen Möglichkeiten wichtig. Diese grundlegenden Konzepte der Technik gelten für das gesamte Engineering, auch für die Fahrradreparatur. Es heißt, dass Fahrradreparatur „keine Raketentechnik" ist, aber eigentlich ist sie es doch.

Es gibt natürlich viele Informationsquellen, und ein Großteil davon befindet sich im Internet. Eine erste Informationsquelle sollten die Webseiten der jeweiligen Hersteller sein. Suchen Sie nach aktuellen Informationen sowie nach aufschlussreichen Explosionszeichnungen von Bauteilen. Obwohl es eine Vielzahl von Internetforen und anderen Online-Quellen gibt, die Erfahrungen anderer Menschen teilen, sollten Sie immer die Qualität der Informationsquelle in Betracht ziehen. Versuchen Sie, alle dort gewonnenen Ratschläge mit Ihrer eigenen Erfahrung und Ihrem gesunden Menschenverstand zu bestätigen.

Ich hoffe, Sie finden in jedem Kapitel nützliche Informationen, aber Kapitel 1 – Basiswissen Fahrradtechnik, legt wirklich den Grundstein für den Rest des Buches. Kein Buch kann Ihnen alle Lösungen und Maßnahmen liefern, die Sie für jede mögliche Reparatur an jedem Modell und Baujahr des Fahrrads benötigen könnten. In einigen Fällen müssen Sie die Prinzipien des Engineerings anwenden, um Ihre eigene Lösung zu finden.

Vielen Dank, dass Sie dieses Buch lesen. Denken Sie daran, Spaß zu haben und die Arbeit zu genießen. Es sollte alles interessant und eine Chance zum Lernen sein, von der Entstehung des anfänglichen Problems beim Fahren, über Ihre Diagnose, die Reparaturarbeit und abschließend natürlich die Probefahrt. Der Spaß endet nie.

*C. Calvin Jones*
Park Tool Company

KAPITEL 1

# BASISWISSEN FAHRRADWARTUNG

Dieses Kapitel behandelt grundlegende Zusammenhänge von Mechanik und Werkzeug, die für die Fahrradwartung wichtig sind. Unabhängig von Ihrer aktuellen (Un-) Erfahrung gibt es ein paar beachtenswerte Punkte bei der Arbeit am Fahrrad, die gelernt und verstanden werden sollten. Ob Routinewartung, Reparatur, Montage oder Problemsuche – die Grundlagen sind immer dieselben.

## SCHRAUBVERBINDUNGEN, VORSPANNUNG & DREHMOMENT

Viele Komponenten werden durch Schraubverbindungen am Fahrrad befestigt. Der Fahrradrahmen selbst kann als „Mutter" oder Innengewinde für manche Komponenten dienen, wie z. B. für Innenlagerschalen. Das Grundlagenwissen darüber ist wichtige Voraussetzung für die sachgemäße Fahrradwartung. Verbindungen dieser Art sind zum Beispiel Muttern, Schrauben und mit Gewinden ausgestattete Fahrradteile. Diese Verbindungen werden montiert, justiert und im Laufe der Zeit ersetzt und bestehen grundsätzlich aus zwei Teilen: Eines ist das externe Gewinde, beispielsweise Schraube oder Bolzen, das andere bildet das innere Gewinde, zum Beispiel eine Mutter.

Es gibt je nach Einsatzzweck unterschiedliche Gewindeabmessungen. Größe und Bezeichnung werden über Durchmesser und Steigung bestimmt (Abbildung 1.1). Der Gewindedurchmesser wird nominell als Außendurchmesser (AD) an den Außenkanten des Gewindes gemessen. Jedoch ist bei akkurater Messung die tatsächliche Größe etwas geringer als die übliche Größenbezeichnung. Zum Beispiel misst ein 9/16" Pedalgewinde tatsächlich 0,551" anstelle von 0,5625" in dezimaler Schreibweise. Trotzdem wird es als 9/16" klassifiziert.

ABB. 1.1

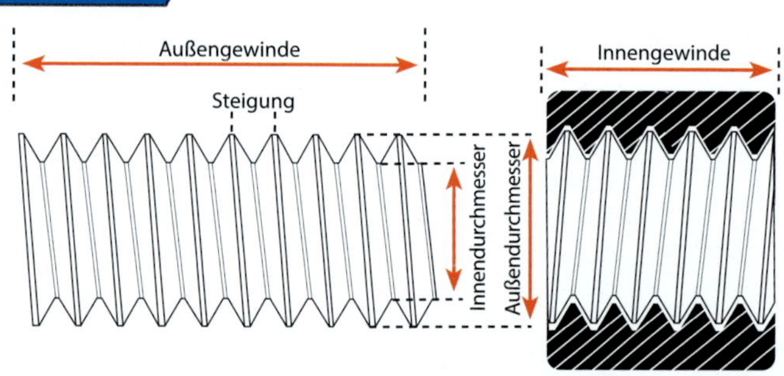


Bestandteile einer Schraubverbindung

Metrische Gewinde werden in Millimetern angegeben, mit einem „M" davor. Ein M6-Gewinde misst zum Beispiel zwischen 5,8 und 5,9 mm. Es gibt also sowohl bei zolligen als auch metrischen Gewinden leichte Toleranzen. Die Steigung ist der Abstand zwischen den Scheitelpunkten benachbarter Gewindegänge über die Gewindelänge gemessen. Der Gewindedurchmesser lässt sich mit einem Messschieber ermitteln, die Steigung mit einer Gewindelehre.

Das sogenannte „Englische" oder „SAE"- (Society of Automotive Engineers) Gewinde wird durch die Anzahl der Gewindeumdrehungen per Zoll (Inch) kategorisiert. Als Maßeinheit wird „Threads per Inch" – abgekürzt „tpi" – verwendet. Zum Beispiel 9/16" x 20 tpi beim Pedalgewinde. Bei metrischen Gewinden wird dagegen die direkte Steigung zwischen zwei benachbarten Gewindegängen auf der Gewindeachse in Millimetern angegeben, zum Beispiel M10 x 1,0 mm beim Schaltauge. Das ebenso existierende Gewindemaß M10 x 1,25 mm ist damit nicht kompatibel.

Gewindeverbindungen werden durch Vorwärtsdrehen fixiert. Die meisten Gewinde – aber nicht alle – schließen im Uhrzeigersinn. Sie werden als „Rechtsgewinde" bezeichnet. Einige Verbindungen am Fahrrad werden durch Drehen gegen den Uhrzeigersinn, also als „Linksgewinde" befestigt. Alle Gewinde verfügen über eine leichte Winkelung. Halten Sie zum Beispiel eine Schraube aufrecht, so scheint das Gewinde in seine Fixierrichtung zu steigen. Rechtsgewinde steigen nach rechts, Linksgewinde dagegen nach links oben (Abbildung 1.2).

ABB. 1.2

Linkes Pedal mit Linksgewinde, rechtes mit Rechtsgewinde. Die Gewindegänge steigen jeweils in ihre Fixierrichtung an.

Wenn eine Schraubverbindung fixiert wird, so setzt dies alle betroffenen Bauteile inklusive Gewinde unter Druck. Dieser sorgt für den sicheren Halt der Verbindung. (Abb. 1.3) und wird als „Vorspannkraft" bezeichnet. Für jede Schraubverbindung gilt eine vorgeschriebene Vorspannkraft. Wird sie überschritten, werden Gewinde oder Komponenten beschädigt. Bei zu geringer Vorspannung kann sich die Verschraubung immer weiter lockern, was ebenfalls zur Beschädigung der betroffenen Bauteile führen kann. So wird beim Fahren mit einer lockeren Kurbelschraube auf Dauer die Tretkurbel ausschlagen. Lockere Schrauben oder Muttern sind häufig Ursache für Quietschgeräusche am Fahrrad, da die betroffenen Komponenten unter Belastung Spiel bekommen und aneinander reiben.

Denken Sie an die Behandlung der Gewinde vor dem Verschrauben. Normalerweise werden Gewinde geschmiert.

ABB. 1.3

Die korrekt vorgespannte Kurbelschraube presst den Kurbelarm auf die Tretlagerwelle

Ungeschmierte Gewinde neigen zu minimalem Spiel, Innen- und Außengewinde reiben und schrammen aneinander. Dies kann den falschen Eindruck einer sicheren Verbindung erwecken, tatsächlich fehlt jedoch die erforderliche Vorspannung. Ein geschmiertes Gewinde sorgt dagegen für eine sichere, gespannte Verbindung, die in der Regel bis zur Demontage hält. Außerdem wirkt Schmierung korrosionsverhindernd. Faustregel: Flüssiges Schmiermittel bei dünnen Schrauben mit feinem Gewinde (z. B. Zugklemmschraube), Montage- oder Lagerfett bei größeren Gewinden (z. B. Pedalachsen). Weitere Anhaltspunkte finden Sie im folgenden Abschnitt „Schmieren, Sichern & Säubern".

Es gibt Ausnahmen von dieser Schmier-Regel: Zum Beispiel für Schrauben oder Muttern mit sogenannter „Nylock"-Schraubensicherung. Der Kunststoffeinsatz im Gewinde verhindert das unkontrollierte Verdrehen von Schraube oder Mutter. Man findet sie unter anderem bei Justierschrauben, wo kaum oder kein Drehmoment an der Schraubverbindung anliegt, wie bei den Begrenzungsschrauben an Schaltwerk und Umwerfer. Auch Schraubverbindungen mit bereits vorhandenem Schraubenkleber dürfen nicht geschmiert werden.

Beim Zusammenfügen der beiden Gewindekomponenten ist unbedingt auf die korrekte Passung zu achten. Kritisch sind vor allem die ersten Gewindegänge, denn wenn diese durch falsches Verschrauben beschädigt werden, kann möglicherweise das gesamte Bauteil nicht mehr richtig installiert werden. Beachten Sie die jeweilige Mittelachse von Innen- und Außengewinde und drehen Sie die Bauteile immer lotrecht dazu. Ein Trick mit einem schwierigen Gewinde umzugehen, ist das bewusste Drehen gegen die Gewinderichtung zur Identifizierung des Gewindeendes. Man spürt ein Klicken oder leichtes Rucken am Bauteil, welches das Gewindeende signalisiert. Drehen Sie von dort ausgehend in die einschraubende Richtung.

Grundsätzlich gilt, dass Schraubverbindungen nur mit der Kraft fixiert werden dürfen, die das jeweils schwächste Bauteil vorgibt. Kurbelschrauben zum Beispiel sind groß und können ein sehr hohes Drehmoment vertragen. Die mit ihnen zu befestigenden Kurbeln sind üblicherweise aus Aluminium oder Carbonfaser und vertragen bei weitem nicht den Druck, den Kurbelschrauben aushalten können. Demnach limitiert die Kurbel als schwächstes Bauteil des Systems das maximal zulässige Drehmoment für diese Verbindung.

Um die korrekte Vorspannkraft für die jeweiligen Schraubverbindungen zu gewährleisten, geben viele Hersteller spezifische Drehmomentwerte an, die man am sichersten mit einem speziellen Drehmomentschlüssel erreicht. (Abbildung 1.4). Dieses Werkzeug ist ein Messinstrument wie Zollstock oder Bandmaß.

Per Drehmomentschlüssel wird die Kraft gemessen, die zum Fixieren einer Schraube oder Mutter benötigt wird. Ein solcher Schlüssel sollte in keiner Fahrradwerkstatt fehlen, in der Profi-Werkstatt ist er aus Produkthaftungsgründen obligatorisch.

Drehmoment wird in den Maßeinheiten Newtonmeter (Nm), Inch-pound (in-lb) oder Foot-pound (ft-lb) angegeben. (1 lb = 0,454 kg). Es bezieht sich auf die Kraft am Ende eines Hebels. 60 in-lbs beispielsweise entsprechen der Kraft von 60 lbs am Ende eines 1" langen Schraubenschlüssels. Ist der Schlüssel 2" lang, so sind nur 30 lbs für dasselbe Anzugsdrehmoment auf die Schraube erforderlich. Würde man die Kraft aus 12" Entfernung einleiten, wären nur 5 lbs nötig.

ABB. 1.4

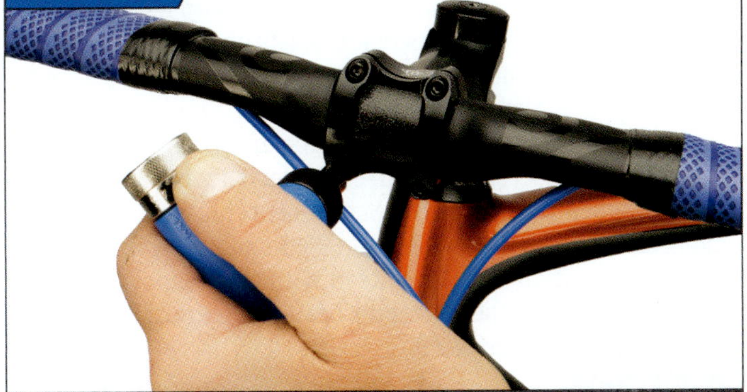

Sichern der Lenkerschrauben mit einem Drehmomentbegrenzer

In der Fahrradindustrie werden diese Maßeinheiten parallel verwendet. Zur Umrechnung von in-lb in ft-lb teilen Sie den in-lb Wert durch 12. 60 in-lbs. entsprechen zum Beispiel 5 ft-lbs. Umgekehrt multiplizieren Sie ft-lb mit 12. 3 ft-lbs sind gleich 36 in-lbs. Zur Umrechnung von in-lb in Newtonmeter werden die in-lbs durch den Faktor 8,85 geteilt. In diesem Buch werden Drehmomentwerte in in-lb (ergänzt um Newtonmeter in Klammern) angegeben. Eine Liste mit empfohlenen Drehmomentwerten finden Sie in Anhang C. Beachten Sie im Zweifel die vom jeweiligen Hersteller vorgegebenen Werte, sofern verfügbar.

Mit entsprechender Erfahrung kann man ein gewisses Gefühl für das erforderliche Anzugsdrehmoment erlernen. Um einen Eindruck von angemessenen Anzugsdrehmomenten zu bekommen, kann man testweise einige Schrauben überdrehen bzw. zu lose Verbindungen simulieren. „Drehmoment nach Gefühl" beruht auf dem wahrgenommenen Krafteinsatz. Diese Wahrnehmung ist höchst subjektiv und verändert sich mit der Länge des eingesetzten Werkzeugs ebenso wie mit der Handhaltung am Werkzeug. Stellen Sie sich vor, Sie heben ein Sechserpack 0,33 l-Getränkeflaschen hoch. Das Sechserpack wiegt rund 5 lbs (2,25 kg). Wenn diese Kraft mit einem Schraubenschlüssel von 6" (ca. 15 cm) Länge auf eine Schraube gegeben wird, erhält man ein Anzugsdrehmoment von rund 30 in-lbs (3,4 Nm) – so viel, wie man für die Kabelklemmschraube an einem Schaltwerk benötigt. Jetzt stellen Sie sich vor, mit einer Hand eine Kiste mit 24 0,33l-Flaschen anzuheben. Das Gewicht beträgt nun rund 20 lbs (ca. 9 kg). Dieses Gewicht an dem 6"-Schraubenschlüssel entspricht einem Anzugsdrehmoment von 120 in-lbs (13,6 Nm) – geeignet, um Kontermuttern an Laufradnaben zu fixieren und der Minimumwert für Pedalachsen. Kurbelarme benötigen mit etwa 300 – 400 in-lbs (35 – 45 Nm) eines der höchsten Anzugsdrehmomente am Fahrrad. Dies entspricht einer Kraft von mindestens 50 lbs (22,5 kg) am 6"-Schraubenschlüssel.

Auch wenn Sie keinen Drehmomentschlüssel benutzen, ist der Einsatz von Drehmomentwerten als Richtschnur für den „wahrgenommenen Krafteinsatz" sinnvoll. Um die einzusetzende Kraft zu bestimmen, teilen Sie den in-lb-Drehmomentwert durch die Entfernung Ihrer Handmitte von der Schraube in Zoll. Beim folgenden Beispiel wird ein Anzugsdrehmoment von 300 in-lbs (34 Nm) zur korrekten Fixierung des Laufrads im Hinterbau benötigt. Die Handmitte mit dem Schraubenschlüssel ist etwa 6" (15 cm) von der Mutter entfernt. Der erforderliche Krafteinsatz beträgt so rund 50 lbs (23 kg) (Abb. 1.5). Manchmal kann kein

Drehmomentschlüssel benutzt werden. Dann ist es wichtig, ein Gefühl für den angemessenen Krafteinsatz zu haben. Die Verwendung eines Drehmomentschlüssels und die gleichzeitig bewusste Wahrnehmung der eingesetzten Handkraft kann den Lernprozess beschleunigen.

Es ist hilfreich, das Prinzip der optimalen Hebelwirkung zu kennen, insbesondere wenn man es mit festsitzenden Muttern oder Schrauben zu tun hat. Der Schraubenschlüssel wirkt als Hebel auf die Schraube oder Mutter. Wenn man zwei Schlüssel benötigt, sollte man diese im spitzen Winkel wie ein „V" zueinander positionieren. Dies bietet die beste Hebelkraft. Vermeiden Sie einen Winkel größer als 90°.

ABB. 1.5

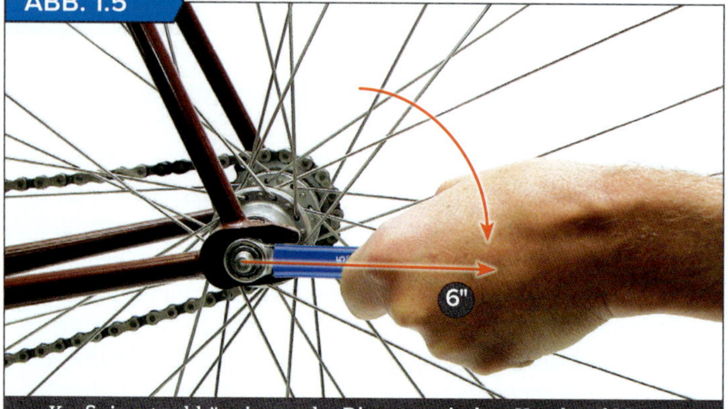


Krafteinsatz abhängig von der Distanz zwischen Hand und Mutter

Achten Sie bei Verwendung nur eines Schlüssels auf den möglichen zweiten Hebel. Dies kann die gegenüberliegende Pedalkurbel oder ein Rahmenrohr sein. (Abb. 1.6 und 1.7).

ABB. 1.6

Ungünstige Hebelwirkung

ABB. 1.7

Optimale Hebelwirkung

## SCHMIEREN, SICHERN & SÄUBERN

Fahrräder benötigen je nach Bauteil und Einsatzzweck unterschiedliche Schmiermittel. Diese variieren in Wirkungsweise, Zusammensetzung und Vertriebsform.

Die Hauptaufgaben von Schmiermittel sind die Vermeidung von Reibung sowie die Verhinderung von Korrosion und Rostansatz. Verbrennungsmotoren setzen ihr Motoröl unter Druck zur optimalen Schmierung von Dichtungen und Ventilen. Automotoren beispielsweise verfügen über ein eigenes Pumpsystem zur Kontrolle des Öldrucks und die damit verbundene optimale Schmierung. Diesen Luxus können sich Radler nicht leisten. Bei Fahrrädern gilt das einfache Prinzip der „Haftschmierung": Ein dünner Schmierfilm ist der einzige Schutz vor Metallabrieb an beweglichen Teilen wie Lager oder Kette.

Ein gutes Schmiermittel haftet an dem zu schmierenden Bauteil, zieht damit aber meist auch Schmutz und Staub an. Wasser wäscht viele Schmiermittel aus, die sogenannten „Nass-Schmiermittel" sind wasserresistenter, durch ihre klebrigere Konsistenz aber noch staubanziehender. Am Besten lagern Sie eine Auswahl verschiedener Schmiermittel. Dünnflüssiges, kriechfähiges Schmiermittel dringt auch in die kleinsten Winkel, wie Schaltwerkgelenke oder Bowdenzughüllen. Park Tool CL-1 Synthetisches Kettenöl oder Triflow® sind gute Beispiele. Dickflüssigere Schmiermittel halten besser unter nassen Bedingungen und sind optimal für Kettenschmierung bei Regen oder das Innenleben einer Freilaufnabe. Gute Beispiele sind Phil Wood™ Tenacious Oil™ oder Finish Line™ Cross Country™ Kettenöl.

Schmierfett ist vereinfacht betrachtet eine Mixtur aus Öl und Verdickungsmittel wie Seife oder Kunststoff. Durch das Verdickungsmittel fließt das Öl nicht weg, sondern verbleibt an dem zu schmierenden Teil. Wenn Schmierfett aus dem Lager gedrückt wird, ist die Schmierung nicht mehr gewährleistet. Schmierfett sollte spätestens dann erneuert werden, wenn es durch Staub oder Schmutz verunreinigt worden oder das enthaltene Öl so gealtert ist, dass es seine Schmiereigenschaften verloren hat. Wasser kann Schmierfett auswaschen. Insbesondere das Innenlager als tief liegende Komponente des Fahrrads ist besonders empfänglich für dieses Problem.

Um den Zustand des Schmierfetts festzustellen, müssen meist Nabe oder Lager zum Nachsehen auseinander genommen werden. Macht ein Lager Geräusche, ist der Schaden aufgrund fehlender Schmierung bereits entstanden. Als Faustregel sollte man Schmierfett einmal jährlich erneuern. Wird das Fahrrad täglich gefahren oder bei Rennen eingesetzt, ist der Austausch zwei- bis dreimal im Jahr empfehlenswert.

Schmierfett wird meist in Tuben oder Dosen angeboten. Bei Verwendung von Dosen sollten Sie immer den Deckel sorgfältig verschließen, damit das Fett nicht verunreinigt wird. Flüssige Schmiermittel sind mit und ohne Treibgas erhältlich. Die Flaschen ohne Treibgas ermöglichen mit ihren Dosierspitzen punktgenaues Schmieren. Bei Schmiermitteln mit Treibgas kommt es dagegen leicht zum Überdosieren der Schmierung, sie können aber beim Abspülen von Schmutz helfen. Nach Regenfahrten, Wasserdurchfahrten oder Reinigung mit Wasser und Seife sollten alle beweglichen Teile des Fahrrads mit einem flüssigen Schmiermittel behandelt werden. Geben Sie jedoch niemals flüssiges Schmiermittel in gefettete Lager wie Naben, Steuersatz oder Innenlager.

Eine weitere Möglichkeit zur Vorbereitung von Gewinden und einigen Einpress- bzw. Klemmverbindungen ist spezielles Montagefett. Dieses sorgt für eine zähe und dauerhafte Schutzschicht auf den behandelten Oberflächen. Montagefett wird meist aus Erdmetallen wie Aluminium oder Kupfer kombiniert mit Schmiermittel produziert. Diese Spezialfette sind nicht für bewegliche Lageroberflächen wie Naben- oder Steuerlager geeignet. Montagefett wie das ASC-1 von Park Tool ist deutlich wasserresistenter als herkömmliches Schmierfett und gewährleistet langfristige Anwendungszyklen, z. B. bei Montage von geschraubten Innenlagern oder PressFit-Anwendungen.

Schraubenkleber und Haftmittel sind spezielle Flüssigklebstoffe für Schraub- und Einpressverbindungen. Herkömmliche Schraubenkleber funktionieren „anaerob": Sie trocknen unabhängig von Luft, härten und dehnen sich aus, wenn sie in der Schraubverbindung eingeschlossen sind und fixieren so die Schraubverbindung. Dennoch können diese Produkte kein Ersatz für exakte Anzugsdrehmomente sein. Die meisten Schraubenkleber sind ausschließlich für Metall geeignet. Ohne die Verwendung eines geeigneten Primers werden Kunststoffe durch sie normalerweise geschwächt und brüchig.

Leichte oder mittelfeste Schraubenkleber lassen sich ohne besonderen Aufwand lösen. Ein Beispielprodukt ist die mittelfeste Schraubensicherung TLR-1 von Park Tool. Hochfeste Produkte benötigen dagegen zusätzliche Maßnahmen, wie zum Beispiel den Einsatz von Heißluftpistole oder Föhn. Manchmal kann schon Eintauchen in heißes Wasser die Sicherung aufweichen.

Haftmittel wie die PressFit Montagesicherung RC-1 von Park Tool dienen der Optimierung von Einpressverbindungen. Am Fahrrad betrifft das zum Beispiel Patronen- oder Steuerlager. Haftmittel verfügen über eine höhere Viskosität als Schraubenkleber. Bei den meisten Haftmitteln ist zusätzlicher Aufwand beim Ausbau nötig, wie erhöhter Krafteinsatz oder Erwärmung.

Herkömmliche Haftmittel stoßen bei Carbon und Kunststoff an ihre Grenzen. Für die Montage eines PressFit-Innenlagers PF30 benötigen Sie daher zusätzlich den vom jeweiligen Haftmittelhersteller angebotenen flüssigen Primer. Damit können sich die Haftmittel aushärten und ausdehnen. Ohne Primer würde das Haftmittel flüssig und wirkungslos bleiben.

Ein weiteres speziell für Carbonrahmen geeignetes Mittel ist sogenannte Montagepaste, wie z. B. SAC-2 SuperGrip von Park Tool. Diese besteht meist aus einer mit (sandähnlichen) Silikaten angereicherten Flüssigkeit oder Paste. Verwechseln Sie sie keinesfalls mit Schmier- oder Montagefett: Diese Paste hat keine Schmierwirkung und darf nie dafür eingesetzt werden! Sie sorgt im Gegenteil für zusätzliche Reibung an der Einsatzstelle. Sinnvoll z. B. für Sitzrohre aus Carbon, bei denen es manchmal schwierig ist, die Sattelstütze oder den Umwerfer sicher zu fixieren. Das körnige Material schädigt zwar nicht die Struktur der Carbonfasern, oberflächliche Schrammen sind aber möglich.

Für die Reinigung von Komponenten, insbesondere der Kette benötigen Sie spezielle Reinigungsmittel. Verwenden Sie dafür niemals hochentzündliche Substanzen wie Benzin, Kerosin oder Diesel. Es gibt sichere und effektivere Mittel, wie beispielsweise den Bio ChainBrite™ Entfetter CB-4 von Park Tool.

Diese sind über längere Zeit mehrfach verwendbar. Sammeln Sie die benutzte Reinigungsflüssigkeit dazu über einige Tage in einem verschließbaren Behälter. In dieser Zeit sinken Schmutz und Abrieb auf den Behälterboden. Gießen Sie die Reinigungsflüssigkeit vorsichtig durch ein Sieb in einen anderen Behälter und verwenden Sie sie erneut. Entsorgen Sie Rückstände und verschmutztes Reinigungsmittel bei Ihrer örtlichen Sammelstelle für Sondermüll.

Zur Reinigung des Rahmenlacks sind sanfte Fensterreiniger oder einfach Seife und Wasser geeignet. Isopropylalkohol ist zum Säubern der Felgenflanken von Bremsenabrieb optimal. Für Bremsflächen gilt grundsätzlich, dass nach der Reinigung kein Öl- oder Wachsfilm zurückbleiben darf.

## LAGERTYPEN

Lager am Fahrrad ermöglichen Bewegung oder Rotation von Komponenten. Das können Gleit-, Nadel- oder Kugellager sein. Beim Gleitlager bewegen sich die Bauteile ineinander direkt auf den Oberflächen. Ein Beispiel ist eine Pedalachse, die direkt auf der Hülse des Pedals ohne Nadel- oder Kugellager dreht.

Beim Fahrrad werden meist Kugellager verwendet, in denen runde Stahlkugeln zwischen zwei Lagerflächen, den sogenannten Lagerschalen laufen. Es gibt zwei grundlegende Typen von Kugellagern: Patronen- und Konuslager. Keiner der beiden Lagertypen ist grundsätzlich besser als der andere. Denn Konuslager können leicht überholt, neu geschmiert und justiert werden. Patronenlager sind dagegen zwar praktisch wartungsfrei, können aber nicht justiert und nur als Ganzes ausgetauscht werden.

Lagerschalen werden im Schleifverfahren hergestellt. Selbst bei hochwertigsten Schalen findet man daher leichte Schleifspuren. Je höher die Qualität, desto glatter die Oberfläche der Lagerschale und geringer der Reibungswiderstand. Eine gewisse Reibung lässt sich jedoch bei jedem Lager feststellen. Ein Lager ist umso leichtgängiger, je weniger Druck es aushalten muss. Lager, die starken Belastungen ausgesetzt werden, zeigen auch bei korrekter Einstellung einen wesentlich höheren Drehwiderstand. Zum Beispiel ist das Lager eines Schaltungsrädchens am Schaltwerk mit geringer Belastung deutlich leichtgängiger als ein Innenlager, dass für wesentlich stärkere Kräfte ausgelegt ist.

Kugeln und Lagerschalen werden gegen Verschleiß gefettet. Abdeckkappen und Dichtungen schützen die Lager vor Schmutz und Nässe, deren Eindringen Korrosion und Verschleiß der Lager deutlich steigert.

ABB. 1.8

Schnittmodell eines Industrielagers

Patronenlager verfügen über sogenannte „Industrielager". Die Kugeln sind bei diesem Lagertyp in einem geschlossenen Käfig zwischen zwei beweglichen Ringen untergebracht (Abbildung 1.8). Im Normalzustand darf kein Spiel zwischen Innen- und

Außenring bestehen. Dieser Lagertyp kann sich beim Rotieren leicht rau anfühlen.

Bei auftretendem Verschleiß ist normalerweise das gesamte Lager auszutauschen. Wenn jedoch Achse oder Welle problemlos ausgebaut werden können, lässt sich häufig die Dichtung von der Innenseite des Lagers abheben. Anschließend kann das Lagerinnere mit Entfetter gereinigt, trockengeblasen und nachgeschmiert werden. Zum Schluss wird die Dichtung wieder aufgesetzt und festgedrückt. Wenn Achse/Welle nicht einfach entfernt werden können, wird beim Versuch der Demontage die Lagerdichtung mit hoher Wahrscheinlichkeit beschädigt.

## DIAGNOSE & LÖSUNG MECHANISCHER PROBLEME

Mit wachsender Erfahrung in der Fahrradtechnik wird selbst die Diagnose spezifischer Probleme leichter. Achten Sie zunächst einfach bei jeder Fahrt mit Ihrem Rad darauf, wie es sich anhört und anfühlt, wenn alles gut funktioniert.

Wenn Sie die Namen der wichtigsten Bauteile am Fahrrad kennen, fallen Diagnose und Klärung technischer Fragen wesentlich leichter. Machen Sie sich vertraut mit dem, was Fahrradprofis als Komponenten bezeichnen und Sie werden sich besser in der Thematik zurechtfinden. In Anhang E werden die gebräuchlichsten Fahrradkomponenten grafisch zugeordnet. Außerdem bietet Anhang B als Glossar weitere grundlegende Informationen zu fahrradspezifischen Begriffen.

Die „Satteldiagnose" während der Fahrt ist hilfreich für die spätere Reparatur. Zum Beispiel taucht ein ungewöhnliches Geräusch bei jeder Pedalumdrehung auf. Das deutet auf ein Problem im Bereich des Tretlagers hin – also bei Pedal, Kurbel, Innenlager oder Kettenblättern. Ein Geräusch, das einmal in der Sekunde oder bei jeder dritten Pedalumdrehung auftaucht, kann auf die Kette hindeuten, wie ein steifes Kettenglied, welches das Schaltwerk passiert. Fragen Sie sich auch, ob das Geräusch nur beim Pedalieren auftritt oder auch beim reinen Dahinrollen. Beobachten Sie, ob das Geräusch nur unter Last wie Bergauffahren oder beim Überfahren einer Bodenwelle auftritt.

Zusammen mit einem technisch interessierten Freund kann man mögliche Probleme noch besser analysieren. So kann einer das fragliche Bauteil belasten, während der andere das Quietschen erlauscht und erfühlt. Geräusche lassen sich durch die Resonanzwirkung von Rahmen und Teilen wirklich erfühlen. Oder man fährt zu zweit los und der Beobachter diagnostiziert das betreffende Rad von allen Seiten. Vorsicht vor Kollisionen miteinander oder Hindernissen unterwegs!

Am Ende der Kapitel gibt es Tabellen zum „Troubleshooting", also Fehlersuche und Problemlösung. Die erste Spalte listet häufige „Symptome" auf. In der nächsten sind mögliche Ursachen aufgeführt. Die letzte Spalte zeigt passende Lösungsvorschläge. Während diese Tabellen bei der Fehlerbehebung hilfreich sind, ist es wenig sinnvoll diese sofort aufzuschlagen ohne das im Kapitel zuvor behandelte Grundwissen über den jeweiligen Bereich des Fahrrads zu kennen. Dies führt fast automatisch zu unbefriedigenden Ergebnissen. Außerdem kann keine dieser Tabellen alle Probleme umfassend abdecken. Sie werden sich in das jeweilige Thema hinein denken müssen, die grundlegenden mechanischen Zusammenhänge beobachten und dann passende Schritte vollziehen. Das ist der genussvolle Teil der Reparatur.

## WERKZEUGAUSWAHL

Mit dem richtigen Werkzeug wird die Arbeit leichter. Fürs Fahrrad benötigt man neben den üblichen Werkzeugen aus der normalen Werkzeugkiste Spezialwerkzeuge, die ausschließlich für Fahrräder verwendbar sind. Bezugsquellen gibt es reichlich, wie Fahrradgeschäfte, Online-Shops, Baumärkte oder spezielle Werkzeuganbieter. In einigen Orten gibt es sogar Selbsthilfewerkstätten, wo man sich Werkzeug und Montageständer stundenweise mieten kann.

Man kann sich Werkzeug erst bei aktuellem Bedarf anschaffen. Dies ist zwar kostengünstig, aber zeitintensiv. Wenn ein Bauteil kaputtgeht und das notwendige Werkzeug fehlt, müssen Sie dieses erst beschaffen. So dauert es länger, bis das Fahrrad wieder einsetzbar ist. Die erforderlichen Werkzeuge schon vor dem akuten Bedarf zu besorgen, bindet zwar Mittel, sie sind aber bei Bedarf sofort griffbereit. Weitere Anschaffungskriterien hängen von den vorhandenen Fahrradkomponenten, den geplanten Arbeiten und Ihren wahrscheinlich wachsenden technischen Fähigkeiten und Interessen ab.

Qualitätsunterschiede bei Werkzeug machen sich unter anderem in Oberflächenbehandlung, Handlichkeit, Material und Maßhaltigkeit bemerkbar. Die Oberflächenbehandlung beeinflusst Aussehen und Korrosionsbeständigkeit des Werkzeugs. Es muss gut in der Hand liegen und sollte einfach zu bedienen sein. Das verwendete Material ist ursächlich für die Haltbarkeit. Qualitätswerkzeugstahl hält länger als weichere Stahllegierungen. Werkzeuge müssen maßhaltig sein, damit sie optimal für die zu bearbeitenden Teile passen. Bedenken Sie aber, dass manchmal Hersteller von Fahrradkomponenten die Möglichkeiten von Werkzeugherstellern beschränken. Wenn zum Beispiel ein Bauteil nicht zu Ende entwickelt wurde und nur ein schickes Design im Vordergrund stand, kann dafür schlimmstenfalls kein vernünftig passendes Werkzeug entworfen werden.

Ring- oder Maulschlüssel fassen die Außenkanten einer Schraube oder Mutter. Wählen Sie den kleinsten passenden Schlüssel für die jeweilige Schraube/Mutter. Dies gilt auch für Speichenschlüssel. Wenn zwei unterschiedliche Schlüsselgrößen passen können, wird der kleinere das Teil besser fassen.

Innensechskant-, Innensechsrundschlüssel und Schraubendreher (Phillips®, Kreuzschlitz und Schlitz) fassen in die Innenseiten eines Schraubenkopfs. Die richtige Größe ist hier die größtmögliche. Wenn unterschiedlich große Schraubendreher passen, wählen Sie immer den größeren.

Eine Werkzeugliste für eine üppig ausgestattete Heimwerkstatt findet sich in Anhang A. Diese Übersicht verzichtet nur auf Profi-Werkzeuge wie zum Beispiel die zur Rahmenbearbeitung.

Für alle Mechaniker – ob zu Hause oder in der Fachwerkstatt – gilt der Grundsatz, dass Werkzeuge zu jeder Zeit auf die richtige Weise benutzt werden. Schlüssel müssen vollständig auf Schraube oder Mutter sitzen und mit der richtigen Hebelwirkung eingesetzt werden. Bei Benutzung einer Feile oder Metallsäge übt man in der Vorwärtsbewegung Druck aus, nicht beim Zurückziehen. Diese Grundsätze mögen offensichtlich erscheinen, aber ihre Beachtung macht den guten Mechaniker aus.

## WERKZEUGBENUTZUNG

Grundlage für die Arbeit am Fahrrad oder jedem anderen mechanischen Objekt ist das Wissen um die richtige Benutzung der jeweiligen Werkzeuge. Obwohl Werkzeuge in gewisser Weise die Verlängerung unserer Hände sind, lässt sich ihr korrekter Gebrauch nicht immer intuitiv erfassen. Erst recht, wenn Sie jemand anders anleiten, ist es sinnvoll mit einer kurzen Einweisung zu beginnen.

Schraubenschlüssel sind Hebelwerkzeuge mit Aufnahmen für Schrauben und Muttern an den Enden. Wählen Sie jeweils die kleinste passende Schlüsselgröße. Metrische Größen variieren nur um 1 mm und ein größerer Schlüssel fasst immer noch etwas auf einem zu kleinen Teil. Ein 14 mm Schlüssel greift einige Kanten einer 13 mm Mutter. Aber sowohl Werkzeug als auch Bauteil können durch Verwendung der falschen Größe beschädigt werden.

Wichtig ist die Angewohnheit, den Schlüssel korrekt mit dem Bauteil zu verbinden, um eine perfekte Passung zu erreichen. Achten Sie immer darauf, dass der Schlüssel vollständig auf dem Teil sitzt, bevor Sie Kraft ausüben. Bei Innensechskantschlüsseln muss die Spitze immer satt in der Aufnahme sitzen. (Abbildung 1.9)

ABB. 1.9

Falscher Werkzeugsitz ruiniert Schraube und Schlüssel

Achten Sie bei Schraubendrehern darauf, dass der Werkzeugschaft in einer Linie mit dem Gewinde liegt (Abb. 1.10).

ABB. 1.10

Schlechte Ausrichtung des Werkzeugs auf die Schraube

Sorgen Sie immer für eine optimale Arbeitsposition, besonders wenn Sie mit höherem Drehmoment agieren müssen. Mit erhobenen Armen haben Sie weniger Kraft zur Verfügung als wenn Sie die Tätigkeit direkt vor sich ausüben. Genau so ist es, wenn Sie das Fahrrad drehen, um eine sonst schlecht zugängliche Stelle besser sehen oder erreichen zu können. Hier spielt der Montageständer eine seiner Stärken voll aus.

## MONTAGESTÄNDER

Ein Montageständer gehört zur Grundausstattung jeder Profi- und Hobbywerkstatt. Mit angehobenem Fahrrad wird jede Reparatur schneller, einfacher und macht mehr Spaß. Der Montageständer bringt die Arbeit näher zum Mechaniker – man muss sich weniger bücken. Sie können die Tretkurbel per Hand bewegen und Probleme am Rad leichter identifizieren. Viele Modelle bieten drehbare Halteklauen, sodass das Fahrrad in jeder gewünschten Position bearbeitet werden kann. Mit einer integrierten Höhenverstellung können Sie das Fahrrad noch besser für die jeweiligen Arbeiten positionieren.

Einige Fahrradrahmen verfügen über ovale, eckige oder andere unrunde Rohrquerschnitte, die das Klemmen der Rahmenrohre erschweren. Viele Fahrradhersteller empfehlen die Klemmung an der Sattelstütze anstelle des Rahmens. Sattelstützen, selbst aus Carbonfaser, sind recht stabil, da sie das gesamte Fahrergewicht tragen müssen (Abb. 1.11). Im Zweifelsfall fragen Sie den Fahrradhersteller nach zulässigen Klemmbereichen.

ABB. 1.11

Sichere Klemmung des Fahrrads an der Sattelstütze

Es gibt auch Montageständer, die das Fahrrad an keinem Rahmenrohr klemmen. (Abbildung 1.12). Bei diesen Modellen wird ein Laufrad ausgebaut, damit die Ausfallenden im Ständer fixiert werden können.

ABB. 1.12

Montageständer ohne Rahmenklemmung

## HOBBYWERKSTATT EINRICHTEN

Für engagierte Hobbymechaniker lohnt sich die Einrichtung einer eigenen kleinen Fahrradwerkstatt. Dazu benötigen Sie in erster Linie Platz für Werkbank, Montageständer, Fahrrad und etwas Bewegungsfreiheit. Eine übliche Werkbankgröße in Profiwerkstätten ist etwa 180 cm x 75 cm. Die Tiefe sollte nicht unterschritten werden, damit genügend Platz für Laufradarbeiten bleibt, die Länge der Werkbank kann dagegen kürzer ausfallen. Wenn Sie sich die Werkbank selbst bauen, können Sie die Arbeitshöhe individuell bestimmen. Diese sollte zwischen 80 und 100 cm liegen. Als Faustregel gilt ein Abstand von 10 bis 15 cm zwischen Arbeitsplatte und Ellenbogens des Benutzers. Die Arbeitsplatte sollte aus robustem Material bestehen. Sinnvoll ist die Verankerung der Werkbank an Untergrund und Wand, erst recht, wenn ein Schraubstock an der Werkbank montiert wird.

Werkzeuge können an der Wand oberhalb der Werkbank platziert werden, um schnellen Zugriff zu gewährleisten. Eine Lochwand ermöglicht die flexible Anbringung der Werkzeuge. Hochwertige Lochwände haben eine Stärke von mindestens 5 mm. Die Lochwand sollte mindestens so breit wie die Werkbank sein. Passende Haken gibt es in Baumärkten und Eisenwarengeschäften. Sie benötigen längere und kürzere Haken, wobei die kürzeren praktischer sind, denn sie verhindern das Sammeln zu vieler Werkzeuge an einer Stelle. Eine Magnetleiste ist ebenfalls praktisch. An ihr lassen sich Stahlwerkzeuge verstauen, die auf keinen Haken passen sowie Kleinteile sicher verwahren.

Wenn möglich, wählen Sie einen Standort mit viel Tageslicht. Auf jeden Fall benötigen Sie ausreichend helle, blendfreie Arbeitsbeleuchtung. Eine weiße Rückwand verbessert die Lichtverhältnisse auf der Arbeitsfläche.

Ein hochwertiger Montageständer ist der entscheidende Bestandteil der Fahrradwerkstatt. Er sollte sich möglichst nah an der Werkbank befinden. Achten Sie darauf, seine Dreh- und Höhenverstellfunktion zu nutzen, um den jeweiligen Arbeitsbereich am Fahrrad ohne Bücken zu erreichen. Schonen Sie Ihren Rücken für das Fahren.

Sehr empfehlenswert ist ein Schraubstock an der Werkbank. Eine 10 cm breite Ausführung ist für Fahrradreparaturen ausreichend. Platzieren Sie den Schraubstock so an einem Ende der Werkbank, dass die feststehende Klemmbacke bündig mit der Kante der Arbeitsplatte abschließt.

Die Anordnung der Werkzeuge an der Rückwand sollte auf die Nutzungshäufigkeit in Verbindung mit dem Schraubstock abgestimmt werden. Platzieren Sie daher Achshalter, Konusschlüssel, Hammer und Zahnkranzabzieher nah am Schraubstock.

Ein weiteres praktisches Detail ist ein Luftkompressor. Zum Aufpumpen normaler Drahtreifen genügt eine Standpumpe. Ein kleiner Kompressor ist aber vielseitiger verwendbar – man kann beispielsweise Teile nach dem Reinigen trocknen oder schlauchlose Reifen komfortabler befüllen.

Die individuelle Anordnung der Werkzeuge variiert natürlich. Versuchen Sie aber immer, Spezialwerkzeuge gemeinsam zu gruppieren. Bremsenwerkzeuge für sich, allgemeine Werkzeuge zusammen mit Innensechskantschlüsseln, Kombischlüssel der Reihe nach aufgehängt usw. (Abbildung 1.13). Im Laufe der Zeit werden Sie Ihr eigenes optimales System entwickeln.

ABB. 1.13

Beispielhafte Werkbankausstattung

## ARBEITSABLÄUFE & ARBEITSSICHERHEIT

Wie bei jeder Arbeit, die man mit den Händen ausführt, bergen auch Fahrradreparaturen gewisse Risiken, die man bei Beachtung folgender grundlegender Sicherheitshinweise minimieren kann. Die Idee dahinter ist, gesund und sicher zu bleiben, damit man den Spaß an der Sache behält.

Betrachten Sie vorab Ihre Arbeitsweise und erstellen Sie einen groben Zeitplan, sodass Sie nicht unter Zeitdruck geraten. Machen Sie es sich leichter, indem Sie auf günstige Hebelverhältnisse und eine gute Körperhaltung achten. Sie werden dadurch länger mit weniger Anstrengung arbeiten können. Heben Sie beispielsweise das Fahrrad an, um eine Kurbelschraube anzuschauen, anstatt sich dafür nach unten zu bücken. Bringen Sie sich in eine optimale Ausgangsposition, wenn Sie schwer heben oder ein hohes Drehmoment erzeugen müssen. Vermeiden Sie, sich vorzubeugen und zu strecken, um zum Beispiel eine Kurbelschraube festzuziehen. Besonders bei hohem Krafteinsatz sollten Sie möglichst nah an der betreffenden Stelle stehen.

Gelegentlich ist der Einsatz eines Hammers erforderlich. Dann können Teile oder Splitter herumfliegen. Eine gute Schutzbrille ist immer eine sinnvolle Investition. Besorgen Sie sich eine leichte, gut passende Ausführung und nach ein paar Minuten haben Sie fast vergessen, dass Sie sie tragen. Denken Sie daran, sie gelegentlich zu reinigen.

Beachten Sie, dass Ihre Haut Flüssigkeiten durch die Poren aufnimmt. Verwenden Sie Entfetter, Lösungen und Schmiermittel vorsichtig und lesen Sie im Zweifel das entsprechende Sicherheitsdatenblatt. Dünne Arbeitshandschuhe aus Nitril, wie die MG-2 Schutzhandschuhe von Park Tool sind empfehlenswert.

Fahrräder verfügen über viele Metallteile, einige davon sind scharfkantig. Denken Sie daran, bevor Sie einfach irgendwo anfassen. Obwohl man Hautabschürfungen und -schnitte natürlich vermeiden will, sind gelegentliche kleinere Verletzungen nicht ungewöhnlich. Ein aktueller Tetanusschutz kann daher für Mechaniker eine gute Sache sein.

# KAPITEL 2

# BEREIFUNG

Die Überzüge aus Gummi und verschiedenen Gewebelagen auf den Laufradfelgen werden als Decken oder Reifen bezeichnet. Die meisten Fahrräder sind mit sogenannten „Drahtreifen" ausgestattet. Die Laufradfelge verfügt bei diesem System über ein speziell ausgeformtes Profil, das die Reifenwülste fixiert. Der Wulstkern besteht ursprünglich aus einem Drahtring. Im Inneren des Reifens befindet sich ein separater Schlauch. Die darin enthaltene Luft sorgt zum großen Teil für den Fahrkomfort beim Fahrrad. Der Reifen schützt den Schlauch vor Beschädigung von außen und möglicher Verformung durch den Reifendruck. Inzwischen gibt es schlauchlose „Tubeless" Systeme mit speziellen Felgen und Reifen, die wie Autoreifen aufgebaut sind. Schlauchreifen, die mit der Felge verklebt werden, sind vorwiegend im professionellen Straßenradsport im Einsatz.

Eine Reifenpanne sollte jeder Fahrradfahrer beheben können. Denn herumliegende Splitter, Scherben, Nägel usw. können zum Plattfuß führen und die Reifen verschleißen im Lauf der Zeit.

## DEMONTAGE DER LAUFRÄDER

Zum Austausch von Reifen oder Schlauch sollte das betroffene Laufrad ausgebaut werden. Setzen Sie dazu das Fahrrad möglichst in einen Montageständer. Wenn dieser nicht verfügbar ist, legen Sie das Fahrrad mit der kettenabgewandten Seite auf den Boden, damit das Schaltwerk nicht beschädigt wird. Das Fahrrad kann auch mit Lenker und Sattel auf dem Boden stehend repariert werden, wenn keine Hebel oder Zubehör am Lenker gefährdet sind. **Hinweis:** Bei Hydraulikbremsen mit Ausgleichsbehälter am Bremsgriff kann Luft in das System gelangen. Für Laufräder mit Schnellspanner ist kein Werkzeug erforderlich, bei Voll- oder vielen Steckachsen dagegen passende Schlüssel.

Die meisten Gabeln und Rahmen verfügen über offene Ausfallenden für Achsen mit Durchmessern von 9 mm am Vorder- und 10 mm am Hinterrad (Abbildung 2.1). Häufig besitzen Gabeln kleine Sicherungsnocken, die das Vorderrad in Position halten, wenn die Achse nicht richtig fixiert ist.

ABB. 2.1

Gabel mit offenem Ausfallende, Nabe mit demontiertem Schnellspanner

Fahrräder mit offenen Ausfallenden sind oft mit Schnellspannern ausgestattet. Diese bestehen aus Hohl- und Steckachse mit Klemmhebel sowie Einstellmutter. Durch den Klemmmechanismus werden Einstellmutter und Klemmhebel unter Spannung gegen die Ausfallenden gepresst und das Laufrad fixiert. Mit der Einstellmutter wird der Klemmdruck justiert.

Laufräder mit Vollachse werden mit Achsmuttern fixiert. Integrierte oder separate Unterlegscheiben werden mit der ggf. geriffelten Oberfläche zum Ausfallende hin montiert. Lösen Sie beim Laufradausbau nur die äußeren Achsmuttern, jedoch nie die innen liegenden Kontermuttern. Geben Sie etwas Schmierfett auf das Achsgewinde des ausgebauten Laufrads.

**Demontage der Laufräder:**

a. Hinterrad: Schalten Sie die Kette auf das jeweils kleinste Ritzel und Kettenblatt (nur bei Kettenschaltung).
b. Vorder- und Hinterrad: Lösen Sie den Schnellverschluss der Felgenbremse, falls vorhanden (Abb. 2.2 bis 2.5).

ABB. 2.2

Seitenzugbremsen haben den Schnellverschluss häufig an der Bremszange

c. Vorder- und Hinterrad: Öffnen Sie den Schnellspannhebel und lösen Sie zusätzlich bei Bedarf die Einstellmutter (Abb. 2.6). Bei Steckachsen muss die Achse vollständig aus der Nabe gezogen werden. Bei Laufrädern mit Vollachse lösen Sie beide Achsmuttern.
d. Vorderrad: Führen Sie das Laufrad zwischen den Bremsklötzen und aus den Ausfallenden heraus.

ABB. 2.3

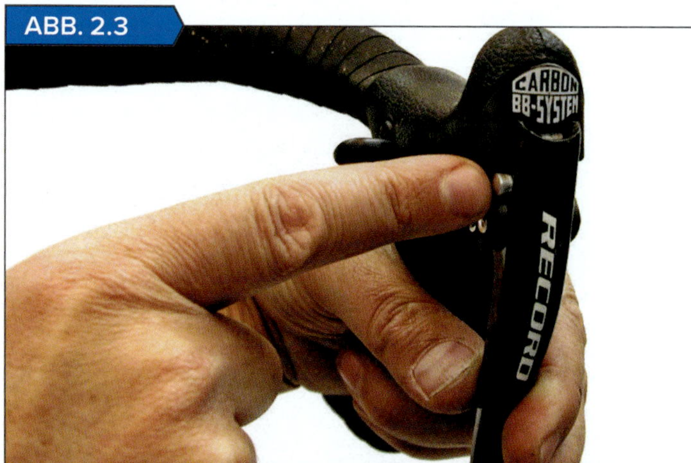


Schnellverschluss am Bremshebel

e. Hinterrad: Klappen Sie zum Lösen der Kette vom Ritzel das Schaltwerk zurück (Abb. 2.7). Ziehen Sie das Laufrad vorwärts-abwärts zwischen den Bremsbelägen und aus der Kettenschleife aus dem Hinterbau. Hinweis: Horizontale Ausfallenden am Hinterbau öffnen sich nach hinten. In diesem Fall entfernen Sie zunächst die Kette vom Ritzel und ziehen das Laufrad aus dem Rahmen.

ABB. 2.4

Drücken Sie bei V-Bremsen die Bremsarme zusammen und entfernen Sie die Zugführung aus der Aufnahme

ABB. 2.5

Drücken Sie bei Cantilever-Bremsen die Bremsarme zusammen und entfernen Sie das Verbindungskabel

ABB. 2.6

Zum Öffnen den Schnellspannhebel nach außen klappen

ABB. 2.7

Leichte Entnahme des Hinterrads nach Zurückklappen des Schaltwerks

Es gibt Schaltwerke mit zusätzlicher Stabilisierungsfunktion für den Kettenlauf (Clutch), bei denen vor Ausbau des Hinterrads die Kettenspannung am Schaltwerk reduziert werden sollte. Shimano® Shadow Plus® und SRAM® Typ 2 Schaltwerke bieten diese Funktion, die Abspringen oder Schlagen der Kette bei Fahrten in schwerem Gelände verhindern soll.

ABB. 2.8

Zum Reaktivieren der Clutch-Funktion Schalter nach oben schieben

Shimano® Schaltwerke mit Kettenstabilisator haben einen kleinen Schalter am Schaltwerkskorpus. Ziehen Sie diesen vor dem Ausbau des Hinterrads nach unten (Abb. 2.8). Dadurch lässt sich das Schaltwerk leicht nach hinten klappen. Drücken Sie nach Einbau des Hinterrads den Schalter zur Aktivierung wieder nach oben.

SRAM® Typ 2 Schaltwerke verfügen über keinen „Ein-Aus"-Schalter. Stattdessen wird der Schaltwerkskäfig nach vorn geklappt und ein Knopf gedrückt, der diese Position fixiert und die Kette durchhängen lässt (Abb. 2.9).

ABB. 2.9

Schaltkäfig nach vorn klappen und Fixierknopf drücken

Bauen Sie das Laufrad bei blockiertem Käfig aus (Abb. 2.10). Nach Einbau des Hinterrads klappen Sie den Schaltwerkkäfig nach vorn und versetzen Sie das Schaltwerk wieder in die Ausgangsposition.

ABB. 2.10

Hinterrad bei blockiertem Schaltkäfig (de-)montieren

## STECKACHS-SYSTEME

Rahmen und Gabeln für Steckachsen verfügen über geschlossene Achsaufnahmen (Abbildung 2.11). Eine entfernbare Achse (Thru-Axle) wird von außen durch die Rahmen- bzw. Gabelaufnahme in die Laufradnabe gesteckt und auf der anderen Seite fixiert (Abbildung 2.12). Dieses System verhindert das Verrutschen des Laufrads bei starker Belastung und positioniert Laufrad und Bremsscheibe exakter im Rahmen. Zum Ausbau des Laufrads muss die jeweilige Steckachse komplett entfernt werden, was je nach Design auf unterschiedliche Weise geschieht. Anschließend wird das Laufrad wie beim offenen Ausfallende aus- und eingebaut.

ABB 2.11

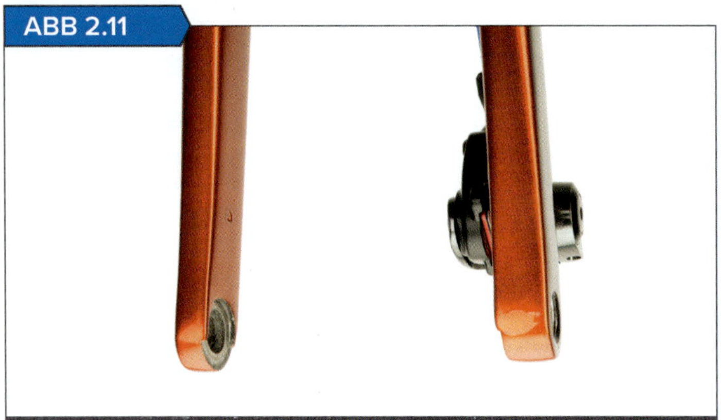

Geschlossene Ausfallenden einer Steckachs-Gabel

Steckachsen für Vorderräder gibt es mit 12, 15 oder 20 mm Durchmesser. Baubreiten sind 100, 110, 135 und 150 mm.

Steckachsen für Hinterradnaben verfügen über 12 mm Durchmesser und sind mit Baubreiten von 135, 142, 148, 150, 157, 160, 170 oder 197 mm verfügbar.

Obwohl es Standard-Durchmesser für Steckachsen gibt, können die Gewindemaße abweichen. Achten Sie auf die passende Gewindegröße für Rahmen bzw. Gabel bei Auswahl einer neuen Steckachse. Ermitteln Sie im Zweifel das Gewindemaß.

ABB. 2.12

Hinterrad mit Steckachse bei der Montage

Schnellspanner bei Steckachs-Systemen funktionieren wie konventionelle Schnellspannachsen mit Exzenter. Die Achse verfügt auf einer Seite über ein Gewinde und wird damit durch Achsaufnahme und Nabe geführt. Durch Drehen des Hebels wird das Achsgewinde auf der anderen Seite in der Achsaufnahme verschraubt. Nach Einstellen des korrekten Anpressdrucks bei halbgeöffnetem Hebel wird dieser geschlossen und die Achse damit endgültig im Rahmen fixiert (Abb. 2.13).

Zum Ausbau muss die Steckachse gegen den Uhrzeigersinn gedreht und aus Rahmen oder Gabel gezogen werden.

ABB. 2.13

Schnellspannhebel bei Steckachs-System

Manche Steckachsen verfügen über einen einfachen Hebel am Ende (Abbildung 2.14). Lösen Sie die Achse durch Drehen des Hebel gegen den Uhrzeigersinn. Fixieren Sie das Laufrad mit der Steckachse im Fahrrad. Das Anzugsdrehmoment beträgt typischerweise 10-12 Nm, das entspricht bei diesen kurzen Hebeln einem Krafteinsatz von rund 12 kg.

ABB. 2.14

Hebel festziehen und nach Wunsch positionieren

ABB. 2.15

Demontage der Steckachse mit 6 mm Innensechskant

Es gibt auch Steckachsen mit Aufnahmen für 5, 6 oder 8 mm Innensechskantschlüssel (Abbildung 2.15).

ABB. 2.16

Gabel mit Klemmschelle für 20 mm Steckachse

Gabeln mit Klemmschellen für Schraubbefestigung zum Fixieren des Vorderrads sind ebenfalls auf dem Markt (Abb 2.16).

## DEMONTAGE VON REIFEN & SCHLAUCH

Bei montierten Reifen befinden sich beide Reifenwülste im Felgenbett. Zur Demontage des Reifens wird auf einer Seite der Wulst mit Reifenhebern über die Felgenflanke gehebelt. Dieses Werkzeug gibt es in verschiedenen Ausführungen. Normalerweise reicht eine Kunststoffversion (Park Tool TL-1.2, TL-4.2 oder TL-6.2), die an der Felge keine Spuren hinterlässt. Für Carbonfelgen dürfen nur Kunststoffheber verwendet werden, damit die Felgenoberfläche nicht beschädigt wird.

Für besonders fest sitzende Reifen in Alu- oder Stahlfelgen benötigt man manchmal Reifenheber in Stahlausführung (Park Tool TL-5). Diese hinterlassen kosmetische Spuren, die jedoch die Funktion der Felge nicht beeinträchtigen. Zur Vermeidung dieser optischen Mängel können Stahlhebel mit Kunststoffüberzug wie die TL-6.2 benutzt werden.

Markieren Sie die Ventilposition am Reifen zur leichteren Lokalisierung von Löchern im Schlauch und entsprechender Fremdkörper im Reifen. Untersuchen Sie jedes Mal die Oberflächen von Reifen, Schlauch, Felgenband und Felgeninnenseite sorgfältig.

**Vorgehen zur Demontage von Reifen und Schlauch:**

a. Entfernen Sie die Ventilkappe und eine vorhandene Felgenmutter am Ventilschaft vor Entlüften des Schlauchs.
b. Entlüften Sie den Schlauch vollständig. **Sclaverandventil**: Öffnen und drücken Sie die Sicherungsmutter auf der Ventilspitze. **Autoventil:** Drücken Sie auf den Einsatz in der Mitte des Ventilschafts mit einem kleinen Innensechskant. **Dunlopventil:** Lösen Sie die Überwurfmutter und entnehmen Sie den Ventilkörper aus dem Schaft. Selbst ein kleiner Rest Luft erschwert die Demontage des Reifens. Drücken Sie daher beim Entlüften den Reifen auf den Boden.
c. Drücken Sie anschließend die Reifenwülste im Felgenbett mit beiden Daumen nach innen. So werden sie von der Felgenbettkante gelöst (Abb. 2.17).
d. Schieben Sie zwei Reifenheber mit 2-5 cm Abstand unter den Reifenwulst und drücken Sie beide in Richtung Speichen, um den Reifenwulst über das Felgenhorn zu heben (Abb. 2.18).
e. Lösen Sie einen Reifenheber, schieben ihn ca. 5 cm entfernt erneut unter den Reifenwulst und heben Sie diesen Bereich von der Felge.

ABB. 2.17

Reifenwulst ins Felgenbett drücken

ABB. 2.18

Reifenheber unter den Reifenwulst schieben

f. Wiederholen Sie den Vorgang, bis der Reifenwulst vollständig aus der Felge gehoben ist.
g. Beginnen Sie gegenüber vom Ventil den Schlauch aus dem Reifen zu ziehen. Drücken Sie abschließend das Ventil aus dem Ventilloch und entfernen Sie den Schlauch.
h. Demontieren Sie den Reifen für eine vollständige Untersuchung ganz von der Felge.

## SCHLAUCH UNTERSUCHEN

Zur Identifikation der Ursache untersuchen Sie bei einem Platten Reifen und Schlauch sorgfältig, auch wenn Sie den Schlauch austauschen. So vermeiden Sie zukünftige Pannen.

**Vorgehen zur Untersuchung des Schlauchs:**

a. Pumpen Sie den Schlauch möglichst auf die doppelte oder dreifache Größe auf. Der zusätzliche Luftdruck erleichtert das Lokalisieren kleiner Lecks (Abb. 2.19 und 2.20).

ABB. 2.19

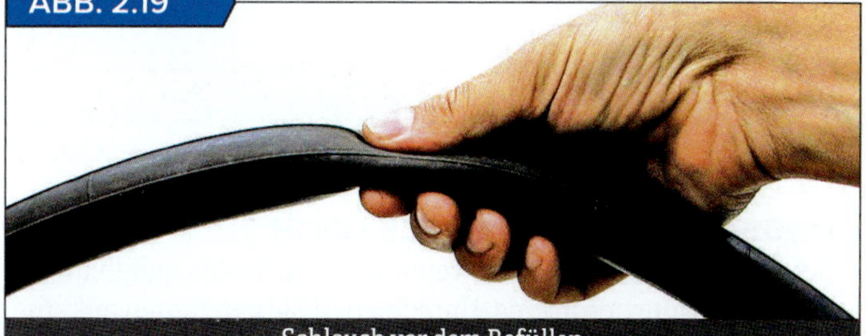

Schlauch vor dem Befüllen

ABB. 2.20

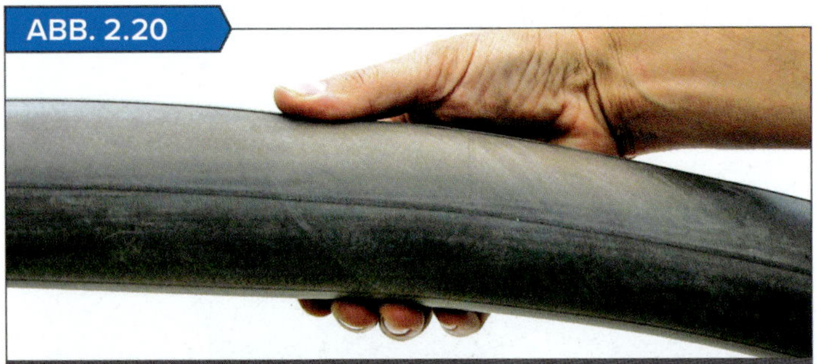

Für die Untersuchung überdimensional befüllter Schlauch

b. Untersuchen Sie den gesamten Schlauch auf undichte Stellen. Hören Sie auf Zischgeräusche oder halten Sie ihn vor Wange oder Lippen. Drücken Sie den Schlauch alternativ unter Wasser und suchen Sie nach Luftblasen.

c. Wenn Sie den Schlauch flicken wollen, markieren Sie ein Fadenkreuz rund um das Loch (Abb. 2.21). Eine Markierung direkt auf dem Loch wird leicht abgeschleift und erschwert das Wiederfinden.

ABB. 2.21

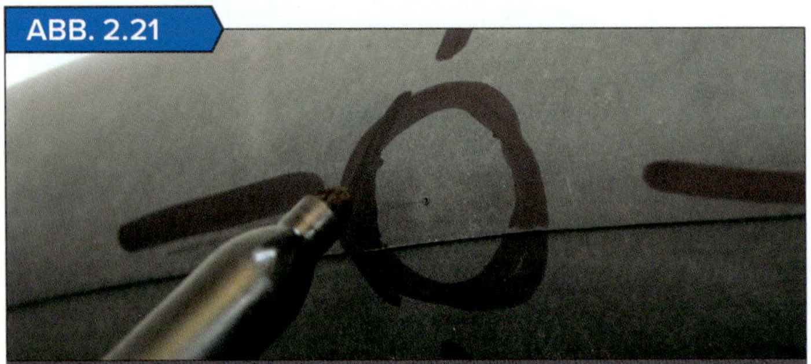

Loch mit Fadenkreuz markieren

d. Untersuchen Sie den Schlauch auf weitere Löcher.

Die Untersuchung des Schlauchs gibt Aufschluss über die Pannenursache. Dies sind die häufigsten Beschädigungen:

### SCHADEN AM VENTILSCHAFTÜBERGANG

Zu geringer Luftdruck oder falsch in der Felge montierter Schlauch. Achten Sie auf den korrekten Sitz des Schlauchs in der Felge und prüfen Sie vor jeder Fahrt den Luftdruck.

### VENTIL UNDICHT

Ventil-(einsatz) locker oder undicht. Prüfen Sie die Dichtheit des Ventil-(einsatzes) mit (Seifen-)wasser und achten Sie auf Bläschen (Abb. 2.22). Drehen Sie das Ventil mit einem Werkzeug fest (Park Tool VC-1) oder tauschen Sie die Teile aus, falls möglich.

ABB. 2.22

Ventil undicht

### GROSSES AUSGEFRANSTES LOCH

Schlauchplatzer, nicht mehr reparabel. Prüfen Sie Reifen und Felge auf Passungsprobleme. Untersuchen Sie den Reifen auf eine entsprechende Beschädigung (Abb. 2.23).

ABB. 2.23

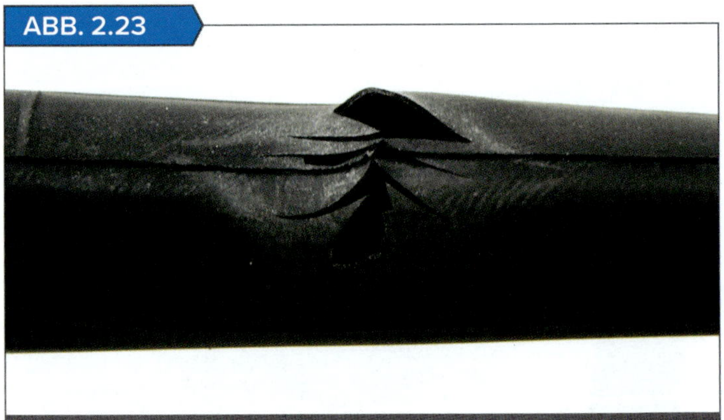

Ausgefranstes Loch nach Schlauchplatzer

### LOCH AUF DER UNTERSEITE DES SCHLAUCHS

Defektes oder falsch montiertes Felgenband. Untersuchen Sie das Felgenbett auf vorstehende Speichen, scharfe Kanten oder nicht vom Felgenband abgedeckte Stellen.

### LANGER RISS

Der Reifen hat den Schlauch eingeklemmt. Schlauch nicht mehr reparabel. Achten Sie vermehrt auf den Reifensitz während der Montage.

### EINZELNES LOCH

Nagel, Glasscherbe, Dorn. Normalerweise reparabel. Untersuchen Sie den Reifen, ob der Pannenverursacher noch steckt. Position des Lochs meist auf der Schlauchoberseite.

### DOPPELTES LOCH (SNAKEBITE)

Schlauch wurde zwischen Felgenflanke und Fremdkörper auf dem Untergrund eingeklemmt und wie durch einen Schlangenbiss beschädigt. Fahren Sie mit höherem Luftdruck oder breiteren Reifen (Abb. 2.24).

ABB. 2.24

Zwei benachbarte Löcher wie bei einem Schlangenbiss dokumentieren den eingeklemmten Schlauch

## REIFEN UNTERSUCHEN

Untersuchen Sie neben dem Schlauch auch den Reifen, denn die Pannenursache, wie Nagel oder Glasscherbe, kann dort immer noch feststecken. Untersuchen Sie den Reifen von innen und außen und prüfen Sie bei der Gelegenheit den Zustand der Karkasse. Nochmals der Tipp: Markieren Sie die Ventilposition am Reifen zum leichteren Abgleich mit dem Schlauch.

Untersuchen Sie die Lauffläche auf Nägel, Glasscherben, Dornen oder andere Fremdkörper. Prüfen Sie jeden Schnitt, ob sich darin noch Splitter befinden und entfernen Sie diese vorsichtig mit einer Reißnadel, abgerundeten Klinge oder anderem geeigneten Werkzeug. Machen Sie für die Reifeninnenseite zunächst eine Sichtkontrolle, wischen Sie sie mit einem Lappen ab und prüfen sie dann vorsichtig mit den Fingern (Abb. 2.25).

ABB. 2.25

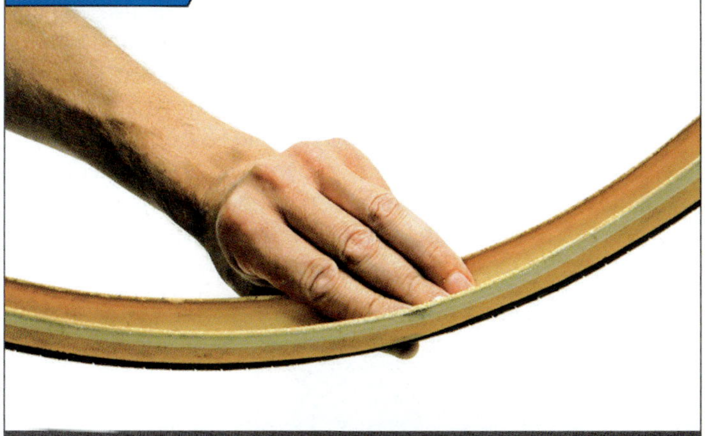

Innenseite des Reifens nach Sichtkontrolle mit den Fingern prüfen

Prüfen Sie die Reifenwülste auf Schäden. Ein gebrochener oder anders beschädigter Reifenwulst kann den Reifen nicht mehr sicher in der Felge fixieren. Der Reifen muss ausgetauscht werden (Abb. 2.26).

ABB. 2.26

Beschädigte Reifenwülste sind irreparabel

Achten Sie auf gealterte Reifenkarkassen. Diese sind extrem pannenanfällig (Abb. 2.27). Selbst bei ausreichend Profilstärke sollte ein derart verrotteter Reifen ersetzt werden.

Untersuchen Sie die Reifenflanken auf Risse, Abrieb, Löcher oder Schäden an der Karkasse (Abb. 2.28). Letztere erkennt man nur bei vollem Reifendruck. Beschädigte Karkassenfäden erscheinen dann als Beulen und Unregelmäßigkeiten in der Reifenform. Reifen verschleißen durch Gebrauch und werden im Profil immer dünner. Bei Straßenprofilen macht sich das durch Abflachen der mittleren Lauffläche bemerkbar.

Bei Offroad-Reifen werden die mittleren Stollen flacher und runder im Vergleich zu den seitlichen. Spätestens bei deformierter Karkasse oder abgefahrenem Profil muss der Reifen ersetzt werden (Abb. 2.29).

ABB. 2.27

Risse in Karkasse oder Profil zeigen die Alterung

ABB. 2.28

Beulen oder andere Deformationen weisen auf Karkassenschäden hin

ABB. 2.29

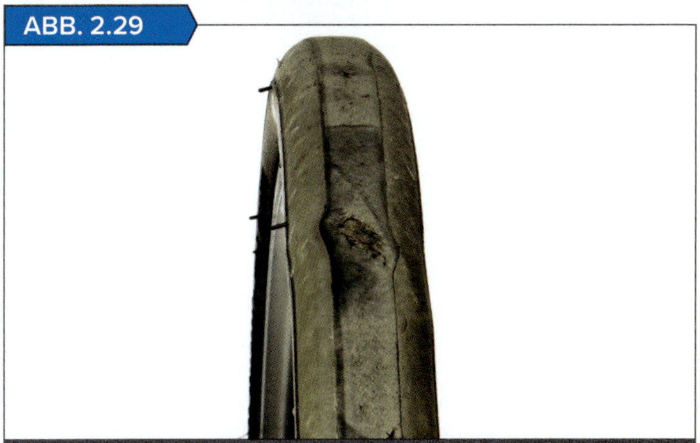

Schäden an Profil und Karkasse

## FELGENBAND

Das Felgenband deckt die Felgenlöcher im Felgenbett ab und schützt den Schlauch vor Kanten und vorstehenden Speichen. Es kann aus Gummi, Textilfaser oder Polyurethan bestehen und muss das Felgenbett vollständig abdecken ohne den Sitz des Reifens zu beeinträchtigen. Prüfen Sie das Felgenband bei jedem Wechsel von Reifen oder Schlauch auf Schäden und stellen Sie sicher, dass es die Felgenlöcher vollständig abdeckt (Abb. 2.30).

Hochdruckreifen benötigen ein besonders festes Felgenband, sonst kann sich der Schlauch in die Felgenlöcher drücken und platzen. Verwenden Sie kein weiches, flexibles Gummi-Felgenband bei geösten Felgen.

Tubeless-Felgen werden mit selbstklebendem Kunststoffband gedichtet. Schon ein kleiner Riss führt zu Luftverlust.

ABB. 2.30

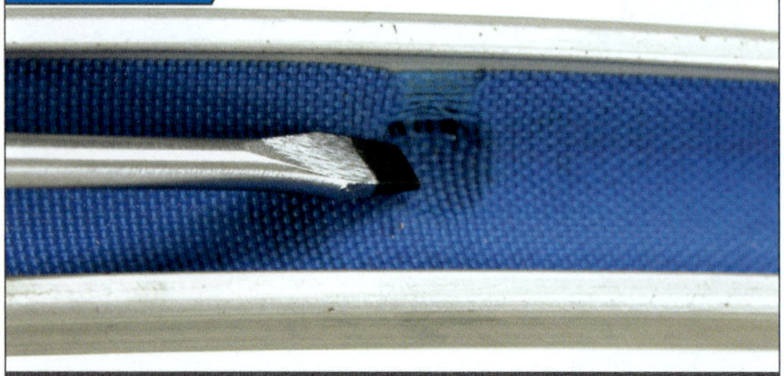

Beschädigtes Felgenband führt zur Reifenpanne

## SCHLAUCH FLICKEN

Fahrradschläuche werden meist aus schwarzem Butylgummi hergestellt. Es gibt auch Leichtgewichtsschläuche aus Latex, das poröser als Butyl ist. Es benötigt daher häufigeres Aufpumpen. Beide Materialien lassen sich flicken.

Die sicherste Schlauchreparatur ist der Einbau eines neuen. Kleine Löcher können jedoch meist problemlos geflickt werden, größere kaum. Nehmen Sie im Zweifel einen neuen Schlauch.

### SELBSTKLEBENDE FLICKEN

Selbstklebende Flicken (Park Tool GP-2) werden zum Abdichten auf das Loch gepresst. Wenn der Schlauch für das verwendete Reifenmaß zu klein ist, kann der Flicken aufgrund der zu starken Ausdehnung des Schlauchs eventuell nicht richtig abdichten. Prüfen Sie daher Schlauch und Reifen auf Kompatibilität.

**Reparatur des Schlauchs mit Selbstklebenden Flicken GP-2:**

a. Säubern Sie mit feinem Schmirgelpapier den Bereich rund um das zuvor markierte Loch. Zu starkes Schmirgeln kann die Oberfläche des Schlauchs aufrauen und zu schlechter Haftung des Flickens führen.
b. Reinigen Sie den Bereich möglichst mit Lappen und Alkohol. Lassen Sie den Schlauch vollständig abtrocknen.
c. Ziehen Sie einen Flicken von der Trägerfolie ab und berühren Sie die Klebefläche nur an den Rändern (Abb. 2.31).
d. Platzieren Sie den Flicken mittig über dem Loch.
e. Drücken Sie den Flicken gleichmäßig fest auf den Schlauch und rollen Sie beides zwischen Daumen und Zeigefingern.
f. Montieren Sie den Schlauch wieder. Testen Sie die Dichtigkeit des Schlauchs NICHT durch Aufpumpen außerhalb des Reifens. Er kann dabei überdehnt und der Kleber geschwächt werden.

ABB. 2.31

Flicken mittig über dem Loch platzieren und gleichmäßig andrücken

### VULKANISIERENDE FLICKEN

Diese klassischen Flicken benötigen Vulkanisier-Lösung, um sich mit dem Schlauch zu verbinden. Da die Zusammensetzung der Schläuche variiert, ist der Wirkungsgrad dieser Flicken unterschiedlich effektiv.

**Reparatur des Schlauchs mit Vulkanisierenden Flicken:**

a. Säubern Sie mit feinem Schmirgelpapier den Bereich rund um das zuvor lokalisierte und markierte Loch. In die bearbeitete Fläche muss der Flicken bequem hinein passen.
b. Reinigen Sie den Bereich möglichst mit Lappen und Alkohol und lassen Sie den Schlauch vollständig abtrocknen.
c. Geben Sie etwas Vulkanisier-Lösung auf die gesäuberte Fläche rund um das Loch und verstreichen Sie diese auf der gesamten Fläche mit einem sauberen Finger oder der Rückseite des Flickens sparsam als gleichmäßig dünne Schicht (Abb. 2.32). Die Lösung darf keinesfalls zu dick aufgetragen werden. Verschließen Sie die Tube wieder.

ABB. 2.32

Dünne Schicht der Lösung großflächig um das Loch verteilen

d. Lassen Sie die aufgetragene Vulkanisier-Lösung einige Minuten trocknen. Testen Sie den Zustand nur am Rand, nicht auf der Kontaktfläche für den Flicken.
e. Ziehen Sie den Flicken zusammen mit der Klarsichtabdeckung von der Metallfolie ab und fassen Sie ihn nur an den Rändern an.
f. Legen Sie den Flicken mittig auf das Loch.
g. Drücken Sie den Flicken vor allem an den Rändern kräftig auf den Schlauch und behalten Sie den Anpressdruck möglichst einige Minuten bei.
h. Prüfen Sie anschließend die Ränder des Flickens. Sie müssen flach auf der Schlauchoberfläche anliegen und vollständig verklebt sein (Abb. 2.33 und 2.34).
i. Der Schlauch kann wieder montiert werden. Lassen Sie dabei die Klarsichtabdeckung auf dem Flicken, um ihn nicht versehentlich vom Schlauch abzulösen.

ABB. 2.33

Flickenrand klebt nicht auf schlecht vorbereitetem Schlauch

ABB. 2.34

Rand des Flickens liegt vollständig verklebt auf dem Schlauch

## DICHTMITTEL FÜR SCHLÄUCHE

Dichtmittel gibt es von verschiedenen Herstellern. Sie werden durch den Ventilschaft in den Schlauch gefüllt und sollen kleinere Löcher sofort schließen. Der Schlauch muss dafür nicht demontiert werden. Bei Auto- und Sclaverandventilen ist vorher der Ventileinsatz zu entfernen. Bei vielen Sclaverandventilen ist das nicht möglich. Achten Sie auf flache Schlüsselaufnahmen unterhalb der Rändelmutter. Entfernen Sie den Ventileinsatz mit passendem Werkzeug (Park Tool VC-1) oder Maulschlüssel (Abb. 2.35). Bei Dunlopventilen wird das komplette Ventil entfernt.

ABB. 2.35

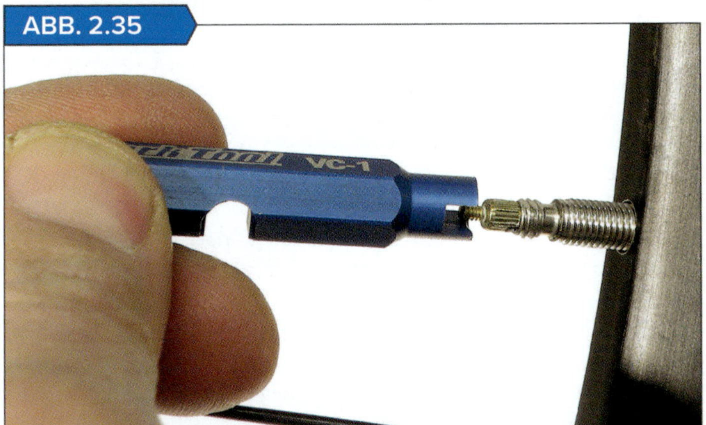


Achten Sie auf eine flache Werkzeugaufnahme am Sclaverandventil

Platzieren Sie den Ventilschaft in leichter Abwärtsneigung in 4-Uhr oder 8-Uhr Position (Abb. 2.30). Füllen Sie die Flüssigkeit nach Herstelleranweisung ein. Montieren Sie Ventil oder Ventileinsatz und pumpen Sie den Schlauch auf. Platzieren Sie das Ventil dabei mindestens in 2- oder 10-Uhr Position. Drehen Sie das Laufrad zum Verteilen der Flüssigkeit.

ABB. 2.36

Leichtes Einfüllen des Dichtmittels bei abwärts geneigtem Ventil

Dichtmittel im Schlauch kann Aufkleben von Flicken schwer bis unmöglich machen. Außerdem können die Ventile und sogar die Luftpumpe verstopfen. Positionieren Sie daher das Ventil bei jedem Entlüften oder Befüllen oberhalb der Horizontalen.

## PANNENSCHUTZEINLAGEN

Pannenschutzeinlagen bestehen aus flexiblen, hochfesten Kunststoffstreifen, die auf der Innenseite des Reifens zwischen Schlauch und Lauffläche platziert werden. Sie schützen den Schlauch vor eindringenden Fremdkörpern wie Scherben, Splittern oder Dornen (Abb. 2.37). Die Einlagen müssen exakt mittig unter der Lauffläche montiert werden. Sie verhindern keine Pannen durch Beschädigung der Reifenflanken.

ABB. 2.37

Pannenschutzeinlage im Reifen montiert

## REPARATUR MIT REIFENWANDFLICKEN

Bei einer unterwegs beschädigten Reifenkarkasse besteht die Gefahr, dass der Schlauch austritt und platzt. In vielen Fällen können Sie die Fahrt nach einer Notfallreparatur mit dem Reifenwandflicken TB-2 fortsetzen. Diese Reparatur ist nicht dauerhaft – der Reifen muss schnellstmöglich ersetzt werden.

Lokalisieren Sie die Beschädigung in der Karkasse und legen Sie den Reifenwandflicken darauf. Die schadhafte Stelle muss vollständig vom Flicken überdeckt werden. Säubern Sie den Bereich rund um die Beschädigung an der Innenseite des Reifens und schneiden Sie den Flicken großzügig passend zu. Platzieren Sie den Flicken so, dass er nicht am Reifenwulst übersteht und die schadhafte Stelle möglichst mittig abdeckt. Kleben Sie den Flicken auf der Innenseite des Reifens auf und drücken Sie ihn fest (Abb. 2.38).

ABB. 2.38

Reifenwandflicken von innen über die Beschädigung kleben und betroffenen Reifen schnellstmöglich austauschen

Sie können auch anderes reißfestes Material zum Flicken verwenden. Papierzettel oder Geldscheine sind jedoch nicht geeignet.

## VENTILARTEN

Es gibt drei gängige Ventilarten für Fahrradbereifung: Autoventil („Schrader"), Sclaverand („Presta" oder „französisches Ventil") (Abb. 2.39) sowie die hier nicht abgebildeten, allgemein bekannten Dunlop- bzw. Blitzventile. Auto- und Dunlop-/Blitzventil verfügen über einen Ventilschaft mit ca. 8 mm Durchmesser,

ABB. 2.39

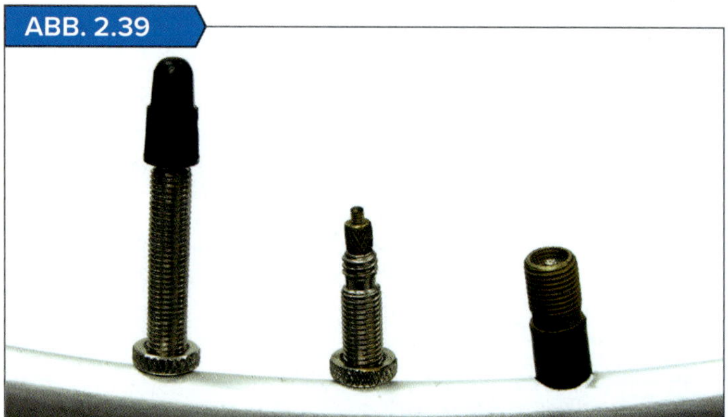

Von links nach rechts: extra langes Sclaverandventil mit Kappe, normales Sclaverandventil und Autoventil ohne Ventilkappen

Das Autoventil verfügt über einen gefederten Ventileinsatz. Zum gezielten Luftablassen wird die Ventilstange mit einem dünnen Innensechskant oder anderen Gegenstand eingedrückt. Zum Aufpumpen dieses Ventils benötigen Sie einen passenden Pumpenkopf, der beim Befüllen die Ventilstange eindrückt.

Der Ventileinsatz beim Autoventil kann (de-)montiert, gereinigt oder ausgetauscht werden, am besten mit einem passenden Werkzeug wie dem Park Tool VC-1 (Abb. 2.40). Auch zum Befüllen mit Dichtmittel muss der Ventileinsatz entfernt werden.

Das Ventilloch der Felge muss auf den Ventilschaft des Schlauches abgestimmt sein. Ein Ventilloch für Sclaverandventile kann mit einem 8,5 mm Handbohrer für Auto- oder Dunlopventil passend aufgebohrt werden. Entfernen Sie anschließend mit einer Rundfeile alle scharfen Kanten. Felgen mit weniger als 15 mm Außenbreite dürfen nicht aufgebohrt werden. Ein Schlauch mit Sclaverandventil kann mittels einer Adapterhülse auch mit einer Felge für 8 mm Ventilschaft kombiniert werden.

ABB. 2.40

Autoventil mit demontiertem Ventileinsatz

Sclaverandventile mit nur 6 mm Durchmesser sind besonders für schmalere Felgen geeignet. Sie werden meistens bei Rennrädern und höherwertigen Mountainbikes verwendet. Bei dieser Ventilart befindet sich eine kleine Rändelmutter an der Ventilspitze. Diese muss zum Öffnen des Ventils gelöst werden (Abb. 2.41). Zum Luftablassen drücken Sie die kleine Gewindestange ins Ventil. Zum Aufpumpen benötigen Sie eine Luftpumpe mit passendem Kopf.

ABB. 2.41

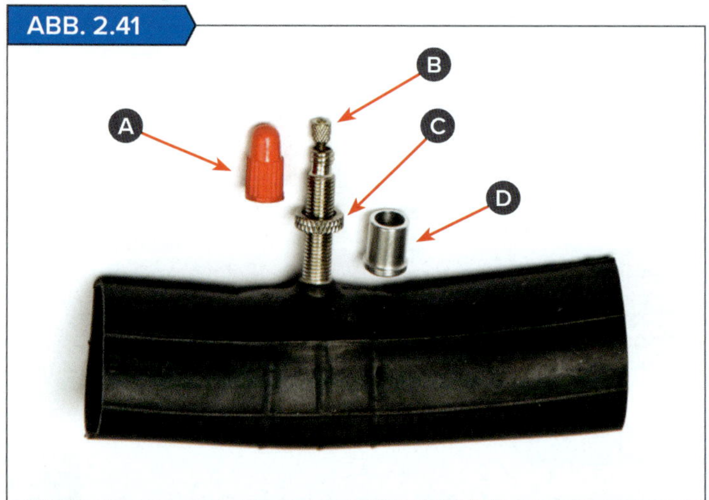


Sclaverandventil im Detail: (A) Ventilkappe, (B) Rändelmutter, (C) Felgenmutter, (D) Adapterhülse für Auto-/Dunlopventilloch

Bei vielen Schläuchen ist der Ventilschaft mit einem Gewinde für eine Ringmutter versehen, die das Ventil in der Felge fixiert. Schrauben Sie diese vor der Montage des Schlauchs ab. Nach Montage und Aufpumpen drehen Sie die Felgenmutter von Hand auf dem Ventilschaft fest. Lösen Sie die Felgenmutter, bevor Sie gezielt Luft ablassen. Wird aus einem prall gefüllten, im Reifen montierten Schlauch Luft abgelassen, bewegt sich das Ventil in den Reifen hinein. Wird es dabei von der Felgenmutter gehindert, kann es ausreißen.

Bei einigen Sclaverandventilen lässt sich der Ventileinsatz wie beim Autoventil austauschen. Achten Sie auf flache Schlüsselaufnahmen unterhalb der Rändelmutter. Entfernen Sie den Ventileinsatz mit einem passenden Werkzeug (Park Tool VC-1) oder (verstellbaren) Maulschlüssel (Abb. 2.42).

ABB. 2.42

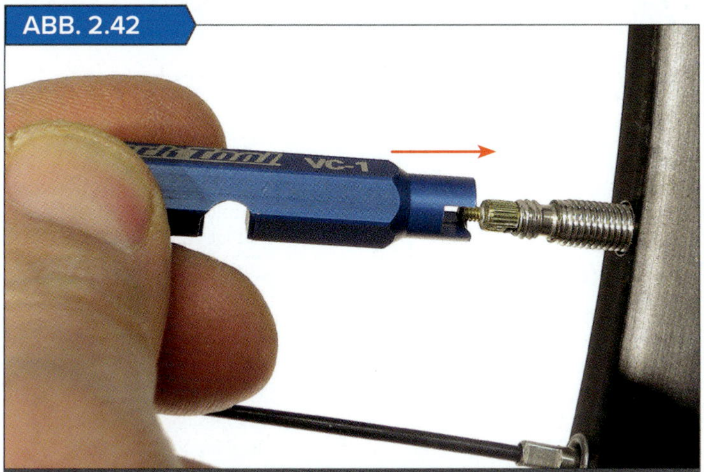


Demontierbares Sclaverandventil mit VC-1

Pumpenköpfe für Sclaverand- und Dunlopventile sind jeweils mit einer engeren Gummidichtung ausgestattet als die für Autoventile und benötigen keinen Mitteldorn. Setzen Sie den Pumpenkopf einfach auf den Ventilschaft und pumpen Sie den Schlauch auf — nachdem Sie beim Sclaverandventil vorher die Rändelschraube gelöst und die Gewindestange kurz eingedrückt haben. Einige Pumpenköpfe verfügen über einen Sicherungshebel zur besseren Verbindung mit dem Ventil, der vor dem Befüllen betätigt werden muss.

Beim Fahrverhalten unterscheiden sich die Ventilarten nicht. Es gibt aber für sehr schmale Schlauchgrößen wegen des größeren Ventilschaftdurchmessers keine Version mit Auto- oder Dunlopventil. Sie lassen sich per Adapter auch mit anderen Pumpenköpfen befüllen (Abb. 2.43).

ABB. 2.43

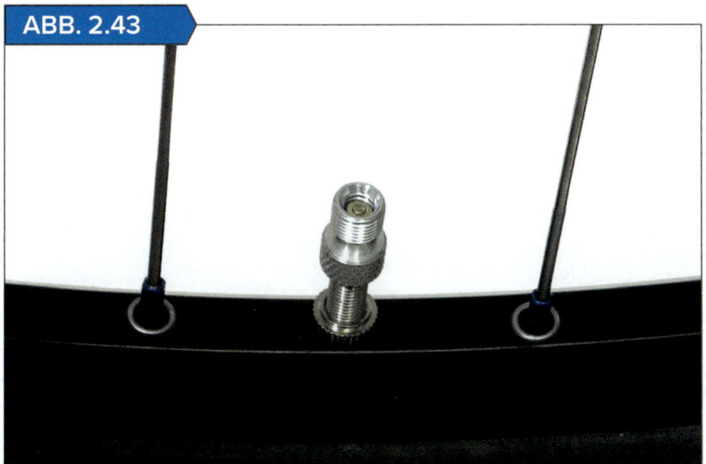

Sclaverandventil mit Adapter für Autoventilpumpe

Ventilschäfte sind in verschiedenen Längen erhältlich. (Aero-)Laufräder mit hoher Felgenflanke benötigen längere Ausführungen (60 oder 80 mm). Außerdem gibt es Schaftverlängerungen, die auf Standardventile geschraubt werden können (Abb. 2.44). Wenn der Schlauch einen austauschbaren Ventileinsatz besitzt, verwenden Sie möglichst einen Adapter, der in das Innengewinde des Ventilschafts passt. Einfachere Versionen, die den Ventilschaft verlängern ohne die Rändelmutter zu sichern, provozieren Druckverlust.

ABB. 2.44

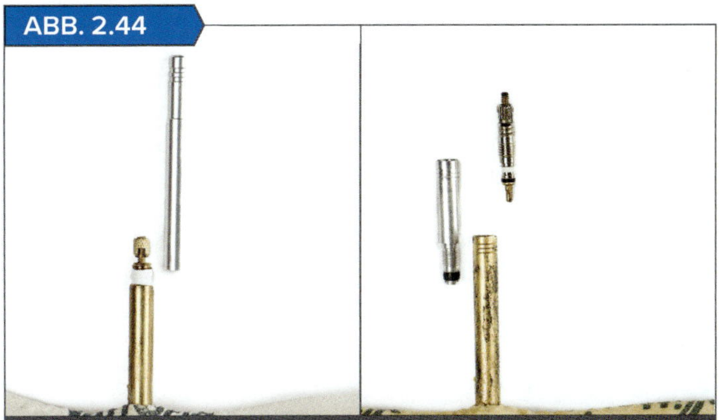

Links: einfache Schaftverlängerung mit loser Rändelmutter, rechts: demontierbarer Ventileinsatz mit doppelt verschraubter Schaftverlängunerug

## REIFEN- & SCHLAUCHGRÖSSEN

Drahtreifen besitzen an den Rändern der Reifenflanken eingearbeitete Verstärkungen aus Stahldraht oder Kunststoff, die Wulstkerne. Sie bilden einen Ring, dessen Durchmesser die Reifengröße bestimmt. Die Reifenwülste müssen nach der Montage auf der Felge unterhalb der Felgenhörner sitzen, damit der aufgepumpte Reifen nicht von der Felge springen kann (Abb. 2.45).

ABB. 2.45

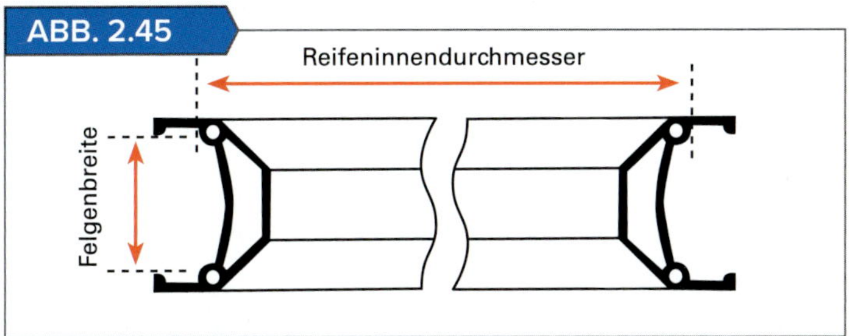


Felgenbreite und Felgenschulter-/Reifeninnendurchmesser

Versuchen Sie keinesfalls Reifen und Felgen mit unterschiedlichen Abmessungen zu kombinieren. Neben dem modernen ETRTO-Standard gibt es zahlreiche weitere, nicht konsistente Größenbezeichnungen für Reifen, die im Laufe der Jahre in verschiedenen Ländern entstanden sind.

Ein antiquiertes, aber immer noch gebräuchliches Reifenmaß sind Zollabmessungen wie 26", 28" oder 29". Dieses Maß bezieht sich nicht auf den relevanten Innendurchmesser des Reifens, sondern vielmehr auf den ungefähren Außendurchmesser des aufgepumpten Reifens. So existieren mehrere 26 Zoll Reifenmaße mit jeweils abweichendem Innendurchmesser. Ein Reifen mit 26" x $1\frac{3}{8}$" zum Beispiel passt nicht auf eine moderne 26" MTB-Felge. Und es gibt noch drei weitere abweichende 26"-Reifenmaße, die nicht miteinander kompatibel sind. Als Faustregel gilt: Reifenmaße mit Bruchzahlen wie zum Beispiel $\frac{1}{2}$, $\frac{3}{4}$ etc. sind nicht kompatibel mit Reifenmaßen in Dezimalzahlen wie 0,5 oder 0,75 etc.

Es gibt noch das alte französische Größensystem. Hier sind die Größenangaben lediglich Referenznummern und geben überhaupt keine Reifenmaße an. Rennräder benötigen 700c Reifen. Diese haben einen Innendurchmesser von 622 mm. „700" bezieht sich demnach auf keinen Durchmesser und das „c" ist Teil der Codierung. Die in diesem System ebenfalls aufgeführten cheren 700c kompatibel. Entsprechend sind 650b Reifen/Felgen nicht mit 650c Reifen/Felgen kompatibel.

Zunehmend setzt sich das moderne und logisch aufgebaute Größensystem der ETRTO (European Tire and Rim Technical Organization) durch, das dem der ISO (International Standards Organization) entspricht. Hier besteht das Reifenmaß aus zwei mit Bindestrich verbundenen Millimeter-Werten. Der größere gibt den Innendurchmesser des Reifens an (z. B. 622). Nur Felgen und Reifen mit demselben Felgenschulter- bzw. Innendurchmesser passen zusammen. Achten Sie auf diese Größenangabe bei Reifen und Felgen. (Abb. 2.46).

ABB. 2.46

Größenangabe nach ISO (ETRTO) neben französischer Codierung

Der kleinere Wert bezeichnet jeweils die Breite des Reifens bzw. die Maulweite der Felge. Grundsätzlich passt ein breiter Reifen gut auf eine breite Felge. Ein schmaler Reifen auf einer breiten Felge führt zu einem eher flachen und breiten Reifenquerschnitt, ein breiter Reifen auf schmaler Felge zu einem birnenförmigen. Bei letzterem nimmt die Reifenhöhe gegenüber der Reifenbreite zu – das Kurvenverhalten wird schwammiger, gleichzeitig wird jedoch der Schutz vor Durchschlägen verbessert. Als Faustregel sollte die Reifenbreite etwa 1,5- bis 2-mal so breit sein wie die Maulweite der Felge. Eine Felge mit 25 mm Breite kann nach ETRTO beispielsweise mit Reifenbreiten zwischen 37 und 57 mm kombiniert werden.

Der Schlauch soll möglichst exakt zum Reifen passen – beim Innendurchmesser ebenso wie bei der Reifenbreite. Die heute üblichen Gruppenschläuche decken jeweils weite Größenbereiche ab. So kann zum Beispiel derselbe Schlauch für Reifen mit ETRTO 630 (27“) oder ETRTO 622 (28“) verwendet werden. Ein für die Reifenbreite zu schmaler Schlauch kann sich zwar auf das erforderliche Maß ausdehnen, wird dadurch aber wesentlich pannenanfälliger. Ein zu breiter Schlauch lässt sich kaum im Reifen montieren und kann beim Aufpumpen aus dem Reifen hervortreten und platzen. In Tabelle 2.1 finden Sie eine Übersicht gängiger Reifengrößen.

## MONTAGE VON REIFEN & SCHLAUCH

Selbst bei Reifen und Felgen gleicher Größe gibt es je nach Hersteller oder Modell Kombinationen, die sich kinderleicht von Hand montieren lassen und andere, die erheblich mehr Montageaufwand erfordern. Verwenden Sie niemals Schraubendreher oder andere spitze Gegenstände als Montagewerkzeug.

**Tipp**: Mit Seifenwasser oder Montagepaste bestrichene Reifenwülste rutschen leichter übers Felgenhorn.

**TABELLE 2.1** *Reifengrößen*

| ÜBLICHE BEZEICHNUNG | ETRTO/ISO REIFEN-NORM | EINSATZBEREICH |
|---|---|---|
| 29" | 622 | MTB mit 29" Reifen, Felgenmaß 622 |
| 27" | 630 | Ältere und billige Rennräder, einige Hollandräder |
| 700c | 622 | Renn-, Gravel- und Hybridräder |
| 28" | 622 | Trekking-, City- und Hollandräder |
| 26 x 1 3/8" | 590 | Ältere Leichtlaufräder, häufig mit 3-Gang oder Kettenschaltung |
| 650b oder 27.5" | 584 | MTB, Gravelräder, Tourenräder in Österreich/Frankreich |
| 26 x 1"–3.7" | 559 | MTB mit 26" Laufrädern |
| 26 x 1 1/2" oder 650c | 571 | Kleinere Rennräder und Triathlonräder |
| 24 x 1"–1.75" | 507 | Jugendräder |
| 20 x 1"–1 1/2" | 451 | BMX, Falt- und Liegeräder (Zollmaße in Bruchzahlen) |
| 20 x 1"–2.2" | 406 | Kinderräder, BMX Freestyle, Falt- und Liegeräder, Anhänger |
| 16 x 1 3/8" | 349 | Falträder, Liegeräder |
| 16 x 1"–2.2" | 305 | Kinderräder, Liegeräder, Anhänger |

**Vorgehen bei der Reifenmontage:**

a. Achten Sie auf eventuell vorhandene Drehrichtungspfeile auf der Reifenflanke.
b. Pumpen Sie nur so viel Luft in den Schlauch, bis er seine Form faltenfrei erreicht hat.
c. Setzen Sie den Schlauch in den Reifen ein, das Ventil bei der Luftdruckangabe auf der Reifenflanke (Abb. 2.47).

ABB. 2.47

Schlauch in den Reifen vor der Montage auf die Felge setzen

d. Prüfen Sie den korrekten Sitz des Felgenbands und lehnen Sie anschließend das Laufrad aufrecht mit dem Ventilloch nach oben gegen Ihre Beine.
e. Setzen Sie Reifen und Schlauch mit dem Ventil ins Ventilloch der Felge und positionieren Sie dieses genau auf die Nabe zeigend. Ein schief montiertes Ventil kann abreißen und zur Panne führen (Abb. 2.48).
f. Setzen Sie jeden Reifenwulst einzeln ins Felgenbett, beginnen Sie mit der Ihnen zugewandten Seite. Die Felgenbettmitte hat einen etwas geringeren Durchmesser. Drücken Sie den Reifenwulst zur leichteren Montage dorthin.

ABB. 2.48

Dieses schief sitzende Ventil wird irgendwann bei der Fahrt abreißen

g. Drücken Sie den Reifenwulst möglichst nur mit den Händen in die Felge. Wenn das nicht ausreicht, benutzen Sie einen Reifenheber, aber achten Sie auf den Schlauch.
h. Heben Sie den Schlauch im Reifen ins Felgenbett.
i. Drücken Sie den zweiten Reifenwulst über die Felgenflanke (Abb. 2.49). Verwenden Sie bei Bedarf einen Reifenheber. Überschreiten Sie dabei nicht den rechten Winkel zwischen Reifenheber und Felgenflanke(Abb. 2.50).

ABB. 2.49

Drücken Sie den zweiten Reifenwulst über die Felgenflanke

ABB. 2.50

Verwenden Sie bei Bedarf einen Reifenheber zur Montage

j. Prüfen Sie beide Reifenflanken auf korrekten Sitz der Reifenwülste und eventuelle Schlauchausbeulungen. Korrigieren Sie bei Bedarf den Reifensitz.
k. Pumpen Sie den Reifen mit geringem Luftdruck auf und prüfen Sie erneut den Reifensitz. Prüfen Sie die dünnen Positionslinien oberhalb der Reifenwülste auf gleichmäßigen Abstand über der Felgenflanke (Abb. 2.51).
l. Pumpen Sie den Reifen voll auf und kontrollieren Sie den Druck mit einem Manometer. Eventuell müssen Sie den Reifen über dem Ventil eindrücken, um den Pumpenkopf aufzusetzen. Bei einem Ventilschaft mit Gewinde schrauben Sie vorher die Felgenmutter nur leicht per Hand fest. Verwenden Sie weder Schlüssel noch Zangen.

ABB. 2.51

Diese Linie beult aus wegen mangelhaften Reifensitzes. Sofortige Entlüftung und Neumontage sind erforderlich.

## TUBELESS REIFENSYSTEME

„Tubeless" also schlauchlose Reifensysteme beim Fahrrad sind mit denen bei Auto oder Motorrad vergleichbar. Das Felgeninnere ist luftdicht versiegelt und die Reifenwülste dichten den Reifen auf der Felge ab. Tubeless Reifen bieten mehr Kontaktfläche mit dem Untergrund, da sie mit geringerem Druck gefahren werden können. Dies verbessert Fahrgefühl und Handling bei Mountainbikes und Cyclocrossrädern. Tubeless Reifen gibt es auch für Rennräder. Ihr Vorteil liegt im reduzierten Rollwiderstand durch den fehlenden Schlauch.

Häufiger Grund für Reifenpannen, gerade bei Geländefahrten, ist ein „Schlangenbiss", wobei der Schlauch beim Überfahren eines Hindernisses zwischen diesem und der Felge eingeklemmt wird. Da bei diesem Reifensystem kein Schlauch eingeklemmt werden kann, tendiert das Pannenrisiko durch „Schlangenbiss" gegen Null. Für Pannen durch größere Löcher im Tubeless Reifen gibt es keine praktikable Methode. Wenn das Dichtmittel das Loch nicht versiegeln kann, sollte der Reifen gewechselt werden. Für die Notfallreparatur einer Reifenpanne unterwegs haben Sie am besten einen Ersatzschlauch dabei.

Dennoch können Tubeless Reifensysteme durch Nägel, Scherben, Dornen oder andere Fremdkörper beschädigt werden. Außerdem kann es durch Mängel an Reifenwulst oder Reifensitz zu Leckagen kommen. Starke seitliche Stöße können „Reifenrülpser" auslösen. Dann wird der Reifenwulst für einen kurzen Moment vom Felgenhorn weggedrückt, sodass etwas Luft entweichen kann. Durch den sinkenden Reifendruck wird das ganze System instabiler, weitere „Rülpser" können folgen, bis der Reifen wieder aufgepumpt wird.

Es gab und gibt verschiedene Designstandards für Tubeless-Systeme. UST (Universal System Tubeless) ist der originale Industriestandard für Tubeless Reifen und Felgen. Ein UST Reifen verfügt über eine luftdichte Innenbeschichtung aus Butyl und speziell geformte Wulstkerne. UST Felgen verzichten auf Felgenlöcher im Felgenbett oder diese sind vollständig abgedichtet. Die Felgenhörner sind exakt auf die Form der Wulstkerne von UST Reifen abgestimmt.

Achten Sie bei der Demontage von Tubeless Reifen darauf, ob sich Dichtmittel im Reifen befindet. Zunächst muss die Luft komplett abgelassen werden. Drücken Sie dann auf einer Seite den Reifenwulst rundum vom Felgenhorn in die etwas flachere Mitte des Felgenbetts. Bei einigen Reifen- und Felgenkombinationen lässt sich der gelöste Reifenwulst ohne Reifenheber von der Felge heben. Verwenden Sie sonst nur Kunststoff-Reifenheber. Nachdem Sie den ersten Reifenwulst komplett über die Felgenflanke gehoben haben, machen Sie das auch mit dem zweiten, um den Reifen komplett von der Felge zu entfernen.

Tubeless Reifen sind mit einem speziellen Sclaverand- oder Autoventil ausgestattet. Es wird luftdicht in der Felge verankert und mit einer Mutter gesichert (Abb. 2.52). Das Ventil bildet eine luftdichte Verbindung auf der Felgeninnenseite. Der Sitz der Reifenwülste auf der Felge kann sehr stramm sein. Drücken Sie daher für etwas mehr Spiel beim Montieren den Reifenwulst in die abgeflachte Mitte des Felgenbetts. Beginnen Sie auf der dem Ventil gegenüberliegenden Felgenseite mit der Montage.

ABB. 2.52

Ventil für Tubeless Reifen

Spezielle Tubeless-Montagemittel erleichtern die Montage und dichten die Felge besser ab. Seifenwasser mit normalem Spülmittel ist ebenfalls gut geeignet (Abb. 2.53).

ABB. 2.53

Seifenwasser erleichtert die Reifenmontage

**Vorgehen zur Montage von Tubeless Reifen:**

a. Prüfen Sie vor Montage des Reifens den Sitz des Ventils in der Felge. Reinigen Sie Reifenwülste und Felgenhörner.
b. Schieben Sie zunächst nur einen Reifenwulst komplett über das Felgenhorn ins Felgenbett, erst danach den zweiten.
c. Heben Sie den ersten Reifenwulst über das Ventil.
d. Drücken Sie den zweiten Reifenwulst ins Felgenbett, wieder gegenüber dem Ventil beginnend.
e. Prüfen Sie, ob beide Reifenwülste vollständig im Felgenbett sitzen und das Ventil sich zwischen ihnen befindet. Jetzt ist der Reifen zum Aufpumpen bereit. Geben Sie dem Reifen nach dem Aufpumpen ein paar Stunden Zeit und überprüfen Sie ihn danach auf schleichende Lecks. Sorgen Sie für den gewünschten Reifendruck zum Fahren.

Das Aufpumpen geht am besten mit einem Kompressor. Durch die große Luftmenge werden die Reifenwülste schnell luftdicht an die Felgenflanken gepresst. Pumpen Sie den Reifen übervoll auf, wenn die Reifenwülste noch nicht richtig sitzen. Sie bewegen sich häufig mit Plopp-Geräuschen in die richtige Position. Prüfen Sie die Reifenflanken mit Seifenwasser auf Blasen und Undichtigkeiten. Lassen Sie bei Bedarf die Luft ab und korrigieren Sie den Reifensitz.

Wenn Luft am Reifenwulst entweicht, sitzt dieser nicht richtig in der Felge. Ein Trick ist das Entfernen des Ventils für mehr Luftdurchfluss. Setzen Sie den Kompressor an, bis die Reifenwülste richtig sitzen. Reifenploppen ist ein gutes Zeichen. Wenn der Reifen richtig sitzt, halten Sie das Laufrad in der Luft und entfernen Sie den Kompressor. Es wird Luft aus dem Reifen entweichen, aber die Reifenwülste sitzen jetzt außen im Felgenbett. Behalten Sie das Laufrad weiter in der Luft, damit der Reifen in korrekter Position bleibt, setzen Sie den Ventileinsatz ein und pumpen den Reifen erneut auf.

Wenn kein Kompressor verfügbar ist,pumpen Sie schnell manuell zum Abdichten des Reifens. Wenn ein Helfer den Reifen mittig auf die Felge drückt, geht es leichter.

Tubeless Reifen benötigen bei der Montage hohes Luftvolumen, um die Reifenwülste schnell an die Felge zu pressen und den Reifen abzudichten. Deshalb ist ein Kompressor praktisch. Wenn die Reifenwülste beim Pumpen trotzdem nicht dichthalten, können Ratschenspanngurt, leerer Schlauch oder Klebeband um die Reifenlauffläche gewickelt helfen (Abb. 2.54).

ABB. 2.54

Ein auf der Lauffläche montierter Schlauch erleichtert das Pumpen

Seifenwasser oder flüssige Seife können Undichtigkeiten am Reifenwulst bei der Montage blockieren. Anschließend zeigen Seifenblasen potenzielle Schwachpunkte des Reifensitzes.

Flüssige Dichtmittel für Tubeless Reifen zur Reparatur kleiner Löcher gibt es von verschiedenen Anbietern. Diese werden am besten vor der Montage des Reifens eingefüllt.

Alle Tubeless Reifensysteme neigen unabhängig von Modell oder Hersteller zu stärkerem Luftverlust als herkömmliche Reifen mit separatem Schlauch. Die Hersteller empfehlen daher, den Reifendruck vor jeder Fahrt zu prüfen und anzupassen.

**Befüllen von Tubeless Reifen mit Dichtmittel:**

a. Montieren Sie einen Reifenwulst auf der Felge.

b. Hängen Sie das Laufrad senkrecht auf, mit dem Ventil in 3- oder 9-Uhr Position. Die Lenkerenden des Fahrrads können gut als Aufhänger verwendet werden.

c. Füllen Sie das Dichtmittel in 6-Uhr Position in den Reifen. Beachten Sie die Angaben zur Füllmenge (Abb 2.55).

ABB. 2.55

Dichtmittel unten in den gelösten Reifen füllen

d. Montieren Sie vorsichtig den zweiten Reifenwulst in der Felge, von unten beginnend (Abb. 2.56).

ABB. 2.56

Reifenwulst von unten nach oben wieder in die Felge drücken

e. Pumpen Sie den Reifen auf und beachten Sie den korrekten Sitz der Reifenwülste.

f. Verteilen Sie das Dichtmittel durch Drehen des Laufrads.

Wenn das Ventil einen entfernbaren Ventileinsatz hat, ist es häufig einfacher, das Dichtmittel bei bereits montiertem Reifen durch den Ventilschaft einzufüllen (Abbildung 2.57). Dafür benötigen Sie eine Spritze oder ähnliches. Solche Spritzen erhalten Sie zum Beispiel in Apotheken, Tierbedarfsmärkten oder beim Tierarzt. Hängen Sie das Laufrad auf, damit der Reifen ohne Luft nicht verrutscht und entfernen Sie den Ventileinsatz. Befüllen Sie den Reifen mit der vom Hersteller empfohlenen Menge Dichtmittel. Setzen Sie den Ventileinsatz ein und pumpen Sie den Reifen wieder auf. Drehen Sie das Laufrad mehrfach, damit das Dichtmittel im Reifen verteilt wird.

ABB. 2.57

Dichtmittel durch Ventilschaft einfüllen

Die beste Methode für die Verteilung des Dichtmittels ist immer noch die Fahrt mit dem Rad.

### TUBELESS-UMRÜSTSETS

Viele Hersteller bieten Umrüstsets für herkömmliche Felgen in Verbindung mit „Tubeless Ready" Reifen an. Die Ergebnisse fallen unterschiedlich aus. Beste Performance bieten immer noch Reifen und Felgen mit UST-Standard.

Die verschiedenen Umrüstsets auf dem Markt bestehen aus bestimmten ähnlichen Komponenten: Ein robustes, luftdichtes Felgenband. Ein Tubeless-Ventil, das in der Felge fixiert wird und mit dem Felgenband luftdicht verbunden wird. Flüssiges Dichtmittel gegen kleinere Lecks im Übergang zwischen Reifen und Felge und im Reifen selbst. Umrüstsets neigen an diversen Punkten zu Luftverlust.

**Vorgehen zum Umrüsten auf Tubeless Reifen:**

a. Entfernen Sie den alten Reifen mit Schlauch und Felgenband. Untersuchen Sie die Innenseiten der Felge auf Dellen, Kerben oder andere Anomalien. Achten Sie auch auf Grate im Felgenbett oder bei den Felgenlöchern. Sorgen Sie für ein glattes Oberflächenfinish der Felge.

b. Reinigen Sie das Felgeninnere mit Aceton, Alkohol oder anderen Mitteln, die keinen öligen Film hinterlassen.

c. Montieren Sie das Felgendichtband, indem Sie es beim Abrollen im Felgenbett sofort stramm ziehen und den gesamten Felgenumfang abdecken (Abb. 2.58). Lassen Sie das Dichtband überlappen und das Ventilloch vollständig abdecken. Achten Sie darauf, dass das Felgeninnere vollständig und gleichmäßig bedeckt ist. Drücken Sie das Dichtband zur besseren Haftung fest an. Denn die Dichtung muss das Felgeninnere luftdicht versiegeln.

d. Stechen Sie mit einem Dorn am Ventilloch vorsichtig ein Loch durch die Felgendichtung. Achten Sie darauf, die Dichtung nicht einzureißen oder aufzuschlitzen.

e. Montieren Sie das Ventil und richten Sie es sorgfältig auf die Nabe aus (Abb. 2.59). Ziehen Sie die Felgenmutter mit der Hand fest. Benutzen Sie dafür keinesfalls Zange oder anderes Werkzeug.

f. Montieren Sie den Reifen und befüllen Sie ihn mit Dichtmittel wie oben beschrieben.

ABB. 2.58

Ziehen Sie das Felgendichtband direkt über das Ventilloch

ABB. 2.59

Stecken Sie das Tubeless-Ventil durch das Felgendichtband

g. Pumpen Sie den Reifen schnell auf, zunächst mit nur geringem Reifendruck. Kontrollieren Sie den Reifensitz. Pumpen Sie den Reifen bis zum gewünschten Druck auf.
h. Drehen Sie das Laufrad zum Verteilen des Dichtmittels im Reifen. Platzieren Sie das Laufrad anschließend horizontal auf der Werkbank und verteilen Sie durch Drehen das Dichtmittel im Bereich des Reifenwulstes. Drehen Sie das Laufrad um und wiederholen Sie den Vorgang für die andere Seite. Kontrollieren Sie den Reifen nach ein paar Stunden und wiederholen Sie den gesamten Vorgang.

Da die meisten Umrüstsets nicht mit UST Felgen kombiniert werden, ist die Reifenmontage manchmal schwierig. Wenn der Abstand zwischen Felgenbett und Felgenhorn zu groß ist, rutschen die Wulstkerne nicht schnell genug in die vorgesehene Position. In diesem Fall empfiehlt es sich nach Demontage des Reifens ein bis zwei Schichten herkömmliches Isolier- oder Gewebeband direkt auf die Felgendichtung zu kleben. Montieren Sie den Reifen und versuchen Sie es erneut.

Es ist nicht unüblich, dass „Tubeless Ready" und andere nicht UST-konforme Reifen an den Reifenflanken etwas undicht sind. Einige Hersteller betrachten dies als „normal" solange die Leckagen nicht zu groß sind. Diese schleichenden Luftaustritte können nach Auftragen von Seifenwasser durch Blasenbildung identifiziert werden (Abb. 2.60). Dieses Phänomen bei nicht UST-konformen Reifensystemen soll letztendlich durch das eingefüllte Dichtmittel beseitigt werden. Beheben lässt es sich sonst nur durch Wahl eines anderen Reifenmodells. Drehen Sie das Laufrad in waagerechter Position, damit das Dichtmittel die kleinen Leckagen versiegeln kann.

ABB. 2.60

Blasen identifizieren Lecks in der Reifenflanke

## MONTAGE DER LAUFRÄDER

Laufräder müssen sorgfältig eingebaut werden. Eine fehlerhafte Montage kann zu Problemen beim Schalten, Bremsen und Fahrverhalten führen. Wenn ein Laufrad nicht sicher in den Ausfallenden sitzt, kann es unterwegs herausspringen – mit fatalen Folgen. Laufräder werden mit Schnellspannern, Achsmuttern oder Steckachsen im Rahmen fixiert.

Der Schnellspanner ist mit zwei kegelförmigen Federn ausgestattet. Deren spitze Enden zeigen zur Radnabe, die breiten nach außen. Sie erleichtern nur die Montage. Falls eine beschädigt wird, kann sie entfernt werden. Sie sind funktionslos, sobald das Laufrad montiert worden ist (Abb. 2.61).

ABB. 2.61

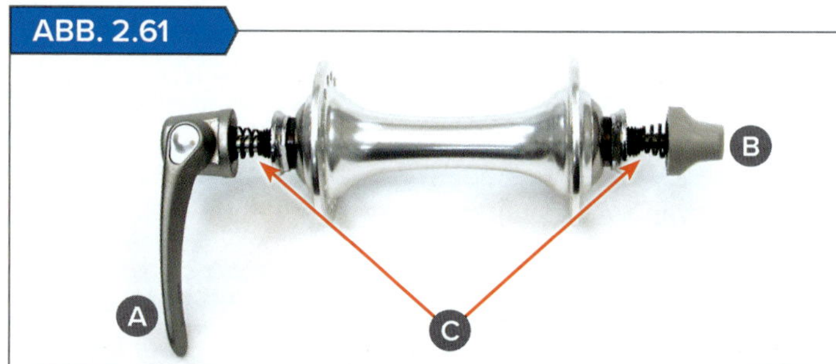


Typische Schnellspannnabe mit (A) Hebel, (B) Einstellmutter und (C) Federn

Die Steckachse der Schnellspannabe setzt die Hohlachse mit einem Exzenter unter Vorspannung und fixiert sie so in den Ausfallenden. Es ist sehr wichtig, dass die Steckachse vollständig und bündig fixiert wird. Denn über die Vorspannung wird Druck auf die Nabenlager ausgeübt. Die meisten Steckachsen stellt man richtig ein, indem man den Hebel halb geöffnet in Verlängerung der Achse positioniert und die Einstellmutter auf der anderen Seite handfest gegen das Ausfallende dreht (Abb. 2.62 bis 2.65). Beim Schließen des Hebels muss Widerstand spürbar sein, sodass die Nabe mit einer Vierteldrehung sicher geklemmt wird. Schmieren Sie den Exzenter bei Bedarf.

ABB. 2.62

Vollständig geöffneter Schnellspannhebel

ABB. 2.63

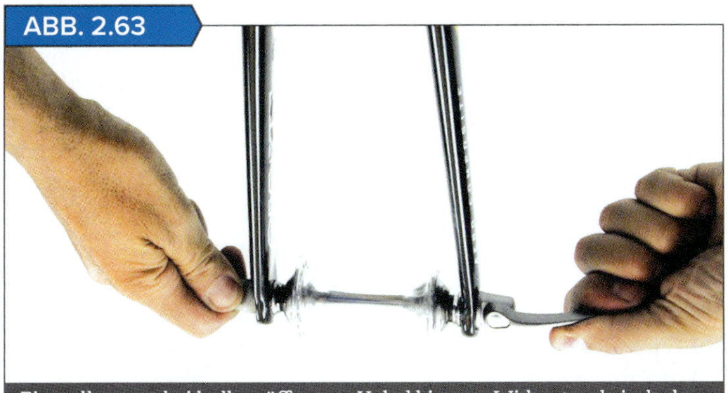

Einstellmutter bei halb geöffnetem Hebel bis zum Widerstand eindrehen

ABB. 2.64

Der geschlossene Hebel soll im rechten Winkel zur Nabenachse stehen

ABB. 2.65

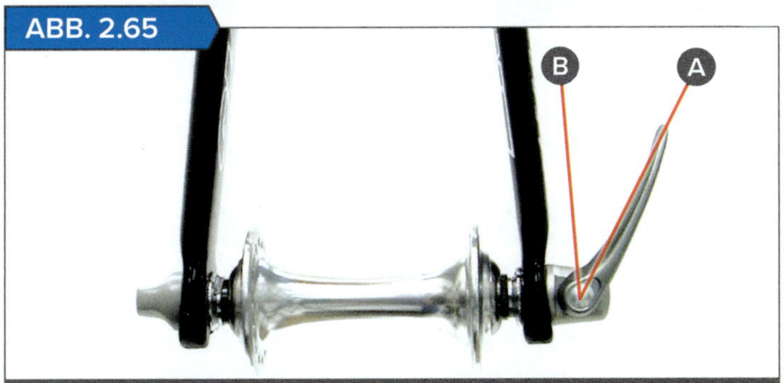


(A) Hebel nicht sicher geschlossen, (B) Hebel vollständig geschlossen

Der Exzenter schließt erst zuverlässig, wenn sich der Hebel im rechten Winkel zur Nabenachse bzw. parallel zur Längsachse des Fahrrads befindet. Prüfen Sie die Hebelstellung sorgfältig. Wenn der Hebel nicht vollständig geschlossen ist, wird das Laufrad nicht sicher fixiert (Abb. 2.65). Überprüfen Sie nochmals Spannhebel und Einstellmutter sowie den Anpressdruck.

ABB. 2.66

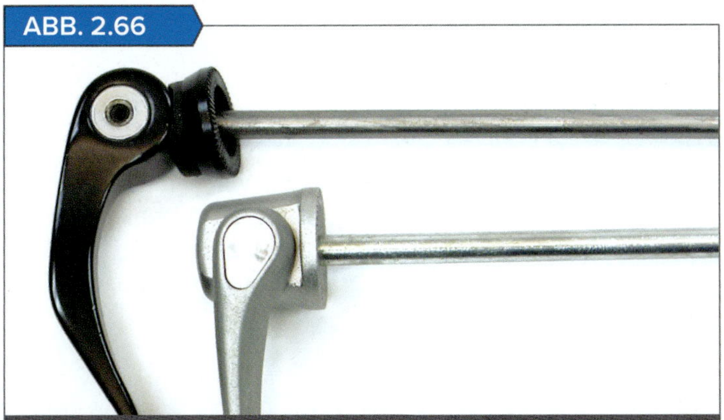

Steckachse mit offenem (oben) und geschlossenem Exzenter (unten)

Die Enden der Hohlachse dürfen nie über die Außenseiten der Ausfallenden vorstehen, damit der Schnellspannmechanismus einwandfrei funktioniert. Andernfalls ist das Laufrad nicht sicher montiert. Wenn Sie ein Laufrad austauschen, achten Sie darauf, dass es richtig in Rahmen bzw. Gabel passt.

Vielfach gibt es Steckachsen mit offenliegendem Exzentersystem (Abb. 2.66). Hier sind Exzenter und Druckpunkte nicht nur sichtbar sondern auch Staub und Schmutz ausgesetzt. Bei dieser Version kann die Einstellung des Hebels auf halbem Weg manchmal zu stramm sein. Dennoch müssen auch diese Steckachsen mit Kraft geschlossen werden. Sie benötigen sorgfältige Schmierung für die einwandfreie Funktion. Erfragen Sie den spezifischen Anpressdruck bei den jeweiligen Herstellern. Die geschlossenen Exzentersysteme sollten auch geschmiert werden, sind jedoch besser gegen Schmutz und Nässe geschützt.

**Vorgehen beim Laufradeinbau an offenen Ausfallenden:**

a. Lassen Sie den Schnellverschluss der Felgenbremse offen.

b. Bewegen Sie den Schnellspannhebel in die vollständig geöffnete Position.

c. Setzen Sie das Laufrad in die Ausfallenden ein, mit dem Schnellspannhebel in Fahrtrichtung links.

**Vorderrad:** Führen Sie die Felge bzw. Bremsscheibe zwischen die Bremsbeläge. Ziehen Sie die Nabe in den Ausfallenden bis zum Anschlag nach oben.

**Hinterrad:** Positionieren Sie das Schaltwerk in der äußersten Stellung (kleinstes Ritzel). Klappen Sie das Schaltwerk zurück (Abb. 2.67). Platzieren Sie die Ritzel zwischen oberem und unterem Kettenabschnitt und legen Sie die Kette aufs kleinste Ritzel.

ABB. 2.67

Schaltwerk zurückklappen für leichteren Einbau des Hinterrads

d. Führen Sie die Felge bzw. Bremsscheibe zwischen den Bremsbelägen hindurch. Ziehen Sie die Achse vollständig auf- und/oder rückwärts in die Ausfallenden. Die genaue Bewegungsrichtung hängt von der Form der Ausfallenden ab. Es kann nötig sein, zum Einsetzen der Nabe den Hinterbau etwas auseinander zu biegen.

e. Justieren Sie die Einstellmutter und schließen Sie den Schnellspannhebel. Das Laufrad muss sich mittig zwischen den Gabelbeinen bzw. Hinterbaustreben befinden. Falls nötig, öffnen Sie den Schnellspanner, justieren Sie das Laufrad und schließen Sie den Hebel wieder. Schnellspanner und Einstellmutter müssen beide vollständig auf den Ausfallenden aufliegen.

f. Überprüfen und sichern Sie die endgültige Position des geschlossenen Schnellspannhebels.

**Vorderrad**: Platzieren Sie den Hebel so, dass er sich in geschlossener Position direkt vor dem linken Gabelbein befindet (Abb. 2.68 und 2.69). Ist dies nicht möglich, korrigieren Sie die Position des Hebels.

ABB. 2.68

Schnellspannhebel möglichst nah vor dem linken Gabelbein platzieren

ABB. 2.69

Der Hebel muss auf jeden Fall vollständig geschlossen sein

**Hinterrad:** Sorgen Sie dafür, dass der geschlossene Hebel zwischen linker Sitz- und Kettenstrebe sitzt, außer diese Position verhindert das vollständige Schließen des Hebels (Abb. 2.70). Diese Stellung bietet eine gute Abstützung beim Öffnen und Schließen des Hebels.

ABB. 2.70

Hebel möglichst zwischen linker Sitz- und Kettenstrebe positionieren

g. Schließen Sie die Felgenbremse, falls vorhanden.
h. Prüfen Sie die Ausrichtung der Bremsbeläge durch Ziehen des Bremshebels. Drehen Sie das Laufrad und prüfen Sie dabei die korrekte Position der Bremsbeläge an der Felge bzw. Bremsscheibe. Hinweise zur Ausrichtung der Bremsbeläge finden Sie je nach Bremsentyp in Kapitel 13 bzw. 14. Sollte das Laufrad nicht mittig im Rahmen sitzen, können Fehler an Rahmen, Gabel oder Laufrad vorliegen.

Wenn es schwierig ist, die Nabe korrekt in den Ausfallenden zu platzieren, ist es hilfreich, das Vorderrad ins auf dem Boden stehende Fahrrad einzubauen. Die Schwerkraft drückt die Laufradachse dabei vollständig in die Ausfallenden.

## VORDERRÄDER MIT BREMSSCHEIBEN IN OFFENEN AUSFALLENDEN

Für Fahrräder mit Scheibenbremsen gilt grundsätzlich die obige Montageanleitung. Die Bremsscheibe muss dabei zusätzlich im Bremssattel positioniert werden. Achten Sie auf die korrekte Position der Bremsbeläge (Abb. 2.71).

ABB. 2.71

Rotor zwischen den Bremsbelägen in den Bremssattel einsetzen

Wenn das Fahrrad über hydraulische Scheibenbremsen verfügt, ziehen Sie bei ausgebauten Laufrädern nicht an den Bremshebeln. Dadurch werden die Bremszylinder herausgedrückt und der Einbau des Laufrads durch die näher zusammenstehenden Bremsbeläge erschwert. Diese müssen erst wieder auseinander gespreizt werden.

Vorderräder mit Bremsscheibe benötigen besondere Sorgfalt bei der Montage. Beim Bremsvorgang entstehen Kräfte an der Bremsscheibe, die das Laufrad tendenziell aus den Ausfallenden der Gabel herausziehen. Wenn das Vorderrad nicht wirklich einwandfrei in der Gabel fixiert ist, kann es beim Bremsen während der Fahrt zu schweren Stürzen kommen.

## STECKACHS-SYSTEME

Der Einbau von Laufrädern mit Steckachse ist im Prinzip genau wie beim klassischen Ausfallende, nur dass die Steckachse beim Einsetzen des Laufrads außen vor bleibt. Die geschlossenen Steckachs-Ausfallenden haben normalerweise Aussparungen in welche die Achsenden eingesetzt werden (Abb. 2.72). Das erleichtert die Montage der Steckachse durch die Ausfallenden und Nabe.

ABB. 2.72

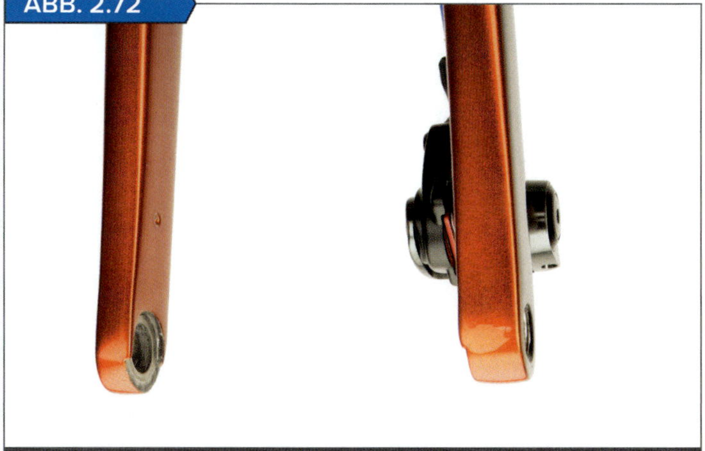

Aussparung in Steckachs-Gabel zur Aufnahme der Nabenendkappe

Setzen Sie beim Vorderrad die Bremsscheibe zwischen die Bremsbeläge und die Nabe zwischen die Ausfallenden der Gabel. Montieren Sie die Steckachse vom gewindelosen Ausfallende durch die Nabe. Eventuell müssen Sie das Laufrad zum Ausrichten etwas kippeln, bis das Gewinde der Steckachse im Ausfallende fasst. Sichern Sie die Steckachse sorgfältig. Klappen Sie zur Montage des Hinterrads das Schaltwerk zurück, um Platz für den Zahnkranz zu schaffen, positionieren Sie die Bremsscheibe zwischen den Bremsbelägen und setzen Sie die Nabe in die Ausfallenden. Montieren und sichern Sie die Steckachse.

## VOLLACHSEN

Bei Vollachsen mit Achsmuttern kommen Unterlegscheiben zwischen Mutter und Außenseite des Ausfallendes (Abb. 2.73). Schrauben Sie die Muttern fest und prüfen Sie die Ausrichtung des Laufrads. Bei Vorderrädern fungieren die Unterlegscheiben häufig als Ausfallsicherung.

ABB. 2.73

Vollachse mit Unterlegscheibe in horizontalem Ausfallende

TABELLE 2.2 *Troubleshooting*

| SYMPTOM | MÖGLICHE URSACHE | LÖSUNG |
|---|---|---|
| Neu montierter Schlauch ist undicht | Schlauch bei Montage beschädigt | Neuen Schlauch besorgen und vorsichtig montieren, besondere Sorgfalt bei Reifenhebern nötig |
| Neu montierter Schlauch platzt sofort | 1. Schnitt im Reifen lässt Schlauch platzen<br>2. Fehlerhafter Wulst verhindert korrekten Reifensitz | Nach Bedarf neuen Schlauch/Reifen besorgen und sorgfältig montieren |
| Neu montierter Reifen dreht nicht gerade auf der Felge | 1. Reifen sitzt nicht korrekt in der Felge<br>2. Beschädigte Reifenkarkasse | 1. Reifen entlüften, Reifenwülste mit Seifenwasser schmieren und neu aufpumpen<br>2. Bei korrektem Reifensitz den wahrscheinlich defekten Reifen austauschen |
| Tubeless-Reifen nicht befüllbar | Reifenwülste sitzen nicht richtig in der Felge | 1. Ventil entfernen und mit Kompressor befüllen<br>2. Auf inkompatible Reifen-/Felgenkombi prüfen |
| Neuer montierter Schlauch in 24 h wieder platt | Ursache für Platten noch im Reifen vorhanden | Reifen demontieren und untersuchen, neuen Schlauch montieren |
| Geflickter Schlauch am Flicken undicht | Fehlerhafter Flickvorgang, wahrscheinlich wegen zu wenig Klebstoff oder Verunreinigung | Schlauch demontieren und fehlerhaften Flicken ersetzen. Eher schwierig, daher ist Austausch des Schlauchs die bessere Option. |

KAPITEL 3

# ZAHNKRANZ

Der Zahnkranz sitzt als Ein- oder Mehrfachversion am von der Kette angetriebenen Laufrad, meist dem Hinterrad. Diese auch als Ritzel bezeichnete Antriebskomponente muss als Verschleißteil gelegentlich ausgetauscht werden. Für die Wartung der Nabe ist der Zahnkranz häufig zu demontieren.

Der Freilauf am Hinterrad ermöglicht das Rollen des Fahrrads im Leerlauf, also ohne Kette und Tretkurbel zu bewegen. Das Ritzelpaket steht unabhängig von der sich drehenden Nabe still, wenn der Fahrer aufhört zu treten, rastet aber bei Vorwärtsdrehen der Tretkurbel wieder ein, um den Vortrieb zu gewährleisten. Die integrierten Lager sorgen für die Drehbarkeit der Ritzel. Es gibt etwas Spiel bei dieser Lagerung. Daher sieht das im Leerlauf drehende Laufrad so aus, als ob die Ritzel seitlich hin und her wackeln. Das ist normal und kein Grund zur Sorge, denn sobald die Tretkurbel bewegt wird, verriegeln sich Innen- und Außenteile dieses Systems und das Wackeln ist vorbei.

Bei Fahrrädern mit Kettenschaltung gibt es zwei Systeme, Ritzel und Nabe miteinander zu verbinden: Die moderne Kassettennabe besitzt einen Freilaufkörper an der rechten Außenseite (Abbildung 3.1). Dieser Zylinder fungiert als Kupplung. Die Sperrklinken im Innern rutschen im Leerlauf über die Antriebswelle und rasten zur Kraftübertragung ein, wenn die Tretkurbel bewegt wird. Der Freilaufkörper ist zur Aufnahme der passenden Ritzelkassette auf der Außenseite geschlitzt. Schlitzmuster, Durchmesser, Baubreite des Freilaufkörpers sowie Ritzelabstände der Kassetten variieren bei den Herstellern. Viele Modelle von Marken wie Shimano®, SRAM® oder Microshift® sind kompatibel. Es gibt aber auch eigenständige Versionen von Shimano®, SRAM® und Campagnolo®, die nicht zum üblichen Muster passen.

ABB. 3.1

Ritzelkassette links mit passendem Freilaufkörper rechts

Die Kassette wird durch einen Sicherungsring mit Gewinde auf der Nabe verriegelt (Abbildung 3.2). Der Freilaufkörper bleibt an der Nabe, wenn die Ritzelkassette demontiert wird. Dieses System wird bei den meisten hochwertigen Fahrrädern mit Kettenschaltung verwendet. Die Abstände zwischen den Ritzeln sinken, je mehr sich auf der Kassette befinden. Freilaufkörper mit hoher Ritzelkapazität sind mit passenden Distanzringen für Kassetten mit weniger Ritzeln einsetzbar. Anders herum funktioniert dies jedoch nicht.

ABB. 3.2

Sicherungsring neben Kassette auf Freilaufkörper

Ältere, einfache Rennräder und einige Singlespeeds sind mit Schraubkranz ausgestattet. Dabei verfügt die Nabe auf der rechten Seite über ein großes Gewinde, meist mit BSA-Maß 1.37" x 24 tpi (Abbildung 3.3). Die Ritzel sind auf einem eigenen Freilaufkörper angeordnet, der komplett auf die Nabe geschraubt wird. Schraubkränze sind mit 1 bis 9 Ritzeln erhältlich. Einzelne Ersatzritzel gibt es normalerweise nicht, sodass bei Verschleiß der gesamte Schraubkranz getauscht wird.

ABB. 3.3

Gewindenabe mit passendem Schraubkranz

Mit einem einfachen Test lässt sich feststellen, ob es sich um Kassette oder Schraubkranz handelt: Schauen Sie bei ausgebautem Laufrad seitlich auf die Ritzel. Dort befindet sich die Werkzeugaufnahme mit Nocken oder Schlitzen für den Ritzelabzieher. Wenn die Schlitze sich beim Rückwärtsdrehen der Ritzel mitbewegen, handelt es sich um ein Kassettensystem, bleiben sie stehen, haben Sie einen Schraubkranz vor sich.

## (DE-)MONTAGE VON RITZELKASSETTEN

Bei modernen Kassetten sind alle Ritzel geschlitzt. Sie werden auf den Freilaufkörper geschoben und mit einem Sicherungsring verriegelt. Dieser sitzt an der Außenseite des kleinsten Ritzels. Oft ist er mit dem Wort „LOCK“, einem in Schließrichtung weisenden Pfeil und Drehmomentwert markiert. Zum Lösen wird er gegen den Uhrzeigersinn gedreht. Seine gezahnte Unterseite sorgt für sicheren Sitz im montierten Zustand. Beim Lösen kann es daher zu lautem Klicken oder Knirschen kommen.

Es gibt zwei nicht kompatible Standardmaße für den Sicherungsring: Kassetten von Shimano®, SRAM®, Chris King®, Microshift®, Sun Race®, American Classic® und anderen sind mit einem zwölffach geschlitzten Sicherungsring mit ca. 23,5 mm Durchmesser ausgestattet (Abb. 3.4). Verwenden Sie dafür einen der Park Tool Abzieher aus der FR-5 Serie. Siehe Tabelle 3.1.

Kassetten von Campagnolo® nutzen ebenfalls einen 12-fach geschlitzten Sicherungsring, jedoch mit ca. 22,8 mm Durchmesser. Verwenden Sie hier den Park Tool Abzieher BBT-5/FR-11. Obwohl sich beide Abziehermodelle ähneln, sind sie nicht austauschbar.

Zwischen den einzelnen Ritzeln einer Kassette sitzen Distanzringe. Einige Hersteller integrieren diese in die Ritzel selbst, die Ringe sitzen mit den Ritzeln auf durchlaufenden Bolzen oder einfach lose auf dem Freilaufkörper. Meist haben die Distanzringe einer Kassette dasselbe Maß, sodass ihre Reihenfolge egal ist. Dennoch sollten Sie auf die Montagerichtung der Ringe beim Entfernen von der Kassette achten. Hilfreich ist dafür bei der Demontage ein Kabelbinder oder ein Stück Schnur.

Beachten Sie auch zusätzliche Distanzscheiben hinter der Kassette. Diese werden manchmal als Adapter für schmalere Kassetten auf breiteren Freilaufkörpern verwendet, zum Beispiel für eine 8-fach Kassette auf einem 10-fach Freilaufkörper.

Für die allermeisten Ritzelkassetten ist der Demontagevorgang identisch. Die Bauweise der Achse verhindert häufig den vollständigen Sitz des Abziehers in der Kassettenaufnahme. Wenn das Laufrad über eine Schnellspannachse verfügt, kann der Schnellspanner als Sicherung für den Abzieher dienen. Bei Steckachssystem ist dies nicht möglich. Entsprechend sorgfältig müssen Sie auf den optimalen Sitz des Abziehers achten, um sein Abrutschen zu vermeiden.

**Demontage von Zahnkranzkassetten:**

a. Setzen Sie das Fahrrad in den Montageständer und bauen Sie das Hinterrad aus.
b. Demontieren Sie Schnellspanner oder Achsmutter. Für den FR-5.2H bleibt der Schnellspanner in der Achse, da die Einstellmutter als Werkzeugführung dient.
c. Wählen Sie den für die Kassette passenden Abzieher.
d. Setzen Sie den Abzieher auf den Sicherungsring.
   1. Bei offenen Ausfallenden montieren Sie den FR-5.2 zusammen mit dem Schnellspanner als Sicherung, die Einstellmutter auf dem Abzieher (Abbildung 3.4).
   2. Bei FR-5G oder FR-5.2GT übernimmt der Führungsstift die sichernde Funktion des Schnellspanners.

ABB. 3.4

Schnellspanner als Abrutschsicherung für den Abzieher

e. Fixieren Sie die Kassette mit einem Ritzelabnehmer in Uhrzeigerrichtung. Drehen Sie den Abzieher des Sicherungsrings mit einem passenden Schlüssel gegen den Uhrzeigersinn (Abb. 3.5). Für das Lösen des Sicherungsrings benötigen Sie höheren Kraftaufwand.

ABB. 3.5

Lösen des Sicherungsrings mit Körpergewicht und optimalem Hebel

f. Drehen Sie den Abzieher nur eine volle Umdrehung gegen den Uhrzeigersinn. Entfernen Sie Schnellspanner oder Achsmutter, bevor Sie den Sicherungsring weiter lösen.
g. Fixieren Sie die Ritzel und drehen Sie den Abzieher weiter, bis der Sicherungsring vollständig gelöst ist.
h. Entfernen Sie Sicherungsring und Ritzel vom Freilaufkörper. Beachten Sie die Montagerichtung der Distanzscheiben. Sie müssen später genau so montiert werden.

Zur Montage von Kassette und Sicherungsring wird der Ritzelabnehmer nicht benötigt, denn die Sperrklinken fixieren den Freilaufkörper in dieser Drehrichtung. Halten Sie das Laufrad beim Anziehen des Sicherungsrings gut fest. Als Korrosionsschutz für den Freilaufkörper empfiehlt sich zuvor das Einschmieren mit Lager- oder Montagefett.

**Montage von Zahnkranzkassetten:**

a. Lokalisieren Sie den breiten Schlitz des Freilaufkörpers.
b. Lokalisieren Sie die breite Führungsnase am Ritzelpaket, passend zum Schlitz des Freilaufkörpers (Abb. 3.6).

ABB. 3.6

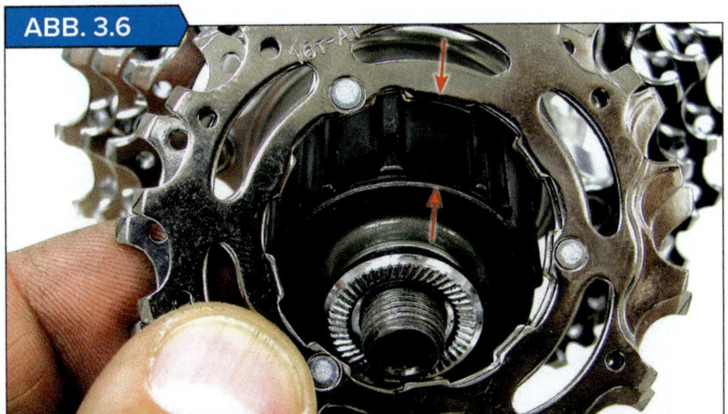

Breiter Schlitz und Führungsnase bestimmen die Montagerichtung

c. Montieren Sie alle Ritzel. Achten Sie dabei auf die richtige Reihenfolge der Distanzringe.
d. Schmieren Sie das Gewinde des Sicherungsrings und schrauben Sie ihn auf den Freilaufkörper.
e. Setzen Sie den Abzieher auf den Sicherungsring und montieren Sie zur Sicherung Schnellspanner oder Achsmutter.
f. Drehen Sie die Justiermutter des Schnellspanners handfest gegen den Abzieher. So sichern Sie ihn wirksam vor möglichem Abrutschen.
g. Drehen Sie den Abzieher im Uhrzeigersinn, bis der Sicherungsring fest verriegelt ist (Abb. 3.7).

ABB. 3.7

Sicherungsring im Uhrzeigersinn verriegeln

Das Schlitzmuster ist bei vielen Marken und Modellen von Freilaufkörpern und Kassetten identisch, was eine breite Kompatibilität ermöglicht. Allerdings variieren Freilaufkörper in der Breite und passen daher nicht für alle Kassettenformen. Ältere 7-fach Freilaufkörper sind für 8-fach Kassetten und mehr zu kurz. Shimano® bietet verschiedene Freilaufkörper für "Dynasys" MTB-Kassetten an, die sich von den Road-Systemen mit gleicher Ritzelzahl unterscheiden. Überprüfen Sie bei Bedarf die Herstellerangaben.

Das Shimano® 12-Ritzelsystem weicht von der traditionellen

**TABELLE 3.1** *Kassetten-, Schraubkranz- und Freilaufabzieher*

| KASSETTEN- ODER SCHRAUBKRANZMARKE | ABZIEHERAUFNAHME | ABZIEHERMODELL | MODELL & BESCHREIBUNG |
|---|---|---|---|
| Kassetten von Shimano®, SRAM®, Sun Race® und Microshift® |  |  | Park Tool FR-5.2, FR-5.2G, FR-5.2GT, FR-5H<br>12 Schlitze<br>ca. 23,5 mm Durchmesser |
| Kassetten von Campagnolo® und Miche® |  |  | Park Tool BBT-5/FR-11<br>12 Schlitze<br>ca. 22,8 mm Durchmesser |
| Schraubkränze von Shimano®, Sun Race® und Sachs® |  |  | Park Tool FR-1.3<br>12 Schlitze<br>ca. 23 mm Durchmesser |
| Schraubkränze von Suntour® mit zwei Kerben |  |  | Park Tool FR-2<br>2 Nocken<br>25 mm Abstand |
| Schraubkränze von Suntour® mit vier Kerben |  |  | Park Tool FR-3<br>4 Nocken<br>24 mm Abstand |
| Schraubkränze von Atom®, Regina® sowie einige „Schwinn®-kompatible" |  |  | Park Tool FR-4<br>20 Schlitze<br>ca. 21,6 mm Durchmesser |
| Schraubkränze für Singlespeed und BMX |  |  | Park Tool FR-6<br>4 Nocken<br>40 mm Abstand |
| Schraubkränze von Falcon® |  |  | Park Tool FR-7<br>12 Schlitze<br>ca. 23 mm Durchmesser<br>(etwas größer als FR-1) |
| Freilaufschraubkranz für Singlespeed (30 mm Gewinde, „Flip-Flop Nabe") |  |  | Park Tool FR-8<br>4 Nocken<br>32 mm Abstand |

Bauform ab. Zwar gibt es den externen Sicherungsring mit der für Shimano® Kassetten typischen Werkzeugaufnahme, doch sein Gewinde hat einen kleineren Durchmesser. Das Vorgehen zur (De-)Montage ist genau wie vorher beschrieben.

Die 11- und 12-fach Ritzelsysteme von SRAM® besitzen ein eigenständiges Design für Freilaufkörper und Ritzelkassette. Mit SRAM® XD™ und XDR™ Freilaufkörpern kompatible Kassetten passen nicht auf die üblichen Freilaufkörper mit Sicherungsring am Ende. Stattdessen ist eine Sicherungshülse in den Kassettenkorpus integriert und wird über die Werkzeugaufnahme an der Außenseite der Kassette gedreht (Abb. 3.8). Für SRAM® XD™ und XDR™ kompatible Kassetten passen alle Park Tool Abzieher der FR-5 Serie.

ABB. 3.8

SRAM® XX1® Kassette mit passendem Freilaufkörper

Schmieren Sie vor der Kassettenmontage zunächst die Gewinde. Schieben Sie die Kassette auf den Freilaufkörper, wegen der symmetrischen Schlitzung ist die Montagerichtung egal. Schrauben Sie mit dem Abzieher die Sicherungshülse in den Freilaufkörper und sichern Sie diese analog zu den herkömmlichen Modellen.

Die Demontage der SRAM® XD™ und XDR™ Kassette verläuft wie sonst auch: Fixieren Sie den Kassettenkörper mit einem Ritzelabnehmer (Abb. 3.9). Setzen Sie einen passenden Abzieher auf die Sicherungshülse und drehen Sie ihn gegen den Uhrzeigersinn, bis die Hülse vollständig gelöst ist. Ziehen Sie die Kassette vom Freilaufkörper ab.

ABB. 3.9

Für XD™ und XDR™ passendes Abzieherwerkzeug

## (DE-)MONTAGE VON SCHRAUBKRÄNZEN

Schraubkränze bestehen aus zwei wesentlichen Bauteilen: dem äußeren Ritzelträger, der frei gegen den Uhrzeigersinn auf dem inneren Freilaufgrundkörper dreht. Letzterer verfügt links über ein Innengewinde zur Montage auf der Schraubkranznabe. Auf der rechten Seite befinden sich Kerben oder Schlitze zur Aufnahme eines Abziehers. Da es über die Jahre sehr viele Hersteller und Modelle gegeben hat, gibt es für einige ältere Schraubkränze eventuell keine passenden Abzieher.

Stellen Sie zur Demontage fest, um welches Zahnkranzmodell es sich handelt und welcher Abzieher dafür passt. Bauen Sie dafür am besten das Laufrad aus. Der Abzieher muss genau zum Schraubkranz passen, da sonst Werkzeug und/oder Zahnkranz beschädigt werden können. Marken- und Modellname befinden sich meistens auf der Außenseite nahe der Achse. Es gibt auch Versionen mit Sicherungsring, der die Ritzel auf dem Schraubkranz fixiert. Verwechseln Sie diese nicht mit Kassettensystemen. In Tabelle 3.1 finden Sie einen Überblick über die gängigsten Schraubkränze mit den zugehörigen Abziehern.

**Demontage von Schraubkränzen:**

a. Setzen Sie das Fahrrad in den Montageständer und demontieren Sie das Hinterrad.
b. Entfernen Sie den Schnellspanner oder die zahnkranzseitige Achsmutter.
c. Wählen Sie den passenden Abzieher.
d. Setzen Sie den Abzieher in die Zahnkranzaufnahme.
e. Montieren Sie den Schnellspanner so, dass die Justierschraube auf der Außenseite des Abziehers sitzt.
f. Drehen Sie die Justierschraube des Schnellspanners oder die Achsmutter handfest gegen den Abzieher. So ist er wirksam vor dem Abrutschen gesichert.
g. Drehen Sie den Abzieher mit einem passenden Schlüssel gegen den Uhrzeigersinn (Abb. 3.10). Es bedarf einiger Kraft zum Lösen des Schraubkranzes. Eine weitere Möglichkeit ist, den Abzieher in einen Schraubstock einzuspannen und das Laufrad gegen den Uhrzeigersinn zu drehen.

ABB. 3.10

Abzieher zum Lösen des Schraubkranzes gegen den Uhrzeigersinn drehen

h. Drehen Sie den Abzieher zunächst nur eine volle Umdrehung. Entfernen Sie Schnellspanner bzw. Achsmutter und lösen Sie den Zahnkranz vollständig von der Nabe.

**Montage von Schraubkränzen:**

a. Schmieren Sie das Gewinde des Schraubkranzes großzügig mit Montage- oder Lagerfett (Abb. 3.11). Fehlende Schmierung kann zu korrosionsbedingtem Festfressen führen.

ABB. 3.11

Schraubkranzgewinde großzügig mit Montagefett schmieren

b. Legen Sie das Laufrad flach hin. Halten Sie den Schraubkranz parallel zum Laufrad und setzen Sie ihn auf das Nabengewinde. Die Laufradachse muss sich mittig in der Zahnkranzöffnung befinden. Falls nicht, ist der Schraubkranz verkantet (Abb. 3.12). Richten Sie ihn dann neu aus.

ABB. 3.12

Auf der Nabe verkanteter Schraubkranz. Sofort korrigieren!

c. Schrauben Sie den Zahnkranz von Hand fest.

d. Den festen Sitz des Zahnkranzes erreichen Sie durch Drehen mit einem Ritzelabnehmer im Uhrzeigersinn oder durch kräftiges Treten der Pedale während der Fahrt.

e. Prüfen Sie nach Montage eines neuen Zahnkranzes oder Laufrads die Stoppschrauben und die Synchronisierung der Schaltung. Details finden Sie in Kapitel 10.

Nur bei wenigen Schraubkränzen lassen sich einzelne Ritzel austauschen. Die Ritzel werden entweder durch einen separaten Sicherungsring fixiert oder das kleinste Ritzel erfüllt diesen Zweck. Für viele Modelle sind jedoch kaum noch einzelne Ersatzritzel lieferbar. Daher besteht selten ein Grund, sie vom Schraubkranz zu entfernen. Zur Reinigung der Ritzel ist die Demontage nicht erforderlich.

## SINGLESPEED-RITZEL

Singlespeed Naben, also sportliche 1-Gangnaben (ohne Rücktrittbremse) verfügen je nach Modell über einen Freilaufkörper mit Kassettensystem oder ein Gewinde für Schraubkränze. Für Schraubkränze gilt dasselbe Vorgehen wie bei Mehrfachritzeln.

Bei 1-Gang Kassettennaben wird häufig dieselbe Art von Sicherungsring wie bei Mehrgangkassetten eingesetzt. Verwenden Sie in diesem Fall einen Abzieher der FR-5 Serie von Park Tool und gehen Sie entsprechend der Anleitung vor. Es gibt auch Sicherungsringe mit außen liegenden Kerben oder Maulschlüsselaufnahmen. Verwenden Sie einen passenden oder einstellbaren Maulschlüssel bzw. bei gekerbten Ringen den Hakenschlüssel HCW-17 von Park Tool (Abb. 3.13).

ABB. 3.13

Singlespeed Kassettensystem mit gekerbtem Sicherungsring

## INSPEKTION & REINIGUNG DER RITZEL

Die Zähne von Kettenschaltungsritzeln passen für Schaltungsketten mit ½" Abstand. Ritzel verschleißen durch die Benutzung. Die einseitige Belastung der Zahnflanken trägt Material ab, verändert die Form der Zähne und vergrößert so die Abstände zwischen den Zähnen (Abb. 3.14). Auf einem verschlissenen Ritzel kann sich die Kette kaum halten, insbesondere bei hoher Pedalkraft. Die Kettenrollen rutschen über die Zähne.

ABB. 3.14

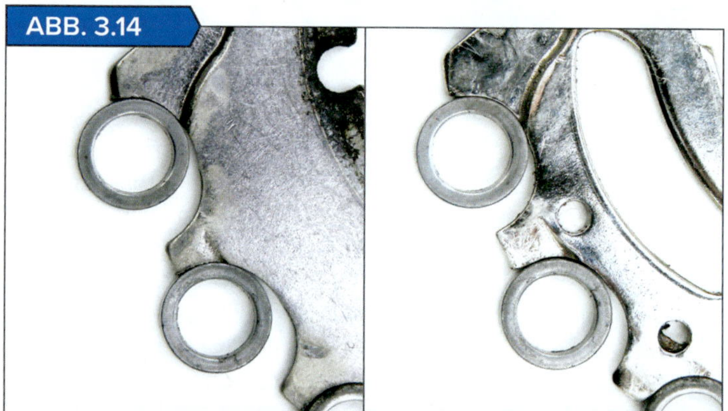

Links: Kettenrollen mit zu wenig Auflage am verschlissenen Ritzel
Rechts: Optimale Auflagefläche der Kettenrollen an neuem Ritzel

Führen Sie regelmäßig eine Sichtprüfung der Ritzel von hinten durch, wo die Kette in die Ritzel greift. Achten Sie auf Zähne, die im Vergleich glänzend und glatt geschliffen aussehen (Abb. 3.15 und 3.16). Dies sind Hinweise auf ein verschlissenes Ritzel. Den besten Verschleißtest führt man bei der Fahrt mit einer neuen Kette durch. Jedes Ritzel, auf dem die Kette unter Last durchrutscht, ist verschlissen.

Viele Fahrer fahren zwei oder drei Ritzel häufiger als die anderen. Diese bevorzugten Abstufungen verschleißen als erstes. Häufig sind das die Ritzel mit 15 bis 18 Zähnen. Wenn einzelne Ersatzritzel verfügbar sind, tauschen Sie nur die verschlissenen Größen aus. Falls nicht, muss das komplette Ritzelpaket als Einheit ausgetauscht werden. Zusammen mit neuem Ritzelpaket oder Schraubkranz sollten Sie auch eine neue Kette montieren.

ABB. 3.15

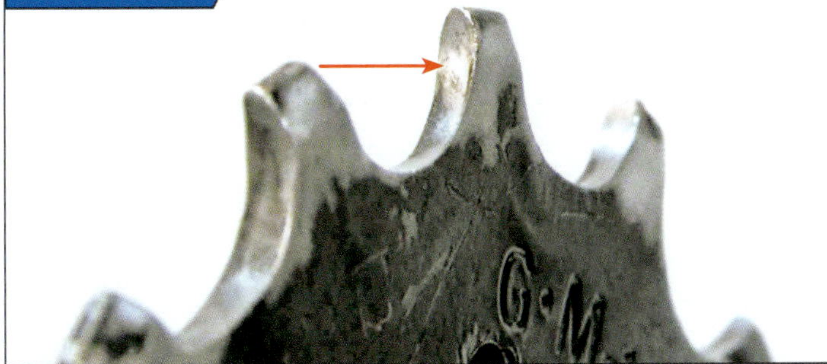

Glänzende oder glatte Oberflächen zeigen den Verschleiß

ABB. 3.16

Herstellungsbedingte Stanzmarken belegen den geringen Verschleiß bei diesem Ritzel

Einzelritzel verschleißen ebenfalls. Zwar springt die Kette nicht wie bei Mehrfachritzeln, aber sie wird laute Geräusche machen und weniger Wirkungsgrad liefern. Bei starkem Verschleiß der Ritzel bekommen diese Widerhaken und halten die drehende Kette zurück.

Bei der Wartung der Antriebskomponenten sind Ritzel und Kettenblätter zu reinigen. Lassen Sie dabei keine Reinigungsflüssigkeit in die Lager von Freilauf oder Innenlager gelangen. Das Innere eines Freilaufs besteht aus Kugellagern, Sperrklinken und Federn. Diese Einzelteile werden zur Wartung nicht vollständig demontiert. Nehmen Sie stattdessen die komplette Einheit von der Nabe und säubern Sie sie in Reinigungsflüssigkeit. Anschließend wird die Flüssigkeit mit einem Kompressor sorgfältig ausgeblasen oder eine Zeit lang trocknen gelassen. Träufeln Sie anschließend flüssiges Schmiermittel in den Freilaufkörper. Fett ist ungeeignet, weil es Federn und Sperrklinken verkleben kann. Wenn der Freilauf schwergängig bleibt, sind die Lager verschlissen. Tauschen Sie ihn mangels Ersatzteilen komplett aus.

Die Ritzel können im montierten Zustand gereinigt werden. Kratzen Sie zunächst den Schmutz zwischen den Ritzeln mit dem Raspelsteg des Zahnkranzreinigers GSC-1 von Park Tool oder einem schmalen Schraubendreher heraus (Abb. 3.17). Halten Sie das Laufrad mit den Ritzeln nach unten und reiben Sie sie kräftig mit einer trockenen Bürste ab. Wiederholen Sie diesen Vorgang anschließend mit Reinigungsflüssigkeit. Die Haltung des Laufrads verhindert das Eindringen der Flüssigkeit in die Lager. Wischen Sie eventuelle Reinigungsmittelreste mit einem Lappen von Ritzeln, Felge und Reifen ab. Reinigen Sie abschließend die Seitenflächen der Ritzel mit dem stramm gezogenen Lappen.

ABB. 3.17

Entfernen von Schmutz zwischen Ritzeln mit Zahnkranzreiniger GSC-1

Freilaufkörper können zur Reinigung von der Nabe demontiert werden. Dies wird in Kapitel 4 beschrieben. Der Freilaufkörper selbst wird jedoch nicht in Einzelteile zerlegt. Bei Verschleiß wird er komplett ausgetauscht, nicht gewartet.

## FIXED GEAR-RITZEL

Beim Fixed Gear oder „Fixie“ (Starrlauf) ist das Ritzel fest mit der Antriebsnabe verbunden. Es dreht sich bei jeder Bewegung des Laufrads mit, Kette und Tretkurbel zwangsläufig auch. Dieser Antrieb wird vor allem im Bahn- und Hallenradsport verwendet, zunehmend auch bei Straßenrädern. Die Geschwindigkeit wird durch die Trittfrequenz gesteuert, im Straßenverkehr ist dies jedoch kein Ersatz für herkömmliche Bremsen.

Das Gewinde eines Starrlaufritzel ist identisch mit dem üblicher Freilauf-Schraubkränze und passt auf entsprechende Naben. Doch Starrlaufritzel sind eigentlich für Naben mit eigenem Sicherungsring konzipiert (Abb. 3.18) Der Sicherungsring ist etwas kleiner als das Ritzel und mit Linksgewinde ausgestattet. Das Linksgewinde hat selbstsichernde Wirkung für den Fall, dass sich das Ritzel löst. Der Sicherungsring muss nur handfest aufgeschraubt werden.

ABB. 3.18

Fixie-Nabe mit Sicherungsring und Ritzel

Fixie-Ritzel gibt es mit 1/8" und 3/32" (nominell 3 mm und 2,4 mm) Zahnabstand für entsprechende Kettenmaße. Schmieren Sie vor der Montage die Gewinde von Ritzel und Sicherungsring. Schrauben Sie das Ritzel auf die Nabe und ziehen Sie es mit einem Ritzelabnehmer fest. Schrauben Sie anschließend den Sicherungsring bündig fest. Kettenlänge und -spannung werden wie bei 1-Gangrädern mit Freilauf eingestellt. Die Kettenlänge bei Flip-Flop-Naben (Starr- und Freilauf kombiniert) wird im Repair Help-Bereich auf www.parktool.com behandelt.

**TABELLE 3.2** *Troubleshooting*

| SYMPTOM | MÖGLICHE URSACHE | LÖSUNG |
|---|---|---|
| Alte Kette springt auf Ritzeln eines neuen Zahnkranzes | Alte Kette fasst nicht richtig in die neuen Ritzel | Neue Kette montieren |
| Klappern am Hinterrad mit Kassettennabe beim Überfahren von Unebenheiten | Ritzel sind lose auf dem Freilaufkörper | Hinterrad ausbauen und Sicherungsring festziehen |
| Einige Ritzelzähne wirken abgebrochen oder missgebildet | Viele moderne Kassetten verfügen für optimiertes Schaltverhalten über speziell geformte und verschieden hohe Zähne | Ein abgebrochener Zahn ist unregelmäßig und gezackt. Nur kürzere Zähne sind beabsichtigt |
| Kassettenritzel sind nach Festziehen des Sicherungsrings immer noch lose | Kassette nicht kompatibel zum Freilaufkörper oder fehlender Spacer hinter der Kassette | Kassette entfernen und passenden Spacer montieren |
| Ritzel lassen sich trotz entfernten Sicherungsrings nicht vom Freilaufkörper ziehen | Ritzel haben sich in die Nocken des Freilaufkörpers gedrückt und Kerben erzeugt | Großes Ritzel mit Kettenpeitsche im Uhrzeigersinn fixieren, mit zweiter Kettenpeitsche das kleinste Ritzel gegen den Uhrzeigersinn drehen und vom Freilaufkörper lösen. |
| Ritzel wackeln im Freilauf hin und her | Leichtes Oszillieren der Ritzel durch Kugellager im Freilauf wird durch Kettenzug gerade gezogen | Wenn die Ritzel beim Pedalieren nicht wackeln, ist das Oszillieren im Freilauf normal |
| Ritzel drehen auch im Freilauf vorwärts | 1. Freilauf(-körper) wahrscheinlich innen verschmutzt und schwergängig<br>2. Nabenspiel zu stramm, sodass Freilauf mit Konuslager zu schwergängig ist | 1. Nabe überholen und Freilauflager reinigen, danach neu schmieren und montieren<br>2. Nabenspiel prüfen und justieren |

# KAPITEL 4

# NABE

Die Nabe bildet das Zentrum des Laufrads und sorgt für die Drehbarkeit von Speichen, Felge und Reifen. Die Nabe besteht aus einer Achse, einem Lagersystem und einer Nabenhülse, an der die Speichen angeflanscht werden. Nabenlager benötigen Pflege gegen Verschleiß und Verschmutzung. Fehlerhafte Einstellung führt zu heftigem Lagerverschleiß.

Die Nabenhülse dreht sich, während die Achse fest mit dem Rahmen bzw. der Gabel verbunden ist. Bei Fahrrädern mit Kettenschaltung sind die hinteren Ritzelpakete mit der Hinterradnabe über einen Sperrklinkenmechanismus verbunden, sodass der Fahrer wahlweise die Kurbeln treten oder im Freilauf rollen kann. Bei Scheibenbremsen befindet sich die Bremsscheibe an der Nabe. Bei Nabenschaltungen befindet sich das Getriebe im Nabeninneren. Details finden Sie in Kapitel 12.

Fahrräder mit „offenen Ausfallenden" besitzen U-förmige Gabel- und Rahmenaufnahmen für kompatible Laufradnaben (Abbildung 4.1). Ausfallenden an Gabeln sind für 9 mm Achsdurchmesser ausgelegt, am Hinterbau für 10 mm.

ABB. 4.1

Offenes Ausfallende an der Gabel mit demontiertem Schnellspanner

Die Baubreite von Naben für offene Ausfallenden variiert je nach Fahrradtyp und Einsatzbereich. Sie wird von den Außenseiten der Kontermuttern gemessen (Abb. 4.2) und als „Einbaumaß" bezeichnet. Die jeweilige Achslänge ist für das Einbaumaß nicht relevant.

ABB. 4.2

Messen des Einbaumaßes einer Hinterradnabe

Fahrräder mit „geschlossenen Ausfallenden" verfügen über eine Bohrung in der Mitte für die Steckachse. Diese führt durch Ausfallende, Lagerabdeckung, Nabenlager, Nabenhülse zur gegenüber liegenden Seite mit Lagerabdeckung und zweitem Ausfallende, in dem sie fixiert wird (Abb. 4.3). Die Steckachse muss zur Demontage des Laufrads vollständig aus dem Fahrrad entfernt werden. Das Einbaumaß der Nabe wird von ihren Außenkanten bestimmt, da sie keine Kontermuttern benötigt.

ABB. 4.3

Steckachsnabe für 15 mm Achse mit 100 mm Baubreite

Die Klemmbreite von Rahmen oder Gabel muss mit dem Einbaumaß der Nabe auf 1-2 mm genau übereinstimmen. Bei größeren Toleranzen können Rahmen oder Gabel beschädigt werden.

Vorderrad-Steckachsen gibt es mit 12, 15 und 20 mm Standarddurchmessern. Bei Steckachsen am Hinterrad gilt ein Durchmesser von 12 mm als Standard (Abb. 4.4). Die gängigsten Einbaumaße von Naben sind in Tabelle 4.1 aufgeführt.

ABB. 4.4

Geschlossenes Ausfallende mit 12 mm Hinterradsteckachsnabe

Für einige Hinterradnaben lässt sich das Einbaumaß anpassen. Bei Naben mit Gewindeachse kann durch Austausch einer längeren Achse in Verbindung mit Distanzstücken ein breiteres Einbaumaß erzeugt werden. Für einige Steckachs-Naben gibt es unterschiedlich breite Endstücke zur Anpassung. Allerdings sind für die meisten aktuellen Naben derlei Manipulationen nicht vorgesehen.

## WARTUNG VON NABEN MIT KONUSLAGER

Die folgende Anleitung gilt in erster Linie für Konusnaben mit Gewindeachsen inklusive der Steckachsnaben von Shimano®. Die Vorgehensweise für Schraubkranznaben mit Konuslagerung ist exakt dieselbe.

Einstellbare Naben besitzen beidseitig auf die Achse geschraubte Lagerkonen. Im Nabenkörper sind die Lagerschalen untergebracht. Das Kugellager sitzt jeweils zwischen Konus und Schale. Hinterradnaben sind wegen der Ritzel häufig komplexer aufgebaut als Vorderradnaben. Bei den modernen Kassettennaben mit integriertem Freilaufkörper kann dieser meist in einem zusätzlichen Arbeitsgang demontiert werden, bleibt aber für die Nabenwartung in der Regel montiert.

Lagerschalen und Kugeln müssen zum Schutz vor Verschleiß

gut gefettet werden. Abdeckkappen und Dichtungen schützen die Lager vor Schmutz und Nässe, deren Eindringen den Verschleiß der Lager deutlich fördert. Durch regelmäßige Pflege kann der Lagerverschleiß reduziert und die Lebensdauer der Naben erheblich gesteigert werden.

Für Lagerkonen sind flache Maulschlüssel, die sogenannten Konusschlüssel erforderlich (Abbildung 4.5). Die Größen der Schlüsselaufnahmen von Nabenkonen reichen von 13 bis 28 mm. Die gebräuchlichsten Schlüsselgrößen sind 13 mm, 14 mm und manchmal 15 mm für Vorderradnaben sowie 15 mm und 17 mm für Hinterradnaben. Bei einstellbaren Steckachs-Naben werden tendenziell größere Schlüssel verwendet.

Für Sechskant-Kontermuttern können Sie meist normale Kombischlüssel nutzen. Die häufigsten Größen sind hierbei 17 mm oder 16 mm. Einige Kontermuttern sind jedoch nur mit Konusschlüssel einstellbar.

ABB. 4.5

Flache Konusschlüssel zur Einstellung und Wartung der Konuslager

Freilaufkörper werden innen mit dünnflüssigem Schmiermittel geschmiert. Vermeiden Sie das Eindringen von Entfetter in den Freilaufkörper bei der Pflege der Hinterradnabe. Wischen Sie den Freilaufkörper nur von außen sauber.

**TABELLE 4.1** *Gängige Einbaumaße von Naben*

| VORDER- ODER HINTERRAD | ACHS- / STECKACHS-DURCHMESSER (MM) | ANZAHL DER GÄNGE | EINBAUMASS/ KLEMMBREITE (MM) | EINSATZBEREICH & WEITERE INFORMATIONEN |
|---|---|---|---|---|
| *Offene Ausfallenden* | | | | |
| Vorderrad | 9 | N/A | 100 | Standardfahrräder |
| Hinterrad | 10 | 1 | 110 | Ältere Bahnräder, Freilaufnabe |
| | 10 | 5 oder 1 bei Bahnrädern | 120 | Ältere Rennräder, Bahnräder |
| | 10 | 6, 7 | 126 | Ältere Rennräder |
| | 10 | 8–12 | 130 | Moderne Renn- und Hybridräder |
| | 10 | 6–12 | 135 | MTB, Nabenschaltung, Rennräder mit Scheibenbremse |
| | 10 | 9–12 | 140 | Tandem |
| | 10 | 9–12 | 145 | Tandem |
| | 10 | 10–12 | 148 | „Boost"-Standard am Hinterrad |
| | 10 | 10–12 | 160 | Tandem |
| | 10 | 10–12 | 170 | Fat Tire am Hinterrad, offen |
| | 10 | 10–12 | 185 | MTB Fat Tire |
| | 10 | 10–12 | 190 | MTB Fat Tire mit offenem Ausfallende |
| *Steckachse* | | | | |
| Vorderrad | 12 | N/A | 100 | Cross- und Rennräder |
| | 15 | N/A | 100 | XC Federgabeln |
| | 20 | N/A | 110 | DH Federgabeln |
| | 15 | N/A | 135 | MTB Fat Tire Steckachse |
| | 15 | N/A | 142 | Gabel |
| | 15 | N/A | 150 | Gabel, MTB Fat Tire |
| Hinterrad | 12 | 9 | 135 | Ältere MTB mit Steckachse |
| | 12 | 9–12 | 142 | Thru axle |
| | 12 | 10–12 | 148 | „Boost"-Standard am Hinterrad |
| | 12 | 8–9 | 150 | Älterer Downhill Standard |
| | 12 | 10–12 | 157 | MTB „Super Boost Plus" |
| | 12 | 10–12 | 160 | MTB |
| | 12 | 10–12 | 177 | MTB Fat Tire Thru axle |
| | 12 | 10–12 | 197 | MTB Fat Tire |

## DEMONTAGE

Merken Sie sich bei jeder Demontage die genaue Anordnung der Teile. Machen Sie entsprechende Notizen oder Fotos. Achten Sie vor allem auf Unterschiede zwischen linker und rechter Seite, wenn zum Beispiel eine Achse asymmetrisch aufgebaut ist und über unterschiedlich lange Gewindeläufe verfügt. Den Aufbau einer typischen Shimano® Nabe zeigt Abbildung 4.6.

ABB. 4.6

Teile einer Shimano® Hinterradnabe: (A) Nabenkörper, (B) Kugeln, (C) Achse, (D) Kontermuttern, (E) Konen, (F) Scheiben, (G) Gummidichtung

**Vorgehen zur Demontage einer Konusnabe:**

a. Entfernen Sie bei der Hinterradnabe die Ritzel (Kapitel 3).

b. Entfernen Sie je nach Nabentyp Schnellspanner oder Achsmuttern nebst Unterlegscheiben. Wenn eine Bremsscheibe vorhanden ist, demontieren Sie diese, um sie vor Verschmutzung durch Lagerfett zu schützen.

c. Messen Sie die über die Kontermuttern vorstehenden Achsenden ab und notieren Sie die Werte. Bei Schnellspannnaben ist auch das Abzählen der sichtbaren Gewindegänge eine geeignete Maßnahme (Abb. 4.7).

ABB. 4.7

Über die Kontermutter ragende Gewindegänge als Referenz für die vorstehenden Achsenden zählen

d. Setzen Sie die Nabe in einen Achshalter, falls verfügbar und fixieren Sie diesen im Schraubstock. Montieren Sie die Nabe mit der in Fahrtrichtung linken Seite nach oben, damit Sie die Demontage auf dieser Seite beginnen können.

e. Entfernen Sie die Gummidichtung, falls vorhanden.

f. Fixieren Sie den Konus mit dem Konusschlüssel und lösen Sie die Kontermutter gegen den Uhrzeigersinn. Achten Sie bei Oversized Achsen auf eine Innensechskantaufnahme als Hinweis auf eine Kontermutter mit Verschlusskappe. Lösen Sie diese mit einem 5 mm Innensechskant (Abb. 4.8).

ABB. 4.8

Linksseitige Kontermutter lösen

g. Entfernen Sie Kontermutter und Unterlegscheiben. Platzieren Sie die Teile auf einem Stück Draht oder Kabelbinder genau so, wie sie auf der Nabe montiert waren. So wird die Wiedermontage leichter (Abb. 4.9).

ABB. 4.9

Einzelteile mit einem Kabelbinder in der richtigen Reihenfolge sortieren

h. Lösen Sie den Konus gegen den Uhrzeigersinn und schieben Sie ihn auf den Kabelbinder.

i. Halten Sie eine Hand unter die rechte Nabenseite und heben Sie das Laufrad an. Dabei können Kugeln aus der Nabe fallen. Legen Sie das Laufrad auf die Werkbank.

j. Zur Untersuchung der Achse auf Verbiegung entfernen Sie Kontermutter und Konus rechts. Beachten Sie, dass linke und rechte Teile unterschiedlich sein können und bringen Sie sie keinesfalls durcheinander. Behalten Sie diese Teile mit einem weiteren Kabelbinder in der richtigen Reihenfolge. Beachten Sie auch, dass der Achsvorstand auf beiden Seiten unterschiedlich sein kann. Die Seite mit mehr Scheiben benötigt mehr Achslänge.

k. Zählen Sie die Kugeln in beiden Lagern, bevor Sie sie mit einem Stiftmagnet aus den Schalen entfernen. Messen Sie den Kugeldurchmesser. Die Kugelgröße variiert je nach Modell zwischen 1/4", 3/16" oder 5/32".

l. Lassen Sie die empfindlichen Staubkappen an Ort und Stelle. Sie werden beim Ausbau leicht beschädigt. Reinigen Sie sie innen mit einer kleinen Bürste oder einem über einen Schraubendreher gewickelten Lappen.

m. Reinigen und trocknen Sie alle Einzelteile vor der Montage. Wischen Sie den Freilaufkörper nur mit einem feuchten Tuch ab. Geben Sie nur dann Entfetter auf den Freilaufkörper, wenn Sie ihn demontieren.

Steckachsnaben mit Konuslagerung wie von Shimano® sind

eine Variation der normalen Konusnaben. Achten Sie bei Kontermutter und Konus jeweils auf Schlüsselaufnahmen. Verwenden Sie Konusschlüssel zur Demontage der Kontermutter und entfernen Sie den Konus von der Nabe (Abb. 4.10).

ABB. 4.10

Steckachsnabe am Vorderrad mit justierbarer Konuslagerung

### INSPEKTION DER TEILE

Untersuchen Sie die Lagerschalen auf Riefen und andere Beschädigungen. Fahren Sie mit einem Kugelschreiber die Kugelbahn nach. Unebenheiten und Verschleiß werden mit der Stiftspitze leicht erkannt (Abb. 4.11). Prüfen Sie die Kugeln auf Glanz. Matt aussehende Kugeln müssen ersetzt werden. Bei einer beschädigten Lagerschale ist die ganze Nabe auszutauschen. Zur Untersuchung der Achse rollen Sie diese auf einem ebenen Untergrund. Wenn die Achse eiert, kann sie nicht gerichtet sondern muss ersetzt werden.

ABB. 4.11

Zustand der Kugelbahn mit Stiftspitze prüfen

### MONTAGE

Achten Sie auf Ihre Notizen und/oder Fotos von der Demontage. Nehmen Sie Konus, Unterlegscheiben und Kontermutter erst direkt vor der Montage vom Kabelbinder ab.

**Vorgehen zur Montage einer Konusnabe:**

a. Schmieren Sie das Achsgewinde.
b. Füllen Sie die Lagerschalen reichlich mit Lagerfett. Platzieren Sie anschließend die Kugeln tief in den Schalen und decken Sie sie vollständig mit Lagerfett ab.
c. Wenn alle Teile von der Achse entfernt wurden, montieren Sie zunächst die rechtsseitigen. Achten Sie auf die richtige Reihenfolge. Beachten Sie, dass Hinterachsgewinde asymmetrisch sein können. Denken Sie an Ihre Notizen.
d. Stellen Sie die Achslänge mit der rechten Kontermutter wieder auf das ursprüngliche Maß ein. Kontern Sie anschließend die Mutter fest gegen den Konus.
e. Stecken Sie die Achse von der in Fahrtrichtung rechten Seite in die Nabe.
f. Montieren Sie die linksseitigen Teile in der richtigen Reihenfolge auf der Achse. Justieren und kontern Sie jetzt noch nicht die linke Kontermutter.
g. Bei Schnellspannnaben drehen Sie jetzt den Konus bis er die Kugeln spürbar berührt und drehen ihn dann 1/4 Drehung (90°) gegen den Uhrzeigersinn zurück, sodass die Nabe zuviel Spiel hat. Fixieren Sie den Konus mit dem Konusschlüssel und kontern Sie die Mutter voll dagegen. Folgen Sie den Anweisungen unter „Nabenspiel einstellen".

Die Hohlachse muss bei Schnellspannnaben bündig oder zurückgesetzt in den Ausfallenden sitzen (Abb. 4.12). Nur dann kann der Schnellspanner das Laufrad korrekt im Rahmen klemmen. Bei Bedarf werden die Enden der Hohlachse gekürzt oder abgeschleift, bis sie zumindest bündig im Ausfallende sitzen.

ABB. 4.12

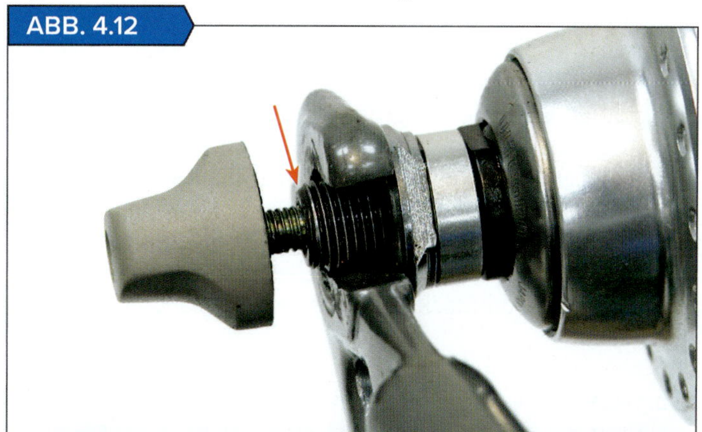

Dieses Laufrad lässt sich wegen der vorstehenden Hohlachse nicht sicher in der Gabel fixieren.

### NABENSPIEL EINSTELLEN

Durch Verdrehen des Lagerkonus auf der Laufradachse wird das Nabenspiel verändert. Die Kontermutter fixiert die Position des Konus. Bei zu strammer Einstellung herrscht zu hoher Druck auf dem Lager und es verschleißt vorzeitig. An der Hinterradnabe kann es zusätzlich zum Schleifen des Freilaufkörpers kommen. Bei zu lockerer Einstellung besteht zuviel „Spiel" im Lager und es kann schnell ausschlagen. Das Justieren des Nabenspiels ist eine Präzisionsaufgabe, die einige Zeit erfordert. Sie sollten von vornherein mehrere Versuche einplanen, bevor Sie die optimale Einstellung gefunden haben.

Leichtes Spiel zwischen Innen- und Außengewinde ist normal. Ein Nabenkonus wackelt daher leicht auf dem Achsgewinde, bevor die Kontermutter gegen den Konus gekontert wird. Beim Überprüfen des Nabenspiels muss die Kontermutter daher immer gegen den Konus gekontert sein.

Das Ziel bei der Lagereinstellung ist ein möglichst leichter Lauf ohne jegliches Seitenspiel. Starten Sie die Justage des Lagers mit einer lockeren Einstellung und drehen Sie es schrittweise fester bis das Spiel verschwunden ist. Dadurch ist das Lager so leichtgängig wie möglich aber spielfrei eingestellt. In den meisten Fällen ist schrittweises Vorgehen mit 1/32 Umdrehungen empfehlenswert (Abb. 4.13). Bei einem herkömmlichen Laufrad mit 32 Speichen entspricht dies dem Abstand zwischen zwei benachbarten Speichen.

ABB. 4.13

Einstellung des Nabenspiels in kleinen Schritten

Herkömmliche Schnellspannnaben bestehen aus Hohlachse und Steckachse mit Schnellspanner. Die Hohlachsen werden leicht gestaucht, wenn der Schnellspanner geschlossen wird und so Druck über die Ausfallenden auf die Achse ausübt. Beim Einstellen des Nabenspiels muss dieser zusätzliche Druck berücksichtigt werden. Solange dieser Nabentyp nicht im Rahmen eingespannt ist, soll ein leichtes Seitenspiel bestehen, das verschwindet sobald die Nabe im Rahmen montiert ist. Eine Ausnahme von dieser Regel bilden Steckachsnaben und einige Nabenmodelle mit Oversized Achsen, die spielfrei sein sollen. Sofern bei montiertem Laufrad noch leichtes Nabenspiel verbleibt, stellen Sie die Steckachs-Nabe bei ausgebautem Laufrad spielfrei ein.

**Vorgehen zur Einstellung des Nabenspiels:**

a. Fassen Sie das montierte Laufrad mit einer Hand und bewegen Sie es zum Prüfen des Nabenspiels seitlich hin und her (Abb 4.14). Wenn Sie kein Spiel feststellen, ist die erneute Prüfung am demontierten Laufrad notwendig.

ABB. 4.14

Greifen Sie zur Prüfung des Nabenspiels das Laufrad und ziehen Sie es seitlich hin und her.

b. Entfernen Sie das Laufrad aus dem Rahmen. Ruckeln Sie an der Achse auf und ab. Wenn die Achse im ausgebauten Zustand ein leichtes Lagerspiel zeigt, ist die Nabe korrekt justiert. Wenn Sie am ausgebauten Laufrad kein Lagerspiel feststellen, ist die Nabe zu fest eingestellt. Entfernen Sie Steckachse und Federn sowie die eventuell vorhandene Gummidichtung auf der zu justierenden Nabenseite.
c. Setzen Sie die Nabe mit der rechten Seite in eine Achshalterung, falls vorhanden.
d. Fixieren Sie den linken Konus mit einem Schlüssel und lösen Sie die Kontermutter.
e. Lösen Sie den Konus mit 1/32 Drehung gegen den Uhrzeigersinn. Halten Sie den Konus und kontern Sie die Mutter. Wenn sich das Lagerspiel des demontierten Laufrads sehr stramm anfühlt, lösen Sie den Konus mit 1/4 Drehung.
f. Montieren Sie das Laufrad mit dem Schnellspanner in Rahmen oder Gabel. Schließen Sie den Hebel sorgfältig.
g. Prüfen Sie das Nabenspiel durch seitliches Bewegen des Laufrads und achten Sie auf eventuelles Knacken. Dies wird durch Rahmen oder Gabel übertragen.
h. Wenn Sie noch Spiel feststellen, demontieren Sie Laufrad und Schnellspanner. Wiederholen Sie die Schritte „c" bis „g" in kleinen Abständen, bis Sie kein Spiel mehr am montierten Laufrad feststellen.
i. Installieren Sie eventuell entfernte Gummidichtungen auf der Nabe und montieren Sie das Laufrad im Rahmen. Der Schnellspanner muss mit demselben Anpressdruck geschlossen werden, wie beim Justiervorgang.

Wenn die Achse nicht leichtgängig einstellbar sein sollte, sind eventuell die Kugellager verschlissen. Wenn das seitliche Lagerspiel erst bei sehr strammer Einstellung des Lagers beseitigt ist, wurde vielleicht eine Kontermutter nicht richtig fixiert. Es kann auch vorkommen, dass sich die Lagerschalen in der Nabe lockern. Eventuell können sie mit Montagemittel oder einem leichten Schraubenkleber auf der Rückseite der Schale wieder fixiert werden. Ein kompletter Austausch ist hier aber sicherer.

## OVERSIZED ACHSEN: CAMPAGNOLO® & SHIMANO®

Campagnolo® und Shimano® verwenden Oversized Achsen bei ausgesuchten Nabenmodellen (Abb. 4.15). Diese Versionen bieten verwindungssteifere Verbindungen zwischen den Ausfallenden.

ABB. 4.15

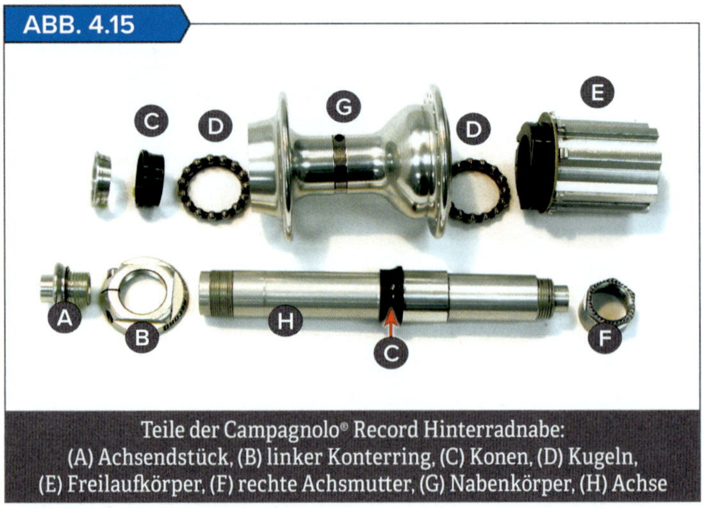


Teile der Campagnolo® Record Hinterradnabe: (A) Achsendstück, (B) linker Konterring, (C) Konen, (D) Kugeln, (E) Freilaufkörper, (F) rechte Achsmutter, (G) Nabenkörper, (H) Achse

Die Oversized Nabenmodelle von Campagnolo® und Shimano® verfügen über zahlreiche Ähnlichkeiten. Beide besitzen eine Oversized Aluminiumachse mit auf 10 mm reduzierten Endstücken. Campagnolo® verwendet gewindelose Konen, vergleichbar mit einem gewindelosen Steuersatz. Diese werden durch einen schwimmend gelagerten Kompressionsring sowie einen Konterring mit Klemmschraube gesichert.

Shimano® nutzt geschraubte Endkappen als Kontermutter, die per Maulschlüssel entfernt werden. Die Konen sind ebenfalls geschraubt und werden von Kontermuttern gesichert (Abb. 4.16)

ABB. 4.16

Schraubkonus der Shimano® Dura-Ace® 9000 Hinterradnabe

Shimano® und Campagnolo® verwenden beide Konuslager. Die Oversized Achsen werden beim Schließen des Schnellspanners kaum gestaucht. Die Einstellung des Nabenspiels kann bei demontierten Laufrädern erfolgen und bleibt in montiertem Zustand unverändert.

Informationen für die Wartungsvorgänge bei diesen Oversized Achsen erhalten Sie bei den Herstellern oder unter www.parktool.com/repairhelp.

## NABENSPIEL BEI KONUSNABEN MIT VOLLACHSE

Naben mit Vollachse werden mit Achsmuttern und Unterlegscheiben in den Ausfallenden fixiert (Abb. 4.17). Die Einstellung dieses Nabentyps ist wie bei Naben mit Schnellspanner, jedoch ohne Berücksichtigung von extra Nabenspiel für die Stauchung der Achse. Demontieren Sie das Laufrad. Das Nabenspiel soll im ein- und ausgebauten Zustand identisch sein. Ein „Fixierschlüssel" auf der einen Nabenseite ist bei der Einstellung hilfreich. Damit kann der gegenüber liegende Konus relativ zum fixierten Konus komfortabel justiert werden. Wenn überhaupt kein Nabenspiel spürbar ist, lösen Sie Kontermutter und Konus etwas, um es anschließend schrittweise fester einzustellen, bis die leichtgängigste Einstellung ohne Spiel gefunden ist.

ABB. 4.17

Vollachse mit Mehrfachzahnkranz

## FREILAUFKÖRPER (DE-)MONTIEREN

Freilaufkörper enthalten einen Sperrklinkenmechanismus, der das Rollen im Leerlauf gewährleistet. Dieser verschleißt im Laufe der Zeit. Bei den meisten Modellen sind die Einzelteile im Inneren nicht austauschbar. Aber der Freilaufkörper kann häufig als Ganzes demontiert, gereinigt und nachgeschmiert werden. Wenn dies nicht hilft, sollte der Freilaufkörper komplett ersetzt werden. Die Staubkappen der Achslager können bei einer Demontage leicht beschädigt werden. Lassen Sie sie daher montiert, da nur schwer Ersatz lieferbar ist.

Der Austausch von Freilaufkörpern gehört nicht zur normalen Fahrradwartung und variiert stark zwischen den einzelnen Marken und Modellen. Informationen zur Vorgehensweise finden Sie auf www.parktool.com/repair-help.

## NABEN MIT INDUSTRIELAGER

Bestimmte Nabenmodelle sind mit wartungsfreien Industrielagern ausgestattet, die bis zu ihrem Verschleiß verwendet und dann ausgetauscht werden. Die Kugeln sind bei diesem Lagertyp in einem geschlossenen Käfig untergebracht (Abb. 4.18). Im Normalzustand darf kein Spiel zwischen Innen- und Außenring bestehen. Bei verschleißbedingtem Spiel muss das gesamte Lager ausgetauscht werden.

ABB. 4.18

Schnittmodell eines Industrielagers mit Kugel- und innerem Lagerring

Die Lager verfügen zwar über Dichtungen, sind aber nicht vollständig versiegelt, sodass Schmutz und Feuchtigkeit eindringen können. Die Bauteile können zwar nicht einzeln ausgetauscht werden, doch wenn sich die Dichtungen ohne Beschädigung demontieren lassen, können Fettrückstände mit Entfetter entfernt, trocken geblasen und das Lager mit einer neuen Fettpackung versehen werden (Abbildung 4.19).

ABB. 4.19

Dichtung vorsichtig vom Innenrand abheben

Im Normalzustand darf kein Spiel zwischen Innen- und Außenring bestehen. Mit zunehmendem Verschleiß entsteht Spiel. Die Oberflächen können wie beim Konuslager rau werden,

Sobald ein Industrielager verschleißt oder Spiel bekommt, wird es nur schlechter. Dann sollte das Lager ausgetauscht werden.

Es gibt zahllose Naben mit Industrielagern. Dieser Abschnitt erläutert grundlegende Wartungsarbeiten, die je nach Nabendesign abweichen können. Details zu spezifischen Marken und Modellen finden Sie meist auf der Webseite der jeweiligen Hersteller. Für einige Modelle ist außerdem Spezialwerkzeug erforderlich. Überlassen Sie diese Naben im Zweifel einem professionellen Mechaniker.

Die Lager werden mit der Außenseite in die Lagerschale der Nabe gepresst. Das Entfernen des Lagers aus der Nabe führt zur Beschädigung oder Zerstörung des Lagers. Ein entferntes Industrielager muss daher obligatorisch ausgetauscht werden.

Beginnen Sie die Wartung von Hinterradnaben mit der Demontage des Zahnkranzes und der eventuell vorhandenen Bremsscheibe, deren Verschmutzung mit Lagerfett zu vermeiden ist. Machen Sie während der Wartung Notizen und Fotos über die Einbauweise der Teile.

Die Vorgehensweise ist abhängig vom Nabendesign. Es geht um die Möglichkeit, die eingepressten Lager auszutauschen.

Grundsätzlich werden zwei unterschiedliche Achstypen verwendet: mit oder ohne Hülse. Achsen ohne Hülse passen genau auf den Innenring des Lagers und ziehen dieses mit aus der Nabe sobald Achsmuttern oder Endkappen entfernt worden sind. Achsen mit Hülse verfügen dagegen über Kragen hinter den eingepressten Lagern und können nicht einfach per Hand herausgezogen werden. Eine Achse mit Hülse dient tatsächlich als Austreiber für das Lager aus der Nabenhülse.

Wenn es kein erkennbares Achsgewinde gibt, untersuchen Sie die Endkappen auf Innensechskant- oder Schlüsselaufnahmen. Wenn es diese nicht gibt, sind die Endkappen wahrscheinlich nur aufgesteckt und abziehbar. Ziehen Sie zunächst per Hand. Alternativ können Sie die Endkappe auch mit passendem Achshalter wie dem AV-5 von Park Tool im Schraubstock einspannen und die Nabe nach oben ziehen (Abbildung 4.20). Eine Zange kann Kratzspuren auf der Kappe hinterlassen.

ABB. 4.20

Weiche Klemmbacken beim Abziehen der Kappe verwenden

Manche Naben verfügen über eine gepresste Kappe auf der einen und eine geschraubte auf der anderen Seite. Ziehen Sie zunächst die Endkappe ohne Werkzeugaufnahme ab und untersuchen Sie die Achse. Fixieren Sie die Werkzeugaufnahme, während Sie die Endkappe drehen (Abbildung 4.21).

ABB. 4.21

Geschlitzte Achsseite links fixieren beim Abschrauben der Endkappe rechts

Sobald die Endkappen entfernt sind, ziehen Sie bei Hinterradnaben den Freilaufkörper langsam ab. Arbeiten Sie über einem Tisch, damit eventuell herausfallende Teile aufgefangen werden (Abbildung 4.22).

ABB. 4.22

Abziehen des Freilaufkörpers nach außen

Dokumentieren Sie die Einbaurichtung der Sperrklinken und Federn des Freilaufkörpers per Foto oder Notizen ebenso wie die eventuell vorhandener Scheiben und Spacer.

Versuchen Sie nach Demontage von Endkappen und Freilaufkörper die Achse einfach herauszuziehen. Erst von einer, dann von der anderen Seite. Wenn sich die Achse bewegt, verfügt sie wahrscheinlich über Kragenringe. Dieser Achstyp wird per Schlägel ausgetrieben. Prüfen Sie trotzdem vorher die Lager von beiden Seiten. Wenn Sie die Lageraußenseiten sehen, können Sie loslegen. Falls aber zum Beispiel ein Sprengring vor dem Lager sitzt, muss dieser vorher entfernt werden (Abbildung 4.23).

ABB. 4.23

Eventuell vorhandene Sprengringe mit geeigneter Zange entfernen

Überprüfen Sie bei Hinterradnaben Kettenseite und Antriebssystem des Freilaufkörpers. Wenn dieses kleiner ist als der

Außendurchmesser des Nabenlagers, wird Spezialwerkzeug benötigt (Abbildung 4.24). Informieren Sie sich beim Nabenhersteller über dieses Werkzeug.

ABB. 4.24

DT Swiss® Ratschenringe benötigen für die Demontage Spezialwerkzeug vom Hersteller

Bei Achsen mit Hülse ist zum Austreiben von Achse und gegenüber liegendem Lager ein direkter und kräftiger Schlag mit dem Gummihammer nötig. Starten Sie am längeren Achsende zum Austreiben des nicht-antriebseitigen Lagers (Abbildung 4.25). Bei Vorderradnaben ist es egal.

ABB. 4.25

Austreiben der Achse von der Kettenseite mit Gummihammer

Ziehen Sie das erste Lager von der Achse und klopfen Sie das andere über die Achse aus der Nabe (Abbildung 4.26).

ABB. 4.26

Ausschlagen des zweiten Lagers mit der gehülsten Achse

Beachten Sie bei geschraubten Endkappen, dass diese sowohl über Rechts- wie auch Linksgewinde verfügen können. Versuchen Sie diese im Zweifel erst gegen den Uhrzeigersinn zu lösen. Wenn das nicht funktioniert, drehen Sie entgegengesetzt.

Nach Entfernen beider Endkappen lassen sich Achsen ohne Hülse typischerweise einfach herausziehen. Anschließend können die Lager aus der Nabe entfernt werden. Nutzen Sie dafür einen Lagerabzieher, falls vorhanden. Alternativ können Sie sie mit Hammer und Austreiber entfernen. Dazu wird ein Austreiber durch die Nabe geführt und die Lager werden jeweils von der Innenseite vorsichtig durch wechselseitige Schläge herausgeklopft (Abb. 4.27).

ABB. 4.27

Wechselseitiges Herausklopfen des Lagers aus dem Nabenkörper mit Ausschläger und Hammer

## LAGER IM FREILAUFKÖRPER

Je nach Ausführung können sich auch Industrielager im Freilaufkörper befinden, die schwierig zu entfernen sind. Solange die Lager rund laufen, lassen Sie sie dort. Erst bei wirklich festgestelltem Verschleiß sorgen Sie für eine sichere Fixierung des Freilaufkörpers. Wenn dieser aus Aluminium besteht, müssen Sie besonders vorsichtig sein. Eine Möglichkeit ist, ihn wie eine Sattelstütze im Montageständer mit den runden Klemmbacken zu fixieren.

Wie bei der Nabe klopfen Sie die Lager jeweils von der Innenseite mit Hammer und Austreiber vorsichtig aus dem Freilaufkörper. Montieren Sie anschließend neue Industrielager durch gleichmäßiges Einpressen.

## MONTAGE

Ein Industrielager ist meist etwas größer als die entsprechende Lagerschale und wird mit Druck eingepresst oder eingeschlagen. Die Montage mit dem passenden Einpresswerkzeug ist der eleganteste Weg. Man kann auch mit einer genau zum relevanten Lagerring passenden Stahlhülse das Lager montieren (Abbildung 4.28)..

ABB. 4.28

Montage des neuen Lagers mit zum Außendurchmesser passender Hülse

Wenn zum Beispiel der Außenring des Lagers in die Lagerschale gepresst wird, muss die Stahlhülse genau zu seinem

Durchmesser passen

Noch mal zur Erinnerung: Ein einmal entferntes Industrielager muss normalerweise ersetzt werden. Die jeweiligen Lager variieren bei Außen-und Innendurchmesser sowie Breite. Solange diese Spezifikationen übereinstimmen, können Lager verschiedener Herkunft problemlos ausgetauscht werden.

Zur Montage gehen Sie genau umgekehrt vor wie beim Ausbau und beachten Ihre jeweiligen Notizen und Fotos. Bei Achsen mit Hülse wird erst ein Lager, dann die Achse und abschließend das zweite Lager installiert. Schmieren Sie alle zu pressenden Oberflächen für leichteres Arbeiten.

Lager werden am besten mittels Einpresswerkzeug wie dem HBP-1 von Park Tool installiert. Verwenden Sie jeweils den Treiber, der am besten zum Außendurchmesser des Lagers passenden. Das HBP-1 kann für ein- oder beidseitiges Einpressen genutzt werden (Abb. 4.29). Die Führungsachse dient zum lotrechten Einpressen. Da sie herausragt, benötigen Sie Spacer für den Einpressvorgang

Verwenden Sie zur Pflege des Freilaufkörpers Schmierfett mit leichter Viskosität wie das HPG-1 oder flüssiges Schmiermittel. Zu dickes Lagerfett kann die Sperrklinken verharzen und Vortrieb bzw. Freilauf beeinträchtigen.

Prüfen Sie vor der Montage, dass alle Teile richtig platziert sind und schieben Sie den Freilaufkörper über die Achse auf die Nabe. Drehen Sie ihn dabei gegen den Uhrzeigersinn (Abb. 4.30).

Wenn einfaches Drehen nicht zum Einrasten der Klinken führt, drehen Sie langsamer und drücken Sie jede mit einem kleinen Dorn in Stellung.

Schmieren Sie die Innenseiten der Endkappen und setzen Sie diese auf die Achse. Prüfen Sie Ihre Notizen auf mögliche Einbauspezifika und vergleichen Sie die neu montierte Nabe mit Ihrer Dokumentation vor der Demontage. Die Achse soll sich beim Drehen leichtgängig anfühlen.

ABB. 4.29

Lagermontage mit Einpresswerkzeug HBP-1

ABB. 4.30

Freilaufkörper auf Hinterradachse schieben und gegen den Uhrzeigersinn in die Nabe drehen

**TABELLE 4.2** *Troubleshooting*

| SYMPTOM | MÖGLICHE URSACHE | LÖSUNG |
|---|---|---|
| Laufrad bewegt sich an der Felge seitlich hin und her | 1. Nabenspiel zur groß<br>2. Schnellspanner oder Steckachse zu lose befestigt | 1. Nabenspiel korrekt justieren<br>2. Achsbefestigung korrekt montieren |
| Laufrad stoppt schnell auch ohne Bremsenkontakt | Nabenspiel zu stramm | Nabenspiel korrekt justieren |
| Laufrad dreht rau, und/oder Rumpeln ist an Gabel/ Rahmen fühl- oder hörbar | Lager stark verschlissen | Lager austauschen |
| Industrielager verschleißen vorzeitig | Vorspannung zu stramm | Lager austauschen und Vorspannung korrekt einstellen |

# KAPITEL 5

# LAUFRAD ZENTRIEREN

Laufräder wirken wie „Kugellager" zwischen Fahrradrahmen und Untergrund, denn auf den Laufrädern rollt das Fahrrad voran, wenn man in die Pedale tritt. Gerade und rund drehende Laufräder tragen spürbar zum Fahrkomfort bei. Die Fahreigenschaften der Laufräder lassen sich bis zu einem gewissen Grad über die Justierung der Speichenspannung, das sogenannte „Zentrieren", beeinflussen. Für Laufräder mit Scheiben oder Festspeichen gilt das im Gegensatz zu Drahtspeichen nicht.

Ein Laufrad besteht aus einer Felge, die über Speichen mit der Nabe verbunden ist. Jede Speiche steht unter Spannung und zieht an einem kleinen Felgenabschnitt. Speichen, die von der rechten Nabenseite zur Felge führen, ziehen diese nach rechts, linke entsprechend nach links. Die rechten und linken Speichen sind abwechselnd in der Felge angeordnet, um die seitlichen Zugkräfte möglichst ausgewogen zu verteilen. Durch eine gleichmäßige Speichenspannung läuft das Laufrad rund. Die Änderung der Speichenspannung beeinflusst den Felgenabschnitt, an dem die Speiche anliegt. Dieser Vorgang heißt Zentrieren.

Profi-Mechaniker nutzen neben ihrer Erfahrung spezielles Werkzeug, wie Zentrierständer, Zentrierlehren, Speichenschlüssel und Tensionmeter um hochwertige und stabile Laufräder zu bauen (Abbildung 5.1).

ABB. 5.1

Professionelle Werkzeugausstattung fürs Zentrieren

Laufräder stehen beim Fahren permanent unter Stress. Daher ist regelmäßiges Nachzentrieren zum Erhalt des Rundlaufs notwendig. Die Speichenspannung wird durch Anziehen oder Lösen von Muttern am Ende der Speichen, den sogenannten „Speichennippeln" justiert (Abb. 5.2). Umgangssprachlich heißt es, dass „die Speichen nachgezogen werden", es sind aber die Speichennippel, die mit einem geeigneten Speichenschlüssel justiert werden.

ABB. 5.2

Speichenschlüssel für verschiedene Nippelgrößen

Die Laufräder spielen beim Bremsen eine wichtige Rolle. Den Felgenbremsen dienen die Felgenflanken als Bremsfläche. Bei Laufrädern mit Seitenschlag kann der Bremsvorgang ebenso problematisch werden wie die Einstellung der Bremsklötze.

## ZENTRIEREN IM ÜBERBLICK

Beim Zentrieren muss der Speichenschlüssel exakt auf die Nippel passen, die meist aus relativ weichem Messing oder Aluminium bestehen. Häufig haben sie ein rechteckiges Profil in verschiedenen Formaten. Schon ein etwas zu großer Speichenschlüssel beschädigt die Nippel durch Abrunden der Ecken (Abb. 5.3). Messen Sie vor dem Kauf eines Speichenschlüssels die Speichennippel mit einem Messschieber aus. Es gibt keine Beziehung zwischen Nippelgröße und Speichendurchmesser. Beachten Sie Tabelle 5.1 mit den üblichen Größen von Speichennippeln und passenden Schlüsseln. Wählen Sie bei einem Universalschlüssel stets die kleinste passende Größe, selbst wenn die Befestigung auf dem Nippel etwas länger dauert (Abb. 5.4).

ABB. 5.3

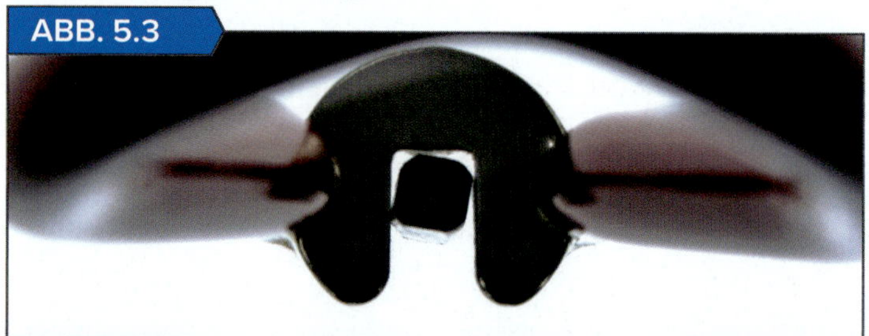

Ein zu großer Schlüssel beschädigt die Nippel

ABB. 5.4

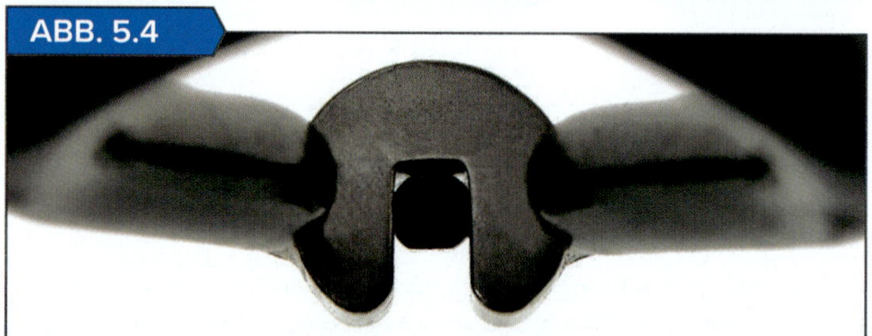

Exakt passender Schlüssel auf dem Speichennippel

Es gibt Spezialnippel, für die passende Schlüssel nur beim jeweiligen Hersteller erhältlich sind.

ABB. 5.5

Zentrieren einer Felge mit internen Speichennippeln

Bei sogenannten internen Speichennippeln müssen Reifen und Felgenband demontiert werden, um Zugang zum Nippelkopf für den passenden(!) Nippelspanner zu ermöglichen (Abb. 5.5). Diese Nippelköpfe haben häufig ein quadratisches Profil mit 3.2 mm Breite oder ein Sechskantprofil mit 4.7 mm, 5 mm, 5.5 mm oder 6 mm Außendurchmesser. Von Park Tool gibt es zahlreiche Speichenschlüssel, die für verschiedene Nippeltypen passen. Messen Sie vor dem Kauf eines Schlüssels die Nippelköpfe an den Werkzeugaufnahmen genau aus. Stellen Sie bei runden Nippeln die Zähnezahl und den Außendurchmesser fest. In Tabelle 5.1 finden Sie weitere Details.

Beim Zentrieren von Laufrädern sind vier Aspekte zu beachten: Geradeauslauf, Rundlauf, Mittigkeit der Felge über der Nabe und Speichenspannung. Ein sorgfältig zentriertes Laufrad ist nach allen vier Aspekten optimal justiert.

**TABELLE 5.1** *Speichennippel & -schlüssel*

| NIPPELTYP | GRÖSSE | PARK TOOL SCHLÜSSEL |
|---|---|---|
| Quadratisch | 3,23 mm | SW-0, SW-20 (schwarz) |
| Quadratisch | 3,3 mm | SW-1 (grün) |
| Quadratisch | 3,45 mm | SW-2 (rot) |
| Quadratisch | 4,0 mm | SW-3 (blau) |
| Quadratisch | 3,75 mm | SW-14.5 |
| Quadratisch | 4,4 mm | SW-14.5 |
| Quadratisch intern | 3,23 mm | SW-15, SW-16 |
| Sechskant intern | 3/16" (4,7 mm) | SW-16.3 |
| Sechskant intern | 5 mm | SW-15, SW-17 |
| Sechskant intern | 5,5 mm | SW-15, SW-18 |
| Sechskant intern | 6 mm | SW-19 |
| Sechskant extern | 5,5 mm | SW-11 |
| Sechskant extern | 6 mm | SW-11 |
| Sechszahn rund (Mavic®) | 5,7 mm AD | SW-13 |
| Siebenzahn rund (Mavic®) | 6,4 mm AD | SW-12 |
| Sechszahn rund als Hülse für quadratische Nippel(Mavic®) | 9 mm AD | SW-12, SW-13 |
| Sechszahn rund (DT Swiss® Tricon) | 3,9 mm AD | SW-5 (grau) |

## GERADEAUSLAUF

Betrifft das seitliche „Eiern" der Felge beim Drehen des Laufrads (Abb. 5.6). Dieser Aspekt ist besonders problematisch beim Justieren von Felgenbremsen, denn ein zu starker Seitenschlag verhindert die schleiffreie Einstellung der Bremsklötze. Ein extremer Seitenschlag kann zum Kontakt des Reifens an Rahmen oder Gabel führen.

ABB. 5.6

Seitliche Bewegungen der Felge beeinträchtigen den Geradeauslauf

## RUNDLAUF

Betrifft das vertikale „Eiern" des Laufrads (Abb. 5.7). Fehlender Rundlauf bewegt das Laufrad bei jeder Umdrehung auf und ab. Bei starkem Höhenschlag wird die korrekte Einstellung der Bremsklötze beeinträchtigt und der Fahrer spürt einen Stoß bei jeder Laufraddrehung.

ABB. 5.7

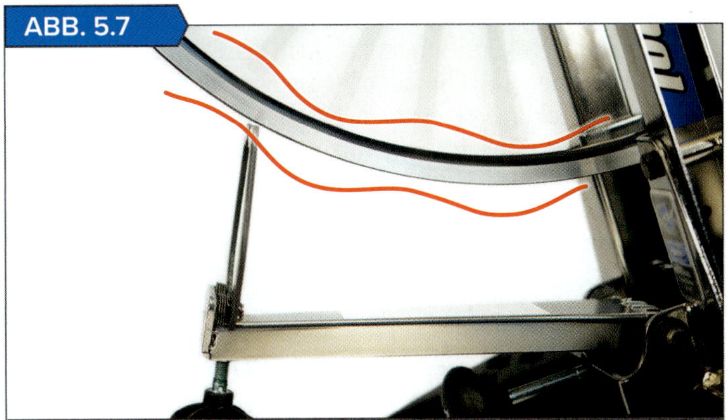

Höhenschläge sorgen für Auf- und Abbewegungen der Felge

## MITTIGKEIT DER FELGE

Betrifft die mittige Position der Felge in der Gabel bzw. im Rahmenhinterbau. Wenn sich die Felge versetzt im Rahmen befindet, kann die Justierung der Bremse schwierig sein. Bei starkem Versatz der Laufräder leidet das Fahrverhalten des Fahrrads wegen mangelnder Spurtreue von Vorder- und Hinterrad (Abb. 5.8).

ABB. 5.8

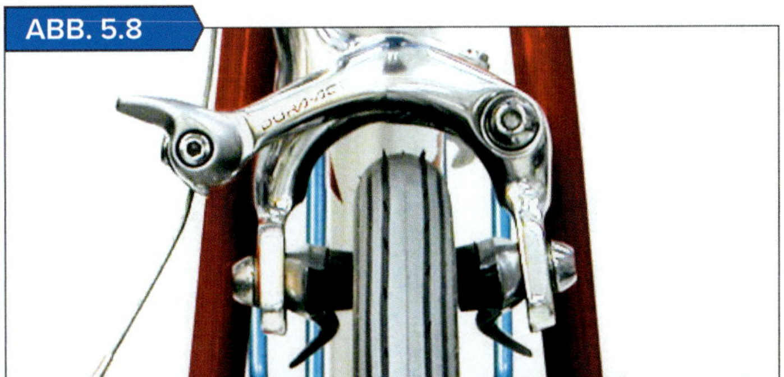

Nicht mittig zentriertes Laufrad mit Versatz nach rechts

## SPEICHENSPANNUNG

Messgröße für die angezogenen Speichen. Am besten zu ermitteln mit einem Tensionmeter, wie dem TM-1. Dabei wird die jeweilige Speiche mit einer kalibrierten Feder gespannt. Mit entsprechender Erfahrung kann die Speichenspannung auch grob per Hand geschätzt werden, indem man Speichenpaare gegeneinander drückt und so ihre Durchbiegung feststellt (Abb. 5.9).

ABB. 5.9

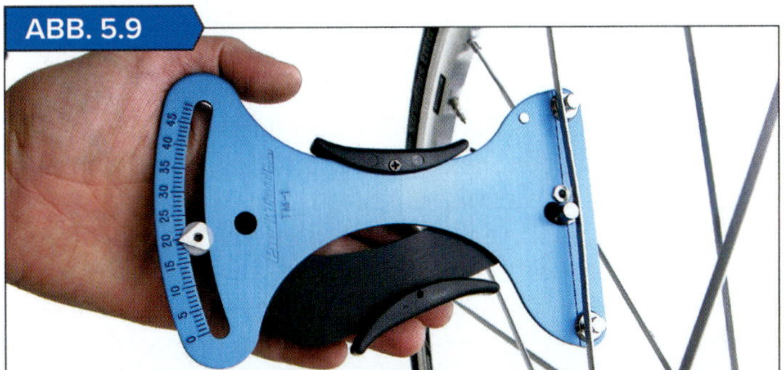

Messung der Speichenspannung per Tensionmeter

## VORGÄNGE BEIM ZENTRIEREN

Verwenden Sie einen verstellbaren Anzeiger zur Feststellung von Höhen- und Seitenschlägen. Mit einem Zentrierständer wird der Vorgang einfacher und schneller, denn dieser verfügt über Anzeiger zur Feststellung von Abweichungen der Felge. Ohne Zentrierständer kann alles benutzt werden, was das Laufrad in gleichbleibender Position fixiert, auch der Fahrradrahmen selbst. Sie können Kabelbinder oder die Bremsklötze als Anzeiger für Seitenschläge verwenden. Montieren Sie dazu je einen Kabelbinder auf Höhe der Felgenflanke an Sattelstrebe bzw. Gabelscheide. Kürzen Sie die Kabelbinder, sodass die Spitzen die Felgenflanken berühren können (Abb. 5.10).

ABB. 5.10

Nutzen eines Kabelbinders als Zentrieranzeiger

Tröpfeln Sie vor dem Zentrieren etwas dünnflüssiges Schmiermittel auf Speichengewinde und Felgenlöcher (Abb. 5.11). Dadurch lassen sich die Nippel leichter drehen. Reinigen Sie nach dem Zentrieren die Felge sorgfältig von Schmiermittelresten, vor allem die Bremsflächen.

ABB. 5.11

Nutzen Sie die Schwerkraft zum Eintröpfeln von Schmiermittel ins Speichengewinde und die Nippel-Felgen-Kontaktfläche

Der Speichenschlüssel muss exakt zu den Nippeln passen, da diese sonst beschädigt werden. Beim Zentrieren des Laufrads kann es passieren, dass Sie Speichennippel und Schlüssel kopfüber betrachten, wenn Sie von oben über die Nabe auf die Felgeninnenseite mit den Speichennippeln blicken. In diesem Fall sieht es so aus, als ob man die Speichen gegen den Uhrzeigersinn spannt. Lassen Sie sich dadurch nicht irritieren. Machen Sie sich bewusst, dass sich der Speichennippel per Rechtsgewinde um die fixierte Speiche dreht. Stellen Sie sich einen Schraubendreher vor, mit dem Sie von außen den Speichennippel je nach Bedarf im Uhrzeigersinn oder gegen ihn drehen (Abb. 5.12).

ABB. 5.12

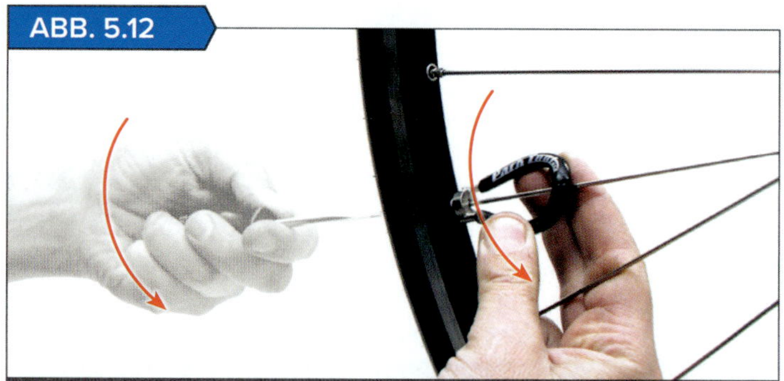

Machen Sie sich die passende Drehrichtung des Schlüssels bewusst

Bei einigen Laufrädern befinden sich die Speichennippel an der Nabenflansch. Diese Modelle werden genauso zentriert wie herkömmliche Laufräder. Das Anziehen einer Speiche bewegt die Felge auf die mit der Speiche verbundene Flanschseite. Auch hier haben Speichen und Nippel Rechtsgewinde.

Messer- oder Aero-Speichen verkomplizieren das Zentrieren. Wenn eine Messerspeiche beim Drehen des Nippels nicht fixiert wird, kann sie sich verwinden und damit den ursprünglichen aerodynamischen Vorteil aufheben. Setzen Sie Spitzzange, einen kleinen verstellbaren Maulschlüssel oder einen Messerspeichenschlüssel wie den BSH-1 ein, um dies zu verhindern (Abb. 5.13).

ABB. 5.13

Mit dem BSH-1 das Verdrehen von Messerspeichen verhindern

Speichen können auf unterschiedliche Art im Laufrad verbaut werden. Die heute üblichste ist die Tangentialspeichung, bei der auf jeweils einer Laufradseite die Hälfte der Speichen an der Flanschaußenseite im Uhrzeigersinn verläuft, die andere Hälfte gegen den Uhrzeigersinn an der Flanschinnenseite. Dabei überkreuzen sich die Speichen wechselweise. Nach Anzahl der Kreuzungspunkte unterscheidet man Einfach- bis Vierfachkreuzung. Neben der Tangential- gibt es die Radialspeichung, bei der die Speichen ohne Kreuzung direkt von der Nabe zur Felge verlaufen sowie Mischformen aus diesen.

Abbildung 5.14 zeigt die Felge aus Sicht des Mechanikers im Zentrierständer. Die Speichen sind markiert: L3 bis L7 kommen von der linken Nabenflansch, R3 bis R7 von der rechten. Linksseitige Speichen ziehen die Felge nach links, verringert um den Zug, der von den rechten Speichen wirkt. Jeder Nippel wirkt auf einen relativ weiten Felgenbereich der Felge. Speiche L4 zum Beispiel wirkt zwar primär an ihrem Felgenloch, beeinflusst aber noch die Bereiche der Nippel L3 und L5 und darüber hinaus. Das Anziehen des Nippels L4 zieht diesen Felgebereich nach links. Das Anziehen von Nippel R5 zieht den Felgenbereich dagegen nach rechts, genauso wie das Lösen von Nippel L4, weil der konstante Zug von R4 und R5 so stärker wirken kann. Anziehen und Lösen der Speichen verändert die seitliche Neigung der Felge auf dieselbe Weise. Trotzdem sollten sich gerade unerfahrenere Mechaniker auf das Nachziehen der relevanten Speichen zum Ausgleich von Seitenschlägen beschränken, denn durch das Erhöhen der jeweiligen Speichenspannung lässt sich die Felge leichter richten. Mit zunehmender Erfahrung kann man zum Zentrieren durch Spannen und Lösen verschiedener Speichen übergehen.

ABB. 5.14

Veränderung der Speichenspannung bewegt die Felgenabschnitte

## SEITENSCHLAG ZENTRIEREN

Das Auszentrieren von Seitenschlägen ist am häufigsten erforderlich. Seitenschläge lassen sich leicht beim Blick auf die drehende Felge im Bereich der Bremsklötze feststellen. Anziehen und Lösen der Speichen verändert die seitliche Neigung der Felge. Unerfahrenere Mechaniker sollten sich jedoch auf das Nachziehen der Speichen zum Ausgleich von Seitenschlägen beschränken, denn durch Erhöhen der jeweiligen Speichenspannung lässt sich die Felge leichter und schneller richten.

Felgen müssen nicht perfekt geradeaus laufen. Für die meisten Laufräder ist eine seitliche Abweichung unter 1 mm ausreichend, solange die Felge dabei nicht an den Bremsklötzen schleift. Erfahrene Mechaniker erreichen Toleranzen von weniger als 0,5 mm. Allerdings sind diese nicht automatisch die Gewähr für eine bessere Performance des Fahrrads.

**Vorgehen beim Zentrieren von Seitenschlägen:**

a. Demontieren Sie das Laufrad, falls ein Zentrierständer vorhanden ist. Sonst lassen Sie es eingebaut im Fahrrad und montieren Sie Kabelbinder an den Sattelstreben bzw. Gabelbeinen auf Höhe der Felgenflanken. Wenn stark zentriert werden muss, demontieren Sie Reifen und Schlauch.
b. Setzen Sie das Laufrad in den Zentrierständer und stellen sie die seitlichen Anzeiger nahe zur Felge ein.
c. Drehen Sie das Laufrad und stellen Sie seitliche Abweichungen fest.
d. Justieren Sie den Anzeiger (oder Kabelbinder) so, dass er die Felgenflanke in einem Bereich leicht berührt. Starten Sie entweder links oder rechts.
e. Stoppen Sie das Laufrad dort, wo es den Anzeiger berührt. Hier befindet sich die größte seitliche Abweichung, die zuerst korrigiert werden sollte. Wenn dieser Bereich länger ist, wählen Sie zunächst nur eine Speiche in der Mitte dieses Felgenabschnitts.
f. Bewegen Sie diesen Bereich am Anzeiger hin und her, um den Ausgangspunkt der Abweichung zu lokalisieren. Diese lässt sich leichter lokalisieren, wenn sie sich auf den Anzeiger zu bewegt (Abb. 5.15). Verwenden Sie den Anzeiger auf der entsprechenden Felgenseite.

ABB. 5.15

Lokalisieren eines Seitenschlags

g. Bei einem Seitenschlag nach links lokalisieren Sie den rechtsseitigen Speichennippel im Zentrum des Seitenschlags. Bei einem rechten Seitenschlag suchen Sie den entsprechenden linksseitigen Nippel. Durch Anziehen der jeweiligen Speiche wird der betroffene Felgenbereich in die andere Richtung bewegt.
h. Ziehen Sie den betreffenden Speichennippel um ¼-½ Drehung fester. ¼ Drehung entspricht 90°, ½ Drehung demzufolge 180°. Drehen Sie das Laufrad und prüfen Sie den Seitenschlag. Oft muss dieses Vorgehen wiederholt werden. Ziehen Sie einen Nippel in einem Schritt nie um mehr als ½ Drehung fester. Gehen Sie in kleinen Schritten vor und prüfen Sie zwischendurch die Veränderung durch wiederholtes Drehen des Laufrads.
i. Suchen Sie den nächsten Seitenschlag und wiederholen Sie das oben beschriebene Vorgehen.
j. Wechseln Sie nach drei Korrekturen auf einer Felgenseite zum anderen Anzeiger bzw. Kabelbinder. Dadurch bleiben die vorherigen Zentrierergebnisse besser erhalten.
k. Setzen Sie die Korrekturen am Laufrad fort. Prüfen Sie die Toleranzen und platzieren Sie einen Anzeiger so, dass er die Felgenflanke auf einer Seite fast berührt. Drehen Sie das Laufrad langsam und suchen Sie dabei nach der größten Lücke zwischen Felge und Anzeiger. Hier ist die stärkste seitliche Abweichung. Ist die Lücke < 1 mm (so dick wie eine 1-Eurocentmünze), gilt das Laufrad als seitlich gut zentriert. Manchmal sind kleinere Toleranzen erforderlich.
l. Wenn nur Seitenschläge auszentriert werden sollten, reinigen Sie die Felgenflanken jetzt mit Fensterreiniger oder Alkohol. Entfernen Sie eventuell montierte Kabelbinder vom Rahmen, montieren Sie den Reifen und bauen Sie das Laufrad wieder ein.

## HÖHENSCHLAG ZENTRIEREN

Bei einem Höhenschlag eiert die Felge auf und ab um die Nabe. Der Rundlauf kann über die Speichenspannung korrigiert werden. Von der Nabe weg weisende Felgenbereiche sind "Ausbeulungen", der Nabe näher kommende Bereiche dagegen „Eindellungen".

Mit demontiertem Reifen sind Höhenschläge leichter feststell- und korrigierbar. Die Anzeiger signalisieren die Abweichungen der Felge direkt. Mit zunehmender Erfahrung können Sie gewisse Höhenschläge bei montiertem Reifen korrigieren. Das ist hilfreich bei Tubeless- oder verklebten Schlauchreifen.

In diesen Fällen orientieren Sie sich am besten an der Felgeninnenseite, die der Nabe zugewandt ist.

Wenn der Reifen entfernt wurde, verwenden Sie die Felgenoberkante zur Orientierung für die Anzeiger. Platzieren Sie diese möglichst nah an der Felge und drehen Sie das Rad. Bewegen Sie die Anzeiger bei drehendem Laufrad bis zum ersten Kontakt näher an die Felge heran. Dieser Bereich ist die stärkste Ausbeulung relativ zur Nabe.

Ausbeulungen kommen durch Anziehen der jeweiligen Speichen an beiden Flanschen näher an die Nabe heran. Abbildung 5.16 zeigt eine Ausbeulung im Bereich L3 und R2. Das Anziehen (Verkürzen) dieser Speichen zieht die Felge nach innen. Wenn die Ausbeulung breiter ist, ziehen Sie auch die Speichen L2 und R3 fester.

ABB. 5.16

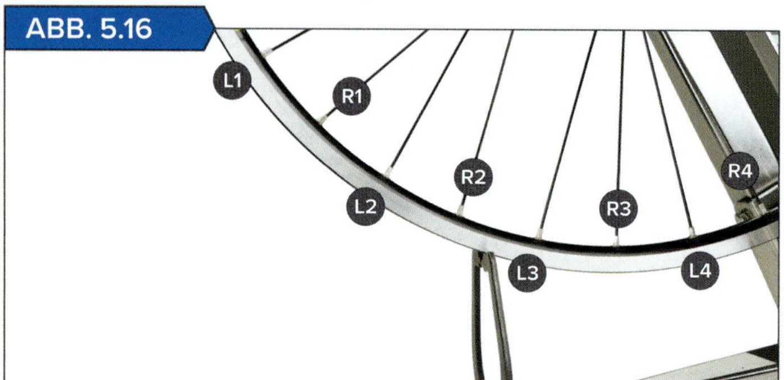


Radiale Ausbeulung durch Anziehen der Speichen korrigieren

Das Lösen der Speichen im Bereich der Eindellungen bewegt die Felge leicht nach außen. Es müssen sowohl Ausbeulungen als auch Eindellungen zentriert werden. Auch bei Eindellungen werden die linken und rechten Speichen am besten paarweise bearbeitet. So kann man neue Seitenschläge leichter vermeiden. Trotzdem muss nach dem Zentrieren von Höhenschlägen das Laufrad auch auf Seitenschläge untersucht werden.

Im anderen Beispiel gibt es eine Eindellung beim Speichenpaar L5/R5, da die Felge dort unterhalb der Anzeiger verläuft (Abb. 5.17). Durch paarweises Lockern (Verlängern) der beiden Speichen wird dieser Felgenbereich nach außen gezogen — auch mit dem Druck der restlichen Speichen.

Natürlich gibt es Grenzen bei der Zentrierbarkeit. Wenn bei der Eindellung im Bereich L5 und R5 die Speichen bereits lockerer als die anderen sind, wurde sie vielleicht bei einem Unfall oder Transport stark verbogen und ist höchstwahrscheinlich nicht mehr reparabel. Dann ist der Austausch der Felge oder des kompletten Laufrads erforderlich. Lesen Sie Kapitel 6 oder fragen Sie im Zweifel einen professionellen Mechaniker.

ABB. 5.17

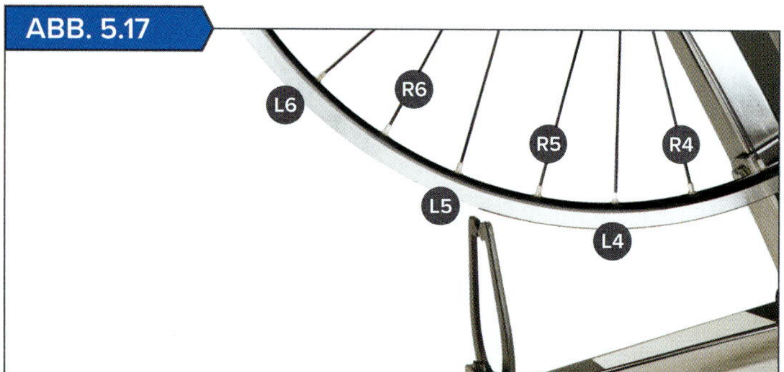


Radiale Eindellung durch Lösen der Speichen korrigieren

**Vorgehen beim Zentrieren von Höhenschlägen:**

a. Demontieren Sie Reifen und Schlauch.
b. Setzen Sie das Laufrad in den Zentrierständer oder in den Fahrradrahmen und montieren Sie Kabelbinder als Anzeiger auf Höhe der Felgenoberseite.
c. Platzieren Sie den Anzeiger (Kabelbinder) möglichst nah über der Felgenoberseite.
d. Drehen Sie das Laufrad und bringen Sie den Anzeiger so nah an die Felge, bis er sie leicht berührt. Dies ist der Bereich des größten Höhenschlags.
e. Bewegen Sie das Laufrad im Kontaktbereich des Anzeigers und lokalisieren Sie das Zentrum des Höhenschlags. Dieser Felgenbereich muss näher zur Nabe kommen (Abb. 5.18).

ABB. 5.18

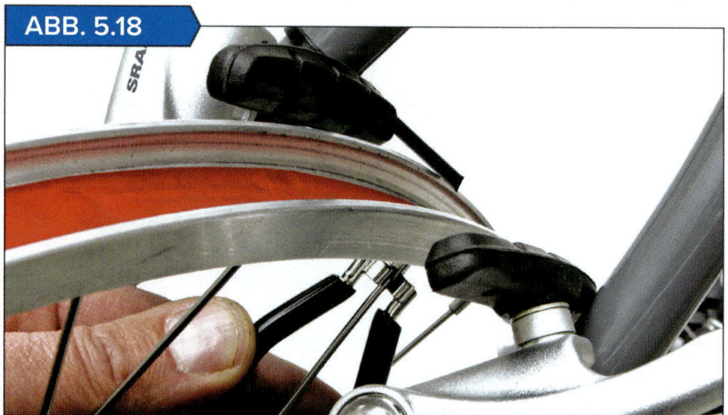

Seitenschlag lokalisieren und passendes Rechts-/Links-Speichenpaar spannen

f. Ziehen Sie linke und rechte Speiche im Zentrum des Höhenschlags gleichmäßig fester, jeweils um ½ Drehung.
g. Prüfen Sie den Felgenbereich und ziehen Sie die Speichen bei Bedarf fester.
h. Drehen Sie das Laufrad und bringen Sie den Anzeiger näher an die Felgenoberseite zur Feststellung des nächsten Höhenschlags. Gehen Sie wie oben beschrieben vor.
i. Suchen Sie nach drei Korrekturen entstandene Seitenschläge und zentrieren Sie diese vor weiteren Höhenschlägen.
j. Nach einigen Korrekturen von Ausbeulungen sind eventuell nur noch Eindellungen übrig. Drehen Sie das Laufrad und schieben Sie den Anzeiger soweit, dass er permanent leicht auf der Felgenoberseite schleift. Bei Eindellungen schleift er nicht. Lokalisieren Sie das Zentrum der stärksten Eindellung.
k. Lösen Sie dort die linke und rechte Speiche gleichmäßig um maximal ½ Drehung.
l. Wiederholen Sie dieses Vorgehen bei eventuell vorhandenen anderen Eindellungen und prüfen Sie dazwischen auf mögliche Seitenschläge.
Prüfen Sie den Rundlauf. Platzieren Sie dazu den Anzeiger so, dass er die Felgenoberseite fast berührt. Drehen Sie das Laufrad langsam und suchen Sie die größte Lücke zwischen Anzeiger und Felge. Hier befindet sich die stärkste radiale Abweichung. Das Laufrad ist korrekt radial zentriert, wenn die größte Abweichung kleiner 1 mm ist.
m. Zentrieren Sie eventuelle Seitenschläge.
n. Wenn der Vorgang abgeschlossen ist, reinigen Sie die Felgenflanken mit Fensterreiniger oder Alkohol. Entfernen Sie eventuell angebrachte Kabelbinder vom Rahmen, montieren Sie den Reifen und bauen Sie das Laufrad ein.

## LAUFRAD MITTIG ZENTRIEREN (DISHING)

Die Felge muss sich zwischen den Gabelbeinen bzw. Hinterbaustreben mittig im Fahrradrahmen befinden. Sonst werden Geradeauslauf, Handling und Kurvenverhalten beeinträchtigt

Messen Sie mit einem Zollstock die Entfernung zwischen den Streben und der Felge auf beiden Seiten. Wenn die Abstände gleich sind und die Felge mittig aussieht, ist sie es auch. Wenn auf einer Seite ein größerer Abstand als auf der anderen besteht, ist das Laufrad nicht mittig bzw. leidet unter Versatz.

Die Felge kann durch Veränderung der Speichenspannung mittig zentriert werden. Durch das gleichmäßige Anziehen aller linken Speichen wird die Felge zum Beispiel weiter nach links bewegt. Alternativ bewegt das gleichmäßige Lösen der linken Speichen die Felge nach rechts.

Die sicherste Methode zur Prüfung der Mittigkeit erfolgt mit einer Zentrierlehre wie der WAG-3 oder WAG-4. Bei der WAG-4 kann wegen der verschiebbaren Messklötze mit montiertem Reifen geprüft werden.

**Prüfung der Mittigkeit des Laufrads per Zentrierlehre:**

a. Merken Sie sich die zu prüfende Seite des Laufrads. In diesem Beispiel wird die rechte Seite geprüft und als Referenz für die linke Seite verwendet.

b. Stellen Sie die Zentrierlehre so ein, dass der verstellbare Anzeiger in ihrer Mitte mit der Spitze die rechte Achskontermutter berührt (Abb. 5.19). Nehmen Sie nicht das Achsende, denn die Kontermutter ist der Referenzpunkt bei der Montage im Rahmen.

ABB. 5.19

Zentrierlehre bei Referenzmessung auf der rechten Laufradseite

c. Drehen Sie das Laufrad um und setzen Sie die Zentrierlehre mit den Messfüßen auf die linke Felgenflanke. Prüfen Sie die Position des verstellbaren Anzeigers im Verhältnis zur linken Kontermutter. Es gibt drei Möglichkeiten:

1. Beide Messfüße befinden sich auf der Felgenflanke und der Anzeiger berührt die linke Kontermutter leicht oder ist unter 1 mm von ihr entfernt: Die Felge ist mittig zentriert und muss nicht korrigiert werden (Abb. 5.20).
2. Beide Messfüße befinden sich auf der Felgenflanke, aber zwischen Anzeiger und Kontermutter ist eine deutliche Lücke erkennbar (Abb. 5.21). Hier ist die Felge nach links versetzt. Wenn die Lücke größer als 1 mm ist, sollte das Laufrad nachzentriert werden. In diesem Beispiel muss die Felge nach rechts bewegt werden. In diesem Fall ist

ABB. 5.20

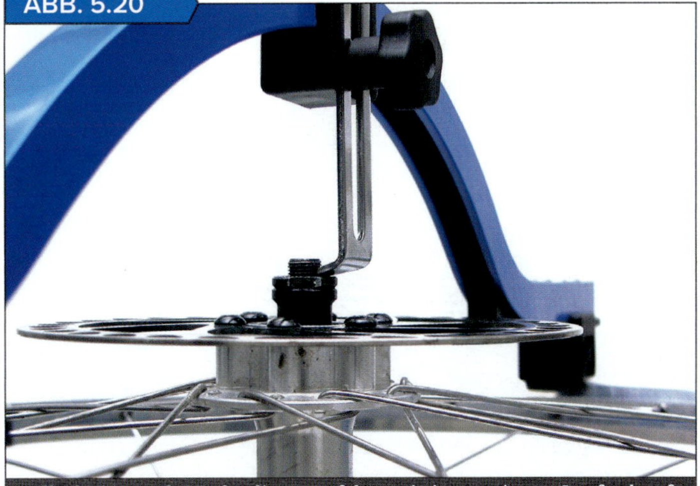

Alle drei Kontaktpunkte liegen auf dem mittig zentrierten Laufrad auf

es günstiger, den Versatz an der Felge zu lokalisieren als an der Nabe. Wenn also nach der Prüfung diese Möglichkeit eintritt, stellen Sie den Anzeiger auf der linken Laufradseite passend ein und messen Sie anschließend auf der rechten Seite nach. Sie werden nun eine Lücke zwischen Felgenflanke und den Messfüßen der Zentrierlehre feststellen, während der Anzeiger an der Kontermutter anliegt. So wird offensichtlich, dass die Felge in Richtung der Messfüße nachzentriert werden muss. Bei Feststellung der Lücke an der Nabe muss die Felge zur Korrektur in die andere Richtung gezogen werden, um den Fehler zu beheben.

ABB. 5.21

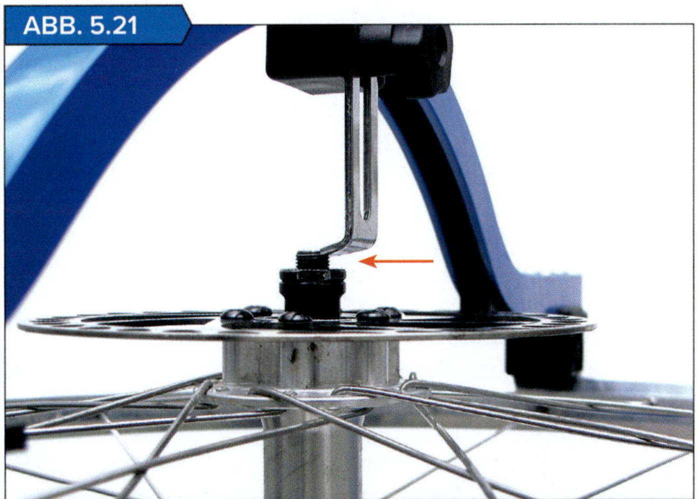

Der Anzeiger zeigt einen relativen Versatz der Felge zur Kontermutter

3. Der gleichzeitige Kontakt der beiden Messfüße und des Anzeigers mit dem Laufrad ist unmöglich. Wenn der Anzeiger an der Kontermutter anliegt, berührt nur ein Messfuß die Felgenflanke während der andere nach oben absteht (Abb. 5.22). Wenn beide Messfüße die Felgenflanke berühren, befindet sich der Anzeiger unterhalb der Kontermutter. Hier ist die Felge nach rechts versetzt, muss zur Korrektur nach links bewegt werden.

ABB. 5.22

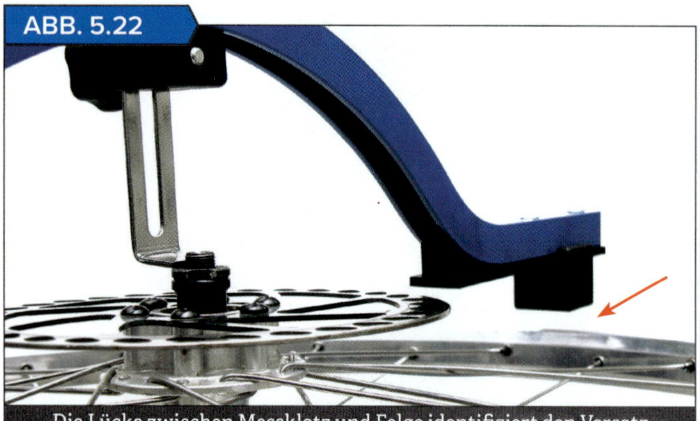

Die Lücke zwischen Messklotz und Felge identifiziert den Versatz

d. Korrigieren Sie den Versatz, indem Sie die Speichen der Flansch auf der Seite nachziehen, auf der die Lücke zwischen Messfuß der Zentrierlehre und Felgenflanke besteht. Ziehen Sie jede Speiche der betroffenen Seite um exakt ¼ Drehung an. **Hinweis**: Die Felge ist nur um die Hälfte des gemessenen Abstands zwischen Anzeiger und Kontermutter versetzt. Bei gemessenem Abstand von 3 mm ist die Felge nur 1,5 mm von der Längsachse des Fahrrads entfernt.
e. Korrigieren Sie einen eventuellen Seitenschlag. Die Zentrierlehre benötigt ein seitlich korrekt zentriertes Laufrad.
f. Messen Sie das Laufrad erneut mit der Zentrierlehre, beginnend mit Schritt a. Bedenken Sie, dass sich die Position des Laufrads gegenüber dem ersten Messvorgang verändert hat. Wiederholen Sie bei Bedarf erforderliche Korrekturen. Bei einer Lücke von weniger als 1 mm zwischen Zentrierlehre und Felgenflanke ist das Laufrad mittig zentriert.
g. Wenn der Vorgang abgeschlossen ist, reinigen Sie die Felgenflanken mit Fensterreiniger oder Alkohol.

Das Mittigzentrieren verändert die gesamte Vorspannung des Laufrads. Das einseitige Nachziehen der Speichen erhöht die Gesamtspannung aller Speichen, das Lösen verringert sie. Wenn die Speichenspannung bereits sehr hoch ist, erreichen Sie die Mittigkeit am besten durch gleichmäßiges Lösen der Speichen einer Seite. Dies reduziert die Speichenspannung insgesamt.

## SPEICHENSPANNUNG

Speichen sind quasi lange dünne Schrauben mit den Speichennippeln als Muttern. Wie bei allen geschraubten Verbindungen gilt eine bestimmte Vorspannkraft. Diese Vorspannkraft, hier die Speichenspannung, zieht an der Speiche. Obwohl beim Anziehen der Nippel die Speichenspannung steigt, ist es nicht sinnvoll, das Drehmoment der Mutter (des Nippels) zu Ermittlung zu messen. Dafür gibt es bessere Möglichkeiten.

Während der Fahrt werden die Speichen bei jeder Radumdrehung im Bodenbereich gestaucht und so einen Moment lang entlastet, bevor sie wieder für die restliche Radumdrehung belastet werden. Dieser permanente Spannungswechsel wird „Belastungszyklus" genannt. Bei Laufrädern mit relativ geringer Speichenspannung schwanken die Belastungen stärker als bei höherer Speichenspannung. Das ständige Be- und Entlasten ermüdet das Material und führt letztendlich zum Speichenbruch. Eine niedrigere Speichenspannung wird bei der Benutzung tendenziell verstärkt. Dadurch wird die Lebensdauer der Speichen verkürzt und das Laufrad muss laufend nachzentriert werden.

Ebenso kann zu hohe Speichenspannung zu Problemen führen. Felge oder Nabenflansche können bei Überlastung im Bereich der Felgen- oder Speichenlöcher ausreißen (Abb. 5.23) oder Speichennippel können sich verformen, denn die Speiche selbst erträgt eine wesentlich höhere Zugkraft als Felge, Nippel oder Flansch.

ABB. 5.23

Riss in der Felge durch überhöhte Speichenspannung

Gehen Sie beim Steigern oder Senken der Speichenspannung langsam und in kleinen Schritten vor. Beginnen Sie zum Beispiel beim Erhöhen der Speichenspannung an einem Laufrad mit niedriger Speichenspannung bei einer Speiche am Ventilloch und ziehen Sie jeden Nippel nur um ¼ Drehung an. Suchen Sie anschließend nach Seitenschlägen. Normalerweise sind kleine Korrekturen nach Erhöhen der Speichenspannung erforderlich. Wenn Sie die Speichenspannung weiter steigern wollen, ziehen Sie alle Speichen um eine weitere ¼ Drehung fester und prüfen Sie das Laufrad erneut. Wiederholen Sie diese Vorgehensweise so lange, bis Sie die gewünschte Speichenspannung erreicht haben.

Durch das Drehen der Nippel verwinden sich die Speichen häufig um ihre Längsachse. Dieses Verwinden lässt sich durch das Schmieren der Nippel leicht minimieren. Legen Sie beim Anziehen des Nippels einen Finger an die Speiche. Wenn Sie die Verwindung spüren, drehen Sie den Nippel etwas weiter als geplant und drehen Sie ihn zur Entspannung der Speiche wieder etwas zurück. Am sichersten beseitigt man diese Torsionsbelastung durch eine Fahrt mit dem Rad. Sie werden anfangs ein klingendes oder ploppendes Geräusch hören, wenn sich die Speichen entwinden. Manchmal muss das Laufrad anschließend seitlich nachzentriert werden.

Am besten kann man die Speichenspannung mit einem Speichenspannungsmesser oder Tensionmeter wie dem TM-1 ermitteln. Bis zu einem gewissen Grad lässt sich die Speichenspannung auch durch Zusammendrücken von Speichenpaaren schätzen. Allerdings kann dies Verfahren täuschen, da die Steifigkeit von Felgen und die Dicke der Speichen stark variieren. Ein Tensionmeter misst die relative Spannung zwischen den Speichen sowie die absolute Spannung jeder einzelnen Speiche in Newton oder Kilopond (1 Kilopond kp = kilograms force kgf = 10 Newton N). Mit dem TM-1 können 16 verschiedene Speichentypen inklusive Messer-, Titan- und Aluminiumspeichen vermessen werden (Abb. 5.24).

ABB. 5.24

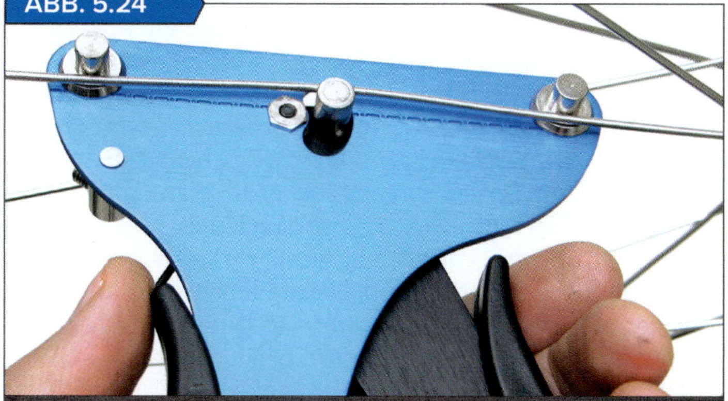

Speiche mit Tensionmeter biegen zur Ermittlung der Spannung

Felgenhersteller geben weit gespannte Empfehlungen für die Speichenspannung von 600 bis 2000 Newton. Normalerweise werden 1000 Newton empfohlen. Die Felge als schwächstes Glied in der Kette begrenzt die maximale Speichenspannung. Je schwerer und stabiler die Felge, desto höher kann im Allgemeinen die Speichenspannung sein. Eine leichte Felge wiegt zwischen 280 und 350 Gramm, eine schwerere um 450 Gramm oder mehr. Zusätzlich geöste Nippellöcher verteilen die Belastung auf die ganze Felge. Fehlende Ösen bei einer leichten Felge implizieren daher eine geringere Speichenspannung. Aufgrund der vielen Möglichkeiten ist es im Zweifel sicherer, sich aktuelle Spezifikationen vom jeweiligen Felgenhersteller zu beschaffen.

Die vom Hersteller angegebenen Werte beziehen sich meist auf das Laufrad ohne Reifendruck. Dieser senkt die Speichenspannung leicht. Dies ist jedoch kein Grund, die empfohlenen Maximalwerte zu überschreiten. Die Herstellerempfehlung bezieht sich jeweils auf die höher gespannte Laufradseite. Bei Hinterrädern ist das die Zahnkranzseite. Bei Vorderrädern für Scheibenbremsen ist die Seite mit der Bremsscheibe die höher gespannte. Bei symmetrisch zwischen den Nabenflanschen eingespeichten Felgen kann jede Seite gemessen werden, wie das bei Vorderrädern ohne Scheibenaufnahme der Fall ist.

Dem Tensionmeter TM-1 ist eine Umrechnungstabelle beigefügt, die zur Ermittlung der Zugkraft an der gemessenen Speiche dient. Das TM-1 biegt die Speiche und sein Zeiger gibt einen „Abweichungswert“ an (Abbildung 5.25). Dieser Wert dient in Verbindung mit der passenden Spalte der Umrechnungstabelle zur Ermittlung der spezifischen Speichenspannung.

ABB. 5.25

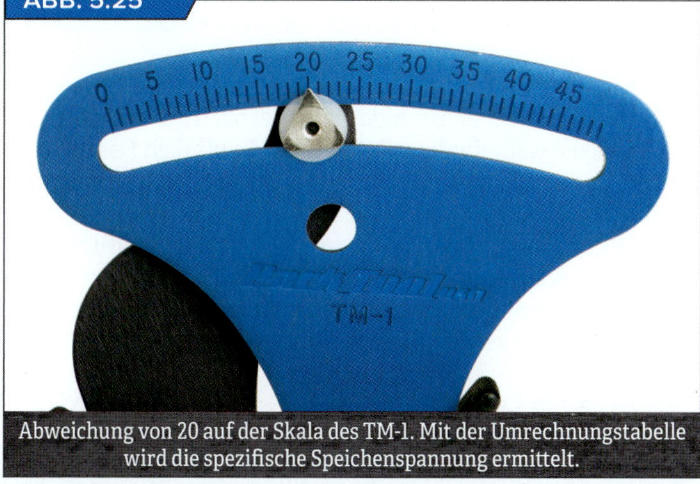


Abweichung von 20 auf der Skala des TM-1. Mit der Umrechnungstabelle wird die spezifische Speichenspannung ermittelt.

Für die korrekte Messung müssen Material und Durchmesser der Speichen bekannt sein. Die meisten Speichen sind aus Stahl, viele aus Edelstahl, die beim Test schwach magnetisch reagieren. Aluspeichen fühlen sich anders an und sehen anders aus, genauso Titanspeichen. Beide sind nicht magnetisch.

Mit der dem TM-1 ebenfalls beiliegenden Speichenlehre messen Sie den Speichendurchmesser. Der kleinste Schlitz, in den die Speiche passt, bestimmt ihren Durchmesser. Der Durchmesser in der Speichenmitte ist entscheidend für die relevante Spalte in der Umrechnungstabelle. Dies gilt auch für Dickendspeichen. Eine Schieblehre zur Bestimmung der Speichenstärke ist ebenfalls geeignet, insbesondere bei Messerspeichen.

In der Umrechnungstabelle suchen Sie die für Material und Durchmesser passende Spalte und folgen dieser bis zur Zeile mit der gemessenen Abweichung (wie in Schritt d unten beschrieben). Der Tabellenwert zeigt die aktuelle Speichenspannung in Kilopond (kp = kgf). Für Aero-Stahlspeichen, die nicht in der Umrechnungstabelle aufgeführt sind, nutzen Sie den Online-Umrechnungsgenerator auf www.parktool.com./wta

**Speichenspannung ermitteln per Tensionmeter TM-1:**

a. Bestimmen Sie das Material der Speiche und messen Sie den Durchmesser in der Speichenmitte. Suchen Sie die passende Spalte in der beiliegenden Umrechnungstabelle.
b. Drücken Sie den TM-1 am Handgriff zusammen. Platzieren Sie die Speiche zwischen den beiden fixen und dem beweglichen Bolzen. Platzieren Sie die Bolzen bei Dickend-Speichen so, dass sie sich im dünnsten Bereich der Speiche befinden. Bei Aero- oder Messerspeichen platzieren Sie die Bolzen an der abgeflachten Speichenseite.
c. Lösen Sie den Handgriff langsam. Ruckartiges Lösen führt zu falschen Messwerten.
d. Sobald der TM-1 die Speiche erfasst, deutet die Anzeigenadel auf eine Ziffer in der Skala. Diese Zahl ergibt in Verbindung mit der beiliegenden Umrechnungstabelle die tatsächliche Speichenspannung.

Für einen möglichst exakten Wert messen Sie alle Speichen einer Seite und errechnen Sie den Durchschnittswert. Allerdings erhalten Sie auch schon bei Messung von ¼ des Laufrads relativ genaue Daten. Bei einem Laufrad mit 32 Speichen, messen Sie acht Speichen und ermitteln davon den Durchschnittswert.

Nabenflanschen von Hinterrädern sowie Vorderrädern mit Bremsscheiben sind immer etwas versetzt zur Längsachse des Rahmens. Nach Erhöhen der gesamten Speichenspannung ist es wahrscheinlich, dass das die Mittigkeit des Laufrads nicht mehr gegeben ist. Überprüfen Sie daher im Anschluss die Mittigkeit des Laufrads.

## TORSIONSSPANNUNG REDUZIEREN

Selbst mit geschmierten Speichennippeln kann es während des Zentrierens passieren, dass sich einige Speichen verwinden. Dies macht sich bei der ersten Fahrt durch ploppende oder klingende Geräusche bemerkbar, wenn sich die Speichen unter Last entspannen. Die Torsionsspannung können Sie schon vorher etwas reduzieren, indem Sie noch im Zentrierständer jeweils alle Speichenpaare einer Seite kräftig mit Daumen und Zeigefinger zusammendrücken. Prüfen Sie anschließend erneut den Rundlauf des Laufrads.

## SPEICHENSPANNUNG NIVELLIEREN

Die Spannung der einzelnen Speichen wird selbst bei einem perfekt zentrierten Laufrad leicht variieren. Je geringer die relativen Unterschiede auf einer Laufradseite sind, desto stabiler ist das Laufrad. Mit einem Tensionmeter können Sie die Spannung der einzelnen Speichen leichter angleichen. Versuchen Sie die Abweichung der einzelnen Speichen unterhalb von 20 % der durchschnittlichen Speichenspannung zu halten. Gehen Sie zum Beispiel von einer durchschnittlichen Speichenspannung von 100 kp auf der rechten Laufradseite aus. 20 % davon entsprechen 20 kp. Daraus folgt, dass Sie nur die Speichen mit Werten unterhalb 80 kp und oberhalb 120 kp korrigieren. Mit zunehmender Erfahrung und etwas Geduld lassen sich geringere Toleranzen erzielen. Doch 20 % Abweichung nach oben oder unten sorgen für eine meist völlig akzeptable Stabilität des Laufrads.

Bei asymmetrisch gespeichten Laufrädern (Hinterrad oder Vorderrad mit Bremsscheibe) ist die durchschnittliche Speichenspannung auf beiden Seiten unterschiedlich. Das ist normal und kein Stabilitätsproblem für das Laufrad. Versuchen Sie nicht diesen Unterschied auszugleichen, sein Grund liegt in der Asymmetrie des Laufrads.

Beim Messen der einzelnen Speichen einer Flanschseite werden Sie unterschiedliche Spannungswerte feststellen. Sie können die Werte auf der Felge mit einem Marker festhalten. Sehr häufig befindet sich eine stark gespannte Speiche direkt neben deutlich schwächer gespannten. Durch das Nivellieren unterschiedlich gespannter Speichen einer Laufradseite wird das gesamte Laufrad stabiler und haltbarer. Auch die Lebensdauer der Speichen wird verlängert, da sich die Belastung bei der Fahrt gleichmäßiger auf alle Speichen verteilt.

Es gibt einen Zielkonflikt zwischen "perfekt" rundlaufendem Laufrad und einer möglichst gleichmäßigen Speichenspannung. Beides scheint theoretisch möglich, doch selbst eine neue Felge hat leichte Toleranzen, die das verhindern. Insbesondere bei Laufrädern mit Bremsscheibe ist die gleichmäßige Speichenspannung wichtiger als perfektionierter Rundlauf.

**Vorgehen zum Ausgleich der Speichenspannung:**

a. Ermitteln Sie die durchschnittliche Speichenspannung für eine Laufradseite in Kilopond (kp) oder Newtonmeter (Nm).
b. Multiplizieren Sie den Durchschnittswert mit 0,8 für die untere Toleranzschwelle und mit 1,2 für die obere. Diese beiden Werte begrenzen den akzeptablen relativen Spannungsbereich.
c. Messen Sie mit dem TM-1 die Abweichungswerte jeder einzelnen Speiche und wandeln Sie diese mithilfe der Umrechnungstabelle in individuelle Spannungswerte um.
d. Stellen Sie fest, ob die individuellen Werte sich innerhalb des akzeptablen Bereichs aus Schritt 2 befinden.
e. Suchen Sie eine relativ stramme Speiche an einer Flanschseite und kombinieren Sie diese mit einer relativ weichen Speiche derselben Seite. Lösen Sie die stramme Speiche um ⅛ bis ¼ Umdrehung und ziehen Sie die weichere um etwa denselben Wert fester.
f. Überprüfen Sie die neuen Spannungswerte beider Speichen mit dem TM-1 und notieren Sie eventuelle Fortschritte beim Angleichen.
g. Prüfen Sie das Laufrad beim Drehen auf eventuelle Seitenschläge und korrigieren Sie signifikante Abweichungen nach dem Ausgleichsprinzip. Wählen Sie zwischen Festziehen und Lösen jeweils die Option, welche die entsprechende Speiche näher zum angepeilten Spannungswert führt.
h. Wiederholen Sie den Vorgang bis alle Speichen einer Seite sich im gewünschten Spannungsbereich befinden.
i. Wiederholen Sie den Vorgang auf der anderen Flanschseite.

Eine andere Technik zur Abschätzung relativer Spannungsabweichungen ist das Greifen der Speichen wie bei Gitarrensaiten oder leichtes Schlagen mit einem kleinen Innensechskant. Zwei Speichen derselben Länge und Spannung sollten denselben Klang erzeugen. Mit diesem Vorgehen erhält man keine absoluten Messwerte, kann aber durch Klangunterschiede deutliche Abweichungen feststellen und anpassen.

Unter www.parktool.com/wta finden Sie die Wheel Tension App (WTA), mit der Sie die relative Speichenspannung von Laufrädern und Abweichungen einzelner Speichen auf Basis der ermittelten Messwerte visualisieren können (Abb. 5.26). Die Daten können online als Referenz gespeichert werden.

ABB. 5.26

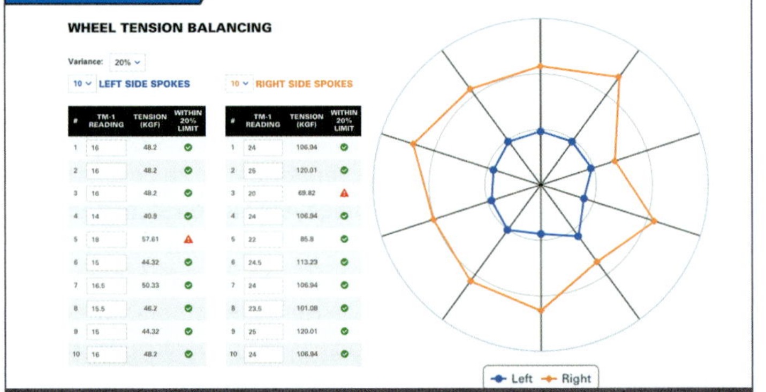


Beispiel für Speichenspannungstabelle und Visualisierung in der Wheel Tension App (WTA) von Park Tool

## BESCHÄDIGTE SPEICHEN ERSETZEN

Eine gebrochene Speiche führt zum Seitenschlag des Laufrads. Häufig lässt sich das Laufrad übergangsweise zentrieren, bis die Speiche ersetzt werden kann. Allerdings können Laufräder mit 28 oder weniger Speichen durch den Bruch einer einzigen Speiche so massiv beeinträchtigt werden, dass eine Weiterfahrt unmöglich wird. Scheibenbremsräder ermöglichen die Weiterfahrt auch bei stärkeren Seitenschlägen. Keinesfalls darf jedoch der Reifen Rahmen oder Gabel streifen. Dies ist ein Grund für sofortige Reparatur.

Untersuchen Sie zunächst die gebrochene Speiche. Wenn sie an der Nabe gebrochen ist und der Nippel noch gut aussieht, kann er meist weiter verwendet werden. Schrauben Sie die Speiche aus dem Nippel und stellen Sie ihre Länge fest, indem Sie eine benachbarte Speiche auf der gleichen Laufradseite mit einem Maßband von der Nabe bis zum Übergang vom Nippel zur Felge messen. Addieren Sie weitere 3-4 mm hinzu. Die exakte Länge ermitteln Sie nach Demontage einer benachbarten Speiche durch Messung mit einer Speichenlehre wie der SBC-1 von Park Tool.

Entfernen Sie bei Bedarf Reifen und Schlauch sowie den Zahnkranz am Hinterrad. Fädeln Sie die neue Speiche in derselben Ausrichtung wie die alte in die Nabe ein, den Speichenkopf entweder nach außen oder innen zeigend. Eventuell müssen Sie die Speiche dabei etwas biegen, knicken Sie sie aber nicht (Abb. 5.27). Orientieren Sie sich bei der Montage an einer benachbarten Speiche derselben Flanschseite.

ABB. 5.27

Biegen einer Speiche beim Einbau ins Laufrad

Stellen Sie möglichst mit einem Tensionmeter die durchschnittliche Speichenspannung auf der betroffenen Laufradseite fest. Ziehen Sie die neue Speiche so fest, dass Sie diese erreicht. Zentrieren Sie das Laufrad wie vorher beschrieben.

## VERSCHLEISS, SCHÄDEN & REPARATUREN

Felgen können beim Überfahren von Hindernissen wie Kantsteinen oder Schlaglöchern beschädigt werden. Ebenso können seitlich wirkende Kräfte beim Umfallen oder einem Unfall die Felge schädigen. Ein beschädigtes Laufrad kann durch Zentrieren nur in begrenztem Umfang repariert werden. Überprüfen Sie dazu die relative Speichenspannung im schadhaften Bereich. Wenn bei einem rechten Seitenschlag die rechten Speichen relativ locker, die linken dagegen relativ stramm sind, ist die Felge in sich verbogen. In dieser Situation lässt sich das Laufrad nicht mehr durch Zentrieren instand setzen (Abb. 5.28).

Fahrradfelgen gibt es aus Aluminium, Carbonfaser oder Stahl. Alu und Stahl verbiegen bei starkem Druck, Carbon dagegen bricht spontan ohne vorher sichtbar geschädigt zu sein.

Bei einem Laufrad mit stark verbogener Metallfelge hilft die Anpassung der Speichenspannung nicht weiter, außer vielleicht noch den Rückweg zu schaffen. Auch das Geradebiegen der Felge ist nur eine kurzfristige Notfalllösung. Die einzige Möglichkeit ist, eine neue Felge durch einen Fachmann in das Laufrad einspeichen zu lassen oder gleich ein neues Laufrad zu kaufen.

ABB. 5.28

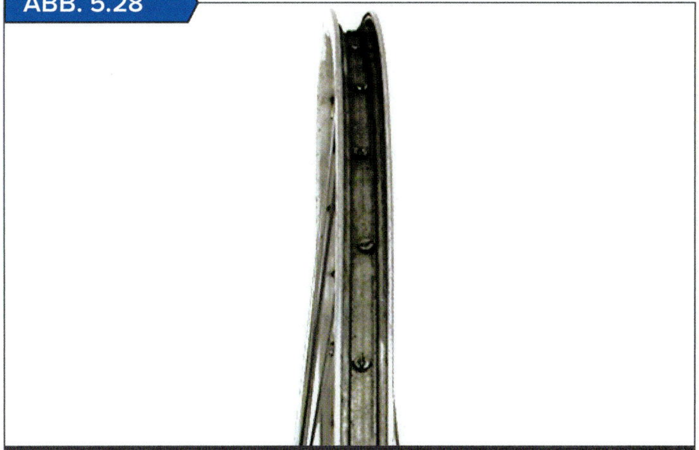

Irreparabler Schaden an der Felge

Bei Fahrrädern mit Felgenbremsen dienen die Felgenflanken als Bremsfläche, wodurch die Felgen zwangsläufig verschleißen. Der Luftdruck kann zu dünn gewordene, durchgebremste Felgenflanken zum Platzen bringen – auch während der Fahrt. Überprüfen Sie die Felgenflanken daher auf glatte, konkave Oberflächen. Wenn die Felge verschlissen erscheint, demontieren Sie den Reifen und legen Sie einen Zollstock oder geraden Schlüssel an der Felgenflanke an. Achten Sie auf eine mögliche Lücke zwischen Felge und Zollstock. Wenn diese größer als 0,2 mm ist (ungefähr Visitenkartenstärke), sollte die Felge ersetzt werden (Abb. 5.29). Moderne Felgen verfügen oft über eine umlaufende Kerbe als Verschleißindikator. Wenn diese nicht mehr sichtbar ist, tauschen Sie die Felge aus.

ABB. 5.29

Felgenflanke jenseits der Verschleißgrenze

TABELLE 5.2 *Troubleshooting*

| SYMPTOM | MÖGLICHE URSACHE | LÖSUNG |
|---|---|---|
| Drehende Felge eiert seitlich hin und her | Fehlerhafte Speichenspannung | Laufrad zentrieren |
| Felge eiert trotz versuchtem Zentrieren | Felge durch Unfall verbogen | Problem durch Zentrieren minimieren, falls irreparabel Felge oder Laufrad austauschen |
| Speichenbruch bei relativ neuem Laufrad | Vorzeitige Materialermüdung durch zu geringe Speichenspannung | Speichenspannung prüfen und korrigieren, Spannung nach Bedarf erhöhen |
| Speichenbruch bei älterem Laufrad | Speichen haben Haltbarkeitsgrenze erreicht | Einzelne Speiche oder komplettes Laufrad ersetzen |

KAPITEL 6

# LAUFRAD BAUEN

Gut gebaute Laufräder bieten Zuverlässigkeit und hohe Performance. Der Bau von Laufrädern ist ein befriedigender mechanischer Vorgang wie auch eine Herausforderung. Verständnis und Wissen über den Laufradbau sind hilfreich bei Reparatur und Zentrieren von Laufrädern.

Obwohl die Auswahl einzelner Komponenten wie Nabe, Felge und Speichen für die Qualität des Laufrads wichtig ist, wird dieses umfangreiche Thema hier nicht behandelt. In diesem Kapitel wird eine grundlegende Einspeichmethode beschrieben, es gibt jedoch zahlreiche andere Möglichkeiten.

## SPEICHEN

Speichen sind Schraubverbindungen wie andere Schrauben und Muttern auch, die Komponenten am Fahrrad fixieren. Sie verbinden die Nabe mit der Felge. Meist sind die Speichen aus Stahl, es gibt aber auch Varianten aus Alu oder Verbundmaterial wie Carbonfasern. Stahlspeichen bestehen meist aus Edelstahl und lassen sich per Magnet leicht von Aluspeichen differenzieren, wenn Zweifel bestehen.

Speichen passen nur an einem Ende in die Nabenflansch. Zwei gebräuchliche Varianten sind klassisch gebogene J-Bend Speichen und gerade Straight Pull- oder Hammerkopfspeichen (Abbildung 6.1). Die Speichentypen müssen zur jeweiligen Bauform der Flansch passen (Abb.6.2 und 6.3).

ABB. 6.1

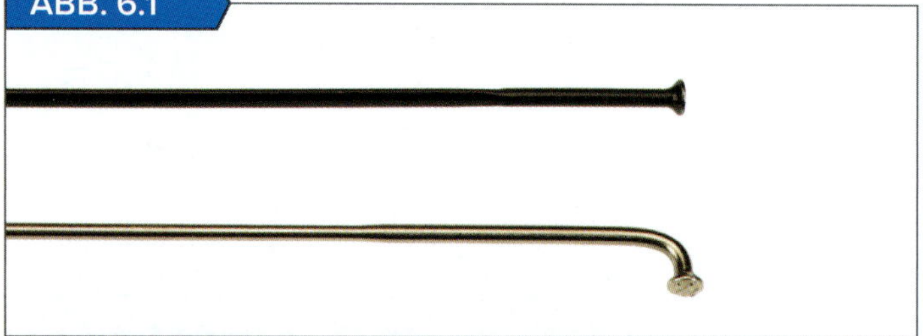

Oben: Hammerkopfspeiche (Straight Pull); unten: klassische J-Bend Speiche

ABB. 6.2

Hammerkopfspeichen in passender Nabenflansch

ABB. 6.3

J-bend Speiche in normaler Nabenflansch

Das andere Speichenende mit Gewinde wird mit einer speziellen Mutter, dem Speichennippel, an der Felge befestigt. Üblich ist ein Durchmesser von 2 mm am Speichenende mit dem Gewindemaß 2,2 mm x 56 tpi, das gerollt wird. Jede vollständige Umdrehung bewegt den Nippel um ca. 0,5 mm auf der Speiche.

Fahrradspeichen sind in Längen von unter 100 mm bis 300 mm in 1 mm-Abständen lieferbar. Die Auswahl der korrekten Speichenlängen ist ein entscheidender Schritt beim Laufradbau. Arbeiten Sie beim Messen und Rechnen möglichst auf den Zehntelmillimeter genau. Die Rundung auf den vollen Millimeter erfolgt am Ende dieses Prozesses. Normalerweise sind Speichenlängen mit 2 mm Toleranz zur idealen Länge problemlos nutzbar beim Bau des jeweiligen Laufrads. Die Berechnung der benötigten Speichenlängen wird am besten mit einem der zahlreichen Online-Kalkulatoren ausgeführt.

## NABE

Zur Ermittlung der Speichenlänge sind drei grundlegende Werte für die Nabe zu beachten: Anzahl der Speichenlöcher, Flanschdurchmesser an den Speichenlöchern und die jeweiligen Abstände der Flanschen zur Nabenmitte.

Wichtigste Spezifikation ist die Anzahl der Speichenlöcher, die bei Nabe und Felge identisch sein müssen. Gehen Sie nicht davon aus, dass sie übereinstimmen, sondern zählen Sie zu Beginn bei beiden nach.

Die Speichenlöcher der Flansch erzeugen ein Kreismuster. Messen Sie dessen Durchmesser indem Sie den Abstand von einem Loch zum direkt gegenüberliegenden ermitteln. Dies geht am besten mit einem Messschieber, gemessen von der Innenseite des einen Lochs bis zur Außenseite des gegenüberliegenden. Dies führt zu einem besseren Ergebnis als jeweils die Mitte der kleinen Speichenlöcher zu treffen (Abb. 6.4).

ABB. 6.4

Gegenüber liegende Speichenlöcher von Innen- zu Außenkante messen

Der Standard für Speichenlochdurchmesser ist heute 2,5 mm. Sehr dicke Speichen benötigen eventuell größere Löcher. Doch 2,5 mm wird von den meisten Rechnern zugrunde gelegt.

Der Abstand der Flanschen zur Nabenmitte ist auch relevant. Je größer der Abstand, desto länger muss die Speiche sein, um die Felge zu erreichen. Denn diese soll mittig zur Nabe stehen, nicht zu den Flanschen. Die für die Speichenlänge relevante Messgröße ist „Flansch-Nabenmitte" (hub flange-to-center) (Abb. 6.5). Die Abstände links und rechts sind bei den meisten Hinterradnaben sowie Vorderradnaben mit Bremsscheibe unterschiedlich. Bei erheblichen Abweichungen benötigt das Laufrad verschieden lange Speichen pro Seite.

Diese Speichendifferenzen sind die Regel bei Hinterrädern mit breitem Freilaufkörper und geringer Nabenbreite. 11- oder 12-fach Straßenlaufräder sind typische Beispiele. Wenn die Speichenlängen von linker und rechter Flansch um 2 mm oder mehr variieren, ist die Verwendung verschiedener Speichenlängen empfehlenswert. Bei einer Differenz von bis zu 1 mm verwenden Sie die größere Speichenlänge für beide Seiten.

**ABB. 6.5**

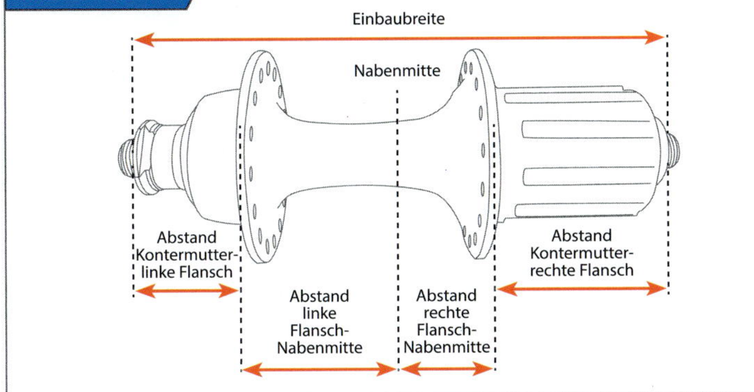


Ermitteln des Abstands Nabenflansch-Nabenmitte

Der Abstand von Flansch zur Nabenmitte wird am besten per Subtraktion ermittelt. Messen Sie zunächst die gesamte Nabenbreite. Bei Steckachsen wird die Achslänge zwischen den Ausfallenden ermittelt, bei Naben für offene Ausfallenden dagegen das Außenmaß der Kontermuttern. Teilen Sie die Gesamtbreite durch zwei.

Als nächsten messen Sie den Abstand von jeder Flansch zur Außenseite der Kontermutter oder Nabenendkappe. Verwenden Sie einen geraden Schlüssel als verlängerte Messschablone für Kontermutter oder Endkappe parallel zur Flansch (Abb. 6.6). Gehen Sie ungefähr von der Mitte der Flansch aus.

**ABB. 6.6**

Leichteres Messen des Abstands mit Verlängerung

Ziehen Sie dieses Maß zur Ermittlung des ersten Abstands Flansch-Nabenmitte von der halben Gesamtbreite ab. Wiederholen Sie den Vorgang für die andere Flansch.

Im Beispiel von Abbildung 6.7 hat eine Nabe für offene Ausfallenden 135 mm Gesamtbreite an den Kontermuttern. Die Nabenmitte ist demnach 67.5 mm von beiden Seiten entfernt. Der Abstand von Kontermutter zur Nabenflansch links beträgt 35 mm. Die Rechnung für den Abstand Flansch-Nabenmitte links lautet 67,5 mm – 35 mm = 32,5 mm.

Bei derselben Nabe ist der Abstand zwischen rechter Flansch und Kontermutter 48 mm. Für die rechte Seite lautet die Rechnung: 67,5 mm – 48 mm = 19,5 mm.

**ABB. 6.7**

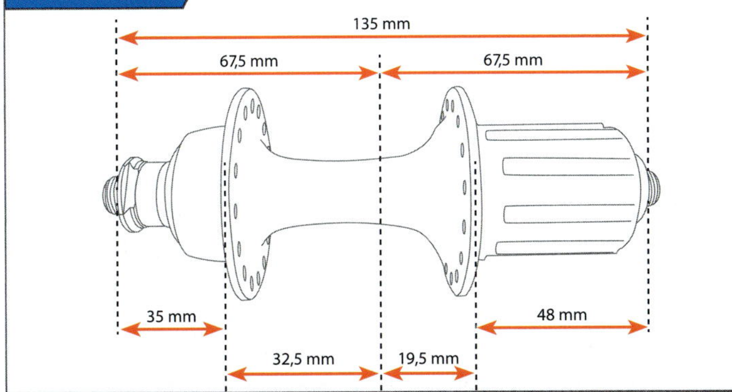


Beispielhafte Nabenmesswerte

Im Beispiel sind die unterschiedlichen Abstände Flansch-Nabenmitte von 32,5 mm links und 19,5 mm rechts für den Freilaufkörper notwendig.

Wichtige Eigenschaft der Nabenflanschen ist der leichte Versatz der Speichenlöcher auf beiden Seiten. Die Löcher einer Seite stehen genau zwischen Löchern der anderen Seite (Abb. 6.8). Dieser Versatz ermöglicht praktisch gespiegelte Einspeichmuster auf beiden Seiten. Beim Einspeichen des Laufrads ist es daher notwendig das richtige Loch je Flanschseite auszuwählen.

**ABB. 6.8**

Erkennbarer Versatz der Speichenlöcher beider Nabenflanschen

## FELGE

Felgen verfügen normalerweise über Speichenlöcher ungefähr in der Mitte des Felgenbetts. Häufig sind sie leicht versetzt in einem Links-Rechts-Muster angeordnet (Abb. 6.9). Beim seitlichen Versatz sollen nach rechts versetzte Felgenlöcher die Speichen der rechten Flanschseite aufnehmen und umgekehrt.

**ABB. 6.9**

Leichter Versatz der Felgenlöcher

Bei Felgenlöchern ohne erkennbaren Versatz setzen Sie einen Speichennippel in das Loch in 12-Uhr-Position und prüfen Sie, die Position des Nippels auf der Innenseite. Kippt er zu einer Seite, wird dadurch die jeweilige Flanschseite bestimmt. Bleibt der Nippel gerade, hat die Felge keine seitliche Differenzierung.

Einige Felgen verfügen über asymmetrisch gebohrte Löcher, die sich alle versetzt auf einer Felgenseite befinden (Abb. 6.10).

ABB. 6.10

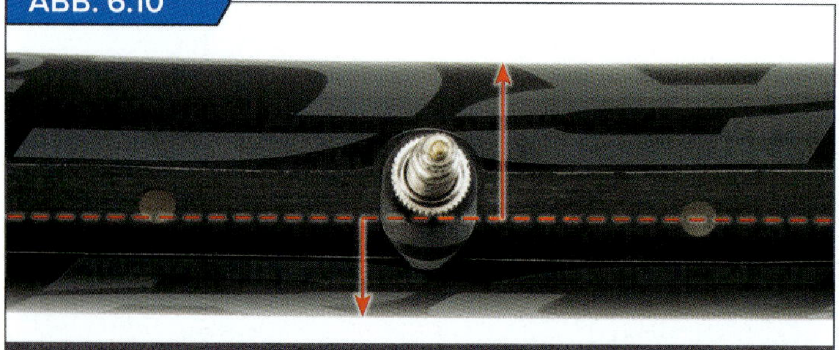

Asymmetrisches Felgendesign reduziert Spannungsdifferenz

Bei einer asymmetrischen Hinterradfelge verläuft der breitere Teil auf der Antriebs-, bei einem Vorderrad mit Bremsscheibe auf der Rotorseite. Der seitliche Versatz reduziert die Differenz der Speichenspannung zwischen linker und rechter Seite, die zur mittigen Position der Felge über der Nabe benötigt wird.

Für den Laufradbau spezifizieren Felgenhersteller eine „Effective Rim Diameter" oder „ERD" genannte Messgröße. Dieser „effektive Felgendurchmesser" ist nicht besonders logisch, da der Durchmesser der Felge nicht betrachtet wird. Stattdessen wäre der Begriff „Effektiver Speichenenddurchmesser" passender. Denn es geht um den Punkt innerhalb der Felge, wo die Speiche idealerweise enden und im Nippel sitzen soll. Die Strecke von diesem Punkt bis zum Punkt genau gegenüber in der Felge ist der ERD. Da jeweils mehrere geeignete Speichenlängen möglich sind, wäre es sinnvoller im Rahmen einer akzeptablen ERD passende Längen statt eine „exakte" anzugeben.

Die Werte werden häufig auf der Hersteller-Website genannt. Sie können den ERD aber selbst ermitteln. Dazu werden Messschieber sowie je zwei Nippel und Speichen mit bekannter Länge benötigt. **Hinweis**: Die Speichen werden nur zum Messen genutzt und müssen nicht für das Laufrad passen.

Prüfen Sie die Speichenlängen mit einer Speichen-Messlehre, addieren und notieren Sie diese. Setzen Sie eine Speiche in ein Felgenloch und schrauben Sie einen Nippel vollständig auf. Lösen Sie ihn soweit, bis die Speiche bündig mit der Unterkante des Nippelschlitzes ist (Abb. 6.11). Fehlt der Nippelschlitz, drehen Sie ihn zunächst bündig zum Speichenende auf und dann um vier volle Umdrehungen zurück. Wiederholen Sie den Vorgang mit der zweiten Speichen am Felgenloch gegenüber.

ABB. 6.11

Unterkante des Nippelschlitzes bündig zum Speichenende

Ziehen Sie die Speichen nach innen und setzen Sie den Messschieber in die Speichenbögen (Abb. 6.12). Wenn Sie den ermittelten Wert zur Summe der Speichenlängen addieren, erhalten Sie den ERD der Felge.

ABB. 6.12

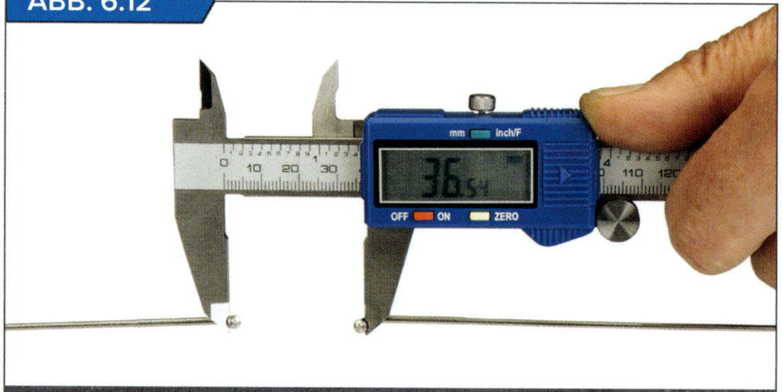

Abstand zwischen den Speichenbögen ermitteln

Wenn Sie zum Beispiel zwei Speichen mit der Länge von 290 mm zum Messen verwenden, sind es jeweils 290 mm vom Speichenbogen bis zum Speichenende. Der per Messschieber ermittelte Abstand zwischen beiden Speichenbögen betrage 36,5 mm. Dann ergibt sich der ERD aus 290 mm + 290 mm + 36,5 mm = 616,5 mm. Die 290 mm Speichen sind für dieses Laufrad nicht gedacht, sondern nur bekannte Längen zur Ermittlung des ERD.

## SPEICHENMUSTER

Speichen verbinden Nabe und Felge in verschiedenen „Kreuzungs-" oder „Speichenmustern". Ein Kreuzungsmuster gibt die Zahl der Kreuzungen einer Speiche über andere Speichen derselben Flanschseite auf dem Weg zur Felge an (Abb. 6.13). Eine Hälfte der Speichen einer Flanschseite verlässt die Nabe von der Innenseite, die andere von der Außenseite. Dies erzeugt das Speichenmuster. Es gibt ungekreuzte (radiale) sowie einfach, zweifach, dreifach und manchmal vierfach gekreuzte (tangentiale) Speichenmuster. Die Abkürzungen lauten 0X, 1X, 2X, 3X und 4X.

ABB. 6.13

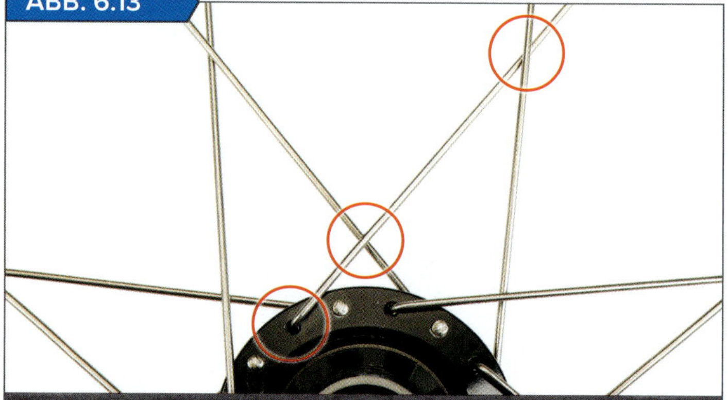

Anzahl der Kreuzungen einer Speiche bei einem 3X-Muster

Die verschiedenen Speichenmuster werden hier nicht im Detail thematisiert. Wenn keine nennenswerte Belastung durch Drehmoment oder Verdrehen an der Nabe entsteht, ist das Speichenmuster nicht besonders wichtig. Ein Vorderrad mit Felgenbremse erfährt bei der Nutzung keine Verdrehung zwischen Nabe und Felge. Bei einem Hinterrad entsteht an Zahnkranz und Nabe etwas Drehmoment durch den Pedalantrieb. Eine Scheibenbremse erzeugt dagegen beim Bremsvorgang erhebliche Torsionskräfte am betroffenen Laufrad. In diesem Kapitel wird von einer Dreifachkreuzung ausgegangen.

Das gewünschte Speichenmuster muss vor der Auswahl der Speichenlänge entschieden werden. Weniger Kreuzungen bedeuten kürzere Speichenlängen.

Speichenlänge ist ein mathematisches Problem, das auf der Messung von Schlüsselkomponenten basiert. Verwenden Sie einen der zahlreichen Speichenrechner wie auf www.bikeschool.com. Diese Rechner sind praktisch Kalkulationstabellen mit Algorithmen hinter Eingabemasken. Geben Sie die Daten in die jeweiligen Felder ein und lassen Sie die Speichenlänge errechnen. Kalkulieren Sie jede Flanschseite einzeln mit ihren entsprechenden Messwerten und runden Sie zur nächsten vollen Millimeterlänge. Sie können Tabelle 6.1 als Vorlage für ein Arbeitsblatt zur Ermittlung der Messwerte nutzen, bevor Sie diese in einen Online-Rechner eingeben.

## LAUFRAD EINSPEICHEN

Der Montagevorgang der Speichen zwischen Nabe und Felge ist das sogenannte „Einspeichen". Schauen Sie sich ein fertiges Laufrad an und beachten Sie das Muster, wie die Speichen in den Nabenflanschen platziert sind. Von den möglichen Einspeichvorgängen behandelt dieses Buch die Variante mit vier Speichensätzen mit jeweils zwei Sätzen pro Flansch.

Stellen Sie zu Beginn alle benötigten Komponenten wie Felge, Speichen in korrekter Länge, Speichennippel und Nabe auf einem Arbeitstisch zusammen. Bei zwei unterschiedlichen Speichenlängen ist es sinnvoll, diese entsprechend der Flanschen links und rechts aufzuteilen. Bei einer Vorderradnabe für Felgenbremsen markieren Sie eine Seite mit Klebeband als rechts für das Einspeichen.

Markieren Sie auch das Ventilloch in der Felge zum leichteren Einspeichen und Zentrieren mit farbigem Klebeband.

Prüfen Sie die Felge auf asymmetrische Löcher. Bei asymmetrischen Felgen zeigt die breitere Seite beim Hinterrad nach oben, beim Vorderrad jedoch nach unten.

Dann untersuchen Sie die Felge auf ein Links-Rechts-Links-Lochmuster. Legen Sie dazu die Felge flach vor sich mit dem Ventilloch gegenüber. Versetzt gebohrte Löcher zeigen jetzt ein Auf-Ab-Auf-Muster. Wenn die Felge mittig jedoch mit Neigung gebohrt wurde, identifizieren Sie die Auf-/Abwärts-Paare.

### ERSTER VON VIER SPEICHENSÄTZEN

Bei Verwendung verschiedener Speichenlängen wählen Sie eine rechtsseitige Speiche und setzen diese von außen durch ein beliebiges Loch in der rechten Flansch. Der Speichenbogen befindet sich auf der Innenseite der Flansch und der Speichenkopf auf ihrer Außenseite.

Mit dem Ventilloch als Ausgangspunkt gehen Sie nach rechts zum ersten aufwärts zeigenden Felgenloch und setzen die erste Speiche dort ein (Abb. 6.14). Bei mittig gebohrten Löchern ohne Neigung wählen Sie das zweite Loch rechts vom Ventilloch für die erste Speiche. Schrauben Sie einen Speichennippel mit dem dünnen Ende voran durch die Rückseite der Felge einige Umdrehungen auf die Speiche, nur soweit, dass er nicht herausfällt. Schrauben Sie die Nippel nur leicht auf, damit beim Einspeichen genügend Spiel für alle Speichen bleibt. Die erste Speiche wird beim weiteren Vorgehen als „Ventilspeiche" bezeichnet und sollte mit farbigem Klebeband markiert werden.

ABB. 6.14

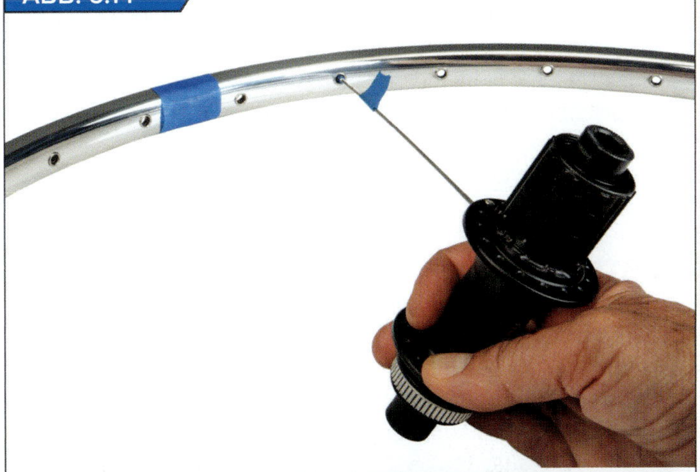

Erste Speiche des ersten Satzes im richtigen Loch rechts vom Ventil

**TABELLE 6.1** *Arbeitsblatt zur Ermittlung von Speichenlängen*

| KOMPONENTENWERT | VORDERRAD | HINTERRAD |
|---|---|---|
| Speichenlöcher in Nabe und Felge | | |
| Felgen-ERD | | |
| *Linke Seite* | | |
| Flanschdurchmesser | | |
| Flansch bis Nabenmitte | | |
| Kreuzungsmuster | | |
| **Berechnete Speichenlänge** | | |
| *Rechte Seite* | | |
| Flanschdurchmesser | | |
| Flansch bis Nabenmitte | | |
| Kreuzungsmuster | | |
| **Berechnete Speichenlänge** | | |

Gehen Sie an der Nabenflansch weiter nach rechts, lassen ein Loch aus und setzen die zweite Speiche wieder von außen ein. Zählen Sie an der Felge vier Löcher weiter von der Ventilspeiche, setzen Sie die zweite Speiche ein und schrauben Sie einen Nippel auf. Fahren Sie mit der Montage der Speichen in diesem Muster fort, besetzen jedes zweite Loch der Flansch nach rechts und jedes vierte in der Felge mit Speiche und Nippel (Abb. 6.15). In diesem Beispiel besteht der erste Satz aus 8 Speichen.

ABB. 6.15

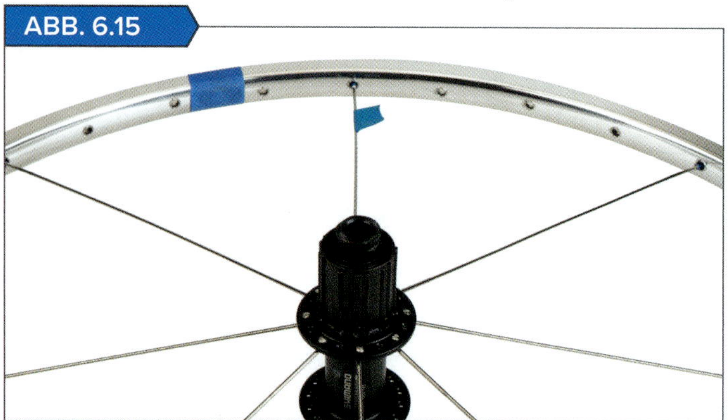

Erster Speichensatz vollständig in der Felge montiert

Prüfen Sie anschließend die korrekte Position aller Speichen. Korrigieren Sie eventuelle Fehler.

- Je drei leere Felgenlöcher liegen zwischen den Speichen.
- Speichen sitzen bei versetzt gebohrten Felgen in aufwärts zeigenden Löchern.
- In jedem zweiten Loch der rechten Flansch sitzt ein nach außen zeigender Speichenkopf.

## ZWEITER VON VIER SPEICHENSÄTZEN

Der erste Speichensatz soll von der Flansch gerade zur Felge führen. Der nächste Speichensatz wird an der linken Flansch platziert. Die Auswahl der ersten Speiche des zweiten Satzes wird durch das Drehen der Nabe innerhalb der Felge bestimmt.

Drehen Sie das Rad um 180°, sodass die linke Flansch nach oben zeigt. Lokalisieren Sie die Ventilspeiche und drehen Sie die Nabe gegen den Uhrzeigersinn. Dabei entfernt sich die Ventilspeiche vom Ventilloch (Abb. 6.16). Dadurch wird mehr Platz für den Pumpenkopf am Ventil geschaffen. Würde die Nabe in die andere Richtung gedreht, käme die Ventilspeiche dem Ventilloch näher. Drehen Sie die Nabe zurück, sodass die Speichen gerade von der Nabe zur Felge zeigen.

ABB. 6.16

Drehen der Nabe zur Ermittlung der Ausrichtung des ersten Speichensatzes im Verhältnis zum Ventilloch

Die erste Speiche der linken Flansch wird zu dem Felgenloch geführt, das der Ventilspeiche am nächsten ist, entweder rechts oder links von ihr. Folgen Sie der Ventilspeiche zurück zur rechten Flansch. Nutzen Sie eine Speiche als Anzeiger auf der Außenseite der linken Flansch zur Identifizierung der beiden Speichenlöcher, die der Ventilspeiche am nächsten sind. Dazu wird sie gerade von außen durch die linke Flansch gesteckt bis sie die Innenseite der rechten Flansch berührt (Abb. 6.17).

ABB. 6.17

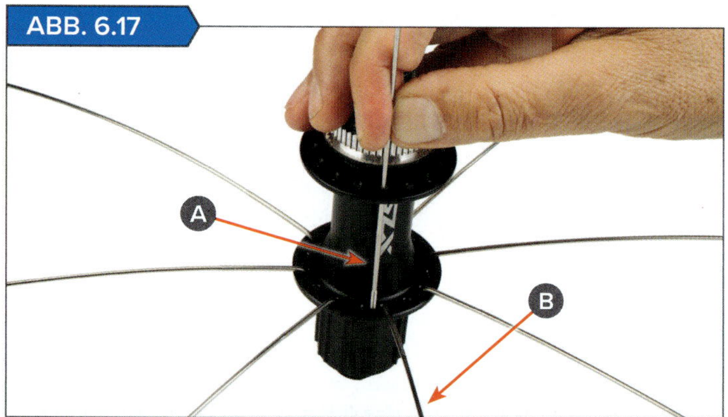


Erste Speiche der linken Flansch als Anzeiger für die Auswahl des richtigen Flanschlochs
(A) Erste linke Speiche, (B) Ventilspeiche

Das Flanschloch ist rechts oder links der Ventilspeiche. Die Löcher der linken Flansch sind nicht parallel zu denen auf der rechten Seite ausgerichtet sondern genau dazwischen. Wenn das Felgenloch rechts von der Ventilspeiche besetzt werden soll, wählen Sie das nächste Loch in der Flansch rechts von der Ventilspeiche. Bei linkem Felgenloch entsprechend das linke Loch in der Flansch (Abb. 6.18). Der Kopf dieser Speiche wird auf der Außenseite der Flansch platziert mit dem Bogen innen.

ABB. 6.18

Auswahl des Lochs in der linken Flansch relativ zur Ventilspeiche
(A) Startpunkt, (B) Endpunkt

Setzen Sie die erste Speiche der linken Flanschseite ins entsprechende Felgenloch und schrauben Sie einen Nippel auf. Von dieser Speiche ausgehend lassen Sie das nächste Loch rechts in der Flansch frei und setzen die zweite Speiche von außen ein. Von dem gerade besetzten Felgenloch zählen Sie vier Löcher weiter nach rechts, setzen die Speiche ein und sichern sie mit einem Nippel. Es dürfen keine optischen Kreuzungen zwischen dem ersten und zweiten Speichensatz erfolgen. Setzen Sie diesen Vorgang fort, jedes zweite Loch der linken Flanschseite mit einer Speiche von außen zu bestücken und in jedes vierte Felgenloch zu setzen (Abb. 6.19). Die Speichen sollen die der anderen Seite mit nur leichtem Versatz spiegeln.

ABB. 6.19

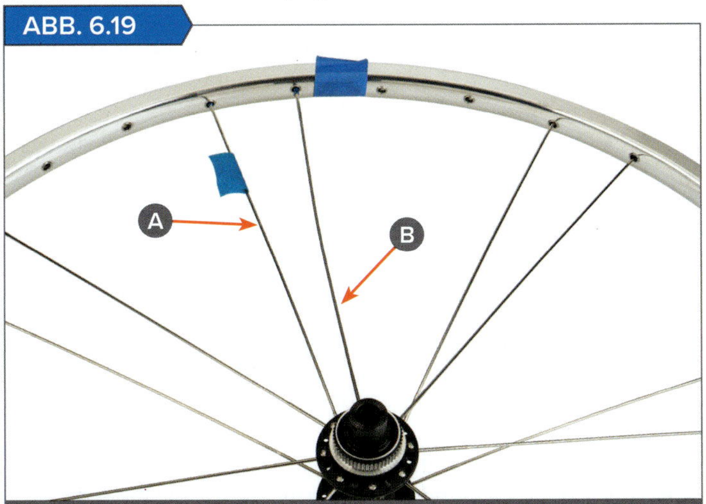


Halb mit Speichen besetzte linke Flansch
(A) Ventilspeiche, (B) Erste Speiche der linken Flansch

Prüfen Sie Ihren Arbeitsfortschritt und korrigieren Sie eventuelle Probleme oder Fehler.

- Speichenköpfe sitzen außen, Speichenbögen innen.
- In jedem zweiten Loch der linken Flansch sitzt eine Speiche
- In der Felge sind je zwei benachbarte Löcher besetzt, mit je zwei leeren dazwischen.
- Von der linken Flansch aus betrachtet, dürfen die Speichen die auf der rechten Seite optisch nicht kreuzen.

## DRITTER VON VIER SPEICHENSÄTZEN

Der dritte Speichensatz erfordert das Verdrehen der Nabe zur Felge. Fädeln Sie zunächst eine Speiche mit der richtigen Länge von innen durch ein beliebiges Loch der rechten Flanschseite. Der Speichenkopf muss innen, der Speichen an der Außenseite der Flansch sitzen.

Halten Sie die Felge und achten Sie auf das Ventilloch. Drehen Sie die Nabe erst im Uhrzeigersinn dann entgegen und stellen Sie dabei fest, welche Bewegung die Ventilspeiche weiter vom Ventilloch entfernt.

Der dritte Speichensatz wird gegenläufig zu den beiden vorherigen ausgerichtet. Verläuft der erste Satz zum Beispiel im Uhrzeigersinn, wird der dritte Speichensatz dagegen eingebaut.

Wichtiger Hinweis vorab: Die Nippel müssen tief in den Felgenlöchern sitzen, wenn die Nabe verdreht wird. Wenn ein Nippel an einer Lochkante festhakt, kann die Nabe nicht weit genug verdreht werden. Der dritte Speichensatz ist daher schwierig zu montieren.

Fassen Sie die erste Speiche des dritten Satzes bei immer noch verdrehter Nabe und montieren Sie diese in Gegenrichtung zu den bereits vorhandenen Speichen (Abb. 6.20). Zählen Sie die Anzahl der Kreuzungen mit Speichen der rechten Flanschseite. Diese Anleitung geht von einem normalen Laufrad mit 3-fach-Kreuzung aus. Die erste Kreuzung wird praktisch von der Flansch verdeckt.

ABB. 6.20

Dritter Speichensatz wird gegen die Laufrichtung der anderen ausgerichtet

Bewegen Sie die Speiche, bis sie drei andere Speichen der rechten Flansch gekreuzt hat, inklusive der verdeckten. Es gibt zwei leere Felgenlöcher zur Auswahl. Wählen Sie dasjenige, das dem einer linksseitigen Speiche am nächsten ist. Diese Bauweise verwendet eine abwechselnde Links-rechts-Reihenfolge an der Felge. Speichen derselben Flansch dürfen nicht in benachbarten Felgenlöchern sitzen.

Vor der Montage im Felgenloch wird die Speiche bei der letzten Speiche „unterkreuzt". Biegen Sie die Speiche unter dieser Speiche hindurch und befestigen Sie sie mit einem Nippel in der Felge (Abb. 6.21).

ABB. 6.21

Speichen des dritten Satzes werden an der letzten Speiche unterkreuzt

Fädeln Sie die nächste Speiche von innen in die rechte Flansch und richten Sie sie gegen die Speichen des ersten Satzes aus. Zählen Sie drei Kreuzungen und unterkreuzen Sie die Speiche bei der letzten (Abb. 6.22). Wählen Sie ein Nachbarloch zu einer linken Speiche und befestigen Sie die Speiche mit einem Nippel. Wiederholen Sie den Vorgang, bis die rechte Flansch komplett mit Speichen bestückt ist und alle in der Felge befestigt sind.

ABB. 6.22

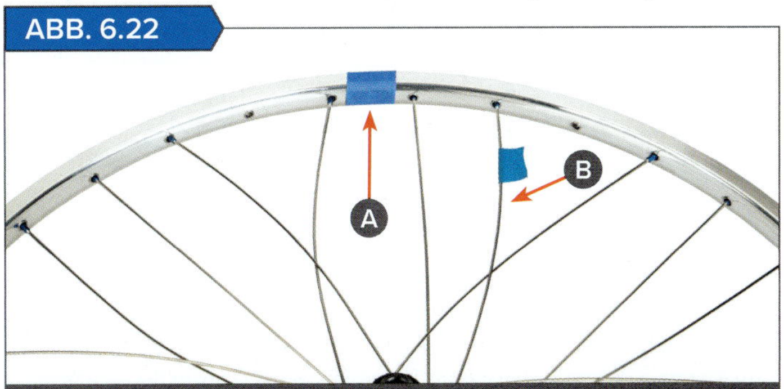


Komplett eingespeichter dritter Speichensatz
(A) Ventilloch, (B) Ventilspeiche

Prüfen Sie den Speichensatz und korrigieren Sie Fehler sofort.
- Es befindet sich je ein leeres Felgenloch zwischen Sätzen von drei Speichen.
- Die jeweils drei Speichen kommen abwechselnd von rechter, linker und rechter Flansch.
- Die letzte Kreuzung vor der Felge ist jeweils unterkreuzt.

## VIERTER VON VIER SPEICHENSÄTZEN

Der letzte Satz ist der einfachste, wenn alle vorherigen Schritte während des Vorgangs korrekt ausgeführt wurden. Fädeln Sie eine Speiche von innen durch die linke Flanschseite. Der Kopf der soll innen, der Bogen außen sitzen. Bewegen Sie die Speiche in Gegenrichtung der anderen auf dieser Flansch. Zählen Sie die Kreuzungen und unterkreuzen Sie die letzte (Abb. 6.23).

ABB. 6.23

Speiche wird an der letzten Kreuzung gebogen und unterkreuzt

Wiederholen Sie diesen Vorgang, bis alle Naben- und Felgenlöcher mit Speichen besetzt sind. Prüfen Sie, ob alle letzten Kreuzungen vor der Felge unterkreuzt wurden (Abb. 6.24).

ABB. 6.24

Letzten Speichensatz auf Unterkreuzen an letzter Kreuzung prüfen

## LAUFRAD AUF SPANNUNG BRINGEN

Die zwischen Nabe und Felge montierten Speichen sind jetzt noch sehr locker. Dies ist ein guter Zeitpunkt, Speichengewinde sowie den Kontaktbereich von Nippel und Felge zu schmieren. Tröpfeln Sie ein dünnflüssiges Schmiermittel wie Kettenöl auf die Speichengewinde. Etwas davon wird von der Speiche über den Nippel fließen. Die Schmierung erleichtert das Spannen und verhindert Korrosion am Gewinde.

Gleichen Sie anschließend die Position aller Nippel auf den Speichen an. Drei sichtbare Gewindeumdrehungen über jedem Nippel sind adäquat. Ein Nippelspanner wie der ND-1 oder ein Schlitzschraubendreher von der Rückseite angesetzt, beschleunigen den Vorgang.

Bei unterschiedlichen Speichenlängen zentriert das Nivellieren der Nippel die Felge zu einem gewissen Anteil. Nutzen Sie dabei das Ventilloch als Anfangs- und Endpunkt.

Bei Hinterradnaben oder Vorderradnaben mit Rotor, für die Speichen einheitlicher Länge verwendet wurden, beginnen Sie ebenfalls mit einheitlicher Nivellierung der Speichennippel. Anschließend ziehen Sie die Nippel der Speichen an der Flansch mit größerem Versatz um zwei volle Umdrehungen fester. Bei Hinterrädern ist dies die rechte, bei Vorderrädern mit Rotor die linke Seite. So wird die betroffene Seite um etwa 1 mm verkürzt.

Wahrscheinlich sind die Speichen immer noch sehr locker. Spannen Sie die Speichen rundum gleichmäßig mit zwei Nippelumdrehungen. Auch wenn sich eine Speiche besonders locker anfühlt, spannen Sie diese nicht stärker. Sonst ist die Felge später an dieser Stelle nicht zentriert und die Speiche stärker gespannt als die anderen.

Übereilen Sie das Spannen des Laufrads nicht. Beginnen Sie wieder am Ventilloch und ziehen Sie jeden Nippel eine weitere Umdrehung fester. Wenn die Speichen beim Zupfen einen tiefen Ton erzeugen, haben sie genug Spannung für die normalen Zentriervorgänge zu Geradeaus- und Rundlauf sowie Mittigkeit. Sobald das Laufrad die Toleranzen in allen drei Bereichen erfüllt, steigern Sie die Speichenspannung. Es ist normal, wenn die Zentriertoleranzen beim Nachspannen aller Speichen wieder überschritten werden. Es braucht Zeit und Erfahrung beim Laufradbau, bleiben Sie also geduldig. Lesen Sie bei Bedarf ab Seite 56 zum Thema Zentrieren und Spannen nach.

## FELGENWECHSEL

Wenn die Felge eines relativ neuen Laufrads beschädigt wird und die Speichen nicht extrem verbogen oder gerissen sind, lassen sich Nabe und Speichen als Ganzes in eine neue Felge übernehmen. Da Speichen irgendwann durch Materialermüdung brechen, lohnt es sich nicht, diese nach mehreren Tausend Kilometern Laufleistung wiederzuverwenden. Bei einem neueren Laufrad mit irreparabel verbogener Felge ist der Wiederaufbau aber relativ einfach. Untersuchen Sie die Felge nach Entfernen von Bereifung und Felgenband.

Sie benötigen eine gut passende Ersatzfelge mit derselben Lochanzahl. Es muss nicht exakt dasselbe Modell sein, aber sie sollte möglichst denselben ERD haben. Orientieren Sie sich am ERD der alten Felge, den Sie beim Felgenhersteller erfahren.

Untersuchen Sie die Speichennippel in den Felgenlöchern. Wenn die Speichen über die Nippel hinausragen, passt auch ein um 1-2 mm größerer ERD. Wenn Sie jedoch Speichengewinde am Übergang zu jedem Nippel feststellen, waren die Speichen etwas kurz und ein 1-2 mm kleinerer ERD ist optimal. Wenn die Speichen genau gepasst haben, suchen Sie eine Felge mit identischem ERD.

Lösen Sie alle Nippel in der alten Felge um 2-4 Umdrehungen ohne sie zu entfernen, vom Ventilloch ausgehend. Legen Sie das beschädigte Laufrad auf eine Werkbank und die neue Felge mit den Felgenlöchern deckungsgleich darüber. Fixieren Sie alte und neue Felge an vier Stellen mit Klebeband.

Lösen Sie anschließend den ersten Nippel am Ventilloch vollständig. Ziehen Sie die Speiche aus dem Nippel und setzen Sie beide oben in der neuen Felge ein. Wiederholen Sie den Vorgang schrittweise mit allen Speichen und Nippeln (Abb. 6.25)

ABB. 6.25

Übertragen der Speichen nach Verkleben der Felgen

Falls das Entfernen der Nippel aus der alten Felge schwierig ist, schrauben Sie eine Speiche von hinten in den Nippel. Nutzen Sie alternativ einen Zahnstocher oder ähnliches (Abb. 6.26).

ABB. 6.26

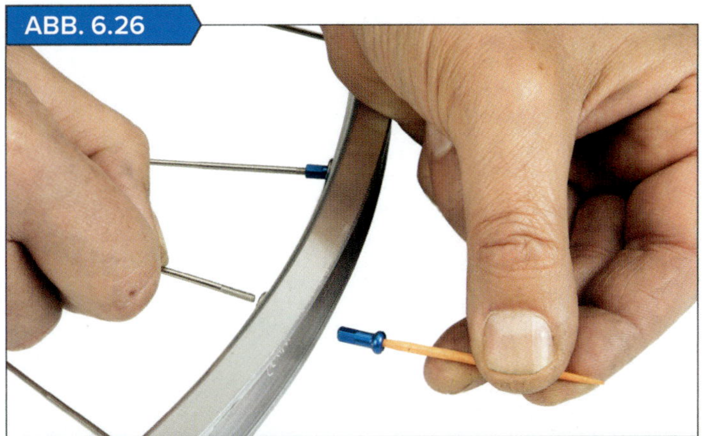

Zahnstocher als Hilfe zum Setzen des Nippels

Wenn alle Speichen in der neuen Felge montiert sind, entfernen Sie das Klebeband und spannen Sie die Felge wie bei einem neu aufgebauten Laufrad.

KAPITEL 7

# TRETLAGER

Das Tretlager ist die zentrale Antriebseinheit des Fahrrads. Hier wird die Beinkraft des Fahrers in Vortrieb umgewandelt. Es besteht aus Kurbelarmen, Kettenblättern und der Tretlagerwelle mit Lagern. Die Kurbelarme verbinden die Pedale mit der Tretlagerwelle. Der rechte Kurbelarm ist mit einem oder mehreren Kettenblättern verbunden, welche die Kette bewegen. Das Tretlager kann für Austausch oder Wartung seiner Komponenten demontiert werden. In den letzten Jahren sind Tretlager zu komplexen Systemen geworden. Zur Umsetzung von Wartungsmöglichkeiten benötigen Sie Wissen über die an Ihrem Fahrrad verwendeten Tretlagerkomponenten.

## TRETLAGERTYPEN

Moderne Tretlager umfassen „dreiteilige" und „zweiteilige" Systeme. Ein dreiteiliges Tretlager besteht aus zwei separaten Kurbelarmen und der Tretlagerwelle (Abbildung 7.1). Die Welle wird von Lagern im Fahrradrahmen in Position gehalten. Beide Kurbelarme werden beim dreiteiligen Tretlager zur Lagerwartung demontiert.

ABB. 7.1

Dreiteiliges Tretlager: linker Kurbelarm, Innenlager mit Welle, rechter Kurbelarm mit Kettenblättern

Zweiteilige Tretlager sind zum Beispiel Shimano® Hollowtech® II, Campagnolo® Ultra-Torque®, SRAM® DUB® und GXP®, Race Face® X-Type®, FSA® MegaEvo®, Rotor® und ähnliche Modelle. Hier ist die Tretlagerwelle fest mit einem Kurbelarm verbunden, sodass es sich praktisch um ein Bauteil handelt. Das zweite Teil ist nur der zweite Kurbelarm. Die Welle wird durch die Lager im Rahmen geführt und mit dem anderen Kurbelarm verbunden (Abb. 7.2).

ABB. 7.2

Zweiteiliges Tretlager: linker Kurbelarm, rechter Kurbelarm mit Kettenblättern und integrierter Tretlagerwelle

Ein veralteter Tretlagertyp ist der einteilige „Fauber-Antrieb", der an Rädern der US-Marke Schwinn verwendet wurde. Diesen Antrieb findet man noch im BMX-Bereich und einigen billigen Fahrrädern. Er besteht aus einem einzigen S-förmig gebogenen Stück Stahl, das in einer übergroßen gewindelosen Tretlagerhülse untergebracht ist. Informationen zur Wartung dieses Antriebs finden Sie auf www.parktool.com/repair-help.

Sowohl bei zweiteiligen als auch dreiteiligen Tretlagern gibt es verschiedene Standards bei der Verbindung zwischen Kurbelarm und Welle. Viele neue Tretlager haben ein eigenständiges Design und sind nicht herstellerübergreifend austauschbar. Teilweise gilt dies sogar für verschiedene Modelle eines Herstellers. Es kann notwendig sein, zur Identifizierung der Verbindung die Kurbelschraube oder -abdeckung zu entfernen.

Der Vierkantstandard ist heute meist bei niedrigpreisigen und älteren Fahrrädern zu finden, ebenso bei „Klassikern" (Abb. 7.3). Er basiert auf einem dreiteiligen Tretlager mit einem quadratischen Verbindungsprofil. Die Tretlagerwelle ist an den Kurbelaufnahmen als Vierkant mit angefasten Enden ausgeführt. Es gibt zwei Standards für die Kurbelaufnahme. Der JIS Standard wird bei Kurbeln von Shimano® und vielen anderen asiatischen Herstellern verwendet. Der ISO Standard kommt bei Miche® und Campagnolo® zum Einsatz. JIS und ISO Standards dürfen nicht kombiniert werden.

ABB. 7.3

Vierkantkurbelarm auf Tretlagerwelle

ISIS Drive ist ein Standard für dreiteilige Tretlager mit runder Vielzahnverbindung an der Kurbelaufnahme. ISIS Drive ist ein Standard, keine spezielle Marke. Verschiedene Hersteller bieten Tretlager mit ISIS Drive Standard an. Diese sind alle kompatibel zueinander. Dieser Standard verwendet eine runde 21 mm Vielzahnwelle mit 10 Zähnen.

ABB. 7.4

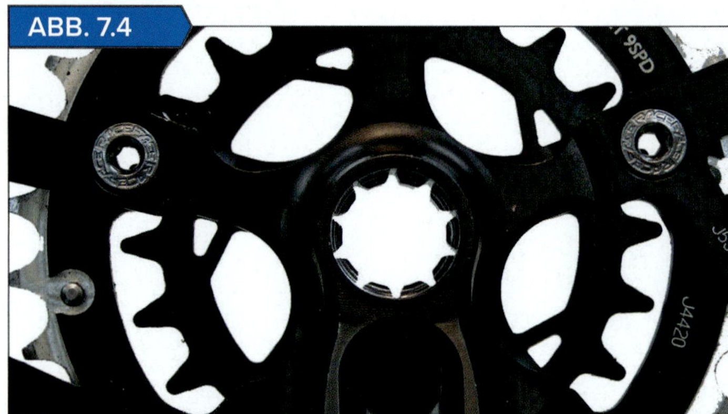

ISIS Drive Kurbelarm mit 10 Zähnen

Octalink® ist ein dreiteiliges Tretlagersystem von Shimano®. Es basiert auf einer runden Welle mit nominell 21 mm Durchmesser, jedoch mit nur 8 Zähnen (Abb. 7.5). Es gibt zwei unterschiedliche

Octalink® Standards. Der ursprüngliche ist Octalink® V1 und wurde bei den Innenlagertypen BB-7700, 6500, 5500, M950 und M952 eingesetzt. Octalink® V2 passt für die Innenlager BB-ES70/71 und BB-ES50/51. Beim V2 sind die Kerben dicker und länger (ca. 9 mm), beim V1 die Kerben schmaler und kürzer (ca. 5 mm). Octalink® V1 und V2 sind nicht kompatibel. Ebenso wenig sind ISIS Drive und Shimano® Octalink® Systeme kompatibel.

ABB. 7.5

Shimano® Octalink® Tretlager, linker Kurbelarm ohne Kurbelschraube

Power Spline™ ist ein dreiteiliges Tretlagersystem von SRAM® mit eigenständigem Design und einer runden Vielzahnwelle mit 12 Zähnen (Abb. 7.6). FSA® bietet mit Power Drive™ ein ähnliches System. Trotz ähnlicher Optik sind beide Systeme nicht kompatibel.

ABB. 7.6

SRAM® Power Spline™ Tretlager mit Park Tool CWP-7 Kurbelabzieher

## (DE-)MONTAGE VON KURBELN

Dieser Abschnitt behandelt die (De-)Montage von Kurbeln einiger bekannter Marken. Es gibt Kurbeln mit eigenständigem System und abweichendem Design. Kontaktieren Sie im Zweifel den Hersteller des Tretlagers wegen Montageanleitungen. Innenlager werden nach Demontage der Kurbeln bearbeitet. Dies wird ab Seite 79 beschrieben.

Der Demontagevorgang bei zweiteiligen Tretlagern variiert bei den Herstellern. Einige Marken und Modelle nutzen jedoch ähnliche Konzepte. Bei diesem Tretlagertyp ist ein Kurbelarm fest mit der Welle verbunden. Der andere Kurbelarm muss zunächst demontiert werden, bevor der mit der Welle verbundene Kurbelarm aus dem Rahmen gezogen werden kann.

### SELBSTABZIEHENDE KURBELN

Einige Kurbelarme verfügen über ein integriertes Abziehersystem. Dabei ersetzt eine in die Kurbelbohrung eingeschraubte Abdeckkappe mit Bohrung die Staubkappe und umschließt die Kurbelschraube (Abb. 7.7). Lassen Sie zur Demontage der Kurbel die Abdeckkappe an ihrem Platz und drehen Sie die Kurbelschraube gegen den Uhrzeigersinn. So drückt sie gegen die Abdeckkappe und schiebt die Kurbel von der Tretlagerwelle.

ABB. 7.7

Demontage eines selbstabziehenden Kurbelarms mit Innensechskant

Wenn die Abzieher-Abdeckkappe entfernt wurde, sollte sie wieder eingeschraubt und festgezogen werden. Das integrierte Abziehersystem beruht auf der fest im Kurbelarm verschraubten Abdeckkappe. Sie sollte gelegentlich auf festen Sitz geprüft werden (Abb. 7.8). Normal ist hier ein Rechtsgewinde. Sollte ein Linksgewinde vorliegen, ist dies entsprechend markiert.

Die Gewinde der Abdeckkappen sind unterschiedlich. Bei einem Gewinde mit 22 mm Durchmesser kann auch ein Kurbelabzieher wie CWP-7 oder CCP-22 eingesetzt werden. Bei größeren Durchmessern gibt es kein alternatives Werkzeug. Dann muss die Abdeckkappe des Herstellers genutzt werden. Wenden Sie sich an den Hersteller, wenn der Ring verloren gegangen ist.

ABB. 7.8

Sicherheitsprüfung für selbstabziehende Abdeckkappe mit SPA-2

Kurbeln mit integriertem Abziehersystem müssen besonders sorgfältig auf der Welle montiert werden, weil die Kurbelposition relativ zu den Kerben schlecht zu erkennen ist. Die Kerben von Kurbelarmen und Welle müssen exakt ausgerichtet werden, wenn die Kurbel montiert wird. Falsche Montage kann die Kurbelarme beschädigen. Bei herkömmlichen Kurbelschrauben lässt sich die Ausrichtung leicht kontrollieren. Entfernen Sie im Zweifelsfalle vor der Montage der Kurbeln die selbstabziehenden Kurbelschrauben und setzen Sie sie im Anschluss wieder ein.

Achten Sie bei der Montage der selbstabziehenden Kurbelarme besonders auf das Muster von „Zahn" und „Lücke" bei Kurbel und Welle, die jeweils zusammen passen (Abb. 7.9). Halten Sie den Kurbelarm exakt in der 6 Uhr-Position, während Sie die Welle langsam drehen, bis sie genau zum Kurbelmuster passt. Drehen

Sie die Kurbelschraube mit einem passenden Innensechskant sorgfältig im Uhrzeigersinn in das Gewinde der Welle. Ziehen Sie die Kurbelschraube fest. Montieren Sie den zweiten Kurbelarm in 180° Position auf dieselbe Weise.

ABB. 7.9

(A) „Zahn" der Welle muss genau auf (B) „Lücke" des Kurbelarms passen

**DREITEILIGE TRETLAGER**

Dreiteilige Tretlager werden durch Kurbelschrauben oder -muttern mit relativ hohem Anzugsdrehmoment auf der Tretlagerwelle fixiert. Diese müssen vor der Demontage der Kurbelarme aus der Welle geschraubt werden. Übliche Innensechskantgrößen sind 6, 8 oder 10 mm. Sechskantschrauben haben je nach Marke die Maße 14, 15 oder 16 mm.

Für herkömmliche Kurbeln benötigen Sie zur Demontage einen Kurbelabzieher, mit dem Sie nach Entfernen der Kurbelschraube den Kurbelarm von der Welle ziehen. Der Abzieher besteht aus einem Gewindebolzen, der gegen das Wellenende gedrückt wird. Dieser Bolzen befindet sich in einer Mutter mit Innen- und Außengewinde, die zuvor in das Kurbelgewinde eingeschraubt wird. Das Außengewindemaß der Mutter ist 22 mm x 1 mm.

Park Tool bietet verschiedene Kurbelabzieher an. Die auf die Welle wirkende Abdrückspitze muss etwas größer als die Gewindeöffnung der Welle sein. Für die M12- bzw. M14-Gewinde bei ISIS Drive und Octalink® passen CCP-44 oder CWP-7 mit ca. 16 mm Abdrückspitze. Für Vierkant, Power Drive™ und Power Spline™ mit M8-Gewinde sind CCP-22 und CWP-7 mit kleinerer 11 mm Abdrückspitze geeignet.

**Vorgehen beim Abziehen der Kurbelarme:**

a. Schalten Sie die Kette auf das größte Kettenblatt zum Schutz vor Verletzungen.
b. Entfernen Sie Staubkappe, Kurbelschraube sowie eventuell vorhandene Scheiben unterhalb der Schraube.
c. Untersuchen Sie die Kurbelschraube und wählen Sie den passenden Abzieher. Für M8 Gewinde passen CCP-22 oder CWP-7 mit kleiner Spitze. Für M12 oder M14 passen CCP-44 oder CWP-7 mit großer Spitze.
d. Drehen Sie die Gewindemutter des Abziehers vor der Montage im Kurbelgewinde so weit heraus wie möglich, damit sie voll in den Kurbelarm geschraubt werden kann.
e. Schrauben Sie die Gewindemutter des Abziehers sorgfältig in das Kurbelgewinde ein und ziehen Sie sie mit einem Maulschlüssel fest (Abb. 7.10). Mit nicht richtig fixierter Gewindemutter kann das Kurbelgewinde bei der Demontage ausreißen.

ABB. 7.10

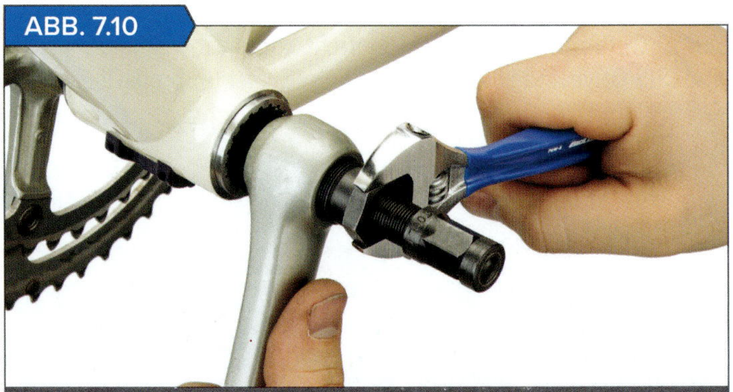

Außengewindenuss des Abziehers mit Sechskantfassung vor dem Abziehvorgang sorgfältig und tief in die Kurbel schrauben

f. Drehen Sie den Gewindebolzen des Abziehers mit Schlüssel oder Griff im Uhrzeigersinn in die Gewindemutter hinein (Abb 7.11). Drehen Sie bei Widerstand weiter, bis der Kurbelarm gelöst ist.

ABB. 7.11

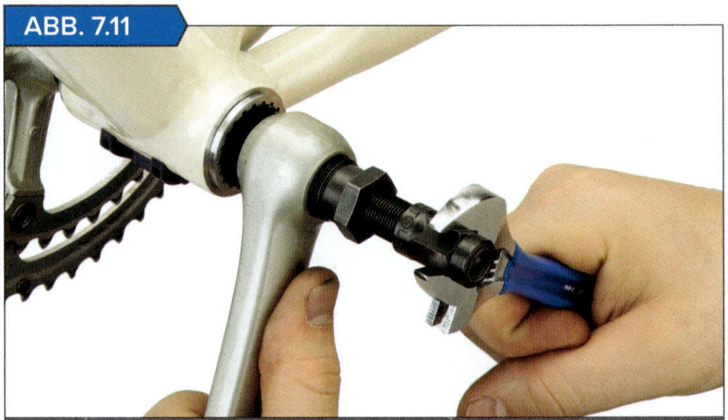

Kurbelarm durch Eindrehen des Gewindebolzen von der Welle lösen

g. Schrauben Sie den Abzieher vom Kurbelarm und wiederholen Sie den Vorgang beim anderen.

Dreiteilige Tretlager werden auf die Tretlagerwelle geschoben und über die in die Welle geschraubten Kurbelschrauben fixiert. Die Kurbelschraube muss so fest gezogen sein, dass der Kurbelarm sich nicht lockert aber auch nicht durch den Anpressdruck beschädigt wird. Das Anzugsdrehmoment beträgt je nach Modell 25-38 Nm. Verwenden Sie möglichst einen Drehmomentschlüssel. Wenn sich ein Kurbelarm löst, liegt dies meist an fehlendem Anzugsdrehmoment bei der Montage.

Das gefaste Ende der Vierkantwelle sorgt bei der Montage des Kurbelarms automatisch für ausreichenden Klemmdruck Diese Befestigung benötigt in der Regel keine Schmierung. Bei korrekter Montage quietschen die Kurbeln nicht. Sollte dies trotz ausreichend Anzugsdrehmoment eintreten, demontieren Sie den Kurbelarm und schmieren Sie die Kontaktflächen leicht ein.

Vielzahnwellen wie ISIS Drive oder Octalink® sind nicht angefast. Sie benötigen sorgfältiges Einfetten vor der Montage.

**Vorgehen bei der Montage der Kurbelarme:**

a. Fetten Sie Gewinde und Kopfunterseiten der Kurbelschrauben.
b. Vierkantwellen bleiben ungefettet, Vielzahnwellen erhalten dagegen Lager- oder Montagefett.

c. Setzen Sie die rechte Kurbel passend auf die Welle und schrauben Sie die Kurbelschraube vorsichtig ein. Selbstabziehende Versionen richten Schlitze und Zähne von Kurbel und Welle bei der Montage automatisch aus.
d. Ziehen Sie die Kurbelschraube mit dem empfohlenen Anzugsdrehmoment fest (siehe Anhang C).
e. Montieren Sie die linke Kurbel im 180° Winkel zur rechten Kurbel auf dieselbe Weise, montieren Sie die Kurbelschraube und ziehen sie fest.
f. Schmieren Sie die Gewinde der Staubkappen (falls vorhanden) und montieren Sie sie in den Kurbelarmen

## ZWEITEILIGE TRETLAGER MIT KLEMMSCHLITZ

Bei Shimano® und einigen FSA® Tretlagern verfügt die linke Kurbel über eine geschlitzte Wellenaufnahme mit 2 Klemmschrauben. Diese Modelle benötigen keinen Kurbelabzieher. Über eine Justierkappe mit Gewinde werden Kurbel und Lager eingestellt. Diese Kappe fixiert jedoch nicht die Kurbel.

**Vorgehen zur Demontage der Kurbelarme:**

a. Lösen Sie beide Klemmschrauben am linken Kurbelarm vollständig (Abb. 7.12).
b. Drehen Sie die Justierkappe gegen den Uhrzeigersinn aus dem linken Kurbelarm. Bei Shimano® wird dafür BBT-9 oder BBT-10 benötigt, für FSA® ein 8 mm Innensechskant (Abb. 7.13)..

ABB. 7.12

Beide Klemmschrauben am geschlitzten Kurbelarm lösen

ABB. 7.13

Justierkappe nach Lösen der Klemmschrauben entfernen

c. Suchen Sie bei Shimano® Hollowtech® II nach einem „Stopp-Plättchen" im Klemmschlitz des linken Kurbelarms (Abb. 7.14). Heben Sie das Plättchen mit einem dünnen Schraubendreher oder Konusschlüssel an. Das Stopp-Plättchen fungiert als zusätzliche Sicherung gegen unabsichtliches Lösen des Kurbelarms. FSA® hat keine Zusatzsicherung.

ABB. 7.14

Stopp-Plättchen bei Shimano® Hollowtech® II anheben

d. Ziehen Sie die Kurbel per Hand von der Welle ab. Eventuell ist leichtes Klopfen mit einem weichen Gummihammer auf die Kurbel erforderlich, wenn die Kontaktfläche von Welle/Kurbel verschmutzt oder klebrig ist.
e. Ziehen Sie den rechten Kurbelarm mit der Welle aus dem Rahmen. Auch hier kann bei Bedarf mit einem Gummihammer von links vorsichtig nachgeholfen werden.

Die linken Kurbelarme dieser Tretlagersysteme dienen zur Lagerjustierung. Der linke Kurbelarm gleitet auf der Welle und wird dort mit der Justierkappe positioniert. Dieses Prinzip ist mit dem des gewindelosen Steuersatzes vergleichbar. Die Klemmschrauben im Kurbelarm sichern die Lagereinstellung und fixieren ihn auf der Welle.

**Vorgehen zur Montage der Kurbelarme:**

a. Fetten Sie die Oberfläche der Tretlagerwelle und schieben Sie sie mit dem rechten Kurbelarm von rechts durch beide Lagerschalen (Abb. 7.15). Falls nötig, klopfen Sie Kurbelarm und Welle per Gummihammer in Position.

ABB. 7.15

Bei Bedarf den Kurbelarm mit Gummihammer vollständig in die Tretlagerhülse klopfen

b. Fetten Sie die Gewinde der Kurbelklemmschrauben.
c. Positionieren Sie den rechten Kurbelarm in der 6 Uhr-Position. Halten Sie die linke Kurbel in der 12 Uhr-Position und schieben Sie sie vorsichtig auf die Welle. Heben Sie das Stopp-Plättchen der Shimano® Kurbel auf die Klemmschraube. Prüfen Sie, dass das Stopp-Plättchen nach der Montage des Kurbelarms auf dem Gewinde der Klemmschraube sitzt.
d. Fetten Sie das Gewinde der Justierkappe und schrauben Sie sie vorsichtig ein. Für FSA® wird ein 8 mm Innensechskant benötigt, für Shimano® BBT-9 oder BBT-10. Die Kappe drückt die Kurbel auf das Lager. Das empfohlene Anzugsdrehmoment

beträgt nur 0,5 Nm. Die Kurbel soll nicht mit Kraft ins Lager gepresst werden. Überdrehen würde die Lager beschädigen.

e. Ziehen Sie die Klemmschrauben leicht und abwechselnd fest (Abb. 7.16). Empfohlenes Anzugsdrehmoment ist 15 Nm.

ABB. 7.16

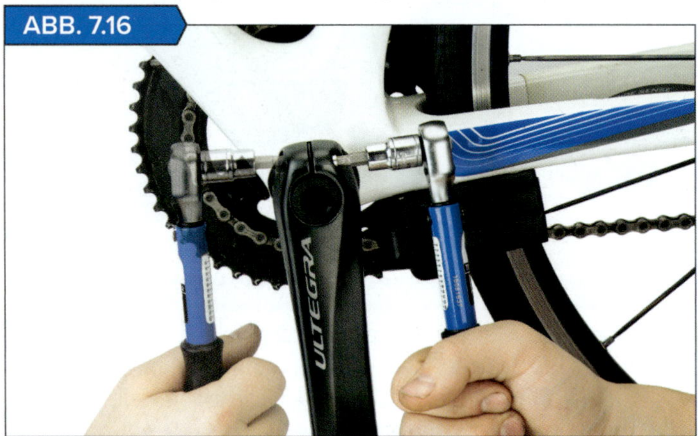


Beide Klemmschrauben abwechselnd festziehen

## ZWEITEILIGES TRETLAGER MIT FEDERSCHEIBE

Eine Federscheibe ist ein dünner wellenartiger Ring, der zwischen Kurbelarm und Lager platziert wird. Dort schmiegt sie sich an und sorgt mit ihrem welligen Profil für Vorspannung. Dieses Prinzip wird unter anderem von FSA® und SRAM® genutzt. Die Federscheibe wird beim Festziehen der Kurbel gestaucht und verhindert durch den erzeugten Druck seitliche Bewegungen der Tretlagerwelle. Die Vorspannung ist praktisch „selbstjustierend“ und lässt sich nicht einstellen. Je nach Ausführung der Kurbel wird die Federscheibe links oder rechts auf der Tretlagerwelle montiert.

### Kurbel mit gerader Welle

Wenn die Welle auf der gesamten Länge denselben Durchmesser behält, wird die Federscheibe auf der linken Seite montiert. Der linke Kurbelarm nutzt ein Selbstabziehersystem und wird bis zum Anschlag festgezogen.

### Kurbel mit gestufter Welle

Wenn sich der Durchmesser der Welle von der Mitte zum Ende verringert, wie bei SRAM® GXP® Modellen, wird die Federscheibe auf der rechten Seite montiert. Das GXP® System hat eine 24 mm Welle, die sich zum linken Ende auf 22 mm reduziert. Entsprechend verfügen die Lager rechts über 24 mm und links über 22 mm Durchmesser. Die Innenschale des linken Lagers wird zwischen Wellenschulter und Kurbelarm fixiert. Die Federscheibe wird rechts auf der Welle montiert, verhindert laterale Bewegungen des rechten Lagers und gleicht eventuelle Toleranzen der Tretlagerhülse aus.

**Vorgehen zur Demontage der Kurbelarme:**

a. Lösen Sie die Kurbelschraube im linken Kurbelarm. Entfernen Sie die Abdeckkappe nicht. Drehen Sie die Schraube gegen den Uhrzeigersinn und ziehen Sie den Kurbelarm ab.

b. Notieren Sie die Position sämtlicher Scheiben, Dichtungen oder Federscheiben (FSA®) vor der Demontage (Abb. 7.17).

c. Ziehen Sie den rechten Kurbelarm aus dem Rahmen. Helfen Sie mit einem Gummihammer von links nach, falls nötig.

ABB. 7.17

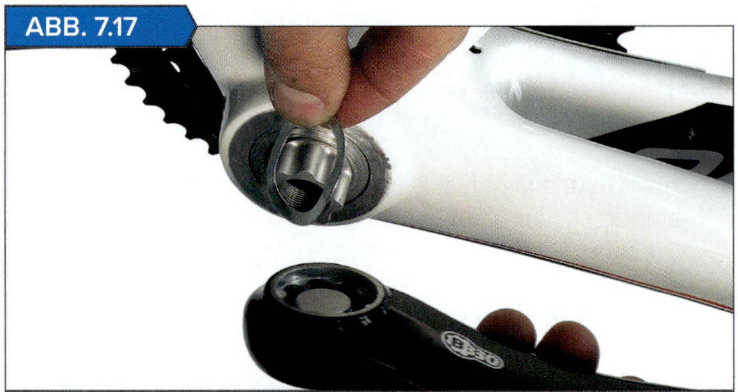

Wellenscheibe zwischen Kurbelarm und Lager

d. Merken Sie sich die Position sämtlicher Scheiben, Dichtungen oder Federscheiben vor der Demontage (SRAM®).

**Vorgehen zur Montage der Kurbelarme:**

a. Schmieren Sie die Welle an den Kontaktflächen der Lager.

b. Schmieren Sie die Vielzahnaufnahme der Welle und das Innengewinde des Kurbelarms.

c. Montieren Sie sämtliche Dichtungen, Spacer und Wellenscheiben (SRAM®) wie vorgesehen auf Kurbelarm/Welle. Schieben Sie den Kurbelarm mit der Welle in den Rahmen.

d. Montieren Sie sämtliche Dichtungen, Spacer und Wellenscheiben (FSA®) auf der linken Seite.

e. Ziehen Sie den linken Kurbelarm fest (Abb. 7.18).

ABB. 7.18

Kurbelarm auf der Tretlagerwelle festziehen

## ZWEITEILIGE TRETLAGER MIT EINSTELLMUTTER

Die Justierung des Lagers kann auch im linken Kurbelarm integriert sein wie bei Modellen von Shimano®, SRAM®, FSA® und anderen. Suchen Sie eine Ringmutter auf der Innenseite der linken Kurbel. Manchmal hat diese einen Schlitz mit einer Sicherungsschraube. Andere halten die Position einfach durch Reibung. Die Einstellmutter verhindert Seitenspiel durch leichten Druck auf das Lager (Abb. 7.19).

ABB. 7.19

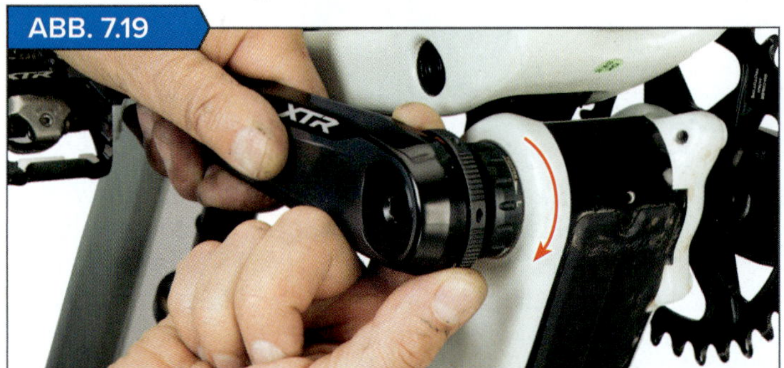


Einstellbare Ringmutter zur Lagerjustierung

Die Demontage der Kurbeln ist wie bei den selbstabziehenden Modellen beschrieben. Nach Entfernen der linken Kurbel wird die Sicherungsschraube der Mutter um ½ bis 1 Umdrehung gelöst. Drehen Sie die Mutter vollständig gegen den Kurbelarm zurück. Dadurch ist die korrekte Justage des Lagers bei der erneuten Montage gewährleistet.

Das Lager wird erst nach vollständiger Montage des linken Kurbelarms justiert. Drehen Sie die Einstellmutter, sodass sie das Lager berührt. Ein leichter Kontakt der Lagerseite reicht völlig aus. Fixieren Sie die Sicherungsschraube leicht, damit die Einstellmutter in Position bleibt (Abb. 7.20). Prüfen Sie die Lagereinstellung durch Drehen der Kurbel, dann ziehen Sie die Kurbelarme nach rechts und links. Wenn noch seitliches Spiel besteht, lösen Sie die Sicherungsschraube und drehen die Ringmutter 1/8 Drehung fester aufs Lager. Fixieren Sie die Sicherungsschraube, testen Sie erneut und justieren Sie bei Bedarf nach.

ABB. 7.20

Sicherungsmutter der Ringmutter festziehen

## CAMPAGNOLO® & FULCRUM® ULTRA-TORQUE® TRETLAGER

Linke und rechte Kurbelarme von Campagnolo® und Fulcrum® Ultra-Torque® Tretlagern sind jeweils mit halben Wellen ausgestattet. Die Enden der Wellen sind mit Kreuzverzahnung versehen und verriegeln in der Mitte der Tretlagerhülse. Ein Lager ist fest auf jede Halbwelle gepresst Die Lagerschalen im Rahmen fungieren als Halterung für die Kurbellager.

Der Austausch der Lager bei Ultra-Torque® Systemen benötigt besonderes Werkzeug. Siehe unten wegen der Lagerwartung.

**Vorgehen zur Demontage der Kurbelarme:**

a. Entfernen Sie mit einer Spitzzange die Lagerhaltefeder vom rechten Lageradapter (Abb. 7.21).

ABB. 7.21

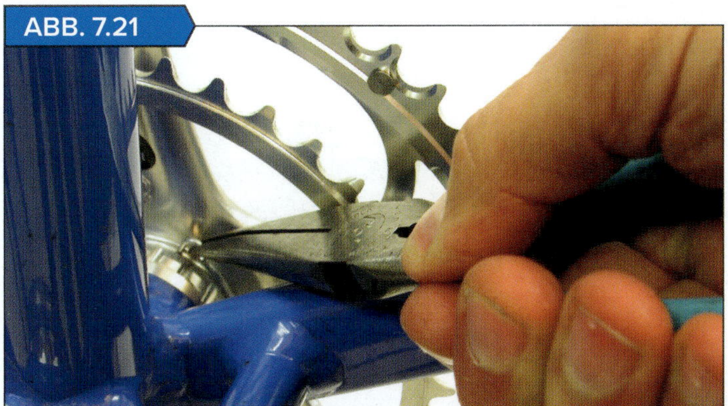

Sicherungsclip vom rechten Lageradapter entfernen

b. Demontieren Sie mit einem langen 10 mm Innensechskant die Kurbelschraube von der Welle (Abb. 7.22). **Hinweis**: Die Kurbelschraube aus Titan bei Super Record™ hat ein LINKSGEWINDE und wird im Uhrzeigersinn gelöst. Prüfen Sie die Schraube im Zweifel mit einem Magneten. Kurbelschrauben aus Stahl lösen sich im Uhrzeigersinn.

ABB. 7.22

Kurbelschraube mit 10 mm Innensechskant lösen

c. Ziehen Sie beide Kurbelarme aus dem Rahmen.

d. Entfernen Sie die Federscheibe vom linken Lageradapter.

Die Lagerwartung für Ultra-Torque® Systeme wird auf Seite 88 behandelt. Die Lagereinstellung erfolgt bei der Kurbelarmmontage durch Druck der Federscheibe im linken Lageradapter. Sie wird teilweise komprimiert und fungiert als Puffer zwischen Kurbelarm und Lager zur Vermeidung von seitlichem Spiel.

**Vorgehen zur Montage der Kurbelarme:**

a. Montieren Sie die Federscheibe im linken Lageradapter oder auf dem linken Kurbelarm.

b. Schieben Sie den rechten Kurbelarm mit der Halbwelle durch den Lageradapter. Richten Sie den linken Kurbelarm auf den rechten aus und schieben Sie ihn von links durch den linken Lageradapter (Abb. 7.23).

ABB. 7.23

Kurbelarm und Wellenscheibe durch linken Adapter montieren

c. Geben Sie Montage- oder Lagerfett auf die Kurbelschraube und montieren Sie diese durch die rechte Wellenöffnung.

d. Ziehen Sie die Kurbelschraube fest: Stahlschraube im Uhrzeigersinn, Titanschraube entgegengesetzt.

e. Montieren Sie die Haltefeder am rechten Lageradapter.

## CAMPAGNOLO® POWER TORQUE™ TRETLAGER

Beim Campagnolo® Power Torque™ Tretlager ist die Welle fest mit der rechten Kurbel verbunden. Die Kurbelschraube drückt die linke Kurbel auf die Vielzahnaufnahme der Tretlagerwelle. Der linke Kurbelarm hat weder Gewinde noch Aufnahmen für herkömmliche Abzieher. Ein Universalabzieher wie der CBP-8 ist zur Entfernung des linken Kurbelarms erforderlich. Die Kurbelarme aus Carbonfaser sind etwas anders geformt als die aus Aluminium und benötigen ein leicht abweichendes Vorgehen. Lagerwartung für Power Torque™ Tretlager wird auf Seite 89 behandelt.

**Vorgehen zur Demontage der Kurbelarme:**

a. Lösen Sie den Federclip vom rechten Lageradapter (Abb. 7.24). Nur dann kann die Kurbel demontiert werden.

b. Demontieren Sie die Kurbelschraube mit einem 14 mm Innensechskant. Entfernen Sie eventuelle Scheiben.

ABB. 7.24

Sicherungsclip vom rechten Lageradapter entfernen

c. Aluminiumkurbel: Schieben Sie den Abzieher-Adapter auf den Kurbelarm. Montieren Sie den Verlängerungsstopfen auf der Welle (Abb. 7.25). Carbonkurbel: Montieren Sie den Kunststoffschutzbügel hinter dem Kurbelarm zur Minimierung von Schrammen sowie den Verlängerungsstopfen auf der Welle (Abb. 7.26).

ABB. 7.25

Alukurbel: Abzieher-Adapter und Verlängerungsstopfen montieren

ABB. 7.26

Carbonkurbel: Montierte Schutzmanschette in Position

d. Setzen Sie den Abzieher aus dem CBP-8 Set an. Alukurbel: Die Abzieherarme passen über den Kunststoffklotz. Richten Sie den Abzieher aus und reduzieren Sie Spiel mit den Justierknöpfen (Abb. 7.27). Die Abzieherspitzen greifen in die Aussparung hinter dem Klotz. Es darf kein Spiel zwischen Abzieherkorpus und -armen sein. Carbonkurbel: Setzen Sie die Schutzmanschette hinter den Kurbelarm und platzieren Sie die Abzieherarme. Drehen Sie die Justierknöpfe fest.

ABB. 7.27

Spiel am Abzieher mit Justierknöpfen reduzieren

e. Drehen Sie den Abziehergriff im Uhrzeigersinn (Abb. 7.28). Entfernen Sie sämtliche Dichtungen und Federscheiben von der linken Seite.

f. Entfernen Sie den Abzieher vom Kurbelarm, dann den rechten Kurbelarm aus dem Rahmen.

ABB. 7.28

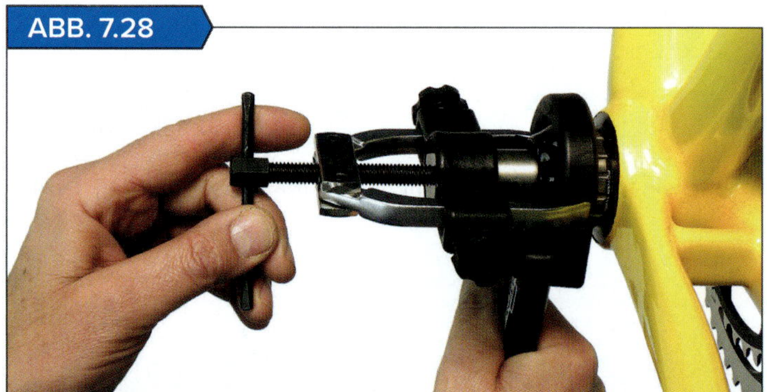

Zum Abziehen des Kurbelarms Griff im Uhrzeigersinn drehen

Aufgrund der designbedingten Einschränkungen beim Power Torque™ System ist manchmal eine alternative Ausbaumethode hilfreich. Diese erfolgt durch axiale Krafteinwirkung auf die Welle. Dazu sollte der Rahmen nah an der Tretlagerhülse oder von einem Helfer fixiert werden. Mit Hilfe des Verlängerungsstopfens kann die Tretlagerwelle nach rechts vom linken Kurbelarm getrieben werden. Beachten Sie den Stopfen exakt in Richtung Welle zu treffen. Dabei wird kein Lager beschädigt.

**Alternative Demontage vom Power Torque™ Tretlager:**

a. Entfernen Sie Kurbelschraube und alle Scheiben vom linken Kurbelarm.
b. Platzieren Sie den Verlängerungsstopfen aus dem CBP-8 Set von Park Tool im linken Kurbelarm.
c. Fixieren Sie den Rahmen sicher nahe der Tretlagerhülse.
d. Schlagen Sie mit einem Gummihammer wiederholt auf den Verlängerungsstopfen in Richtung Tretlagerwelle bis diese sich nach rechts aus dem linken Kurbelarm bewegt.
e. Entfernen Sie den Stopfen und ziehen Sie die Kurbel aus dem Rahmen.

**Vorgehen zur Montage der Kurbelarme:**

a. Schieben Sie den rechten Kurbelarm in die Lagerhülse.
b. Montieren Sie den C-Clip im rechten Adapter.
c. Montieren Sie Feder und Dichtung über dem linken Lager.
d. Geben Sie Montage- oder Lagerfett auf die Kurbelarmaufnahme und das Gewinde der Kurbelschraube.
e. Richten Sie die linke Kurbel mit 180° auf die rechte Kurbel aus und montieren Sie sie in der Vielzahnaufnahme.
f. Montieren und fixieren Sie die Kurbelschraube.

## SPECIALIZED® S-WORKS® TRETLAGER

Specialized® bietet ein eigenständiges System für den BB30 Standard an (Abb. 7.29),

ABB. 7.29

Specialized® Tretlager mit BB30 Tretlagerhülse

Das S-Works® Design ist dem von Campagnolo® Ultra-Torque® ähnlich und benötigt Spezialwerkzeug.

**Vorgehen zur Demontage der Kurbelarme:**

a. Lösen Sie die rechte Staubkappe mit 6 mm Innensechskant.
b. Wählen Sie den passenden Steckschlüssel für die Kurbelschraube. Bei Carbonkurbeln benötigen Sie einen T45 Torx® Bit, 50 mm lang mit nicht mehr als 8 mm AD, bei älteren Versionen einen 6 mm Innensechskant mit mindestens 50 mm Länge.
c. Lösen Sie die Kurbelschraube auf der rechten Seite und demontieren Sie beide Kurbelarme.

**Vorgehen zur Montage der Kurbelarme:**

a. Fetten Sie das Gewinde der Kurbelschraube.
b. Montieren Sie beide Kurbelarme mit 180° Abstand.
c. Drehen Sie die Kurbelschraube in den linken Kurbelarm.
d. Montieren Sie die Staubkappe.

Das S-Works® Tretlager verwendet das BB30 Lagersystem. Die Lagereinstellung variiert bei den verschiedenen S-Works® Modellen. Einige nutzen eine Federscheibe auf dem linken Kurbelarm. Andere verfügen über ein justierbares Konusscheibensystem. Suchen Sie nach drei kleinen Stellschrauben am linken Kurbelarm nahe dem Lager. Ziehen Sie alle gleichmäßig mit einem Innensechskant fest. Prüfen Sie auf Seitenspiel und fahren Sie mit dem Festziehen um jeweils 1/4 Drehung fort, bis das Spiel verschwunden ist.

## INNENLAGERSYSTEME

Der Ausdruck „Innenlager" bezieht sich auf verschiedene Bauteile des Fahrrads. Die Tretlagerhülse des Rahmens, die Lager selbst und die Welle sind Teile des Innenlagersystems.

Greifen Sie zur Feststellung von Verschleiß oder zuviel Spiel am Innenlager beide Kurbelarme (nicht die Pedale) mit jeweils einer Hand und ruckeln Sie beide seitlich hin und her. Jedes Knacken oder Spiel kann auf Lagerverschleiß hindeuten. Es kann aber auch von einer losen Lagerschale stammen. Wenn Sie Spiel feststellen, demontieren Sie die Kurbeln und prüfen Sie den festen Sitz beider Lagerschalen. Geschraubte Lager können festgezogen, einstellbare justiert werden. Bei PressFit-Versionen ist es dagegen wahrscheinlich, dass die Lager verschlissen sind und ausgetauscht werden müssen.

Zur Bestätigung von Verschleiß am Innenlager sichern Sie die Kette vor dem Kontakt mit der Tretkurbel und drehen Sie diese kräftig, während Sie mit einer Hand das Sitzrohr umfassen (Abb. 7.30). Verschlissene Lager schleifen – dieses Schleifen ist als Vibration am Rahmen spürbar. Vergleichen Sie im Zweifel das alte Innenlager mit dem an einem neuen Rad. Einmal verschlissen, lässt sich ein Innenlager nur durch ein neues ersetzen.

ABB. 7.30

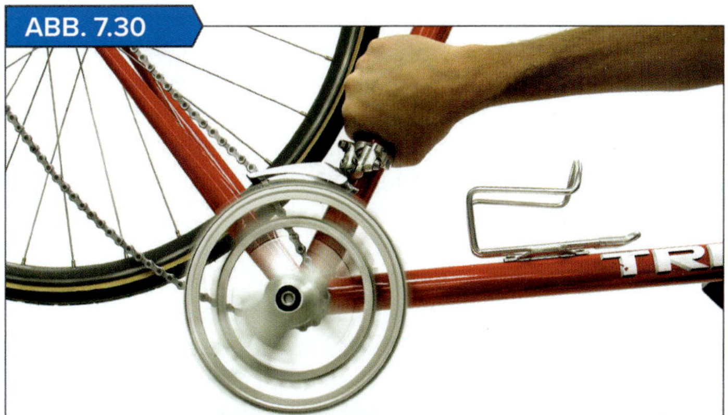

Kurbel drehen zur Verschleißprüfung des Innenlagers

Die Tretlagerhülse ist Bestandteil des Rahmens und bietet Platz für Lager und Welle. Es gibt diverse Formen der Tretlagerhülse und das zu montierende Innenlagersystem muss mit der vorliegenden Form der Hülse kompatibel sein. Jedes Innenlagersystem benötigt eigene Werkzeuge für Montage und Wartung. Das dazugehörige Tretlagermodell bestimmt nicht exakt das notwendige Werkzeug oder Vorgehen für die Lagerwartung. Manchmal muss das Tretlager zur Untersuchung der Tretlagerhülse demontiert werden.

Wesentliches Unterscheidungsmerkmal bei Tretlagerhülsen ist „mit Gewinde" oder „gewindelos". Für beide Arten gibt es zahlreiche Standards.

## GEWINDESTANDARDS

Geschraubte Tretlagerhülsen verfügen über Innengewinde zur Aufnahme von Lagerschalen oder Adaptern mit Außengewinde (Abb. 7.31). Carbonrahmen mit geschraubter Tretlagerhülse besitzen Metalleinsätze. Die gebräuchlichste Gewindedimension für Innenlager ist der ISO Standard mit 1,37" x 24 tpi, auch „BSA" oder „Englisches" Gewinde genannt. Die linke (kettenabgewandte) Seite hat ein Rechtsgewinde. Auf der rechten (Ketten-)Seite befindet sich ein Linksgewinde.

ABB. 7.31

Patronenlager mit Einbaumarkierungen

Eine seltenere Gewindedimension ist das „Italienische" mit zwei Rechtsgewinden 36 mm x 24 tpi. Innenlager dieser Bauweise sind zu groß für einen Rahmen mit Tretlagerhülse für BSA-Standard. Andersherum würde ein BSA-Innenlager in eine Tretlagerhülse für Italienischen Standard hineinrutschen ohne dass die Gewinde fassen.

Nicht mehr produzierte Standards sind „Französisch", „Schweizer" oder „Witworth". Der Französische Standard verfügt über ein beidseitiges 35 mm x 1 mm Rechtsgewinde. Der Schweizer Standard verwendet dasselbe Gewindemaß 35 mm x 1 mm, jedoch verfügt die rechte Lagerschale über ein Linksgewinde. Das Gewindemaß von „Witworth" ist 1⅜" x 26 tpi, ebenfalls mit rechter Lagerschale als Linksgewinde. Der ISIS Overdrive Standard von 48 mm x 1.5 mm wurde bei Trainingsrädern verbaut, hat sich jedoch nie durchgesetzt.

Größer dimensionierte Tretlagerhülsen bei Oversized-Standards ermöglichen großzügigere Rahmenverbindungen für steifere Rahmen. Aus diesem Grund gibt es aktuelle Bestrebungen für den neuen "T47"-Standard mit Lagerschalen im Gewindemaß 47 mm x 1 mm. Wie beim BSA-Lager werden die linke Schale mit Rechts- und die rechte Schale mit Linksgewinde ausgeführt. Obwohl es T47-Gewindeschneider gibt, wird von der Umwandlung eines PF30/PF46-Rahmens auf T47 abgeraten.

Für Tretlagerhülsen mit Gewinde gibt es verschiedene Breiten, die jeweils von Außenkante zu Außenkante gemessen werden. Aktuelle Breiten sind 68, 70, 73, 83, 100 und 120 mm. Die Unterscheidung zwischen Ersatzlagermodellen ist häufig reduziert auf die Distanz zwischen der äußerer Dichtung der beiden Lageradapter.

## GEWINDELOSE STANDARDS

Gewindelose Tretlagerhülsen haben ein glattes Innenprofil. Es gibt diverse gewindelose Standards mit verschiedenen Konfigurationsmöglichkeiten. Das Lagersystem muss sowohl für die Tretlagerhülse wie für die Kurbelarme passen. Adapter ermöglichen Anpassungen zwischen Innenlagern und Kurbelarmen. Die Fahrradindustrie ist gefordert, sich auf konsistente Bezeichnungen für diese Standards zu einigen, damit weniger Durcheinander bei Wartung oder Teilebeschaffung herrscht. Zum Erhalt passender Bauteile müssen Sie Innendurchmesser und Außenbreite der Tretlagerhülse sowie den Wellendurchmesser der Tretkurbel kennen. Variationen bei allen drei Parametern führen zu einer unübersichtlichen Vielfalt von Möglichkeiten.

### PF41 (BB86, BB89.5, BB92, BB107, BB121, BB132)

PF41 steht für „PressFit 41 mm", den nominellen Durchmesser der Übermaßpassung für glatte Tretlagerhülsen dieses Standards. Bezeichnungen wie BB86, BB89.5, BB92, BB107, BB121 oder BB132 verwenden denselben Durchmesser, beziehen sich aber auf die Außenbreite der Tretlagerhülse. Kompatible Tretkurbeln müssen mit ihrer Wellenlänge zur Tretlagerhülse passen.

Die PF41 Patronenlager befinden sich in einem Kunststoff- oder Aluminiumadapter und werden in den Rahmen eingepresst (Abb. 7.32). Es gibt verschiedene Adapter für Tretlagerwellen mit Durchmessern von 22/24 mm, 24 mm, 28.99 mm, und 30 mm.

ABB. 7.32

PF41 (BB86) Tretlagerhülse mit Einpresslager

### BB90 und BB95

Trek® verwendet eine Variante des BB86 Systems, das die Lageraufnahmen direkt in die Tretlagerhülse verlegt, wie bei einem integrierten Steuersatz (IS). Die Industrielager benötigen keine Adapter, sondern werden von Hand in die Hülse gedrückt (Abb. 7.33). Der Außendurchmesser der Lager ist 37 mm. Sie sind für 24 mm Wellen ebenso verfügbar wie für die abgestufte Variante von SRAM® mit 24 und 22 mm. Trek® bezeichnet die Modelle als BB90 (Road) und BB95 (MTB).

### PF42, BB30, BB30a

BB30 bezieht sich auf die verwendete 30 mm Tretlagerwelle. Kompatible Tretlagerhülsen verfügen über ein glattes Profil

ABB. 7.33

BB90 Lageraufnahme in einer Trek® Tretlagerhülse bei Montage eines Industrielagers

mit 41,95 mm Innendurchmesser. PF42 bezeichnet dieses Maß nominell. Die Hülsenbreite beträgt 68 (Road) und 73 mm (MTB). Patronenlager mit 42 mm AD werden beidseitig gegen interne Lagerhalterungen wie Sprengringe eingepresst (Abb. 7.34).

ABB. 7.34

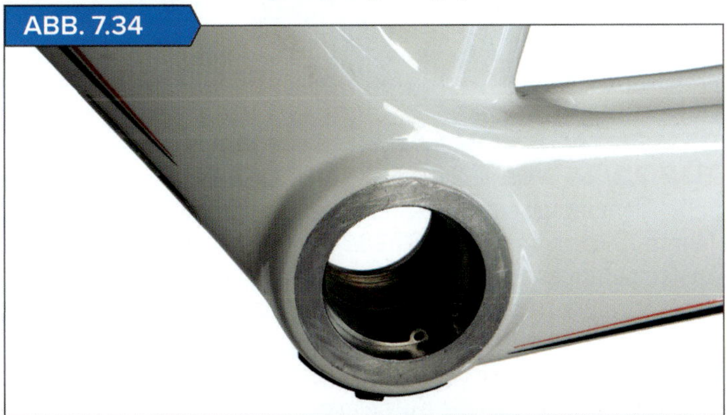

BB30 Tretlagerhülse mit montierten Sprengringen

„BB30a" steht für ein asymmetrisches Design der Hülse ohne Auswirkung auf die Passung der Adapter im Rahmen. Allerdings ist eine mit BB30a kompatible Tretkurbel obligatorisch.

### PF46, PF30, PF30a

PF30 ist eine frühe Bezeichnung zur Abgrenzung vom früheren BB30 Standard. Die Tretlagerhülse hat ein glattes Profil mit ca. 46 mm Innendurchmesser, sodass „PF46" besser passt. Die Hülsenbreiten sind 68 mm (Road) und 73 mm (MTB). Die Industrielager des PF46 Systems sitzen in Adaptern aus Kunststoff oder Alu, die in die Tretlagerhülse gepresst werden (Abb. 7.35). Es gibt verschiedene Adapter für Tretlagerwellen mit Durchmessern von 22/24 mm, 24 mm, 28.99 mm und 30 mm.

„PF30a" steht für ein asymmetrisches Design der Hülse ohne Auswirkung auf die Passung der Adapter im Rahmen. Allerdings ist eine mit PF30a kompatible Tretkurbel obligatorisch, welche mit „BB30a" identisch ist.

### 386EVO, 392EVO

386EVO und 392EVO sind Varianten des PF30/PF46 Standards. Die Bezeichnung stammt von den Breiten der Tretlagerhülsen mit 86 und 92 mm. Entsprechend länger sind die EVO Tretlagerwellen im Vergleich zu BB30. Der ID der Tretlagerhülse beträgt 46 mm und passt damit für die PF30/PF46 Adapter. Die 386EVO Wellen haben 30 mm Durchmesser. Adapter für die Montage der längeren 386EVO Tretlager in BB30, BB86, BB92, PF30 und geschraubten Tretlagerhülsen sind verfügbar.

ABB. 7.35

Linke, kettenabgewandte Seite einer PF30 Tretlagerhülse an einem vollgefederten MTB-Rahmen

### BBright™

BBright® ist eine von Cervelo® entwickelte Variante des PF30/PF46 Systems. Die Tretlagerhülse hat 79 mm Breite und 46 mm ID. Cervelo® bietet spezielle Tretlager für diesen Standard an. Es sind aber auch Adapter für andere Tretlager wie 386EVO oder Shimano® Hollowtech® II für BBright® erhältlich.

## LAGERWARTUNG BEI GEWINDELOSEN TRETLAGERHÜLSEN

Die Kurbelarme sind an der Tretlagerwelle montiert, die von den in der Tretlagerhülse befindlichen Lagern abgestützt wird. Diese Lager erfahren jede Menge Belastung und Abnutzung. Sie befinden sich an der tiefsten Stelle des Rahmens; alles eindringende Wasser sammelt sich an dieser Stelle.

Wartungsmöglichkeiten und -vorgänge variieren in Abhängigkeit vom verwendeten Lagersystem. Häufig ist die Kenntnis des Tretlagerstandards notwendig, denn es werden oft Adapter in der Tretlagerhülse montiert, welche die Kombination von Bauteilen unterschiedlicher Standards ermöglichen.

Patronenlager können bei diesen Systemen direkt eingepresst sein wie beim BB30 oder Teil eines in den Rahmen gepressten Lageradapters sein. Hersteller setzen voraus, dass nach Demontage alter Bauteile diese durch neue ersetzt werden. Typischerweise erfolgt die Demontage durch Schlagkraft, welche die alten Lager zusätzlich schädigt. Die Befestigung des Rahmens nah an der Tretlagerhülse reduziert sein Federn während der Demontage. Eingesetzte Montagepaste macht zusätzlichen Kraftaufwand und spezielles Vorgehen bei der Demontage notwendig. Mäßiger Wärmeeinsatz durch Föhn oder Heißluftpistole lösen das Mittel an, manchmal reicht schon über die Verbindung gegossenes heißes Wasser aus.

### LAGERDEMONTAGE BEI 30 MM WELLE

Bei einer Tretlagerwelle von 30 mm beträgt der Innendurchmesser des Lagersystems ebenfalls 30 mm. Verwenden Sie zur Demontage daher den Austreiber des Montagesets BBT-30.4.

**Vorgehen zum Demontieren der Lager:**

a. Entfernen Sie das Tretlager inklusive Welle vom Rahmen.
b. Kippen Sie den Austreiber und führen Sie den Fuß durch ein Lager und setzen Sie den Fuß von innen gegen das an-

dere Lager (Abb. 7.36). Beachten Sie, eventuell vorhandene Klemmringe oder Clips im Rahmen nicht mit dem Fuß des Austreibers zu berühren.

ABB. 7.36

Den Fuß des BBT-30.4 Austreibers durch die Lageröffnung führen und von innen gegen das andere Lager drücken

c. Platzieren Sie die Kunststoff-Führungshülse im Lager. Diese Führung hält Werkzeug und Fuß beim Austreiben des Lagers gerade.
d. Schlagen Sie zum Austreiben des Lagers mit einem Hammer auf das Ende des BBT-30.3 (Abb. 7.37). Falls nötig, drehen Sie den Austreiber, damit das Lager an verschiedenen Stellen gelöst wird.

ABB. 7.37

Mit Hammer und Austreiber das Lager aus dem Rahmen schlagen

e. Wenn das erste Lager entfernt ist, lösen Sie den Austreiber aus der Hülse. Setzen Sie ihn von der offenen Hülsenseite gegen das zweite Lager an, platzieren Sie die Kunststoffführung und schlagen Sie das zweite Lager heraus.

Werkzeugalternative zum BBT-30.4 ist das RT-1 Demontagegerät für Steuersatzschalen. Das Vorgehen ist wie nachfolgend für die Demontage von DUB™ Lageradaptern beschrieben. Notfalls geht es auch mit Hammer und langem Standardausschläger. Dabei muss das Lager von innen an zwei gegenüberliegenden Stellen schrittweise herausgeklopft werden.

Vorhandene Klemmringe oder Clips können für die neuen Lager in der Hülse verbleiben.

## DEMONTAGE VON LAGERADAPTERN FÜR 28.99 MM TRETLAGER (DUB™)

SRAM® DUB™ Tretlagerwellen haben 28,99 mm Durchmesser. Werkzeug für 30 mm Wellen passt deshalb nicht. Verwenden Sie stattdessen das RT-1 Demontagegerät für diese Lagerschalen.

**Vorgehen zur Demontage der Lageradapter:**

a. Demontieren Sie die Kurbelarme.
b. Bewegen Sie den RT-1 Austreiber mit dem glatten Ende voran in die Tretlagerhülse bis das gefiederte Ende mit einem Klicken auf der Rückseite des Adapters positioniert ist.
c. Treiben Sie den Adapter mit einem Hammer aus der Hülse (Abb. 7.38).
d. Verfahren Sie mit dem zweiten Adapter genauso.

ABB. 7.38

SRAM® DUB™ PressFit Adapter mit RT-1 aus Tretlagerhülse schlagen

## DEMONTAGE VON LAGERADAPTERN FÜR 22/24 MM & 24 MM TRETLAGER

Die Demontage eingepresster Lageradapter mit 22 mm oder 24 mm ID kann mit dem BBT-90.3 durchgeführt werden. Der Austreiber muss durch die Lager passen. Das Ausschlagen der Lager ist nicht belastender fürs Fahrrad als das Überfahren einer Aufpflasterung auf der Fahrbahn.

**Vorgehen zur Demontage der Lageradapter:**

a. Demontieren Sie die Kurbelarme.
b. Bewegen Sie den BBT-90.3 Austreiber mit dem glatten Ende voran in die Tretlagerhülse (Abb. 7.39).

ABB. 7.39

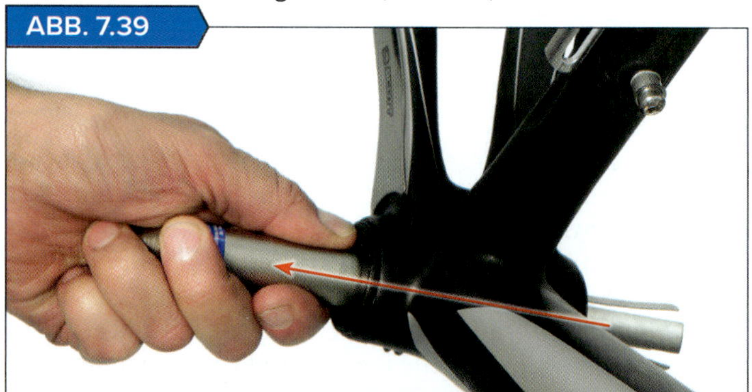

BBT-90.3 bis zum Einrasten in die Tretlagerhülse ziehen

c. Ziehen Sie ihn hindurch bis das gefiederte Ende mit einem Klicken auf der Rückseite des Adapters einrastet.
d. Treiben Sie den Adapter mit einem Hammer aus der Tretlagerhülse (Abb. 7.40).
e. Verfahren Sie mit dem zweiten Adapter genauso.

## MONTAGE VON PRESSFIT LAGERADAPTERN

PressFit Lageradapter werden mit leichter Übermaßpassung in die Tretlagerhülse eingepresst. Die Innendurchmesser der Hülsen sind nur 0,05 mm kleiner als die Außendurchmesser der Adapter. Wenn das Übermaß zu groß ist, werden die Lager zu

ABB. 7.40

Lageradapter mit Hammer und BBT-90.3 einzeln aus der Hülse schlagen

sehr gestaucht, laufen rau und verschleißen vorzeitig. Bei zu geringem Übermaß haben die Lageradapter nicht genug Halt, bewegen sich in der Hülsen und quietschen unter Last.

Wenn der ID zu groß und die Passung damit zu schwach ist, verwenden Sie Montagesicherung wie die RC-1 von Park Tool. Diese Mittel werden als Flüssigkeit in bestehende Lücken geträufelt, dehnen sich beim Trocknen aus und fixieren den Adapter. Bei der Demontage ist eventuell der Einsatz von Wärme durch Heißluftpistole oder Föhn nötig.

PressFit Lageradapter werden wie Steuersatzschalen in den Rahmen eingepresst. Wenn Ihnen spezielle Montagehülsen zur Verfügung stehen, können Sie beide Lageradapter in einem Vorgang einpressen, sonst nur einen zur Zeit. Behandeln Sie die Adapter vor dem Einpressen immer mit Fett oder Montagepaste. Zum Einpressen wird ein Steuersatz-Montagegerät benötigt.

Der AD der BB30 Lager beträgt 42 mm. Sie werden etwas in der Tretlagerhülse versenkt und von innen liegenden Halteclips bzw. Klemmringen gestoppt. Führungshülsen fürs Einpressen müssen daher etwas kleiner als der ID der Tretlagerhülse dimensioniert sein. Nutzen Sie die Führungshülsen aus dem Montageset BBT-30.4. Ohne vorhandene Führungshülsen können die alten Lager als Einpresshilfe verwendet werden.

Das BBT-30.4 Werkzeugset umfasst zwei Führungshülsen für Lager in BB30 und PF30 Standard. Für das Einpressen der Lager wird ein Steuersatz-Montagegerät benötigt. Die Führungshülsen sorgen für die richtige Einpresstiefe in der Tretlagerhülse. Das Einpressen mit einer flachen Presse reicht dagegen nicht aus.

**Vorgehen zur Montage von BB30 Lagern:**

a. Untersuchen Sie den Sitz der Sprengringe in der Tretlagerhülse. Sie sollen sicher in den Nuten sitzen.
b. Setzen Sie jeweils ein Lager auf die beiden Führungshülsen des BBT-30.4 Sets. Die Hülsen halten die Lager beim Einpressvorgang in der richtigen Position (Abb. 7.41).
c. Führen Sie die Gewindestange des Montagegeräts durch Führungshülsen, Lager und Tretlagerhülse. Montieren Sie die zweite Mutter oder Pressplatte auf dem Montagegerät, sodass Führungshülsen/Lager umschlossen werden.
d. Drehen Sie den Hebel des Montagegeräts bis die Pressplatten die Führungshülsen, Lager und Tretlagerhülse berühren (Abb. 7.42).
e. Pressen Sie die Lager in die Tretlagerhülse, bis beide die Sprengringe berühren.
f. Entfernen Sie Montagegerät und Führungshülsen. Prüfen Sie den Kontakt zwischen Lagern und Halteclips.

ABB. 7.41

Montagegerät mit Hülsen und Lageradaptern installieren

ABB. 7.42

Lager mit gleichmäßigem Druck in den Rahmen einpressen

PF41, PF30, PF46 und andere Standards verwenden gekragte Lageradapter zum Abschluss an der Tretlagerhülse, anders als beim BB30 System. Wenn Ihr Montagegerät passende Führungshülsen wie das BBT-90.3 hat, können Sie beide Adapter in einem Vorgang einpressen. Beachten Sie eventuelle Seitenvorgaben für die Adapter. Bei SRAM® GXP® Lagern wird der schmalere Innendurchmesser für die linke Seite benötigt.

**Montage von PF41, PF30 und anderen gekragten Lageradaptern:**

a. Setzen Sie je einen Adapter auf die Führungshülsen. Ohne Montagehülsen pressen Sie die Lager einzeln ein.
b. Führen sie die Gewindestange des Steuersatz-Montagegeräts durch Montagehülsen, Adapter und Tretlagerhülse. Montieren Sie die zweite Mutter oder Pressplatte auf dem Montagegerät, sodass Hülsen/Lager umschlossen sind.
c. Drehen Sie den Griff des Montagegeräts bis die Pressplatten, Hülsen, Lager und Tretlagerhülse bündig umschließen (Abb. 7.43). Prüfen Sie die Ausrichtung der Lageradapter.
d. Pressen Sie die Adapter in die Tretlagerhülse, bis beide Kragen mit der Innenseite fest auf der Tretlagerhülse sitzen.
e. Entfernen Sie das Montagegerät.

ABB. 7.43

Steuersatzpresse mit Montagehülsen und Adaptern in Rahmen installieren

## PRESSFIT ADAPTER UND UMWANDLER

Bestehende Tretlagerhülsen können oft nachträglich auf andere Standards umgewandelt werden. Kompatibilität und Passgenauigkeit kann je nach Modell und Marke variieren.

BB30 Tretlagerhülsen können durch Aluminiumhülsen von FSA®, SRAM® oder Problem Solvers® in geschraubte BSC/ISO Standard umgewandelt werden. Die Hülse mit Innengewinde wird in die ursprüngliche Tretlagerhülse eingepresst. Anschließend können konventionelle, geschraubte Adapter oder Lagerschalen montiert werden. Diese Umwandlung ist nicht als endgültig zu betrachten, weil ein Profi-Mechaniker die montierte Hülse mit etwas Aufwand wieder entfernen kann.

ABB. 7.44

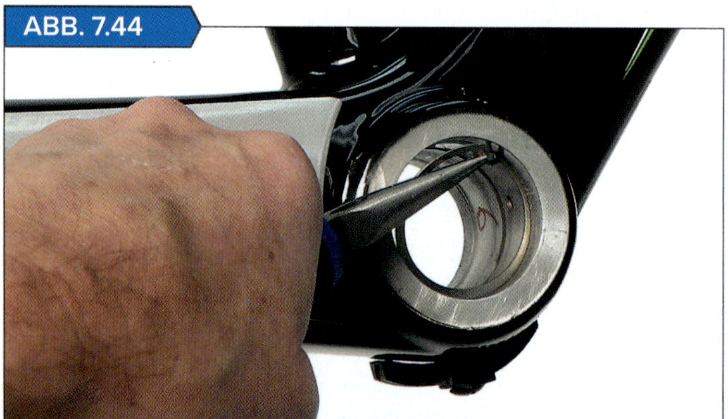

Sprengringe vor Montage der Umwandlerhülse entfernen

ABB. 7.45

Einpressen der Umwandlerhülse in eine BB30 Tretlagerhülse

Zur Montage der Hülse müssen zunächst die Halteclips aus der Tretlagerhülse entfernt werden (Abb. 7.44). Verwenden Sie dazu Schraubendreher, Sicherungsringzange oder Spitzzange.

Streichen Sie etwas Montagepaste auf die Innenseite der Tretlagerhülse. Prüfen Sie sorgfältig die Montagerichtung der neuen Hülse. Das kettenseitige interne Gewinde ist ein Linksgewinde, die Gewindegänge steigen entsprechend nach links. Die in Fahrtrichtung linke (kettenabgewandte) Seite hat ein Rechtsgewinde, das nach rechts ansteigt. Pressen Sie die Montagehülse mit einem Steuersatz-Montagegerät vollständig ein (Abb. 7.45).

## DURCHGESCHRAUBTE INNENLAGER

Durchgeschraubte „Thread-Thru" Innenlager sind für PressFit Tretlagerhülsen vorgesehen. Linker und rechter Lageradapter werden im Inneren der Tretlagerhülse zusammengeschraubt und fixieren die Lager. Das Verschrauben erfolgt mittels außen liegender Werkzeugaufnahmen. Praxis Works®, Enduro®, Rotor® und andere bieten diese Innenlager für verschiedene Standards an. Das einzelne Vorgehen zur Montage variiert je nach Ausführung. Informieren Sie sich bei den Herstellern (Abb. 7.46).

ABB. 7.46

Schnittansicht einer Tretlagerhülse mit durchgeschraubtem Innenlager

Manche Werkzeugaufnahmen sind eng und flach ausgeführt. Achten Sie daher immer auf den festen Sitz des jeweiligen Montagewerkzeugs (Abb. 7.47).

ABB. 7.47

Auf sicheren Sitz des Werkzeugs in den Aufnahmen achten

## CAMPAGNOLO® ULTRA-TORQUE® & FULCRUM® LAGER

Die Campagnolo® Ultra-Torque® Lager sind auf die Halbwellen der Kurbelarme gepresst und werden nur zum Austausch entfernt. Verwenden Sie das CBP-8 Montage-Set von Park Tool.

**Vorgehen zur Demontage der Lager:**

a. Demontieren Sie die Kurbelarme aus dem Rahmen.
b. Entfernen Sie den Federring mit Sicherungsringzange oder Schraubendreher von der rechten Halbwelle (Abb. 7.48).

ABB. 7.48

Rechten Sprengring vor Demontage des Lagers entfernen

ABB. 7.49

Abzieherspitzen unter das Lager klemmen und sichern

c. Montieren Sie den Abzieher auf der Halbwelle und klemmen Sie die Abzieherspitzen unter das Lager (Abb. 7.49).
d. Drehen Sie den Handgriff im Uhrzeigersinn.
e. Entfernen Sie den Abzieher und wiederholen Sie den Vorgang am anderen Kurbelarm.

Beide Kurbellager müssen nach der Demontage ersetzt werden. Die neuen Lager werden mit Übermaßpassung auf den Halbwellen wie bei einem Gabelkonus montiert.

**Vorgehen zur Montage der Kurbellager:**

a. Montieren Sie entfernte Dichtungen auf der Halbwelle.
b. Setzen Sie das neue Lager auf die Halbwelle.
c. Platzieren Sie den rechten Kurbelarm auf einem festen, nachgiebigen Untergrund wie einem Holzbrett. Setzen Sie den Aufschläger auf die Halbwelle und klopfen Sie das Lager mit einem Hammer in Richtung Kurbelarm (Abb. 7.50). Er passt exakt auf das Lager und schädigt es nicht.
d. Setzen Sie den Federring auf die Halbwelle und drücken Sie ihn mit dem Aufschläger bis zum Einrasten nach unten

ABB. 7.50

Lager in Position klopfen und mit Sprengring sichern

e. . Wiederholen Sie den Vorgang mit dem linken Kurbelarm. Montieren Sie das Tretlager wie auf Seite 81 beschrieben.

## CAMPAGNOLO® POWER TORQUE™ LAGER

Das rechte Power Torque™ Lager ist auf die Welle gepresst. Das linke Lager sitzt lose auf der Welle, ist aber fest in die linke Lagerschale gepresst und wird komplett mit dieser ausgetauscht. Das rechte Lager kann einzeln ausgetauscht werden. Zwischen Aluminium- und Carbonkurbeln gibt es keine Unterschiede bei der Wartung. Für die Lagerwartung ist ein Werkzeugset wie das CBP-8 erforderlich.

**Vorgehen zur Demontage des kettenseitigen Lagers:**

a. Demontieren Sie die Kurbelarme.
b. Entfernen Sie zunächst den Federring über dem Lager mit Sicherungsringzange oder Schraubendreher (Abb. 7.51).

ABB. 7.51

Rechten Sprengring vor Demontage des Lagers entfernen

c. Montieren Sie den Lagerdemontage-Adapter aus Richtung des Kurbelarms auf der Welle (Abb. 7.52). Schieben Sie den Adapter vollständig unter das Lager.
d. Setzen Sie den Abzieher auf das Wellenende und die Abzieherspitzen in die Adapteraufnahmen. Justieren Sie den Abzieher spielfrei (Abb. 7.53).
e. Drehen Sie den Abziehergriff im Uhrzeigersinn zum Anheben von Adapter und Lager. Achten Sie darauf, dass Adapter und Lager dabei nicht auf der Welle verdrehen.

ABB. 7.52

Demontage-Adapter aus Richtung Kurbelarm unter das Lager schieben

ABB. 7.53

Abzieherspitzen im Adapter platzieren und sichern

**Vorgehen zur Montage des kettenseitigen Lagers:**

a. Setzen Sie neue Dichtung und Lager auf das Wellenende. Platzieren Sie den rechten Kurbelarm auf einem festen, nachgiebigen Untergrund wie einem Holzbrett und setzen Sie den Aufschläger auf die Welle.
b. Klopfen Sie das Lager per Hammer in Position (Abb. 7.54).

ABB. 7.54

Lager in Position klopfen und mit Sprengring sichern

c. Setzen Sie den Sprengring auf die Welle und drücken Sie ihn mit dem Aufschläger bis zum Einrasten nach unten.
d. Montieren Sie das Tretlager im Rahmen.

## WARTUNG VON GEWINDE-INNENLAGERN

Der häufigste Innenlagertyp bei dreiteiligen Tretlagern in Gewinde-Tretlagerhülsen ist das „Patronenlager". Die Lagerpatrone ist in einer geschlossenen Einheit mit Industrielagern untergebracht. Diese Einheit wird per Schraubgewinde in der Tretlagerhülse fixiert. Die Kurbelarme werden auf den Wellenenden platziert und müssen entsprechend kompatibel sein.

Innenlager mit Vierkantwellen gibt es mit unterschiedlichen Wellenlängen, die an den Außenkanten gemessen werden. Je länger die Welle rechts ist, desto größer ist der Abstand der Kettenblätter vom Rahmen. Es gibt Beschränkungen für die Positionierung der Kurbeln (siehe Kapitel 10).

Runde Vielzahnwellenstandards für dreiteilige Tretlager umfassen Shimano® Octalink®, ISIS Drive, FSA® Power Drive™ und SRAM® Power Spline™ Modelle. Diese Wellen gibt es ebenfalls in verschiedenen Längen, von den Außenkanten gemessen. Achten Sie beim Austausch auf dieselbe Länge und Kompatibilität.

Wenn sich ein Innenlager nur mit großer Kraft in den Rahmen schrauben lässt, sind die Gewinde der Tretlagermuffe wahrscheinlich nachzuschneiden (Abb. 7.55). Ein professioneller Fahrradmechaniker erkennt und behebt das Problem.

ABB. 7.55

Gewinde der Tretlagerhülse nachschneiden

Innenlager sind mit Werkzeugaufnahmen für die Installation und Demontage versehen. Versuchen Sie nicht das erforderliche Werkzeug durch Hammer und Aufschläger zu „ersetzen". Die Tabelle in Anhang D zeigt die häufigsten Aufnahmen an den Lagerkomponenten mit den passenden Werkzeugen.

### GESCHRAUBTE EXTERNE LAGERADAPTER FÜR ZWEITEILIGE TRETLAGER

Ein zweiteiliges Tretlager kann mit sogenannten „externen Patronenlagern" an Rahmen mit Gewinde-Tretlagerhülsen montiert werden. Die Adapter nutzen die Innengewinde der Hülse, aber die Lager selbst sitzen an ihren Außenkanten. Die Tretlagerwelle ist fest mit einem Kurbelarm verbunden und wird durch beide externe Lager und die Tretlagerhülse hindurchgeschoben. Die Wellenlänge muss auf die Breite der Tretlagerhülse abgestimmt sein.

Die Lagerschalen der 3-fach Kurbeln von Shimano®, Race Face® und FSA® werden mit 75,5 mm Außenabstand platziert. Zu diesen Kurbeln werden drei 2,5 mm Spacer geliefert, um sie passend zu Rahmen und Lagern zu positionieren. Sie passen für Fahrräder mit 68 oder 73 mm Tretlagerhülsen. Umwerfer mit Tretlagerbefestigung („E-Type") oder eine Kettendämpferbefestigung werden jeweils als Distanzscheibe gewertet. Beachten Sie Tabelle 7.1 zur Anordnung der Distanzscheiben.

**TABELLE 7.1** *Spacer für externe Lageradapter*

| BREITE TRETLAGER-HÜLSE | LINKE SEITE | UMWERFER | RECHTE SEITE |
|---|---|---|---|
| 68 mm | 1x 2,5 mm Spacer | Schellenmontage 2 x 2,5 mm Spacer | 2x 2,5 mm Spacer |
| 68 mm | 1x 2,5 mm Spacer | E-Type | 1x 2,5 mm Spacer + E-Type Halterung |
| 73 mm | Kein Spacer | Schellenmontage | 1x 2,5 mm Spacer |
| 73mm | Kein Spacer | E-Type | E-Type Halterung |

Bei Truvativ® GXP® Tretlagern sitzen eventuell notwendige Distanzscheiben unter den Lagern. Bei 68 mm Hülsenbreite wird auf beiden Seiten je eine 2,5 mm Distanzscheibe benötigt, bei 73 mm Breite dagegen keine.

Extern gelagerte Tretlager mit 2-fach Kurbeln (Road) von Shimano®, FSA® und Truvativ® sind für Rahmen mit 68 mm Breite ausgelegt. Dafür sind keine Distanzscheiben notwendig. Die Lager werden direkt in die Tretlagergewinde geschraubt.

Park Tool bietet Werkzeug für die meisten Lageradapter. Allerdings gibt es keinen Standard zwischen Herstellern oder Ausführungen. Für die Auswahl des passenden Werkzeugs müssen die Anzahl der Kerben auf dem Adapter sowie sein Außendurchmesser ermittelt werden. In Anhang C finden Sie eine Übersicht der Werkzeugoptionen.

**Vorgehen zur Montage der externen Lager:**

a. Behandeln Sie die Gewinde der Tretlagerhülse mit Lager- oder Montagefett oder mittelfester Schraubensicherung.
b. Setzen Sie die erforderlichen Spacer auf die kettenseitige Lagerschale und montieren Sie die Dichtung.
c. Schrauben Sie die Lagerschale („R") gegen den Uhrzeigersinn im Rahmen fest.
d. Setzen Sie erforderliche Spacer auf die linke Lagerschale.

ABB. 7.56

Lageradapter mit Staubdichtung in Tretlagerhülse schrauben

e. Setzen Sie die Dichtung auf die Lagerschale und schrauben Sie diese („L") im Uhrzeigersinn fest, wie beschrieben (Abb. 7.56). Die Lager sind bereit für die Montage der Kurbeln

Die externen Lager entfernen Sie einfach durch Herausschrauben aus dem Rahmen, nachdem die Kurbelarme demontiert wurden. Beim üblichen BSA-/ISO-Gewinde drehen Sie das kettenseitige Lager im Uhrzeigersinn heraus, das linke gegen den Uhrzeigersinn.

## GESCHRAUBTE PATRONENLAGER FÜR DREITEILIGE TRETLAGER

Bei den meisten dreiteiligen Tretlagern wird das komplette Patronen-Innenlager inklusive Welle ausgewechselt. Die Werkzeugaufnahmen am Innenlager variieren, doch die populärste Version hat einen Durchmesser von 34 mm mit 20 Schlitzen. Dafür passen die Park Tool Abzieher BBT-22 und BBT-32.

**Vorgehen zur Demontage von Patronenlagern:**

a. Demontieren Sie beide Kurbeln.
b. Setzen Sie den passenden Schlüssel in die Aufnahme der linken Lagerschale und drehen Sie sie bei ISO-/BSC-Gewinde gegen den Uhrzeigersinn heraus.
c. Setzen Sie den passenden Schlüssel in die Aufnahme der rechten Lagerschale und drehen Sie sie bei ISO-/BSC-Gewinde im Uhrzeigersinn heraus.
d. Ziehen Sie das Patronenlager heraus.

Wenn das Innenlager schwierig zu lösen ist, empfiehlt sich das Fixieren des Abziehers in der Schalen- oder Adapteraufnahme. Bei hohler Tretlagerwelle kann der Schlüssel mit einem Hinterradschnellspanner gesichert werden (Abb. 7.57). Ist die Welle nicht hohl, nehmen Sie eine lange 8 mm x 1 mm Schraube zur Sicherung des Abziehers. Bei flacher Werkzeugaufnahme kann das Abrutschen des Werkzeugs so vermieden werden.

ABB. 7.57

Abrutschsicherung für den Abzieher durch handfest montierten Hinterrad-Schnellspanner

Patronenlager sind meist mit Markierungen „Links" und „Rechts" versehen, die sich auf die Einbaurichtung (rechts ist die Kettenseite) beziehen, nicht auf die Gewinderichtung (Abb. 7.58). Beim üblichen ISO-/BSC-Gewinde hat die rechte Seite ein Linksgewinde, die linke ein Rechtsgewinde.

ABB. 7.58

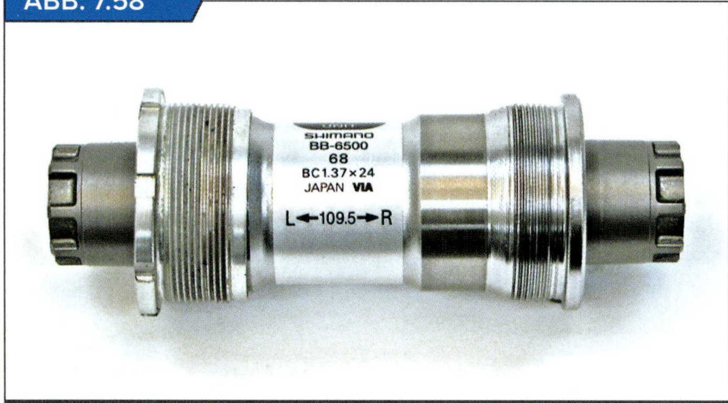


Patronenlager mit Einbaumarkierungen

Die Vorbehandlung der Gewinde ist beim Innenlager in zweierlei Hinsicht entscheidend: 1. Die Gewinde müssen für eine optimale Verbindung gefettet werden. 2. Die Gewinde müssen vor Korrosion geschützt werden. Lagerfett kann beides ganz gut, aber spezielles Montagefett ist dauerhafter und korrosionsbeständiger (Abb. 7.59). Für Titan- und Alurahmen ist Montagefett wie das ASC-1 obligatorisch.

ABB. 7.59

Innenlagergewinde vor Einbau fetten

Eine weitere Möglichkeit ist eine leichte Schraubensicherung wie die TLR-1, bei beiden Schalengewinden auf die ersten drei oder vier Gewindegänge gegeben. Dies bildet gleichzeitig Schutz vor eindringendem Wasser. Speziell für Italienische Gewinde empfiehlt sich die Schraubensicherung, da sich diese Schalen leicht lockern.

ABB. 7.60

Bei nicht mittig positionierter Tretlagerwelle ist das Patronenlager wahrscheinlich im Rahmen verkantet

Gewinde von Kunststoffschalen dürfen nur mit Fett behandelt werden, weil Schraubensicherung das Material versprödet.

Schrauben Sie das Innenlager sorgfältig von Hand in den Rahmen. Überprüfen Sie auf der anderen Seite die mittige Position der Welle in der Tretlagerhülse. Bei nicht mittig platzierter Welle ist das Innenlager vermutlich verkantet (Abb. 7.60).

**Vorgehen zur Montage von Patronenlagern:**

a. Behandeln Sie die Gewinde des Innenlagers mit Lager-, Montagefett oder Schraubensicherung.
b. Achten Sie auf die Einbaumarkierungen. „L" bedeutet linke Seite des Rahmens, „R" rechte Seite. Bei den meisten Rahmen verfügt die rechte Seite über ein Linksgewinde, das gegen den Uhrzeigersinn eingeschraubt wird. Bei einem Innenlager mit Kunststoff- und Metallschale wird zuerst die aus Metall eingeschraubt.
c. Wenn das Innenlager richtig im Gewinde sitzt, schrauben Sie die erste Schale mit dem Patronenlagerschlüssel vollständig ein.
d. Montieren Sie auf der anderen Seite Sicherungsschale oder –ring und ziehen Sie beide Seiten gemäß Herstellervorgabe fest (Abb. 7.61).

ABB. 7.61

Korpus und Sicherungsschale des Patronenlagers gemäß Vorgabe anziehen

## GESCHRAUBTE KONUS-INNENLAGER

Verschiedene Vierkant-Innenlager sowie das Shimano® Dura-Ace 7700 sind als Konus-Innenlager aufgebaut. Diese Innenlager können vollständig auseinander gebaut und gewartet werden (Abb. 7.62). Bei dieser Bauweise stehen sich ein konvexer Lagerkonus und eine konkave Lagerschale gegenüber, mit dem Kugellager dazwischen. Lagerkonus und -schale können in ihrer Position verändert werden. Bei zu strammer Einstellung besteht zu hoher Druck auf dem Lager und es verschleißt vorzeitig. Bei zu lockerer Einstellung gibt es zuviel „Spiel" im Lager und es kann schnell ausschlagen.

Bei Konuslagern bewegen sich die Lagerflächen auf Bauteilen mit Gewinde. Leichtes Spiel zwischen Innen- und Außengewinde ist systembedingt normal. Eine Lagerschale wackelt daher zum Beispiel leicht in der Tretlagerhülse, bevor der Konterring gegen den Rahmen gekontert wird. Prüfen Sie das Lagerspiel nur bei gekontertem Konterring. Dabei eventuell festgestelltes Lagerspiel beruht auf der Lagereinstellung, nicht auf dem Spiel zwischen Innen- und Außengewinde.

ABB. 7.62

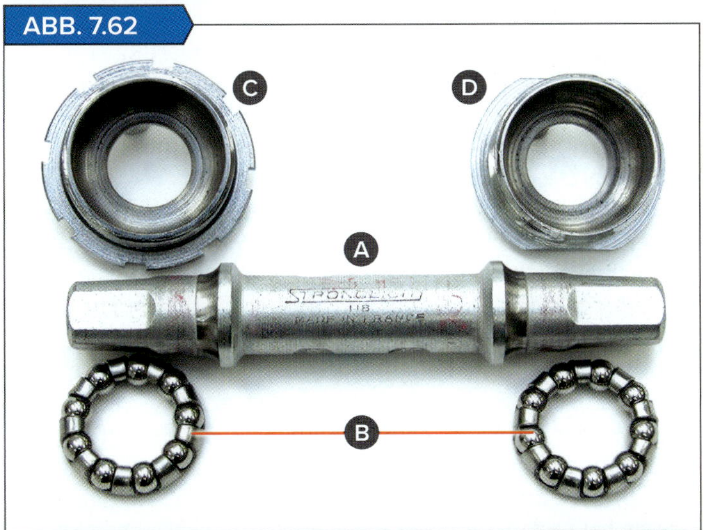


Demontiertes Konus-Innenlager: (A) Welle, (B) Lagerringe, (C) Linke justierbare Schale mit Konterring, (D) Rechte Schale

**Demontage von Konus-Innenlagern**

Bei der Demontage von Konus-Innenlagern ist das Anfertigen von schriftlichen Notizen und/oder Digitalfotos über die Anordnung der Komponenten hilfreich. Die Innenlagerwelle ist meist auf einer Seite länger. Notieren Sie, welche Seite welches Maß hat und beachten Sie das bei der späteren Montage.

Wenn das Innenlager gewartet wird, muss die feste (rechte) Schale nicht unbedingt demontiert werden. Allerdings lässt sie sich ausgebaut besser untersuchen und reinigen.

**Vorgehen zur Demontage von Konus-Innenlagern:**

a. Demontieren Sie die Kurbelarme.
b. Lösen und entfernen Sie den Konterring auf der linken Lagerseite mit einem passenden Schlüssel.
c. Schrauben Sie die linke Lagerschale mit einem passenden Schlüssel aus dem Rahmen (Abb. 7.63).

ABB. 7.63

Demontierte linke, einstellbare Schale mit Konterring und Lager

d. Entfernen Sie Kugellager und Welle. Beachten und notieren Sie, ob eine Seite der Welle länger ist als die andere. Zählen Sie die Kugeln, sofern sie nicht in Kugelringen gesichert sind.
e. Entfernen Sie die Schmutzhülse im Innern des Lagers, falls eine vorhanden ist.
f. Entfernen Sie das Kugellager aus der rechten Lagerschale. Eine Speiche kann dabei hilfreich sein.
g. Die feste (rechte) Lagerschale hat meist ein Linksgewinde. Lösen Sie sie bei Bedarf gegen den Uhrzeigersinn mit einem passenden Schlüssel (bei BSC/ISO Gewinde).
h. Reinigen Sie alle Bauteile in Entfetter und trocknen Sie sie sorgfältig.
i. Prüfen Sie danach alle Komponenten auf Verschleiß und Beschädigung. Prüfen Sie die Lagerschalen auf Riefen und andere Beschädigungen. Sie werden wahrscheinlich eine dünne Verschleißlinie auf Welle und Schalen feststellen. Es dürfen aber weder Löcher noch Kerben vorhanden sein. Fahren Sie mit einem Kugelschreiber die Kugelbahn nach (Abb. 7.64). Unebenheiten und Verschleiß werden durch die Stiftspitze leicht erkannt. Eventuelle Schwachstellen werden schlimmer, nie besser. Wenn Kugeln glänzen und glatt sind, können sie weiter verwendet werden. Matte Kugeln müssen ersetzt werden. Die Kugeln verschleißen naturgemäß als letztes. Sind sie abgenutzt, sind Schalen und Welle auch verschlissen.

ABB. 7.64

Lageroberflächen mit Kugelschreiber überprüfen

**Montage von Konus-Innenlagern**

Die richtige Behandlung der Gewinde ist bei Innenlagern äußerst wichtig. Verwenden Sie dazu Lager- oder Montagefett für die Lagerschalen. Für die rechte Lagerschale ist auch eine mittelstarke Schraubensicherung geeignet. Die übliche Kugelgröße bei Konus-Innenlagern mit Vierkantstandard ist ¼".

**Vorgehen zur Montage von Konus-Innenlagern:**

a. Behandeln Sie die Gewinde mit Lager- oder Montagefett. Für die rechte Lagerschale ist auch leichte Schraubensicherung geeignet.
b. Montieren Sie zunächst die rechte Lagerschale, falls sie vorher demontiert wurde. Prüfen Sie auf jeden Fall den festen Sitz der Schale, bei ISO-/BSC-Gewinde durch Drehen gegen den Uhrzeigersinn. Ziehen Sie die Schale mit einem Anzugsdrehmoment von mindestens 40 Nm fest.
c. Fetten Sie die Kugellager reichlich ein. Pressen Sie Fett in die Lagerringe und zwischen die Kugeln.
d. Beachten Sie Ihre Notizen von der Demontage und platzieren Sie den rechten Kugelring mit der offenen Seite zum Konus auf der Welle. Schieben Sie die Welle durch die Tretlagerhülse in die rechte Lagerschale.
e. Montieren Sie die Schmutzhülse, falls vorhanden.
f. Fetten Sie den zweiten Kugelring und setzen Sie ihn in die linke Lagerschale, mit der offenen Seite zur Welle.
g. Schrauben Sie die linke Lagerschale in den Rahmen.
h. Schrauben Sie den Konterring auf die linke Lagerschale ohne ihn fest zu ziehen.

**Einstellung von Konus-Innenlagern**

Rotierende Lager sollen so leichtgängig wie möglich ohne Ruckeln oder zuviel Spiel eingestellt werden. Selbst wenn sich die Welle subjektiv nicht so leichtgängig anfühlt wie gewünscht, sollte das Lager an dieser „Spielfrei“-Grenze justiert werden. Bei verschlissenen Lagerflächen lässt sich das nicht mehr erreichen. Verschlissene Teile müssen daher ersetzt werden.

Starten Sie zu Beginn der Einstellung mit einem lockeren Lager und ziehen Sie es in kleinen Schritten fester bis das Spiel verschwindet. So erreichen Sie leichter den optimalen leichtgängigen und spielfreien Zustand. In den meisten Fällen sind Justierschritte von 1/32 Umdrehung ideal.

Damit Sie in wirklich kleinen Einstellschritten vorgehen, kleben Sie zur Kontrolle ein ca. 5 cm langes Stück Klebeband auf die linke Oberseite der Tretlagerhülse. Markieren Sie es außen in 3 mm-Abständen. Diese dienen als Maß für die Justierschritte der linken Lagerschale (Abb. 7.65).

ABB. 7.65

Klebeband mit 3 mm Markierungen für die Einstellung von Konus-Innenlagern

**Vorgehen zur Einstellung von Konus-Innenlagern:**

a. Montieren Sie die rechte Kurbel vollständig. Sie fungiert als Hebel zum Prüfen der Lagerjustierung.
b. Drehen Sie die linke Lagerschale vorsichtig im Uhrzeigersinn, bis sie auf die Kugellager trifft.
c. Markieren Sie die Lagerschale an einer Stelle und setzen Sie diese in Relation zu den Klebeband-Markierungen. Verwenden Sie alternativ ein bereits vorhandenes Merkmal auf der Schale, wie einen bestimmten Buchstaben.
d. Fixieren Sie die Lagerschale mit einem passenden Schlüssel und ziehen Sie den Konterring mit 30-40 Nm fest.
e. Prüfen Sie wiederholt das Lagerspiel durch seitliches Ruckeln an der rechten Kurbel, während Sie die Kurbel komplett herumdrehen.
f. Falls überhaupt kein Spiel spürbar, ist die Einstellung eventuell schon zu fest. Lösen Sie Konterring und Schale, um etwas Spiel zu erzeugen. Kontern Sie den Konterring und prüfen Sie erneut das Lagerspiel.
g. Wenn Ruckeln feststellbar ist, achten Sie auf die erreichte Markierung auf dem Klebeband und lösen Sie den Konterring. Ziehen Sie die Lagerschale um eine Markierung fester, kontern Sie den Konterring und prüfen das Lagerspiel.
h. Wiederholen Sie das schrittweise Anziehen der Lagerschale, bis das Ruckeln verschwindet. Prüfen Sie das Lagerspiel immer wieder mit der rechten Kurbel in verschiedenen Positionen. Sobald kein Ruckeln in einer beliebigen Kurbelposition feststellbar ist die Lagereinstellung vollendet.
i. Entfernen Sie das Klebeband mit den Markierungen von Lagerschale oder Rahmen.
j. Montieren Sie die linke Kurbel.

## KETTENBLÄTTER

Als Kettenblätter bezeichnet man die Zahnräder am rechten Kurbelarm. Es gibt Kurbeln mit 1-, 2- oder 3-fach Kettenblättern. Bei den meisten höherwertigen Kurbelgarnituren sind die Kettenblätter geschraubt und können bei Verschleiß oder zur Änderung der Übersetzung ausgetauscht werden. Bei einfachen Kurbelgarnituren sind die Kettenblätter häufig fest mit der Kurbel verbunden, sodass sie nur komplett getauscht werden können.

Der Teil der Kurbel, an dem die Kettenblätter befestigt werden, heißt „Kurbelstern“. Der Kurbelstern kann drei, vier, fünf oder sechs Befestigungsarme haben. Die Lochmaße der Kettenblätter müssen bei Anzahl und Abständen genau zum jeweiligen Kurbelstern passen. Die Befestigungslöcher bilden den sogenannten „Lochkreisdurchmesser“ (LKD), anhand dessen man die unterschiedlichen Maße identifizieren kann (Abb. 7.66).

ABB. 7.66

Lochkreisdurchmesser einer 5-Arm-Kurbel

ABB. 7.67

Messen einer Seite des virtuellen Fünfecks.

Bei 4-, 6- oder 8-Arm-Kurbeln ermitteln Sie den Lochkreisdurchmesser am besten bei zwei gegenüberliegenden Löchern, von Innen- zu Außenkante ist leichter als von Mitte zu Mitte.

Bei 5- und 3-Arm-Kurbeln ist das direkte Messen des Lochkreisdurchmessers schwieriger. Ermitteln Sie die Strecke zwischen zwei benachbarten Löchern (Abb. 7.67). Multiplizieren Sie diese Zahl zur Ermittlung des LKD mit 1,70 (mathematische Konstante für Fünfecke). Bei 3-Arm-Kettenblättern ist 1,155 der passende Multiplikator.

Tabelle 7.2 listet die Abmessungen der häufigsten Lochkreisdurchmesser für 3-, 4- und 5-Arm-Kurbeln auf.

**TABELLE 7.2** *Lochkreisdurchmesser*

| STRECKENMASS SCHRAUBEN | LKD | EINSATZBEREICH |
|---|---|---|
| *3-Arm Kurbelstern* | | |
| 74,5 mm | 86 mm | 3-Schrauben bei FSA® inneres und äußeres |
| *4-Arm Kurbelstern* | | |
| 45,3 mm | 64 mm | Inneres von Standard MTB 3-fach |
| 53,7 mm | 76 mm | SRAM® XX1® Kettenblatt |
| 56,6 mm | 80 mm | Inneres MTB 2-fach |
| 62,2 mm | 88 mm | Inneres/äußeres bei XTR® M985 2-fach |
| 72,1 mm | 102 mm | Mittleres/äußeres Standard MTB |
| 73,6 mm | 104 mm | Mittleres/äußeres Standard MTB |
| N/A | 110 mm | Shimano® 11-fach Dura-Ace® |
| 84,7 mm | 120 mm | Äußeres SRAM® 2-fach |
| 103,3 mm | 146 mm | Äußeres XTR® M960 |
| *5-Arm Kurbelstern* | | |
| 34,3 mm | 58 mm | Inneres Compact MTB 3-fach |
| 43,5 mm | 74 mm | Inneres Compact Road |
| 53,3 mm | 92 mm | Inneres Shimano® 3-fach |
| 55,4 mm | 94 mm | Mittleres/äußeres Compact MTB |
| 64,7 mm | 110 mm | Mittleres/äußeres Compact Road |
| 76,4 mm | 130 mm | Inneres/äußeres Standard Road |
| 79,5 mm | 135 mm | Inneres/äußeres Campagnolo® Road |
| 84,6 mm | 144 mm | Bahn |

Ein weiteres Befestigungssystem für Kettenblätter ist das relativ neue „Direct Mount" (Abb. 7.68). Dabei wird ein Einzelkettenblatt per Sicherungsring am rechten Kurbelarm montiert. Es gibt bislang keinen Kompatibilitätsstandard für Kettenblätter oder Werkzeugaufnahme bei diesem System.

**ABB. 7.68**

Direct Mount-Kettenblatt an einem Race Face® Kurbelarm

Zum Austausch des Kettenblatts wird der rechte Kurbelarm demontiert. Mit dem passenden Werkzeug wird der Sicherungsring gegen den Uhrzeigersinn gelöst und das alte Kettenblatt gegen ein neues getauscht. Einige Versionen sind gekröpft, sodass sich die Kettenlinie im Verhältnis zu den Ritzeln verändert.

Das 1X („One-by") Kettenblattsystem verwendet ein Einzelkettenblatt mit speziell geformten Zähnen. Es können alternierend schmal-weite Zahnprofile oder besonders lange Zähne sein, die das Ablaufen der Kette verhindern sollen. Obwohl hier kein Schaltverschleiß entstehen kann, sind auch diese Kettenblätter verschleißanfällig. Achten Sie auf verbogene Zähne oder Abrieb an den Führungshälsen (Abb. 7.69).

**ABB. 7.69**

Neue Zähne am blauen gegen verschlissene am schwarzen Kettenblatt

## AUSTAUSCH VON KETTENBLÄTTERN

Klassisch austauschbare Kettenblätter werden mit speziellen Kettenblattschrauben am Kurbelstern fixiert. Für die Schrauben passen ein 5 oder 5 mm Innensechskant oder ein Torx® T30. Für die geschlitzte Mutter ist ein spezieller Schlüssel empfehlenswert, wie der CNW-2 von Park Tool (Abb. 7.70). Kettenblattschrauben sollten vor der Montage leicht gefettet oder mit einer mittelfesten Schraubensicherung behandelt werden.

**ABB. 7.70**

Geschlitzte Kettenblattmutter auf der Rückseite während der Montage mit dem CNW-2 fixieren

**ABB. 7.71**

Verschleißspuren durch Schalten am schwarzen Kettenblatt beachten (A) Steighilfen fürs Hochschalten, (B) Rampe fürs Herunterschalten

Mehrfachkettenblätter werden häufig mit speziell geformten Zähnen und eingebauten „Steighilfen" für die Kette hergestellt (Abb. 7.71). Die Zähne der großen Kettenblätter werden zu Gunsten besseren Herunterschaltens der Kette häufig abgeflacht. Selbst wenn zwei Kettenblätter über identische Lochkreisdurchmesser und Zähnezahl verfügen, kann ihre Performance wegen dieser Details unterschiedlich sein.

Beachten Sie vor der Demontage der alten Kettenblätter ihre Anordnung an der Kurbel, da sich linke und rechte Seiten unterscheiden können. Außerdem verfügen manche Kettenblätter über spezielle Steighilfen für die Kette. Diese Funktionen wirken häufig nur in einem zusammenhängenden System. Nur die korrekte Anordnung der Kettenblätter gewährleistet einwandfreies Schaltverhalten (Abb. 7.72).**VERSCHLEISS UND**

ABB. 7.72

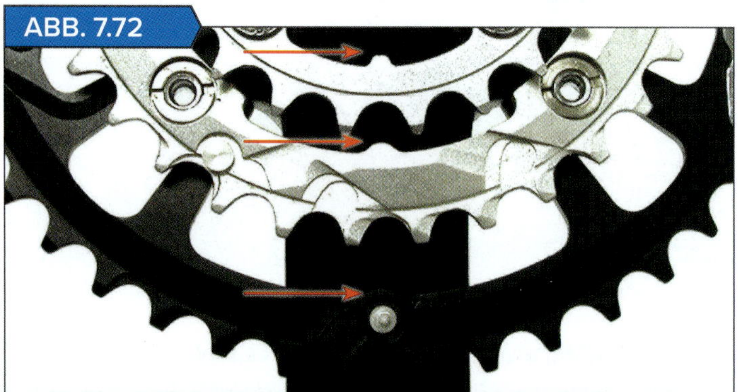

Markierungen für die korrekte Montage der Kettenblätter am Kurbelarm beachten

## BESCHÄDIGUNG VON KETTENBLÄTTERN

Das Kettenblatt erfasst die Kette während es dreht. Durch den Kontakt mit der Kette werden die in Drehrichtung vorderen Zahnflanken belastet, die Zähne verschleißen sichtbar und entwickeln ein hakenartiges „Haifischzahn"-Aussehen. Außerdem werden die Zähne dünner und eingearbeitete Schaltrampen stumpfen ab. Das Schaltverhalten verschlechtert sich und die Kette kann bei hohem Pedaldruck durchrutschen. Verschlissene Zähne können an der Kette festhaken und Kettenklemmer („Chain Suck") auslösen, sodass die Kette zwischen Kettenstrebe und Kurbel eingeklemmt wird und blockiert. Vergleichen Sie im Zweifel das alte Kettenblatt mit einem neuen gleichen Typs (Abb. 7.73). Ersetzen Sie das Kettenblatt bei offensichtlichem Unterschied oder wenn die Schaltperformance leidet.

ABB. 7.73

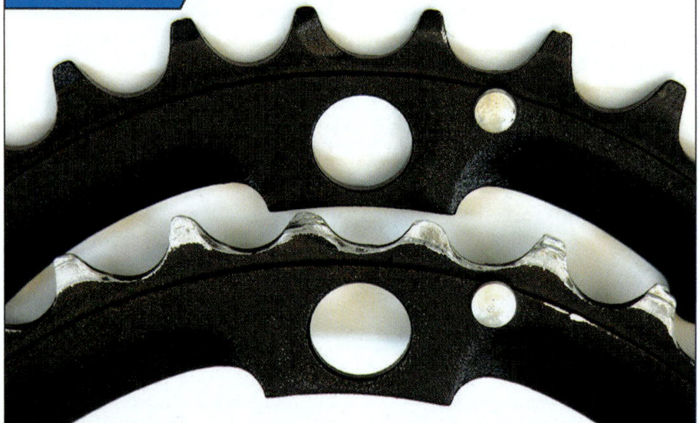

Offensichtlicher Unterschied zwischen neuem und altem Kettenblatt

Auch ein verbogener Zahn kann zu Schaltproblemen führen. Eventuell lässt er sich mit einstellbarem Maulschlüssel vorsichtig gerade biegen. Stark verbogene Zähne können abbrechen, trotzdem kann das Kettenblatt weiter benutzt werden, wenn das Schaltverhalten in Ordnung ist.

Am größten Kettenblatt kann der verbogene Zahn direkt behandelt werden. Am montierten mittleren oder kleinen Kettenblatt lässt sich nur schwer ein Werkzeug ansetzen. Meist ist der defekte Zahn nach innen gebogen. Der benachbarte äußere Ring blockiert den Zugang. Daher muss das betroffene Kettenblatt zum Richten des Zahns in den meisten Fällen demontiert werden.

Drehen Sie zunächst die Kurbel ohne Kette zur Lokalisierung verbogener Zähne und markieren Sie diese. Entfernen Sie die betroffenen Kettenblätter von der Kurbel und fassen Sie nur den jeweiligen Zahn (nicht das ganze Kettenblatt) mit einem einstellbaren Maulschlüssel. Fixieren Sie das Kettenblatt sicher unterhalb des Schlüssels, biegen Sie den Zahn langsam gerade und vergleichen Sie ihn mit den anderen (Abb. 7.74). Eventuell müssen Sie nach Montage des Kettenblatts und Test des Schaltverhaltens den Vorgang mehrfach wiederholen.

ABB. 7.74

Verbogenen Zahn des Kettenblatts vorsicht gerade richten

Ein Kettenblatt kann durch Unfall, Kettenklemmer oder starke Pedalkräfte verbiegen. Die Biegung steckt im Kettenblatt selbst oder im Kurbelstern. Spätestens, wenn die Biegung den Kettenlauf durch den Umwerfer hindurch beeinträchtigt, sollten Sie versuchen, das Kettenblatt zu richten. Manchmal ist auch nur eine gelockerte Kettenblattschraube für das Eiern verantwortlich. Prüfen Sie deshalb zunächst die Kettenblattschrauben auf festen Sitz. Nutzen Sie den Schaft eines großen Schraubendrehers als Richthebel. Drehen Sie die Kurbel ohne Kette und lokalisieren Sie die verbogene Stelle. Versuchen Sie diesen Bereich zu richten. Wenn Sie nach 3-4 Versuchen erfolglos waren, tauschen Sie das Kettenblatt aus.

Wenn eine Notfallreparatur unterwegs nötig wird, suchen Sie ein Holzstück mit stumpfem Ende als Richtwerkzeug. Halten Sie es auf die verbogene Stelle und klopfen mit einem Stein aufs andere Ende. Das Kettenblatt wird nie mehr rund laufen, aber Sie kommen so vielleicht noch zum Ziel. 4-Arm Kettenblätter sind besonders biegeanfällig unter starker Belastung. Ein verbogenes Kettenblatt sollte möglichst bald ausgetauscht werden.

**TABELLE 7.3** *Troubleshooting*

| SYMPTOM | MÖGLICHE URSACHE | LÖSUNG |
|---|---|---|
| Kettenblätter eiern seitlich | 1. Kettenblätter verbogen<br>2. Leichte Produktfehler | Kettenblätter ersetzen |
| Quietschen beim Kurbeln | Spiel in montierten Teilen des Tretlagers | 1. Alle Schrauben auf festen Sitz kontrollieren<br>2. Lockere Übermaßpassung bei PressFit Innenlager — Neumontage mit Montagepaste |
| Kurbel dreht mit hohem Widerstand | 1. Lagerspiel zu stramm justiert<br>2. Dichtung schleift an Tretlagerwelle | 1. Lagerspiel gemäß Herstellervorgabe justieren<br>2. Dichtungen nach Demontage der Kurbel prüfen |
| Abgefallener Kurbelarm bleibt nach Neumontage nicht fest mit der Welle verbunden | Kurbelarm am Übergang zur Welle ausgeschlagen | Kurbelarm ersetzen |
| Spiel im Patronen-Innenlager | Lager verschlissen | Innenlager austauschen |
| Geräusche oder Rumpeln im Rahmen beim Drehen der Kurbel | Lager verschlissen | Innenlager austauschen |

# KAPITEL 8

# KETTE

Die Kette überträgt die Pedalkraft von den vorderen Kettenblättern auf die hinteren Ritzel. Ketten bestehen aus einer Folge von Innen- und Außenlaschen, die mit Bolzen verbunden sind (Abbildung 8.1). Eine Rolle hält die Innenlaschen auf Abstand. Der Bolzen sitzt fest in der Außenlasche und dreht frei auf Innenlasche und Rolle.

ABB. 8.1

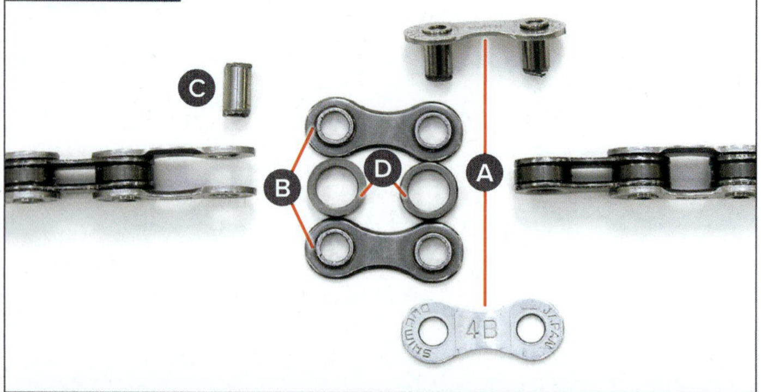


Bestandteile einer Fahrradkette:
(A) Außenlaschen, (B) Innenlaschen, (C) Bolzen, (D) Rollen

Die Kette läuft zwischen rechter Sitz- und Kettenstrebe als Schleife durch den Rahmen. Sie wird je nach Modell über einen speziellen Verschlussbolzen oder ein "Master Link" zusammengefügt. Master Links sind Kettenschlösser, an denen die Kette geöffnet und wieder geschlossen werden kann. Schaltungsketten alter Bauweise haben keinen speziellen Verschluss, sondern werden an einem beliebigen Kettenbolzen geöffnet und verschlossen. Dieses schwächere System wird bei modernen Versionen nicht mehr verwendet.

Die Hersteller von Antriebskomponenten entwickeln Schaltwerk, Umwerfer, Ritzelpaket, Schalthebel und Kette als ein zusammenhängendes System. Ketten unterscheiden sich in Breite und Form der Außenlaschen. Dies führt zu Unterschieden im Schaltverhalten bei den unterschiedlichen Marken und Schaltgruppen. Die Kette muss natürlich kompatibel mit der am Fahrrad vorhandenen Schaltung sein. Informieren Sie sich im Zweifel beim Kettenhersteller.

Kettenmaße werden durch die Breite der Kettenrollen und Länge der Kettenbolzen spezifiziert. Schaltungsketten verfügen über Rollen mit nominell 3/32" Breite. Die tatsächliche Rollenbreite variiert etwas je nach Kettendesign und Anzahl der Ritzel. 1/8" Ketten werden häufig bei Fahrrädern mit Nabenschaltungen und Singlespeed verwendet.

Die Kettenbreite wird auch von der Bolzenlänge bestimmt und variiert in Abhängigkeit zur Ritzelzahl. Je mehr Ritzel auf der Hinterradnabe sitzen, desto kürzer werden die Kettenbolzen. Die gemessene Bolzenlänge beträgt ungefähr:

- 12 Ritzel — 5,4 mm
- 11 Ritzel — 5,5 mm
- 10 Ritzel — 6 mm
- 9 Ritzel — 6,5 bis 7 mm
- 6, 7 und 8 Ritzel — 7 mm

Der Abstand zwischen den Kettengliedern heißt Kettenteilung und beträgt bei Schaltungs- und den meisten Singlespeedketten ½" (12,7 mm).

Der Rollendurchmesser ist marken- und modellübergreifend nominell gleich mit geringfügigen Abweichungen. Einzige Ausnahme ist die 12fach Kette SRAM® RED® eTap® AXS® Flattop™ mit systembedingt größeren Rollen. Folgerichtig sind die SRAM® RED® eTap® AXS® Flattop™ Ketten und Kassetten nicht mit anderen Systemen kompatibel. Für Servicearbeiten passt der CT-3.3 Kettennieter von Park Tool sowohl für Standardketten als auch für die 12-fach SRAM® AXS®.

1/8" Ketten für Einzelritzel wie bei Nabenschaltungen, Fixies und Singlespeeds haben etwa 9 mm lange Bolzen und sind für Kettenschaltungen ungeeignet.

## KETTENLÄNGE FÜR SCHALTUNGSKETTEN

Eine zu lange oder zu kurze Kette führt mit Sicherheit zu Schaltproblemen. Eine zu lange Kette hängt durch, wenn sie sich auf dem jeweils kleinsten Kettenblatt und Ritzel befindet (Abb. 8.2). Bei richtiger Kettenlänge darf sie in dieser Position eine nur geringe Spannung haben, aber nicht durchhängen.

ABB. 8.2

Durchhängende Kette in der klein-klein Position von Kettenblatt und Ritzel

Wenn sich die gegenüberliegenden Kettenglieder in der klein-klein Position auf Höhe der Kettenführungsrolle am Schaltwerk berühren, ist die Kette ebenfalls zu lang (Abb. 8.3).

ABB. 8.3

Kontakt der Kettenglieder am Schaltwerk bei zu langer Kette

Andersherum gibt es auch bei zu kurzer Kette Probleme. Zur Kontrolle ob die Kette zu kurz ist, schalten Sie auf das größte Kettenblatt und das zweitgrößte Ritzel. Jetzt ist die Kettenspannung deutlich höher. Prüfen Sie die Kette auf einen S-förmigen Verlauf an den beiden Schaltrollen des Schaltwerks (Abb. 8.4). Schalten Sie jetzt vorsichtig auf das größte Ritzel. Wenn die Kette jetzt einklemmt oder keinen S-förmigen Verlauf mehr hat, ist sie zu kurz (Abb. 8.5). Im Extremfall kann unter diesen Umständen ein Schaltversuch die Beschädigung des Schaltwerks und/oder des Schaltauges nach sich ziehen.

Der gefederte Schaltwerkskäfig gleicht die schwankende Kettenspannung in den verschiedenen Gangkombinationen aus. Allerdings sind Fahrräder manchmal mit nicht aufeinander abgestimmten Ritzelpaketen und Schaltwerken ausgestattet,

ABB. 8.4

Gerade noch S-förmiger Verlauf dokumentiert die korrekte Kettenlänge

ABB. 8.5

Zu kurze Kette ohne S-förmigen Verlauf im Schaltwerk

sodass die Kettenspannung nicht in jeder Position optimal ist. Die Abstufung des Ritzelpakets überschreitet die sogenannte „Schaltkapazität" des Schaltwerks.

In diesem Fall erscheint die Kette in der klein-klein Position zu lang oder in der groß-groß Position zu kurz. Die betroffenen Kettenblatt-Ritzel-Kombinationen dürfen nicht gefahren werden, um Schaltprobleme zu vermeiden. Typischer Fall ist zum Beispiel ein „kurzer" Schaltwerkskäfig in Verbindung mit einer großen Ritzelabstufung. Mehr Informationen zur Schaltkapazität finden Sie in Kap. 10.

Neue Ketten sind meist ein Stück länger als tatsächlich erforderlich und müssen passend fürs jeweilige Fahrrad abgelängt werden. Schaltungsketten werden mit zwei unterschiedlichen Konfigurationen angeboten: Modelle mit Master Link-Kettenschlössern haben jeweils Innenlaschen am Ende und können an beiden Enden gekürzt werden. Wenn die Kette mit speziellem Verbindungsstift geliefert wird, wie die Campagnolo® 11- und 12-fach oder einige Shimano-Modelle, befindet sich an einem Ende eine Außenlasche, am anderen eine Innenlasche. Dieser Kettentyp darf nur am Ende mit den Innenlaschen gekürzt werden.

Die Kette wird für das Fahrrad mit seiner spezifischen Gangabstufung angepasst. Wenn verschiedene Ritzelpakete abwechselnd genutzt werden, achten Sie darauf, dass die Kette für die größte Ritzelspreizung passt.

Für Ablängen und Montage einer neuen Kette benötigen Sie einen Kettennieter. Dieses Werkzeug besteht meist aus einem Nietendrücker und einem Aufnahmefach für das zu bearbeitende Kettenglied (Abb. 8.6). Einige Modelle verfügen über zwei Aufnahmefächer: das erste zum Ein- und Ausdrücken des Kettenbolzens, das zweite zum Lösen steifer Kettengliedern. Der innovative CT-4.3 von Park Tool besitzt eine integrierte Kettenglied-

ABB. 8.6

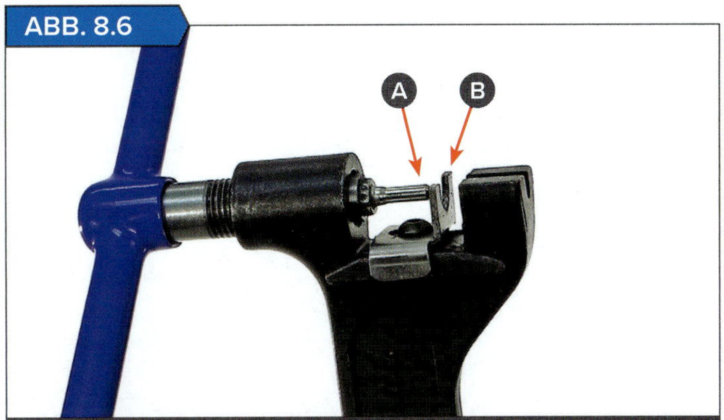


Park Tool CT-3.3 Kettennieter mit (A) Nietendrücker und (B) Kettenfach

tasche anstelle der beiden Fächer.

Bei einigen vollgefederten Fahrrädern verlängert sich beim Einfedern die Distanz zwischen Ritzelpaket und Innenlager. In diesem Fall muss die Kette für die längste Strecke zwischen Innenlager und Ritzelpaket passen. Lösen Sie für das Abmessen den Federdruck des Dämpferelements vollständig.

Wenn die alte Kette in richtiger Länge gegen eine neue getauscht werden soll, kann die neue Kette leicht passend abgelängt werden. Prüfen Sie vor Demontage der alten Kette ihre Länge durch Schalten auf die groß-groß sowie klein-klein Position. Wenn sie diesen Test bestanden hat, können Sie sie als Vorlage für die neue Kette nutzen. Entfernen Sie die alte Kette vom Fahrrad und legen Sie sie auf einer flachen Unterlage gerade hin, mit den Rollen nach oben. Ziehen Sie die Kette stramm. Legen Sie die neue Kette auf dieselbe Weise neben die alte, die Enden mit den Innenlaschen sollten sich auf derselben Seite befinden. Stauchen Sie die Kettenglieder der alten verschlissenen Kette zusammen, sodass beide Ketten ihre Bolzen über die gesamte Länge auf gleicher Höhe haben. Berücksichtigen Sie ein vorhandenes Master Link, indem Sie es am Ende in die neue Kette einhängen. Gleichen Sie die richtige Länge zwischen alter und neuer Kette ab und kürzen Sie die neue Kette entsprechend.

Die folgende Anleitung ermöglicht die Kettenposition auf jeweils größtem Kettenblatt und Ritzel. Auch wenn diese Position praxisfern ist, sollte sie zur Vermeidung von Schäden durch eventuelle Schaltfehler möglich sein. Führen Sie zum Abmessen die Kette nicht extra durch den Schaltwerkkäfig. Während des Vorgangs wird die für Schaltwerk und Schaltrollen erforderliche Kettenlänge hinzugefügt. Nach dem Ablängen wird die Kette durch die Schaltkomponenten gefädelt und geschlossen.

Das Vorgehen zum Abmessen von 1X („One-by") Systemen mit Einzelkettenblatt ist grundsätzlich genau wie bei Mehrfachkettenblättern. Die Kette wird um das Kettenblatt und das größte Ritzel gelegt. Nur bei SRAM® 11- und 12-fach Systemen ist zu beachten, dass diese zusätzlich 4 Kettenglieder zur kürzestmöglichen Kettenlänge benötigen. Weil sich bei diesen SRAM® 1X Systemen die obere Schaltrolle weit von den Ritzeln entfernt befindet, ist das notwendig.

**Vorgehen zum Ablängen von Schaltungsketten:**

a. Positionieren Sie bei demontierter Kette mit Hilfe der Schalthebel den Umwerfer über dem größten Kettenblatt und das Schaltwerk unterhalb des kleinsten Ritzels.

b. Legen Sie die neue Kette über das jeweils größte Ritzel und Kettenblatt und fädeln Sie sie durch den vorderen Umwerfer aber nicht durchs hintere Schaltwerk. Bei Ketten mit Master

Link wird eine Hälfte für die Gesamtlänge montiert.

c. Ziehen Sie die Kette straff und merken Sie sich den ersten Bolzen, an dem beide Kettenenden verbunden werden könnten (Abb. 8.7). Beachten Sie, dass eine Kette immer zwischen Außen- und Innenlaschen verbunden wird.

ABB. 8.7

Kette auf jeweils größtes Kettenblatt und Ritzel legen ohne Einbeziehung des Schaltwerks

d. Vom ersten möglichen Kettenbolzen ausgehend zählen Sie noch ein Innen- und Außenlaschenpaar hinzu (Abbildung 8.8). Dadurch wird die Kette um rund 2,5 cm (1") gegenüber der kürzestmöglichen Option aus Schritt „c" verlängert. **Hinweis**: SRAM 11- und 12-fach Systeme mit dem 1X Kettenblatt benötigen jetzt noch zwei Kettenglieder extra.

ABB. 8.8

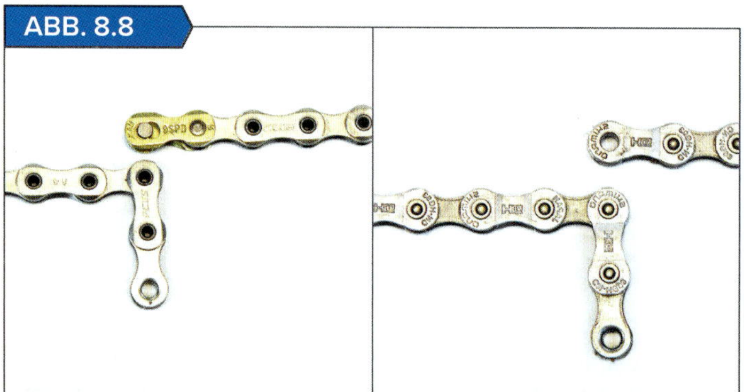

Links: Kette wird inklusive Master Link um 1" verlängert
Rechts: Kette mit Verbindungsstift wird um 1" verlängert

e. Trennen Sie die Kette hier. Eine etwas zu lange Kette ist besser zu korrigieren als eine zu kurze. Kürzen Sie das Ende so, dass Sie eine Innenlasche erhalten,

## KETTE ABMESSEN BEI KETTENDÄMPFER

Kettendämpfer verhindern das Abspringen der Kette von den Kettenblättern und sind als Einzelring- oder Doppelringausführung verfügbar. Die Kette wird durch Kettenrädchen gefädelt, die mehr Kettenlänge erfordern. Zur Bestimmung der benötigten Kettenlänge legen Sie die Kette unter Umgehung des Schaltwerks über das jeweils größte Ritzel und Kettenblatt und führen Sie durch den Kettendämpfer (Abb. 8.9). Ziehen Sie die Kette stramm und addieren Sie zu dieser Länge zwei Glieder mit rund 2,5 cm (1"), wie vorher beschrieben.

ABB. 8.9

Beim Abmessen der Kette wird der Kettendämpfer einbezogen

## KETTE ÖFFNEN

Lassen Sie moderne Ketten möglichst solange montiert am Fahrrad bis sie verschlissen sind und ersetzt werden müssen. Häufiges Öffnen und Wiedermontieren steigert das Defektrisiko. Reinigen Sie die Kette direkt am Rad mit einem Kettenreinigungsgerät wie dem CM-5.2.

Wenn eine Kette nicht weiter verwendet wird, kann sie an jedem beliebigen Bolzen geöffnet und vom Fahrrad entfernt werden. Wenn sie nach dem Öffnen weiter verwendet und mit speziellen Verbindungsstiften, wie bei Shimano® oder Campagnolo®, verschlossen wird, öffnen Sie die Kette nicht an einem solchen Verbindungsstift. Wählen Sie stattdessen einen Standardbolzen in einiger Entfernung vom montierten Verbindungsstift.

Infos zu Ketten mit wiederverschließbaren Kettenbolzen finden Sie im entsprechenden Abschnitt in diesem Kapitel.

**Vorgehen zum Öffnen und Entfernen der Kette:**

a. Schalten Sie die Kette auf das jeweils kleinste Kettenblatt und Ritzel.

b. Suchen Sie ein Master Link. Falls vorhanden, bewegen Sie es in den unteren Kettenabschnitt zwischen Schaltwerk und Kettenblatt.

c. Nehmen Sie die Kette zur Entspannung vom Kettenblatt.

d. Bei vorhandenem Master Link schieben Sie seine Kettenbolzen zusammen. Drücken Sie dabei mit Daumen und Zeigefinger auf die beiden Außenlaschen (Abb. 8.10). Nutzen Sie eine Kettenzange wie die MLP-1.2 falls vorhanden.

ABB. 8.10

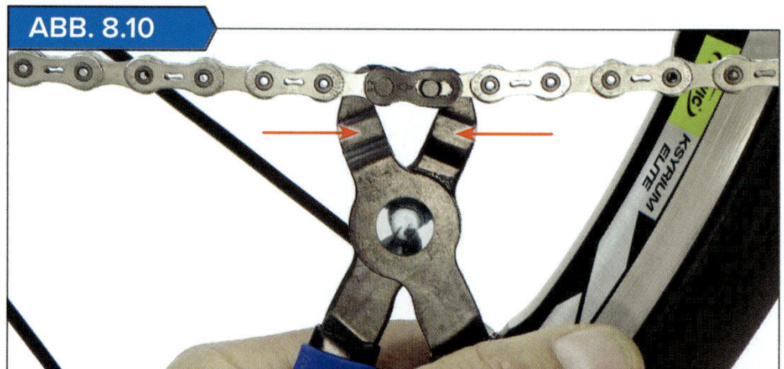


Master Link mit MLP-1.2 Kettenschlosszange öffnen

e. Wenn es kein Master Link gibt, wählen Sie einen beliebigen Kettenbolzen, solange er kein spezieller Verbindungsstift ist. Normale Kettenbolzen sehen gleich aus.

f. Legen Sie die betreffende Kettenrolle vollständig in das Trennfach des Kettennieters und bringen Sie den Nietstift des Kettennieters in Kontakt mit dem Bolzen. Beim CT-4.3

legen Sie das Kettenglied in die Tasche.

g. Sorgen Sie dafür, dass der Nietstift in gerader Linie auf den Bolzen trifft. Drehen Sie die Kurbel und drücken Sie den Kettenbolzen aus der Kette heraus (Abb. 8.11).

h. Ziehen Sie die Kette aus Schaltwerk und Umwerfer und entfernen Sie sie vom Fahrrad.

ABB. 8.11

Kettenbolzen aus der Kette drücken

## MONTAGE NEUER SCHALTUNGSKETTEN

Vor dem Schließen der korrekt abgelängten Kette muss diese durch Rahmen, Umwerfer und Schaltwerk gefädelt werden. Ein zweites Fahrrad mit Kettenschaltung und montierter Kette ist zum Vergleich hilfreich.

Entfernen Sie eventuell vorhandene Kabelbinder von der montagebereiten Kette. Fädeln Sie die Kette von oben durch Schaltwerk und Umwerfer und führen Sie die Kettenenden unterhalb der Kettenstrebe zusammen. Falls vorhanden, wird der Verbindungsstift von der rahmenäußeren Kettenseite her nach innen gerichtet eingesetzt (Abbildung 8.12). Dies reduziert das Risiko, dass der Verbindungsstift das äußere Kettenblatt zerkratzt, wenn die Kette auf einem inneren Kettenblatt liegt.

ABB. 8.12

Verbindungsstift von außen nach innen drücken

Shimano® empfiehlt, den Verbindungsstift so zu montieren, dass die von ihm geschlossene Außenlasche ziehend auf die untere Schaltrolle trifft. Mit anderen Worten: Beim Blick auf die Kette im unteren Segment sitzt der Verbindungsstift im linken Loch der Außenlasche.

**Montage der korrekt abgelängten Schaltungskette:**

a. Schalten Sie Umwerfer und Schaltwerk auf das jeweils kleinste Kettenblatt und Ritzel.

b. Untersuchen Sie die Außenlaschen der Kette. Bei nur einseitig vorhandenen Logos oder Symbolen sollte diese Seite in Fahrtrichtung rechts ausgerichtet werden.

c. Beginnen Sie unten am Schaltwerk und fädeln Sie das Kettenende mit Außenlasche über die Oberseite der unteren Schaltrolle auf die Vorderseite der oberen Schaltrolle.

d. Ziehen Sie die Kette hinter den Ritzeln entlang und lassen Sie die Kette durch das drehende Hinterrad ein Stück nach vorn gelangen.

e. Fädeln Sie das Kettenende durch den Umwerferkäfig auf das kleinste Kettenblatt.

f. Drehen Sie die Kurbel langsam in Fahrtrichtung, damit die Kette weiter nach unten durchläuft.

g. Führen Sie die Kettenenden zusammen und schließen Sie die Kette je nach Typ auf eine nachfolgend beschriebene Weise. Wenn die Kettenspannung das Verschließen schwierig macht, nehmen Sie die Kette vom Kettenblatt ab.

h. Prüfen Sie die Kette auf steife Kettenglieder und lösen Sie diese falls erforderlich.

Ketten werden mit verschiedenen Verfahren verschlossen. Dies ist sicherheitsrelevant, denn fehlerhaftes Verschließen ist der häufigste Grund für gerissene Ketten. Ziehen Sie im Zweifel die Montageanleitung des Kettenherstellers zu Rate.

### SHIMANO® KETTEN MIT VERBINDUNGSSTIFT

Shimano® bietet zwei Kettenversionen an. Die eine wird mit Master Link wie bei anderen Marken geliefert. Bei der anderen wird ein spezieller Verbindungsstift für die Montage verwendet. Diese Stifte bestehen jeweils aus einem verstärkten Kettenbolzen mit Führungsdorn (Abb. 8.13). Der Führungsdorn wird nach der Montage des Verbindungsstifts in der Kette abgebrochen. Bei diesem Kettentyp wird bei jeder erneuten Montage ein neuer Verbindungsstift als Ersatz für den zuvor entfernten Standardkettenbolzen benötigt. Shimano® Ketten dürfen nur mit den jeweils passenden Verbindungsstiften verwendet werden. Für die 7-/8-fach Ketten von ist der Verbindungsstift schwarz, mit einem verstärkten Kettenbolzen von 7,8 mm nominell. Der Stift für die schmaleren 9-fach Ketten ist silberfarben mit einer Bolzenlänge von 6,7 mm (jeweils ohne Führungsdorn gemessen). Shimano® 10-fach Ketten benötigen einen silberfarbenen Verbindungsstift mit doppeltem Markierungsring am Führungsdorn. Hier ist die nominelle Bolzenlänge 6 mm. Der Verbindungsstift für die 11-fach Kette verfügt über eine längere Spitze. Die nominelle Bolzenlänge beträgt 5,7 mm (Abbildung 8.13). Die Shimano® Verbindungsstifte sind nicht untereinander kompatibel. Für die 12-fach Kette von Shimano® gibt es keinen Verbindungsstift sondern nur die Master Link-Version.

ABB. 8.13

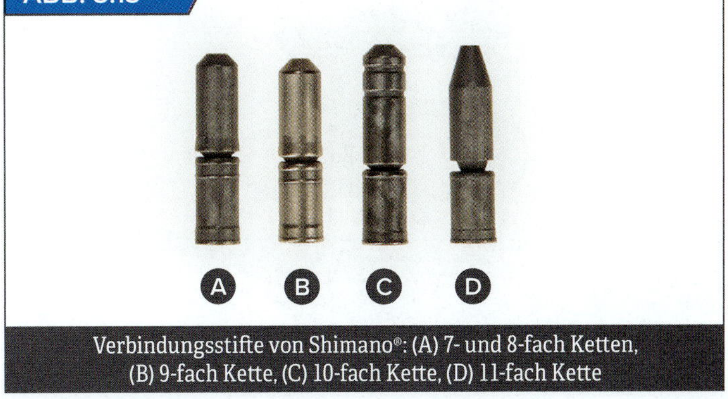


Verbindungsstifte von Shimano®: (A) 7- und 8-fach Ketten, (B) 9-fach Kette, (C) 10-fach Kette, (D) 11-fach Kette

Manchmal hinterlassen die Verbindungsstifte von Shimano® und anderen Herstellern nach dem Vernieten Materialreste vom Kettenglied am Nietstift. Entfernen Sie diese mit einer Zange, damit sie nicht die nächsten Arbeiten beeinträchtigen (Abb. 8.14)

ABB. 8.14

Alte Materialreste vom Nietstift entfernen

**Vernieten von Shimano® Schaltungsketten:**

a. Untersuchen Sie die Außenlaschen der Kette. Bei nur einseitig vorhandenen Logos oder Symbolen sollte diese Seite in Fahrtrichtung rechts ausgerichtet werden.
b. Geben Sie etwas Schmiermittel auf den Verbindungsstift.
c. Setzen Sie den passenden Shimano® Verbindungsstift mit dem Führungsdorn zuerst in das Loch der Außenlasche. Er hält jetzt die Kette und zeigt zum Mechaniker, d. h. der Stift wird vom Rahmen weg nach außen gedrückt (Abb. 8.15).

ABB. 8.15

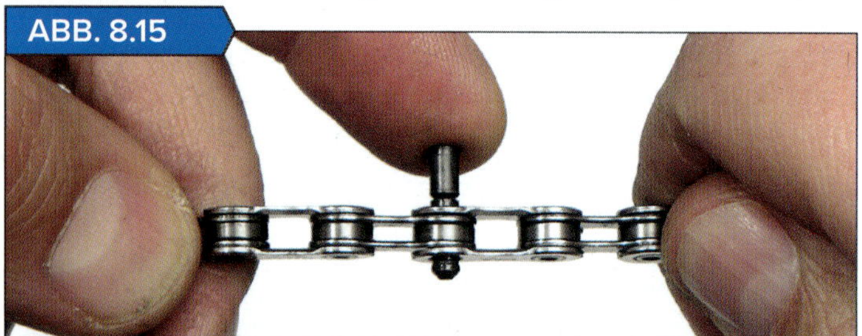

Verbindungsstift mit Führungsdorn voran montieren

d. Drehen Sie den Nietendrücker soweit auf, bis der Verbindungsstift hinein passt.
e. Legen Sie die Kettenrolle mit dem Verbindungsstift ins Trennfach des Kettennieters.
f. Drücken Sie den Verbindungsstift in die Kette (Abb. 8.16). Drehen Sie solange, bis die Spitze des verstärkten Kettenbolzens genauso weit heraussteht wie die Standardbolzen.

ABB. 8.16

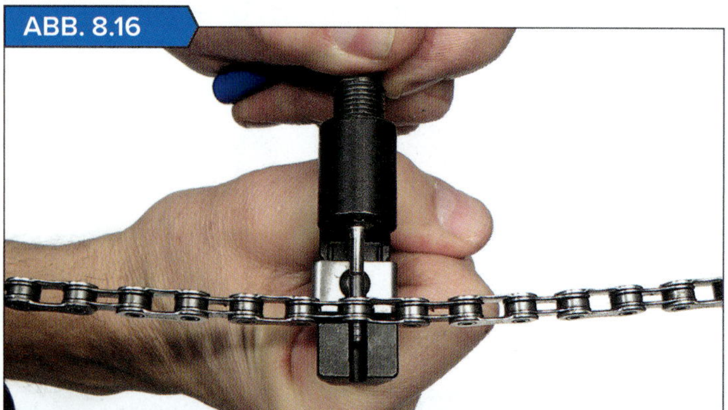

Verbindungsstift vollständig in die Außenlasche drücken

g. Entfernen Sie den Kettennieter und überprüfen Sie die Position des Verbindungsstifts. Der verstärkte Kettenbolzen soll beidseitig so weit aus der Außenlasche herausragen wie die normalen Kettenbolzen. Drücken Sie den Verbindungsstift bei Bedarf weiter hinein.
h. Brechen Sie den herausstehenden Führungsdorn ab. Schieben Sie ihn dafür in die Aussparung des Kettennieters und bewegen diesen parallel zur Kette (Abb. 8.17).

ABB. 8.17

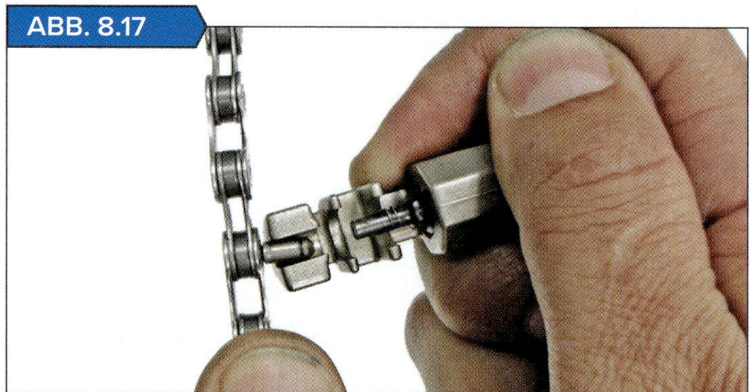

Führungsdorn nach Montage seitlich abbrechen

i. Prüfen Sie die Kette auf steife Kettenglieder und lösen Sie diese, falls erforderlich.

Nach Montage des verstärkten Kettenbolzens verbleibt dieser in der Kette und wird nie wieder demontiert. Die Entfernung des verstärkten Kettenbolzens würde das Loch der Außenlasche weiten und kann zum Reißen der Kette führen. Öffnen Sie die Kette bei Bedarf an einem der Standardbolzen.

## CAMPAGNOLO® 11-FACH & 12-FACH KETTEN

Campagnolo® 11- und 12-fach Ketten besitzen sehr schmale Kettenrollen von nominell 2.0 mm Breite. Verwenden Sie daher ausschließlich die Park Tool Modelle CT-4.2, CT-4.3 oder CT-6.3, jedoch kein anderes.

Campagnolo® 11- und 12-fach Ketten werden mit eigenen spezifischen Verbindungsstiften verschlossen. Dieser bleibt jeweils nach der Montage in der Kette und wird niemals demontiert. Öffnen Sie die Kette bei Bedarf an einem der Standardbolzen. Die 11- und 12-fach Verbindungsstifte sind nicht kompatibel.

Eine neue Campagnolo® 11- oder 12-fach Kette wird nur an dem Ende mit Innenlasche abgelängt (Abb. 8.18). Am Ende mit der Außenlasche befindet sich ein Kabelbinder als Erinnerung.

ABB. 8.18

Campagnolo® Ketten nur am Ende mit Innenlasche kürzen

**Verschließen von Campagnolo® 11-fach oder 12-fach Ketten:**

a. Geben Sie etwas Schmiermittel auf den Verbindungsstift und setzen Sie ihn mit dem Führungsdorn zuerst in das Loch der Außenlasche. Der Führungsdorn hält die Kette, während der Verbindungsstift eingepresst wird (Abb. 8.19).

ABB. 8.19

Verbindungsstift von innen nach außen in die Kette drücken

b. Verwenden Sie Park Tool CT-4.3, CT-6.3 oder einen anderen geeigneten Kettennieter. Pressen Sie den Verbindungsstift vollständig in die Kette bis seine Spitze bündig zur Außenlasche ist (Abb. 8.20). Beim Einpressen sind die aufgeweiteten Bereiche des Stifts zu spüren. Sobald der Stift richtig sitzt, lässt der Druck auf den Werkzeuggriff nach.

ABB. 8.20

Einpressen des Campagnolo® Verbindungsstifts

c. Entfernen Sie den Kettennieter und überprüfen Sie die Position des Verbindungsstifts. Die Stiftspitze soll so weit aus der Außenlasche herausragen wie normale Kettenbolzen.
d. Brechen Sie den herausstehenden Führungsdorn ab. Schieben Sie ihn dafür in die Aussparung des Kettennieters und bewegen diesen parallel zur Kette.
e. Fahren Sie direkt im Anschluss fort mit dem Sperren bzw. Vernieten des Verbindungsstifts.

### Vernieten des 11-fach oder 12-fach Verbindungsstifts

Campagnolo® schreibt einen zweiten Montagevorgang exklusiv für den Verbindungsstift der 11- oder 12-fach Ketten vor. Nach dem Abbrechen des Führungsdorns hinterlässt dieser einen Grat. Dieser wird mit einem ambossartigen Kettenwerkzeug aufgeweitet bzw. vernietet. Campagnolo® nennt dies „Sperren". Es geht nur um die Verformung des äußeren Grats, der Verschlussbolzen wird weder verändert noch verschoben. Mit den Kettennietern CT-4.3, CT-6.3 oder anderen kann dieser zweite Arbeitsgang ausgeführt werden.

CT-4.3 und CT-6.3 verfügen über die erforderliche Ambossfunktion. Beim CT-4.3 befindet sich ein Ambossbolzen im Handgriff. Dieser wird bei Bedarf in das Kettengliedfach eingesetzt und hält den Verschlussbolzen der Kette, während der Nietstift auf die Bruchstelle des Führungsdorns gedrückt wird (Abb. 8.21). Die Ambossfunktion nimmt den Druck des Nietstifts auf, sodass dieser ausschließlich auf den Verschlussbolzen wirkt. Dieser wird dabei jedoch nicht bewegt.

ABB. 8.21

(A) Verbindungsstift unmittelbar nach Abbrechen des Führungsdorns
(B) Derselbe Verbindungsstift nach Vernieten mit CT-4.3 Kettennieter

**Vorgehen zum Vernieten des Verbindungsstifts bei Campagnolo® 11-fach oder 12-fach Ketten:**

a. Setzen Sie die Kette mit dem Verbindungsstift in den Kettennieter CT-4.3 oder CT-6.3 bei aktivierter Ambossfunktion ein. Der Nietstift zeigt dabei auf die Bruchstelle zwischen Verbindungsstift und Führungsdorn.
b. Drehen Sie die Kurbel des Kettennieters bis der Nietstift den Verbindungsstift berührt (Abb. 8.22). Drehen Sie die Kurbel maximal ¼ Drehung im Uhrzeigersinn weiter.
c. Entfernen Sie die Kette aus dem Werkzeug und prüfen Sie die Leichtgängigkeit des Kettenglieds.

ABB. 8.22

CT-4.3 mit Ambossbolzen in Position beim Sperren des Verbindungsstifts

## KETTEN MIT MASTER LINK

Einige Kettenhersteller wie zum Beispiel SRAM®, KMC®, Connex® oder Shimano® bieten Kettenschlösser, sogenannte „Master Links" für Schaltungsketten an. Damit wird ein spezieller Verbindungsstift überflüssig. Lesen Sie die jeweilige Montageanweisung genau durch. Typischerweise benötigt die Kette an beiden Enden Innenlaschen, damit das Master Link montiert werden kann. Kein Kettenende verfügt daher über eine Außenlasche mit Kettenbolzen. Das Master Link besteht im Prinzip aus zwei halben modifizierten Außenlaschen mit jeweils einem Kettenbolzen. Stecken Sie beide Teile zusammen, sodass jeweils Kettenschlossbolzen und –lasche zusammen passen (Abb. 8.23). Zum Schließen des Master Links ziehen Sie die Kette etwas. Um das Master Link vollständig zu verriegeln, bewegen Sie die Kette soweit, bis es sich im oberen Kettenbereich zwischen Kettenblatt und Ritzeln befindet. Drücken Sie jetzt bei gezogener Hinterradbremse ein Pedal nach vorn, bis das Master Link einrastet. Prüfen Sie anschließend den Sitz des Master Links. Mit der MLP-1.2 lassen sich Master Links ebenfalls leicht schließen.

ABB. 8.23

Schaltungskette mit typischem Master Link, geöffnet

Einige Master Links sind mehrfach verschließbar, andere nur einmal und müssen nach dem Öffnen ausgetauscht werden. Verwenden Sie einen Kettennieter zum Öffnen eines Einweg-Kettenschlosses und drücken Sie den Bolzen heraus. Damit ist es zerstört und muss bei erneuter Montage der Kette ersetzt werden.

Bei wiederverschließbaren Master Links nehmen Sie zunächst die Kette vom Kettenblatt, um sie zu entspannen. Drücken Sie nun die Laschen des Master Links zusammen. Schieben Sie die beiden Teile in Gegenrichtung. Dadurch wird das Master-Link entriegelt und die Kette geöffnet (Abb. 8.24). Mit der MLP-1.2 geht das besonders schnell.

ABB. 8.24

Zum Öffnen die Laschen des Master Links zusammendrücken

## KETTEN MIT WIEDERVERSCHLIESSBAREN BOLZEN

Manche Ketten können durch teilweises Heraus- und Hereindrücken eines Kettenbolzens geöffnet und geschlossen werden. Dies ist gewöhnlich nur bei einigen breiteren Modellen für 5- bis 7-fach Ritzel oder Einzelritzel möglich. Prüfen Sie im Zweifelsfall die Herstellerinformationen.

Dieses Vorgehen kann im Notfall für die Reparatur jeder Kette genutzt werden. Allerdings schwächt es die Stabilität, gerade bei modernen 8 bis 12-fach Schaltungsketten. Fahrer sollten danach nicht zuviel Pedalkraft einsetzen und es gibt keine Garantie, dass die Kette nicht doch wieder reißt.

**Öffnen einer Kette mit wiederverschließbaren Bolzen:**

a. Legen Sie eine Kettenrolle ins Trennfach des Kettennieters.
b. Drehen Sie den Kettennieter bis der Nietstift den Kettenbolzen berührt.
c. Die meisten Fremdfabrikate benötigen 5 Umdrehungen, um den Kettenbolzen herauszudrücken, ohne ihn vollständig zu entfernen (4 Kurbeldrehungen bei CT-3 und CT-3.2). Drücken Sie den Bolzen nicht ganz aus der Kette heraus.
d. Drehen Sie den Nietstift zurück und entfernen Sie die Kette aus dem Trennfach.
e. Fassen Sie die Kette beidseitig vom herausgedrückten Kettenbolzen. Biegen Sie sie in seine Richtung und ziehen Sie zum Öffnen die Kettenenden nach außen.
f. Wenn die Kette nicht öffnet, platzieren Sie sie erneut im Kettennieter und drücken Sie den Kettenbolzen ein kleines Stück weiter heraus. Wiederholen Sie Schritt „e".

**Montage einer Kette mit wiederverschließbaren Bolzen:**

a. Montieren Sie die Kette am Fahrrad, mit dem geöffneten Kettenbolzen auf der rechten Kettenseite.
b. Öffnen Sie die Außenlasche und setzen Sie die Innenlasche vorsichtig ein. Verschieben Sie die Innenlaschen bis das Loch bündig mit dem Kettenbolzen ist.
c. Drehen Sie den Nietstift im Kettennieter heraus, bis genug Platz für den Kettenbolzen ist.
d. Legen Sie die Kettenrolle in den Kettennieter mit dem herausstehenden Bolzen in Richtung Nietendrücker.
e. Drücken Sie den Kettenbolzen in die Kette, bis er zwischen den Außenlaschen zentriert ist. Wenn er an einer Seite zu weit übersteht, drücken Sie ihn weiter hinein (Abb. 8.25).
f. Prüfen Sie die Kette auf steife Kettenglieder und lösen Sie diese, falls erforderlich.

ABB. 8.25

Schlecht montierter Kettenbolzen: Kette wird unter Last reißen

## STEIFE KETTENGLIEDER

Ein steifes Kettenglied macht sich durch „Aussetzer" beim Treten bemerkbar, weil die Kette nicht flüssig durch die Biegung im Schaltwerk gleitet. Ursache können fehlende Schmierung oder das ungenaue Verschließen der Kette sein. Wenn die Außenlaschen zu stark gegen die Innenlaschen gedrückt worden sind, ist die Beweglichkeit des Kettenglieds eingeschränkt. Durch Verringerung des Drucks auf die Innenlaschen wird das Kettenglied wieder beweglich.

Zur Lokalisierung eines steifen Kettenglieds schalten Sie die Kette hinten aufs kleinste Ritzel und vorn aufs mittlere bzw. kleine Kettenblatt. Die verringerte Kettenspannung erleichtert die Feststellung von Problemen. Kurbeln Sie langsam rückwärts und beobachten Sie die Kette zwischen den beiden Schaltrollen. Achten Sie auf Springen der Kette oder Ausschwingen des

Schaltwerks. Steife Kettenglieder sind meist erkennbar, wenn sie die untere Schaltrolle passiert haben (Abb. 8.26).

ABB. 8.26

Achten Sie beim Rückwärtsdrehen auf das Springen der Kette

Auch ohne Kettennieter mit Lösefach lässt sich ein steifes Kettenglied lösen. Dazu biegen Sie die Kette in der Horizontalen vorsichtig hin und her, um die Kettenglieder nicht zu beschädigen. Üben Sie im Zweifel mit einer Kette vom Schrott.

Mit einem Lappen über der Kette vermeiden Sie schmutzige Hände. Fassen Sie die Kette an beiden Seiten, beide Daumen direkt auf dem festen Kettenglied. Drücken Sie es mit den Daumen nach vorn und die Kette mit den Händen leicht nach hinten (Abb. 8.27). Dann drücken Sie in Gegenrichtung. Wiederholen Sie den Vorgang bei Bedarf nach Prüfung des Kettenglieds.

ABB. 8.27

Kette vorsichtig am steifen Kettenglied seitlich biegen

## KETTENLÄNGE UND KETTENSPANNUNG: EINZELRITZEL-FAHRRÄDER

Einzelritzel-Fahrräder haben jeweils nur ein Kettenblatt und ein Ritzel am Hinterrad. Dazu zählen Fahrräder mit Nabenschaltung, Singlespeeds und Fixies, Eingangräder mit Rücktrittbremse, BMX/Freestyle Bikes sowie Bahnräder. Alle diese Räder benötigen eine kürzere Kette als Fahrräder mit Kettenschaltung.

Einzelritzel-Fahrräder verfügen im Allgemeinen über horizontale Ausfallenden, die als Langlöcher ausgeführt sind und so die Spannung der Kette durch Verschieben der Hinterradnabe ermöglichen. Die Ausfallenden sind entweder vorn oder hinten offen (Abb. 8.30).

ABB. 8.28

Horizontales, hinten offenes Ausfallende eines Singlespeed-Fahrrads

### KETTENLÄNGE ABMESSEN FÜR EINZELRITZEL-FAHRRÄDER

Bei Fahrrädern ohne zusätzlichen Kettenspanner platzieren Sie die Nabenachse möglichst mittig in den Ausfallenden. Wie bei Schaltungsketten wird die Kettenlänge in 1"-Schritten angepasst. Als Faustregel verschiebt sich die Hinterradachse pro Zoll Kettenlänge um ¼" bis ½" (6-13 mm) im Ausfallende.

**Korrektes Kettenablängen bei Einzelritzel-Fahrrädern:**

a. Setzen Sie das Hinterrad in den Rahmen. Bei hinten offenen Ausfallenden schieben Sie die Achse ganz nach vorn. Bei vorn offenen Ausfallenden platzieren Sie die Achse vollständig im Ausfallende, aber so nah an der Öffnung wie möglich.
b. Legen Sie die Kette vollständig um Ritzel und Kettenblatt. Das Kettenblatt kann beide Kettenenden zur Bestimmung der optimalen Kettenlänge aufnehmen, wie in den folgenden Schritten beschrieben.
c. Platzieren Sie das linke Kettenende so im Kettenblatt, dass es sich in der 2 Uhr- oder 3 Uhr-Position befindet (Abb. 8.29). Hängen Sie ein vorhandenes Master Link zur Berücksichtigung bei der Kettenlänge in die Kette ein.

ABB. 8.29

Kettenblatt zum Abmessen der Kette nutzen

a. Ziehen Sie die Kette stramm und identifizieren Sie den nächsten in Frage kommenden Kettenbolzen, der in das andere Kettenende passen würde. Eine Außenlasche muss mit einer Innenlasche verbunden werden.
b. Wenn das passende Laschenpaar das angemessene Durchhängen der Kette verhindert, geben Sie 1" (2 Kettenglieder) Kettenlänge zu. Die Kette muss in dieser Position locker genug zum Abnehmen vom Kettenblatt sein.
c. Markieren Sie den Kettenbolzen, an dem die Kette gekürzt

werden soll.
d. Demontieren Sie das Hinterrad und kürzen Sie die Kette an der Markierung.
e. Schließen Sie die Kette nach der Montage im Rahmen.
f. Montieren Sie das Laufrad und prüfen Sie, ob Kettenlänge und -spannung akzeptabel sind.

## KETTENSPANNUNG BEI EINZELRITZEL-FAHRRÄDERN

Die Kette soll so gespannt sein, dass sie während der Fahrt nicht abspringt, aber beim Kurbeln geschmeidig läuft. Bei Fahrrädern ohne Kettenspannarm wird die Kettenspannung einfach durch Verschieben der Hinterradachse in den Ausfallenden justiert. Fassen Sie zur Prüfung der Kette nicht von innen, sondern nur von außen an, damit kein Finger in die Zahnräder gerät.

**Kettenspannung justieren bei Einzelritzel-Fahrrädern:**

a. Setzen Sie das Hinterrad mit der auf Ritzel und Kettenblatt liegenden Kette in den Rahmen.
b. Ziehen Sie das Hinterrad in den Ausfallenden nach hinten und richten Sie es mittig im Rahmen aus. Bei vorhandener Rücktrittbremse montieren Sie den Bremsarm am Rahmen.
c. Fixieren Sie Achsmutter oder Schnellspannhebel.
d. Prüfen Sie die Kettenspannung: Drücken Sie die Kette in der Mitte über der Kettenstrebe auf und ab. Die Kette soll dort rund ½" (12 mm) horizontales Spiel haben (Abb. 8.30).

ABB. 8.30

Kette in der Mitte zur Prüfung der Spannung auf und ab ziehen

e. Zum Ändern der Kettenspannung lösen Sie die Hinterradachse und bewegen sie in den Ausfallenden leicht nach vorn oder hinten. Achten Sie auf die Mittigkeit des Laufrads und fixieren Sie die Achse wieder.
f. Drehen Sie die Kurbel und prüfen Sie die Kette dabei auf stramme oder lockere Bereiche. Es ist nicht unüblich, dass Kettenblätter oder Ritzel unrund sind. Dies führt zu unterschiedlicher Kettenspannung beim Drehen. Setzen Sie das Fahrrad nach Einstellung der Kettenspannung in einen Montageständer und prüfen Sie die Kette über ihre gesamte Länge während Sie die Kurbel in Fahrtrichtung drehen. Falls erforderlich, justieren Sie die Kettenspannung so nach, dass an der strammsten Stelle maximal ¼" (6 mm) Höhenspiel besteht.
g. Drehen Sie die Kurbel nochmals und drücken Sie seitlich auf die Kette in der Mitte über der Kettenstrebe. Die Kette darf klappern, aber nicht ablaufen. Sollte sie ablaufen, erhöhen Sie die Kettenspannung wie beschrieben.

## KETTENSPANNUNG: EINZELRITZEL-FAHRRÄDER MIT KETTENSPANNARM

Bei vertikalen Ausfallenden wird ein Kettenspannarm benötigt, weil das Hinterrad zum Spannen der Kette nicht genügend verschoben werden kann. Er wird im Schaltauge montiert und sorgt mit Feder und Kettenrädchen für eine optimale Kettenspannung (Abb. 8.31). Ein normales Schaltwerk kann diese Aufgabe ebenfalls übernehmen. Die Stoppschrauben werden so eingestellt, dass die obere Schaltrolle genau unter dem Ritzel läuft.

ABB. 8.31

Vertikales Ausfallende mit Kettenspannarm

Der Kettenspannarm funktioniert wie ein Schaltwerkkäfig, der die Kette spannt. Die richtige Kettenlänge bestimmen Sie, indem Sie die offene Kette um Kettenblatt, Ritzel sowie Kettenspannarm legen und die Kette stramm ziehen. Zu der kürzestmöglichen Kettenlänge geben Sie 1" (2 Kettenglieder) zu. Kürzen Sie die Kette am entsprechenden Bolzen.

## KETTENSPANNUNG: EXZENTER-TRETLAGER BEI TANDEMS UND SINGLESPEEDS

Exzenter-Tretlager ermöglichen das Spannen der Kette durch Modifizierung des relativen Abstands zwischen Innenlagerwelle und hinterem Zahnrad. Sie werden an den vorderen Tretlagern von Tandems und einigen Singlespeeds eingesetzt. Exzenter-Tretlager benötigen eine größere Tretlagerhülse am Rahmen (Abb. 8.32). Da die Innenlagerwelle nicht in der Mitte der Hülse sitzt, wird sie durch Verdrehen des Innenlagers lateral verschoben. Der Exzenter wird so lange verdreht, bis die Kettenspannung justiert ist und dann fixiert.

Es gibt verschiedene Sicherungsmöglichkeiten für den Exzenter: Die Tretlagerhülse ist geteilt und wird wie bei Sattelstütze oder Vorbau mit Schrauben geklemmt. Oder der Exzenter wird wie beim Schaftvorbau mit einem Schrägkonus in der Tretlagerhülse fixiert. Auch Fixierschrauben in geschweißten Aufnahmen am Rahmen sind möglich. Lösen Sie zum Spannen der Kette die Sicherung an der Tretlagerhülse mit einem Stiftschlüssel wie dem SPA-1. Drehen Sie den Exzenter und beachten Sie Veränderungen der Kettenspannung. Bewegen der Innenlagerwelle nach vorn, steigert die Spannung. Spannen Sie die Kette, sodass etwa ½" (12 mm) horizontales Spiel im oberen Kettenbereich besteht.

ABB. 8.32

Exzenter-Innenlager mit Fixierschrauben in der Tretlagerhülse

## KETTENSCHÄDEN & KETTENVERSCHLEISS

Die Kette ist ein funktions- und sicherheitsrelevantes Bauteil am Fahrrad. Die häufigste Ursache für Kettenversagen ist ein aus der Außenlasche gerutschter Kettenbolzen (Abb. 8.33). Meist liegt das an einer fehlerhaften Montage. Prüfen Sie die Kette regelmäßig. Schauen Sie von oben auf die Kette und achten Sie auf den zentrierten Sitz der Kettenbolzen. Steht ein Kettenbolzen vor, kann sich das betreffende Kettenglied über kurz oder lang öffnen. Beseitigen Sie das Problem sofort mit einem Kettennieter. Prüfen Sie auch die Kettenlaschen auf Beschädigungen. Wenn eine Kette zum Beispiel durch Verschalten verdreht wird, können die Laschen überlastet werden und abreißen (Abb. 8.34). Prüfen Sie die Kettenrollen auf Verschleißspuren (Abb. 8.35).

ABB. 8.33

Beschädigte Außenlasche — Reparatur unmöglich

ABB. 8.34

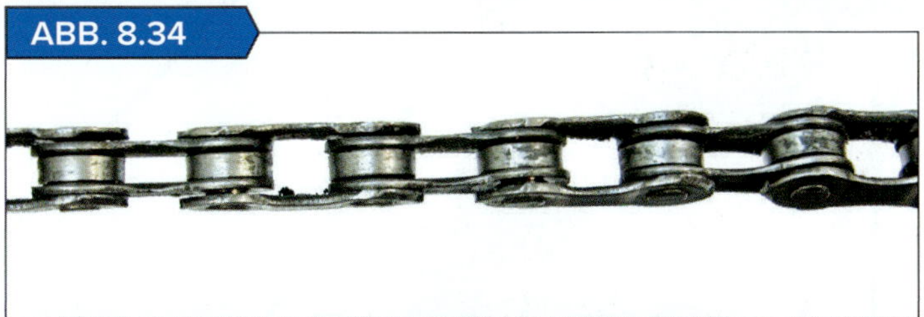

Verdrehte Laschen erfordern den Austausch der kompletten Kette

ABB. 8.35

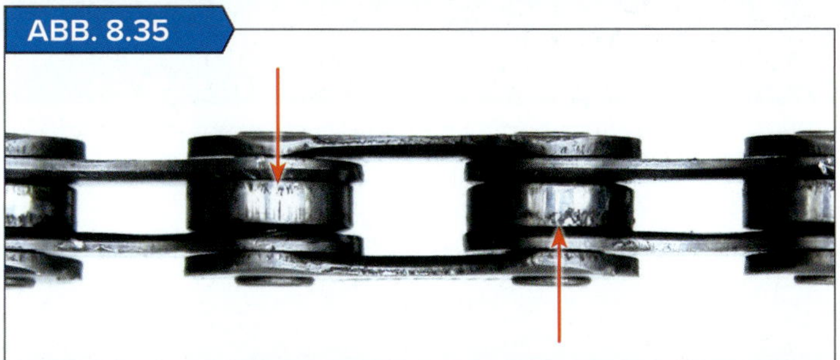

Verschleißspuren an den Rollen: Kette sofort austauschen

Während die Kette in Betrieb ist, verschleißen Bolzen und Innenlaschen. Verschleiß bzw. „Spiel" entsteht an jedem Kettenglied. Das kumulierte Ergebnis zeigt sich im scheinbaren „länger werden" der Kette. Tatsächlich werden nicht die Kettenlaschen länger, sondern der Verschleiß entsteht bei Kettenbolzen und -gelenken. Das umgedrehte Montieren der Kette verlängert die Lebensdauer nicht, die Bolzen bleiben verschlissen.

Abbildung 8.36 zeigt Kette und Kettenblatt unter Pedaldruck. Eine verschlissene Kette sitzt auf und nicht mehr in den Zähnen. Bei einem Ritzel verschärft sich das Problem, weil dort wesentlich weniger Zähne zur Verfügung stehen. Eine verschlissene Kette rutscht unter Last über die Ritzel.

ABB. 8.36

Links: neue Kette mit optimalem Sitz im Kettenblatt
Rechts: verschlissene Kette mit mangelhaftem Sitz

Die Zähne von Kettenblättern und Ritzeln sind für 1/2" Abstand zwischen den Kettenbolzen gefertigt. Selbst fabrikneue Fahrradketten besitzen nicht exakt dieses Maß, da geringes Spiel für die Beweglichkeit der Kette immer vorhanden sein muss. Dieses Spiel wird im Laufe der Zeit immer größer, der Abstand zwischen den Kettenbolzen wächst. Irgendwann sitzen die Kettenrollen nicht mehr mittig zwischen den Zähnen, sondern schmiegen sich zunehmend an die Zahnflanken. Gerade bei starker Belastung kommt es schnell zum Durchrutschen der Kette über die Zahnköpfe. Obwohl die Angaben der Hersteller schwanken, sollten 9- und 10-fach Ketten spätestens ab 0,5 bis 0,75 % Verschleiß ausgetauscht werden. Dies kann mit Verschleißlehren wie CC-2 oder CC-3.2 leicht ermittelt werden (Abb. 8.37).

ABB. 8.37

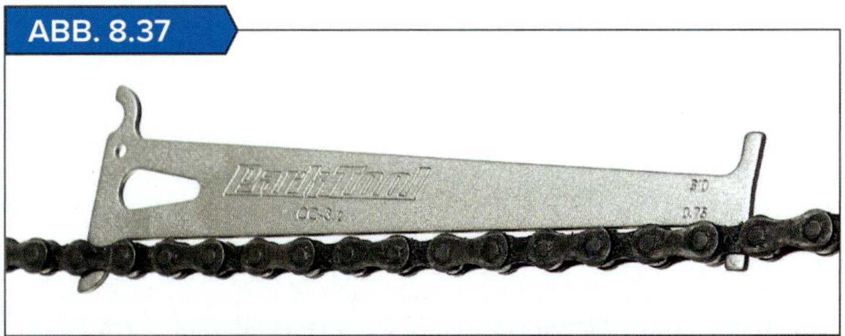

Park Tool CC-3.2 Kettenprüfer identifiziert verschlissene Kette

Durch Benutzung wird der gesamte Antriebsstrang des Fahrrads beansprucht. Das billigste Verschleißteil sollte immer als Erstes getauscht werden, um die Lebensdauer der anderen zu verlängern. Die billigste der drei Antriebskomponenten (Kettenblätter, Kette, Ritzelpaket) ist die Kette. Sie verschleißt auch am schnellsten. Wenn eine neue Kette bei benutzten Kettenblättern oder Ritzeln durchrutscht, müssen auch diese getauscht werden.

## KETTE REINIGEN

Die Kette verfügt über mehr bewegliche Teile als alle anderen Komponenten am Fahrrad. Schmutz und Staub beschleunigen ihren Verschleiß. Regelmäßige Reinigung verlängert Lebensdauer und Funktionalität der Kette. Vor der Kettenreinigung sollten Sie die Schaltungsrädchen abbürsten. Bei hartnäckigen Schmutzkrusten hilft ein kleiner Schraubendreher. Säubern Sie die Ritzel mit einem Zahnkranzreiniger wie dem GSC-1 oder einem schmalen Schraubendreher. Bei starker Verschmutzung empfiehlt sich die Reinigung mit Seifenlauge oder Entfetter.

Kettenreinigungsgeräte wie das CM-5.2 Cyclone erleichtern die Kettenpflege enorm. Vereinfacht ausgedrückt ist so ein Gerät eine Kiste mit integrierten Bürsten und Flüssigkeitstank. Die Kette wird durch das Gerät hindurch geführt und dabei rundum gereinigt. Bei der Benutzung müssen Sie mit gelegentlichen Schmutzspritzern rechnen. Legen Sie daher etwas Zeitungspapier oder Putzlappen auf den Boden unterhalb des Arbeitsbereichs. Als Bestandteil der regelmäßigen Fahrradwartung können diese Kettenreinigungsgeräte mit geringem Aufwand die Lebensdauer der Kette beträchtlich verlängern (Abb. 8.38).

ABB. 8.38

Komfortable und schnelle Kettenreinigung ohne Demontage

Ketten mit Master Link kann man demontieren und separat reinigen. Nehmen Sie dazu eine Schüssel oder große Dose. Entfernen Sie die Kette vom Fahrrad, fassen Sie sie an einem Ende und falten Sie sie einmal in der Mitte. Legen Sie die Kette auf eine flache Unterlage und rollen Sie sie auf, mit den Enden in der Mitte. Legen Sie die Kette in die Schüssel und bedecken Sie sie mit Reinigungsflüssigkeit. Etwa 15 Minuten einwirken lassen. Tragen Sie Handschuhe und sorgen Sie für ausreichende Belüftung. Schrubben Sie die Kettenlaschen von beiden Seiten mit einer kräftigen Bürste ab. Entrollen Sie die Kette und schrubben Sie die Kettenrollen und Zwischenräume von beiden Seiten. Spülen Sie die Kette danach in Reinigungsflüssigkeit. Nehmen Sie die Kette aus der Flüssigkeit und lassen Sie sie abtropfen. Wischen Sie die Kette mit einem Lappen ab und lassen Sie sie vor dem Schmieren vollständig trocknen. Wenn möglich, trocknen Sie die Kette mit Druckluft, insbesondere im Bereich der Kettenrollen. Tragen Sie eine Schutzbrille.

Entsorgen Sie benutzte Reinigungsflüssigkeit auf zulässige Weise und bringen Sie sie zu einer Sondermüllsammelstelle.

## KETTE SCHMIEREN

Kettenbolzen und -gelenke benötigen ständige Schmierung. Kettenbolzen und Innenlaschen drehen sich auf den Zahnrädern. Die Schmierung ist nur am Kettenbolzen und den Lascheninnenseiten erforderlich, nicht an den Außenseiten. Im Gegenteil, überschüssiges Schmiermittel an der Kettenoberfläche zieht Schmutz an. Flaschen mit Tropfenspender verhindern das „Überschmieren". Sorgfältige Kettenschmierung braucht etwas Zeit und Geduld, lohnt sich aber auf jeden Fall. Beim Schmiervorgang können Sie gleichzeitig die Kette auf Schäden prüfen.

Wetter und Umgebung bestimmen die Art der Kettenschmierung. In feuchter Umgebung mit viel Niederschlag empfiehlt sich ein dickflüssiges, stark haftendes Kettenöl. In trockenen, warmen Regionen gibt es viel Staub. Dieser würde von einem dickflüssigen Schmiermittel stark angezogen werden. Hier ist ein dünnflüssiges „Trocken"-Schmiermittel besser geeignet.

Am besten reinigt man die Kette gründlich vor dem Nachschmieren. Auf jeden Fall sollten Sie sie mit einem Lappen und etwas Reinigungsflüssigkeit abwischen. Suchen Sie sich Master Link oder Verschlussbolzen als Startmarkierung. Bringen Sie jeweils einen Tropfen Schmiermittel auf jede Kettenrolle und die Reibflächen der Kettenlaschen (Abb. 8.41). Schmieren Sie alle Glieder zwischen Kettenblatt und Ritzel. Drehen Sie die Kurbel rückwärts, um den nächsten ungeschmierten Kettenabschnitt zu bearbeiten. Machen Sie das solange, bis alle Kettenglieder einmal geschmiert worden sind. Vermeiden Sie das „Überschmieren" der Kette. Drehen Sie im Anschluss die Kurbel mehrfach, damit sich das Schmiermittel vollständig in den Kettengelenken verteilt. Lassen Sie es mindestens 15 Minuten einwirken und wischen Sie danach überschüssiges Schmiermittel mit einem sauberen Lappen ab. Wiederholen Sie das Nachschmieren der Kette, sobald sie trocken erscheint oder quietscht.

ABB. 8.39

Kette schmieren und prüfen in einem Arbeitsgang

**TABELLE 8.1** *Troubleshooting*

| SYMPTOM | MÖGLICHE URSACHE | LÖSUNG |
|---|---|---|
| Kette springt in unregelmäßigen Abständen an den Ritzeln | Steifes Kettenglied | Kettenglied lokalisieren und Kette tauschen, falls beschädigt. Wenn Kettenglied einwandfrei aussieht, leicht schmieren und leicht vor- und zurückbiegen. |
| Neue Kette rutscht unter Last durch | Ritzel/Kettenblätter durch alte Kette verschlissen | Ritzel/Kettenblätter austauschen |
| Quietschen während der Fahrt im Bereich der Ritzel | Fehlende Kettenschmierung | Kette schmieren |
| Kette unter Last gerissen | Defektes Kettenglied | Kette austauschen, da die alte Kette nach Reparatur wahrscheinlich wieder reißen wird. |

KAPITEL 9

# PEDALE

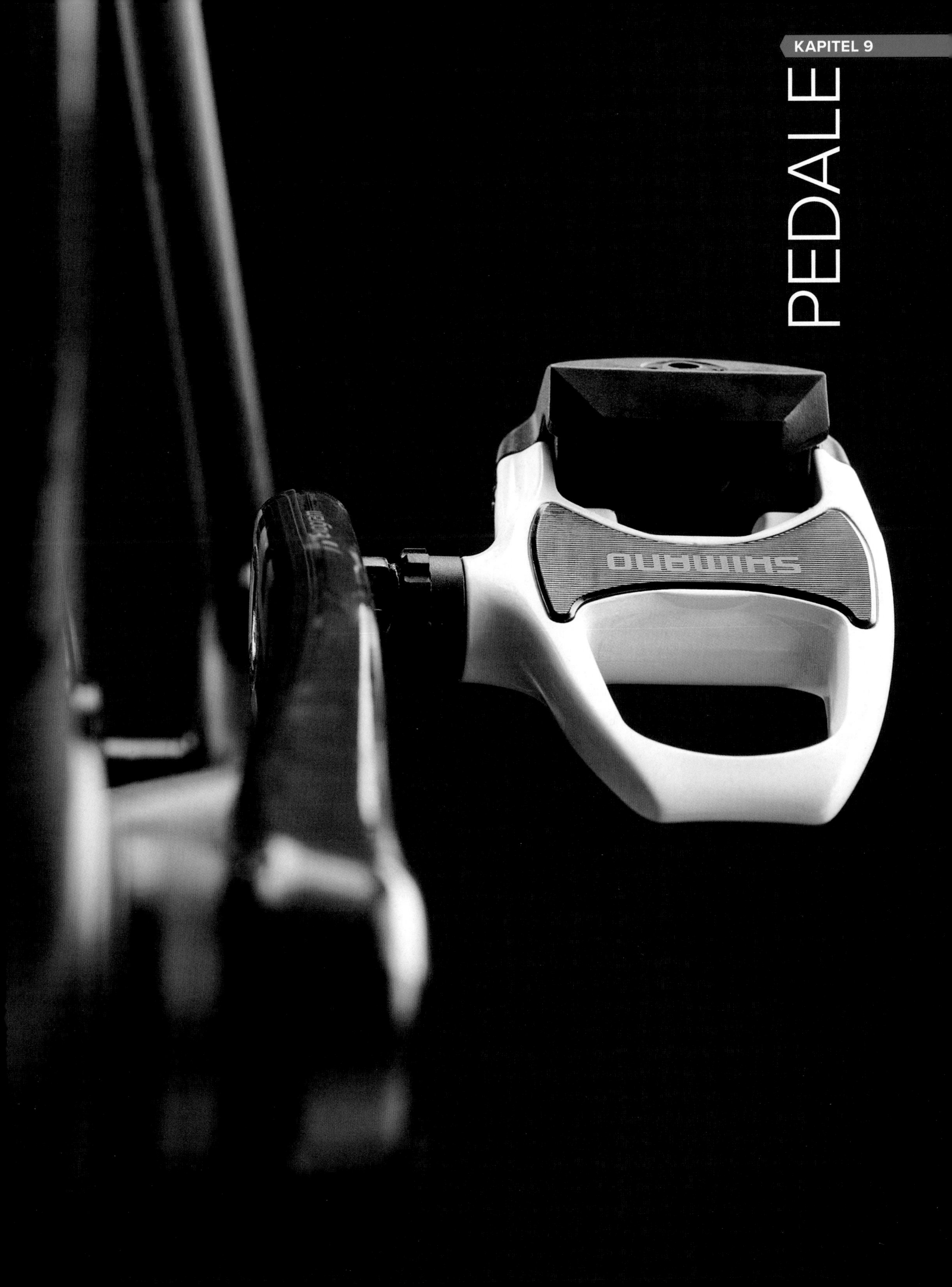

Die Pedale werden an die Kurbelarme geschraubt. Es gibt sie in unterschiedlichen Formen und Ausführungen. Das sogenannte „Normalpedal“ ist ein flaches beidseitig mit normalen Schuhen nutzbares Plattformpedal, meist mit Auflagen aus Gummi oder Metall. An einige Modelle lassen sich Fußhaken schrauben, welche die Fußposition auf dem Pedal sichern. Systempedale, auch „Klickpedale“ genannt, erfordern spezielle Fahrradschuhe mit Adapterplatten unter den Sohlen. Diese Platten verbinden den Schuh mit dem Sicherungsmechanismus des Klickpedals. Dieser Pedaltyp sollte im Verbindungsbereich der Platten leicht geschmiert werden. Prüfen Sie gelegentlich die Schraubverbindungen an Pedalkörper und -käfig.

## DEMONTAGE DER PEDALE

Pedale werden für Lagerwartung, Transport des Fahrrads oder bei anderen Gelegenheiten von den Kurbeln demontiert. Die meisten Pedale verfügen über Schlüsselaufnahmen an der Pedalachse auf Höhe der Tretkurbel. Verwenden Sie auf keinen Fall einen Konusschlüssel, da dieser für das erforderliche hohe Drehmoment nicht ausgelegt ist. Bei Verwendung eines ungeeigneten Schlüssels kann dieser ebenso wie das Pedal beschädigt werden. Bei einigen Pedalen kann alternativ ein möglichst langer Inbusschlüssel am Achsende auf der Kurbelinnenseite eingesetzt werden (Abbildung 9.1). Arbeiten an Pedalen lassen sich zur Nutzung der optimalen Hebelwirkung am besten im Montageständer erledigen.

ABB. 9.1

Innensechskantaufnahme der Pedalachse auf der Kurbelinnenseite

Das rechte Pedal (Kettenseite) verfügt über ein Rechtsgewinde. Es wird gegen den Uhrzeigersinn gelöst und im Uhrzeigersinn festgezogen. Das linke Pedal (kettenabgewandte Seite) verfügt über ein Linksgewinde, das im Uhrzeigersinn gelöst und gegen den Uhrzeigersinn fixiert wird. Die unterschiedlichen Gewinde verhindern das unbeabsichtigte Losdrehen der Pedale während der Fahrt. Denn beim Drehen der Tretkurbel in Fahrtrichtung kehren die Lager im Pedalkörper die Lastrichtung auf der Pedalachse um. Normalerweise sind die Pedale zur leichteren Identifizierung mit „L“ und „R“ gekennzeichnet. Manche linke Pedale haben Markierungen auf der Achse. Auch an der abweichenden Gewindesteigung lassen sich die Pedale unterscheiden..

**Vorgehen zur Demontage der Pedale:**

a. Setzen Sie das Fahrrad in den Montageständer und schalten Sie die Kette zum Schutz vor Verletzungen durch die Zähne auf das größte Kettenblatt.
b. Drehen Sie das Fahrrad so, dass Sie das rechte Pedal leicht erreichen. Greifen Sie für optimale Hebelwirkung bei Bedarf durch oder über den Rahmen
c. Setzen Sie Pedal- oder Innensechskantschlüssel sorgfältig in die Achsaufnahme. Platzieren Sie den Schlüssel so, dass er mit der Kurbel einen Winkel von maximal 90° bildet. Günstige Hebelverhältnisse sind bei der Demontage der häufig (zu) festen Pedale entscheidend. Nehmen Sie nach Möglichkeit die zweite Kurbel als Griffhebel zur Hilfe.
d. Drehen Sie zum Lösen des Pedals den Schlüssel gegen den Uhrzeigersinn (von der Außenkante des Pedals aus gesehen). Vermeiden Sie Hautabschürfungen an Kurbel und Kettenblättern. Tipp: Das Lösen von rechtem und linkem Pedal entspricht der Bewegung beim vorwärts kurbeln, während der Pedalschlüssel in der Achsaufnahme sitzt (Abb. 9.2).

ABB. 9.2

Zur Demontage des Pedals die Kurbel in Fahrtrichtung drehen

e. Entfernen Sie das Pedal vollständig von der Kurbel. Achten Sie auf eine eventuell vorhandene Unterlegscheibe auf Pedalachse oder Kurbelarm.
f. Drehen Sie das Fahrrad so, dass Sie das linke Pedal leicht erreichen können.
g. Setzen Sie den Pedalschlüssel am linken Pedal an und fassen Sie die rechte Kurbel als Hebel. Positionieren Sie Schlüssel und Kurbel in einem günstigen Hebelverhältnis.
h. Drehen Sie den Pedalschlüssel von der Kettenseite des Fahrrads gesehen im Uhrzeigersinn oder drehen Sie die Kurbel vorwärts.
i. Entfernen Sie das Pedal vollständig von der Kurbel. Achten Sie auf eine eventuell vorhandene Unterlegscheibe auf Pedalachse oder Kurbelarm.

## MONTAGE DER PEDALE

Das gebräuchlichste Gewinde bei Aluminiumkurbeln ist 9/16“ x 20 tpi. Das Pedalgewinde bei einteiligen Stahlkurbeln ist 1/2“ x 20 tpi. Pedalachsen sind meist aus robustem Stahl gefertigt, die Gewinde daher relativ unempfindlich. Notfalls kann das Gewinde nachgeschnitten werden.

Das härtere Stahlgewinde der Pedalachse kann die Gewindegänge der Aluminiumkurbel beschädigen, wenn sie nicht exakt eingeschraubt wird. Schrauben Sie das Pedal zu Anfang vorsichtig von Hand in die Kurbel ein. Wenn Sie sofort mit einem Pedalschlüssel arbeiten, merken Sie kaum eventuelles Verkanten.

Einige Kurbeln benötigen „Schutzscheiben“. – dünne Unterlegscheiben zwischen Pedal und Kurbelarm, die das Kurbelgewinde vor Aushöhlung durch die Pedalachse schützen. Dies kann vor allem bei Carbonkurbeln passieren (Abb. 9.3).

Pedale benötigen ein relativ hohes Anzugsdrehmoment von ca. 35 Nm (300 in-lb). Stellen Sie sich vor, Sie fassen den Pedalschlüssel 20 cm (8") vom Pedal entfernt an. Sie benötigen dann zum Erreichen des notwendigen Drehmoments einen Kraftaufwand von rund 17 kg (35 lbs). Zur Vermeidung von Gewindekorrosion ist das Schmieren der Gewinde mit Montage- oder Lagerfett empfehlenswert.

ABB. 9.3

Installierte Schutzscheibe für Carbon-Kurbelarm

**Vorgehen zur Montage der Pedale:**

a. Identifizieren Sie die Pedale durch die Markierungen „L" und „R". Sonst prüfen Sie die Achsgewinde – Linksgewinde steigt nach links oben und gehört an die linke Kurbel, Rechtsgewinde steigt nach rechts oben und gehört an die rechte Kurbel.
b. Schmieren Sie die Achsgewinde mit Montage- oder Lagerfett. Montieren Sie bei Bedarf die Kurbelschutzscheiben.
c. Schrauben Sie das rechte Pedal von Hand in die rechte Kurbel ohne das Gewinde zu verkanten.
d. Setzen Sie den Pedal- oder Inbusschlüssel in die Achsaufnahme und halten Sie ihn mit einer Hand, während Sie mit der anderen das Pedal fixieren. Drehen Sie die Kurbel zur vollständigen Montage des Pedals rückwärts.
e. Fassen Sie die linke Kurbel als Hebel und ziehen Sie das Pedal endgültig fest (Abb. 9.4).
f. Wiederholen Sie die Montage ebenso an der linken Kurbel, aber schrauben Sie das Pedal gegen den Uhrzeigersinn ein.
g. Ziehen Sie das Pedal endgültig fest. Drehen Sie die Kurbel rückwärts, während Sie den Pedalschlüssel in der Achsaufnahme fixieren.

## KURBELGEWINDE BESCHÄDIGT

Bei einem beschädigten Kurbelgewinde lässt sich das Pedal schlecht montieren. Schneiden Sie bei Bedarf das Gewinde der Kurbel mit einem passenden Gewindeschneider nach, entweder im Format 9/16" x 20 tpi oder 1/2" x 20 tpi. Starten Sie den Nachschneidevorgang von der Innenseite der Kurbel. So können Sie die unbeschädigten Gewindegänge als Führung nutzen.

ABB. 9.4

Optimale Hebelwirkung zum Festziehen des Pedals

Wenn ein Pedal komplett aus der Kurbel herausgefallen ist, wurde dabei das Kurbelgewinde massiv beschädigt. Eventuell lässt es sich durch das Nachschneiden wiederherstellen. Allerdings kann dadurch kein herausgebrochenes Material ersetzt werden. Testen Sie im Zweifelsfall das Kurbelgewinde durch Einschrauben eines Pedals. Wenn es sich vollständig einschrauben und mit vollem Anzugdrehmoment festziehen lässt, ist die Kurbel einsetzbar.

Falls das Kurbelgewinde nicht mehr durch Nachschneiden wiederhergestellt werden kann, hilft häufig der Einbau eines Reparaturgewindeeinsatzes: Mit einem größeren Gewindeschneider wird ein entsprechendes Gewinde in die Kurbelöffnung geschnitten, in das anschließend eine Gewindehülse geschraubt wird. Das Innengewinde der Hülse passt zur Pedalachse. Diese Reparatur sollten Sie am besten einem Fachmann überlassen. Bei Kurbelarmen aus Carbon oder in Hohlarmbauweise (Hollowtech) ist diese Reparatur häufig nicht möglich. Da einzelne Kurbelarme problemlos als Ersatzteil lieferbar sind, ist der Austausch meist die preisgünstigste Instandsetzung.

## WARTUNG DER PEDALLAGER

Die Lagerung von Pedalen ist ähnlich aufgebaut wie bei anderen drehenden Komponenten am Fahrrad. Die Pedalachse ist fest mit dem Kurbelarm verbunden und dreht auf Lagern im Pedalkörper. Bei manchen höherwertigen Pedalmodellen einiger Marken ist die Wartung der Lager möglich, andere werden einfach weggeworfen, wenn die Lager verschlissen sind.

Die Wartung von Pedallagern variiert bei den Marken. Schauen Sie bei Bedarf nach auf www.parktool.com/repair-help.

**TABELLE 9.1** *Troubleshooting*

| SYMPTOM | URSACHE | LÖSUNG |
|---|---|---|
| Pedal lässt sich nicht von der Kurbel lösen | 1. Pedal ist einfach fest angezogen<br>2. Falsche Drehrichtung des Pedalschlüssels | 1. Pedalschlüssel in anderer Position mit besserer Hebelwirkung ansetzen.<br>2. Schlüssel entsprechend der Gewinderichtung drehen. Rechts gegen UZS lösen, links im UZS. |
| Pedale lassen sich schlecht oder gar nicht in die Kurbeln einschrauben. | 1. Pedale sind seitenspezifisch<br>2. Pedalgewinde verkantet<br>3. Falsches Gewindemaß für die Kurbel | 1. Pedal und Kurbelarm seitenpassend zuordnen<br>2. Pedalachse lotrecht einschrauben<br>3. Gewindekompatibilität prüfen |
| Fahrradschuh löst sich nicht aus Klickpedal | 1. Schrauben der Pedalplatte lose<br>2. Pedalplatte extrem verschlissen | 1. Schuh aus Pedal hebeln und Schrauben fixieren<br>2. Schuh aus Pedal hebeln und Pedalplatte tauschen |

# KAPITEL 10

# KETTENSCHALTUNG

Fahrräder mit Kettenschaltung verfügen über mehrere Ritzel an der Hinterradnabe und bis zu drei Kettenblätter an der Tretkurbel. Durch die sich daraus ergebenden verschiedenen Kombinationsmöglichkeiten findet der Fahrer kleine Übersetzungen für Bergauf- und große für Bergabfahrten. Umwerfer und Schaltwerk, auch als Derailleur bezeichnet (vom französischen „derailler", entgleisen), versetzen die Kette zwischen den verschiedenen Ritzeln und Kettenblättern. Die mechanische Kettenschaltung besteht aus den Schalthebeln, Schaltzügen sowie dem hinteren Schaltwerk und (bei mehreren Kettenblättern) vorderem Umwerfer. Mittlerweile gibt es einige elektronische Schaltsysteme. Diese werden in Kapitel 11 behandelt. Alle Kettenschaltungen benötigen regelmäßige Wartung und Justierung sowie Austausch von Verschleißteilen.

Einige Hersteller geben Zahlen an den Schalthebeln an. Dies sind Angaben zur Position der Kette auf dem jeweiligen Ritzel bzw. Kettenblatt. Es ist keine Information über die Gangabstufung insgesamt. Eine „6" zum Beispiel bedeutet nicht automatisch den sechsten Gang innerhalb der Bandbreite der Gangschaltung. Diese Zahlenangaben werden nachfolgend nicht verwendet. In diesem Kapitel ist stattdessen von Bezeichnungen wie „inneres und äußeres" Ritzel oder „kleines, mittleres und großes" Kettenblatt die Rede.

## SCHALTZÜGE

Der Schalt(-bowden)-zug verbindet Schalthebel und Schaltwerk. Er besteht aus dem inneren Zug und der äußeren Hülle. Die Hülle ist das seitlich flexible aber in Längsrichtung relativ starre Gehäuse für den Innenzug. Die Bewegung des Innenzugs veranlasst die Bewegung von Schaltwerk und Umwerfer. Schmutzige, rostige oder verschlissene Schaltzüge sorgen für erhöhte Reibung und entsprechend mäßiges Schaltverhalten.

Für Indexschaltungen werden „kompressionslose" Hüllen verwendet. Diese sind im Vergleich zu gewundenen Hüllen für Bremszüge in Längsrichtung starrer und gewährleisten exaktes Schalten. Der Innenzug verläuft in einer Kunststoffhülse, die von in Längsrichtung gewickelten dünnen Drähten umhüllt ist (Abbildung 10.1). Kompressionslose Hüllen gibt es mit Außendurchmessern von 4 oder 5 mm, die sich technisch nicht unterscheiden. Passende und gut sitzende Endkappen an den Hüllenenden sind jedoch für die einwandfreie Funktion der Schaltzüge immer obligatorisch.

Geflochtene oder gewobene Hüllen können für Schalt- und Bremszüge eingesetzt werden (Abb. 10.2). Die Stützdrähte bilden ein Geflecht rund um die innere Kunststoffhülse.

ABB. 10.1

Kompressionslose Schalthülle mit freigelegten Stützdrähten und montierter Hüllenendkappe

ABB. 10.2

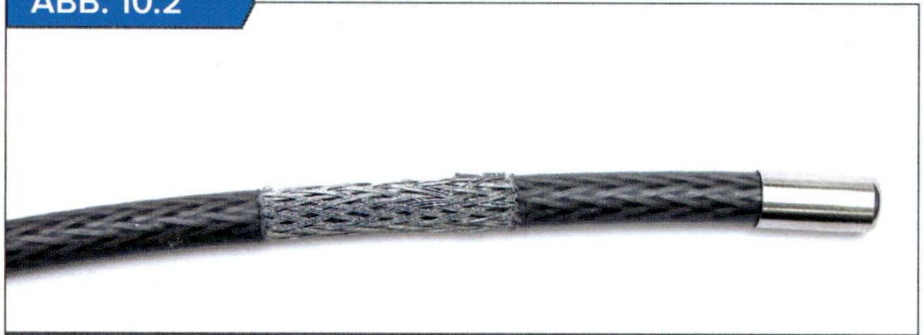

Geflochtene Hülle, für Schaltung und Bremse geeignet

Eine dritte Art von Hülle besteht aus kleinen Metallhülsen, die wie Perlen auf die Kunststoffhülse gefädelt werden (Abb. 10.3). Diese „gefädelte" Hülle ist gerade bei engen Bögen effektiv und für Schaltung und Bremsen verwendbar. Bei diesem Hüllentyp wird die Stauchung auf ein Minimum reduziert.

ABB. 10.3

Gefädelte Hülle am Schaltwerk

Kompressionslose und geflochtene Schalthüllen sollten mit einem geeigneten Kabelschneider gekürzt werden. Die Schneiden umfassen die Hülle und durchtrennen die Drahtumhüllung exakt und ohne Ausfransen, ebenso die gewickelten Innenzüge. Durchtrennen Sie die Hülle im rechten Winkel (Abb. 10.4). Dabei kann die Hülle an der Schnittstelle leicht gequetscht werden. Verwenden Sie bei Bedarf den in den Kabelschneider integrierten Hüllenformer (Abb. 10.5). Wenn auch die Kunststoffhülse zugedrückt worden ist, öffnen Sie diese vorsichtig mit einem Vorstecher oder der Spitze einer Sicherheitsklammer.

ABB. 10.4

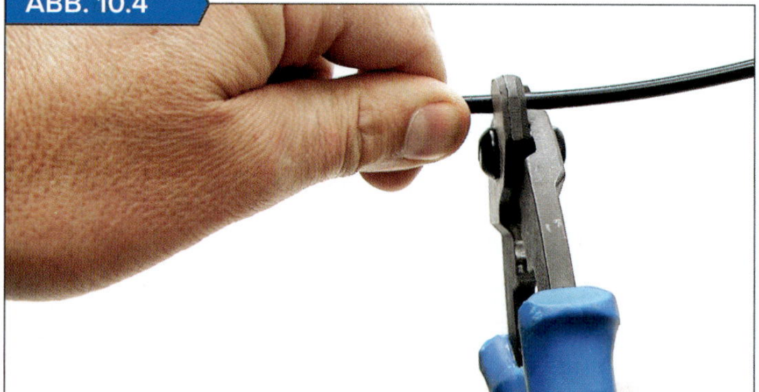

Hüllen im rechten Winkel mit Kabelschneider durchtrennen

ABB. 10.5

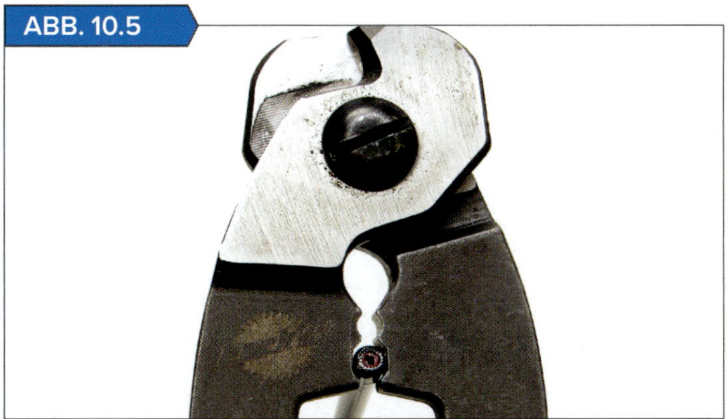

Hülle nach dem Durchtrennen wieder in Form bringen

Schaltzüge sind ca. 1,2 mm im Durchmesser mit einem etwa 4,3 mm dicken zylindrischen Nippel an einem Ende (Abb. 10.6). Für Campagnolo® Schalthebel werden dagegen etwas kleinere Nippel mit 4 mm benötigt. Verwenden Sie keine Standard-Innenzüge bei Campagnolo®, da diese im Schalthebel feststecken werden. Der Zugnippel sitzt in einer Aufnahme im Schalthebel. Die Bewegung des Schalthebels wird so an die am Ende des Schaltzugs befindliche Schaltungskomponente übertragen. Je hochwertiger der Innenzug, desto glatter seine Oberfläche. Eine zusätzliche Beschichtung des Innenzugs vermindert die Reibung. Ein Schaltzug darf nie als Bremszug missbraucht werden.

ABB. 10.6

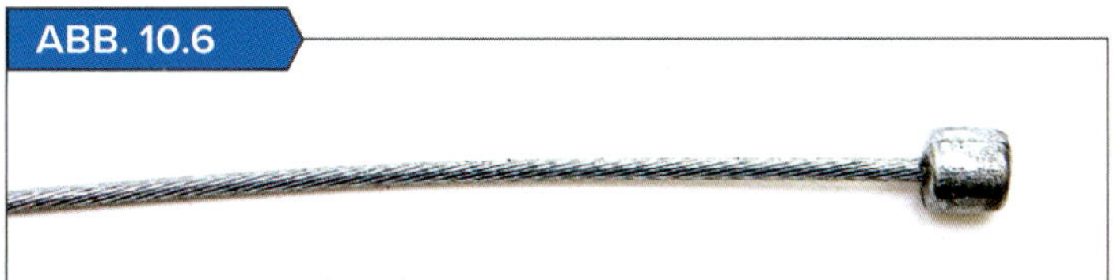

Schalt-Innenzug mit Nippel

Wenn ein Innenzug irgendwo zwischen Schalthebel und Klemmschraube beschädigt wurde, sollte er schnellstmöglich ausgetauscht werden. Selbst ein einzelner defekter Draht wird letztendlich zum Reißen des Innenzugs führen (Abb. 10.7).

ABB. 10.7

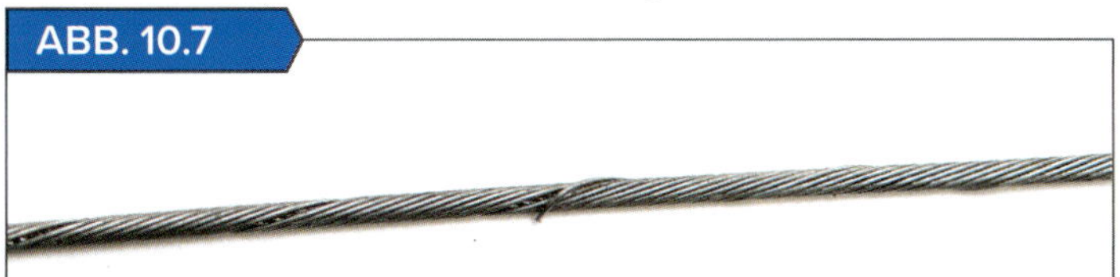

Beschädigte Innenzüge schnellstmöglich austauschen

## SCHALTHÜLLE ABMESSEN & VERLEGEN

Innenzug und Schalthülle reichen vom Schalthebel bis zum Schaltwerk bzw. Umwerfer. Meist kann man sich an der alten verlegten Hülle orientieren. Die richtige Länge der Schalthülle ist wesentliche Voraussetzung für einwandfreies Schaltverhalten. Grundsätzlich gilt, dass Schalthüllen so kurz wie möglich sein sollen, aber die Zuganschläge am Rahmen sowie die Aufnahmen an Schalthebel und Schaltwerk in gerader Linie erreichen müssen. Eine zu lange Hülle führt zu erhöhter Reibung durch die zusätzlichen Windungen.

Eine zu kurze Schalthülle knickt an der Aufnahme der Einstellschraube ab und führt zum Verbiegen der dortigen Endkappe (Abb. 10.8). Die korrekt bemessene Hülle trifft die Schaltwerksaufnahme in gerader Linie (Abb. 10.9).

ABB. 10.8

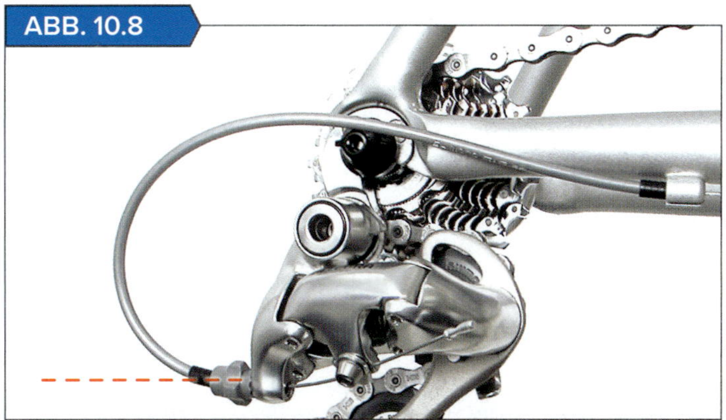

Schalthülle trifft die Zugeinstellschraube nicht in gerader Linie. Sie ist eindeutig zu kurz.

ABB. 10.9

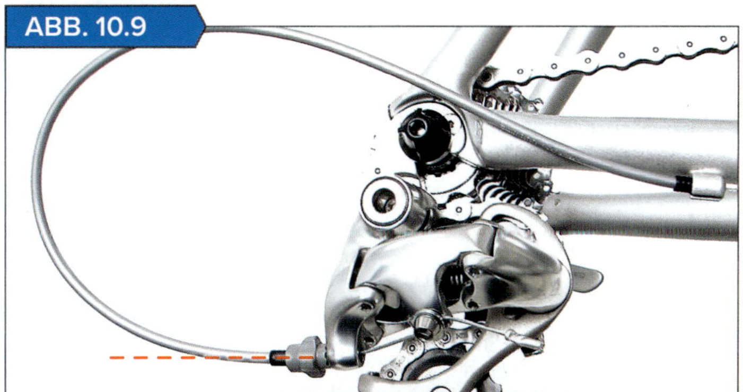

Schalthülle erreicht die Zugeinstellschraube ohne ernsthaften Knick.

Bei vielen Rädern überkreuzen sich die vorderen Bögen der Schalthüllen. Die Hülle vom linken Schalthebel führt zum rechten Zuganschlag im Rahmen und umgekehrt (Abb. 10.10). Die Schaltzüge müssen sich im weiteren Verlauf am Rahmen nochmals kreuzen, um zum jeweils passenden Schaltwerk bzw. Umwerfer zu gelangen. Das Überkreuzen der Schaltzüge entschärft die Biegungen, sorgt für eine geradere Linienführung und reduziert das Scheuern der Hüllen am Rahmen. Allerdings funktioniert das Überkreuzen nicht bei allen Fahrrädern gleich gut. Wenn zum Beispiel der Innenzug ständig auf dem Unterrohr scheuert oder scharfe Knicke im weiteren Verlauf der Zugverlegung auftreten, sollte man die Schaltzüge vorn nicht überkreuzen. Es ist akzeptabel, wenn sich die Schaltzüge vorn berühren.

ABB. 10.10

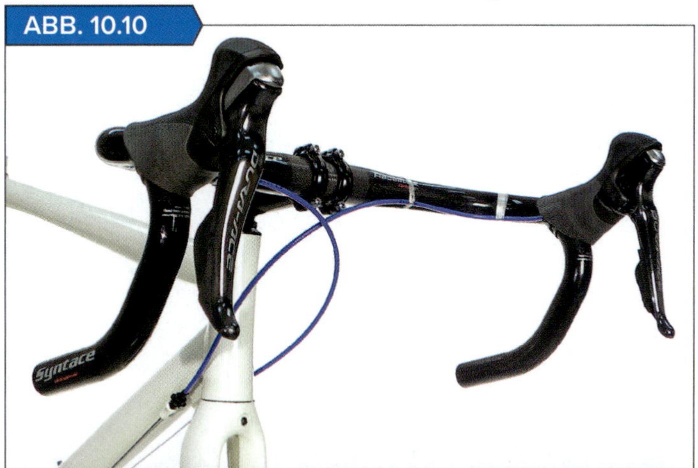


Überkreuzende Zugverlegung von den Schalthebeln zum Rahmen. Die Züge kreuzen sich nochmal am Unterrohr.

## INNENZÜGE SCHMIEREN

Wenn die Schaltzüge im Laufe der Zeit durch äußere Einflüsse verschmutzen und korrodieren, wird das Schaltverhalten spürbar beeinträchtigt. Sie können bei geschlitzten Zuganschlägen aber ohne Demontage schnell und einfach gereinigt und geschmiert werden. Schalten Sie die Kette auf das größte Ritzel und halten Sie die Kurbel an. Verringern Sie die Spannung des Schaltzugs vom Schaltwerk, indem Sie das Schaltwerk auf das kleinste Ritzel schalten, jedoch ohne die Kurbel zu drehen. Jetzt hängt der Innenzug durch. Ziehen Sie die Schalthüllen aus den Zuganschlägen (Abb. 10.11). Wischen Sie den Innenzug sauber und schmieren Sie ihn mit dünnflüssigen Schmiermittel. Wenn Sie rostige Bereiche auf diese Weise nicht reinigen können, tauschen Sie den Innenzug aus. Drücken Sie das Schaltwerk nach innen, um die Schalthüllen zurück in die Zuganschläge zu setzen. Drehen Sie anschließend die Kurbel, um den anfänglichen Schaltvorgang zu vollenden. Prüfen Sie abschließend den korrekten Sitz der Hülle in allen Zuganschlägen.

ABB. 10.11

Schaltzug zum Reinigen und Schmieren aus dem Zuganschlag ziehen

Bei einigen Rahmen sind die Züge intern verlegt (Abb. 10.12). Die besseren Ausführungen bieten eine integrierte Führung für Zug und/oder Hülle. Ohne Führung kann es schwierig sein, die Hülle zu verlegen. Schieben Sie den Zug durch die eine Öffnung hindurch und leiten Sie ihn mithilfe eines Drahts oder einer Speiche zur anderen Öffnung aus dem Rahmen heraus. Zum Austausch einer bereits vorhandenen Hülle schieben Sie vom hinteren Ende einen Innenzug bis zur vorderen Öffnung der Hülle. Ziehen Sie anschließend die alte Hülle aus dem Rahmen, lassen aber den Innenzug in seiner Position. Er dient bei der Montage der neuen Hülle als Führung. Fädeln Sie die neue Hülle von vorn auf den Innenzug und schieben Sie sie anschließend durch den Rahmen hindurch.

ABB. 10.12

Interne Verlegung der Brems- und Schaltzüge

## SCHALTHEBEL

Der Nippel des Schaltzugs sitzt in der Aufnahme des Schalthebels (Abb. 10.13). Durch Betätigung des Schalthebels werden Schaltwerk bzw. Umwerfer über den Innenzug bewegt. Moderne, indexierte Schalthebel rasten an definierten Punkten ein, häufig am „Klick" erkennbar.

ABB. 10.13

Zugnippelaufnahme am Schaltgriff

Manche Fahrräder verfügen über nicht indexierte Schalthebel. In diesem Fall betätigt der Fahrer den Schalthebel nach Gefühl und erspürt, wann das Schaltwerk das gewünschte Ritzel erreicht hat. Einige Schalthebel für Umwerfer verfügen über besonders feine Raster, sodass man ihn zur Vermeidung von Kettenschleifen am Käfig feinjustieren kann.

Indexierte Schalthebel sollen mit Schaltwerk/Umwerfer, Ritzelkassette und Tretlager kompatibel sein. Die Zwischenräume der Ritzel variieren mit ihrer Anzahl. Je mehr Ritzel am Hinterrad sitzen, desto enger werden die Abstände. Entsprechend muss der Schalthebel das Schaltwerk um die korrespondierende Strecke versetzen. Die Ritzelabstände variieren zum Teil auch zwischen den Herstellern. Da es keine verlässliche Übersicht von Kompatibilitäten zwischen den einzelnen Systemen gibt, kann man Kombinationsmöglichkeiten einzelner Marken/Hersteller teilweise nur durch Montage und Testfahrt herausfinden.

Einige Umwerfermodelle ermöglichen Halbschritte zum Anpassen an die wechselnde Kettenlinie beim Fahren mit unterschiedlichen Ritzeln. Trotzdem lassen sich auch dann nicht alle Schaltkombinationen nutzen, weil die Kette an einem Kettenblatt statt am Umwerfer schleifen kann. Vermeiden Sie die Benutzung dieser Kombinationen.

Typ und Ausführung der Schalthebel variieren mit den Lenker- oder Fahrradtypen. Schalthebel für Standardlenker haben 22 mm Durchmesser, bei Rennlenkern sind es 23,5 mm.

Zur (De-)Montage der Innenzüge sollten sich sämtliche Schalthebel in der für die Züge entspanntesten Position befinden. Dies ist normalerweise der Fall, wenn Schaltwerk und Umwerfer auf das jeweils kleinste Kettenblatt bzw. Ritzel geschaltet werden. .

## TRIGGER SCHALTHEBEL

Trigger oder Unterlenker-Schalthebel werden direkt in Griffnähe montiert. Shimano® und SRAM® haben zahlreiche Versionen und Modellgenerationen herausgebracht, die oft über die gleichen Eigenschaften bei Lenkerbefestigung und Zugmontage verfügen. Bei Brems-/Schalthebel-Kombinationen an sollte der Kombihebel in der optimalen Position für die Bedienung des Bremshebels montiert werden. Dies ist mit ca. 45° Abwärtsneigung von der Horizontalen am Lenker gegeben. Bei einigen

Schalthebeln lässt sich deren Seitenneigung separat justieren.

Suchen Sie in Verlängerung des Schaltzugs am Schalthebel nach einem Schraubenkopf oder Deckel, der die Öffnung zum Innenzug verschließt. Stellen Sie am Schalthebel die Position mit der geringsten Zugspannung ein und entfernen Sie die Schraube. Lösen Sie den Innenzug an Schaltwerk bzw. Umwerfer und schieben Sie ihn aus der Öffnung heraus.

Fädeln Sie den Innenzug durch die Bohrung und aus der Einstellschraube heraus (Abb. 10.14). Wenn Sie mit einer Taschenlampe in die Öffnung leuchten, finden Sie die Bohrung leichter.

Testen Sie den neumontierten Innenzug indem Sie ihn mit einer Hand stramm ziehen, während Sie mit der anderen den Schalthebel betätigen. Der Innenzug soll die Schaltbewegung nachvollziehen. Sollte er sich nicht bewegen, ist der Zugnippel nicht richtig installiert. Wenn der Innenzug die Schaltbewegung korrekt abbildet, montieren Sie den Verschluss am Schaltgriff.

ABB. 10.14

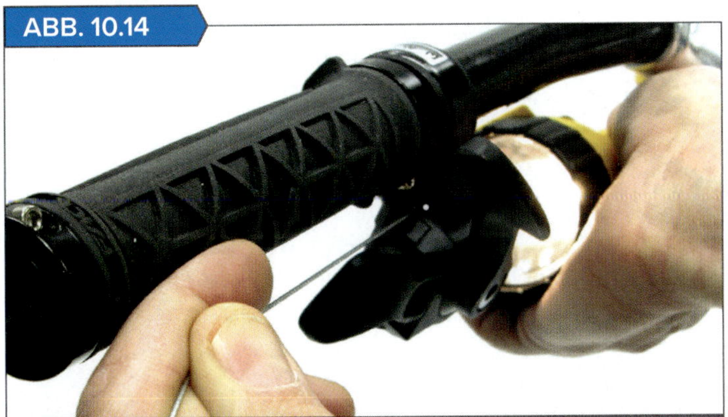

Einfädeln des Innenzugs mithilfe einer Taschenlampe

Trigger Schalthebel der aktuellen SRAM® „X" Serie (X7, X9, X.0, XX, XX1®) besitzen eine Abdeckung aus Kunststoff oder Carbonfaser über der Innenzugaufnahme. Wenn es schwierig ist, diese Abdeckung bei montiertem Schalthebel zu entfernen, kann dieser von seiner Halterung demontiert werden. Der Innenzug lässt sich dann leicht austauschen.

Prüfen Sie die Schalthebelabdeckung. Bei einigen Modellen (X9, X7) wird ein Gummideckel über dem Nippel angehoben (Abb. 10.15). Durch die freigelegte Öffnung wird der Innenzug (de-)montiert. Setzen Sie den Deckel wieder auf und montieren Sie den Schalthebel an seiner Halterung.

ABB. 10.15

Der Zugnippel steckt unter der Gummiabdeckung

Noch mal zu den SRAM® Trigger Schalthebeln mit Kunststoff-/Carbondeckel: Suchen Sie nach Demontage des Schalthebels vom Lenker nach einer Befestigung in der Mitte der Abdeckung. Lösen Sie die Mutter gegen den Uhrzeigersinn. Die Zugnippelhalterung befindet sich unter der Rückholfeder oder der Platte. Mit einem schmalen Schraubendreher können Sie den Innenzug heraushebeln (Abb. 10.16).

ABB. 10.16

Zugnippel vorsichtig aus der Aufnahme heraushebeln

Die Montage des Innenzugs verläuft genau anders herum. Biegen Sie die Spitze des Innenzugs zum leichteren Einfädeln in die Nippelhalterung. Entfernen Sie die Einstellschraube und ziehen Sie den Innenzug in Position. Achten Sie darauf, dass sich die Feder nicht verstellt. Montieren Sie Einstellschraube und Abdeckplatte wieder.

## DREHSCHALTGRIFFE

Drehschaltgriffe sind für gerade Lenker geeignet und werden zwischen Bremshebel und Lenkerfestgriff montiert. Beachten Sie bei der Montage, dass der Drehschaltgriff nicht den Hebelweg des Bremshebels behindert (Abb. 10.17). Platzieren Sie den Drehschaltgriff so auf dem Lenker, dass die Schalthülle in einer sanften Biegung zum Zuganschlag am Rahmen verläuft. Fixieren Sie den Drehschaltgriff mit Hilfe der integrierten Klemmschraube in der gewünschten Position.

ABB. 10.17

SRAM® Drehschaltgriff mit integrierter Klemmschraube

Inzwischen sind mehrere Generationen von Drehschaltgriffen auf dem Markt, sodass die Montage des Innenzugs je nach Modell unterschiedlich verläuft. Häufig gibt es eine Zugangsöffnung, die durch ein Kunststoffplättchen verschlossen ist. Stellen Sie die Griffposition mit der geringsten Zugspannung ein und entfernen Sie die Abdeckung. Lösen Sie den Innenzug am Schaltwerk bzw. Umwerfer und schieben Sie ihn in Richtung des Drehschaltgriffs. Bei einigen Modellen ist der Zugnippel durch eine kleine Klemmschraube oder -feder gesichert. Lösen Sie diese Sicherung mit Innensechskant oder Schraubendreher und schieben Sie den Innenzug aus dem Drehschaltgriff heraus (Abb. 10.18).

ABB. 10.18

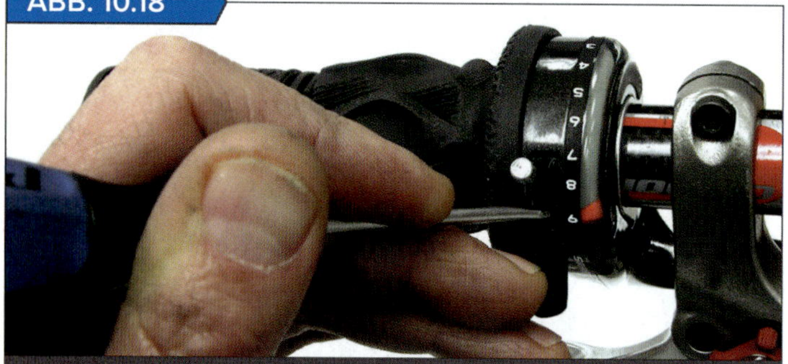

Demontage des Innenzugs mit kleinem Schraubendreher

Der SRAM® XX1® Drehschaltgriff hat die Zugangsöffnung unter einem Kunststoffdeckel. Schalten Sie in den Gang mit der geringsten Zugspannung und lösen Sie den Innenzug am Schaltwerk/Umwerfer. Lösen Sie den Bremshebel und schieben Sie ihn nach innen. Lösen Sie den Sicherungsring des Schaltgriffs mit einem 3 mm Innensechskant und ziehen Sie ihn vom Schaltgriff ab. Ziehen Sie die Abdeckung ebenfalls ab (Abb. 10.19). Drücken Sie den Innenzug von der Einstellschraube aus dem Schaltgriff heraus.

ABB. 10.19

Entfernen von Sicherungsring und Abdeckung beim SRAM® XX1® Drehschaltgriff zum Austausch des Innenzugs

Nach der Montage des neuen Innenzugs setzen Sie die Abdeckung auf den Schaltgriff, schieben den Sicherungsring in Position und ziehen ihn fest. Schieben Sie den Bremshebel in seine Position und klemmen Sie ihn fest.

## DAUMENSCHALTER

Daumenschalter findet man häufig an älteren Rädern. Ihre ideale Position ist nah am Lenkergriff und leicht nach vorn geneigt (Abb. 10.20).

Die Montage des Innenzugs ist relativ einfach. Er wird durch eine Öffnung und anschließend in die Schalthülle gefädelt.

ABB. 10.20

Klassische Daumenschalter

## SCHALT-/BREMSHEBEL FÜR RENNLENKER

Schalt-/Bremshebel von Shimano®, SRAM® und Campagnolo® verbinden Brems- und Schaltvorgänge in einem Kombihebel am Rennlenker. Die jeweils bevorzugte Handposition im oberen oder unteren Lenkerbereich ist eine Einflussgröße für die individuelle Positionierung der Schalt-/Bremsgriffe (Abb. 10.21).

ABB. 10.21

Ausrichten der Schalt-/Bremshebel am Rennlenker

Bei Shimano® Hebeln gibt es zwei unterschiedliche Schaltzugverlegungen. Beim ersten verlaufen die Schaltzüge von der Vorderseite des Hebels direkt zu den Zuganschlägen am Rahmen. Die Schaltzüge laufen nicht unter dem Lenkerband, sondern schweben vor dem Steuerrohr. Der Innenzug wird mit dem glatten Ende voran von außen in die Zugaufnahme eingefädelt bis der Zugnippel fest in der Aufnahme sitzt (Abb. 10.22).

ABB. 10.22

Innenzug von außen in die Hebelaufnahme fädeln

Bei Shimano® gibt es auch die Variante mit unter dem Lenkerband zur Rückseite des Schalthebels verlaufenden Schaltzügen. Klappen Sie die Gummimanschette des Bremshebels zum Freilegen der Zugöffnung nach vorn. Der Innenzug läuft hier nach oben und stößt auf der Rückseite in die Schalthülle (Abb. 10.23).

ABB. 10.23

Auf der Unterseite des Schalthebels befindliche Zugangsöffnung

Das Modell Shimano® Dura-Ace® ST-9000 ist ein mechanischer 11-fach Schalt-/Bremshebel. Ein Kunststoffdeckel auf der Innenseite des Hebels bedeckt die Öffnung für den Innenzug. Ziehen Sie die Hebelmanschette nach vorn. Ziehen Sie die Hülle vom Kombihebel ab und entfernen Sie den Deckel, indem Sie den Zug nach innen und vorn ziehen (Abb. 10.24). Der Innenzug muss durch die größere Öffnung auf der Hebelaußenseite heraus. Ziehen Sie dort das Kabel heraus.

ABB. 10.24

Die Abdeckung wird mit dem Innenzug geöffnet

Wie bei allen Schalthebeln muss bei der Installation eines neuen Innenzugs das kleinste Ritzel eingestellt sein. Ziehen Sie die Hebelmanschette nach vorn. Fädeln Sie den Innenzug von außen in gerader Linie durch den Schalthebel (Abb. 10.25). Der Zugnippel wird etwas nach unten gebogen, damit er in das größere Loch der Nippelaufnahme hineinrutscht.

ABB. 10.25

Shimano®: Innenzug von außen durch den Schalthebel führen

Ziehen sie bei Campagnolo® Ergopower® Hebeln die Gummiabdeckung zurück. Fädeln Sie den Innenzug von unten durch die Zugaufnahme zur Oberseite des Hebels (Abb. 10.26). Die Außenhülle mit Endkappe stößt von der Oberseite auf den Griff und verläuft unter dem Lenkerband.

ABB. 10.26

Campagnolo®: Innenzug von unten durch den Schalthebel führen

Bei SRAM® Double Tap Hebeln werden die Schaltzüge von der Innenseite des Kombihebels montiert. Ziehen Sie die Manschette im unteren Hebelbereich zurück, um die Zugangsöffnung freizulegen. Der Innenzug muss relativ früh einen 90° Bogen vom horizontalen Einlass zum vertikalen Auslass schlagen. Leichtes Vorbiegen des Innenzugs erleichtert die Montage (Abb. 10.27). Am besten verwenden Sie ungekürzte neue Innenzüge, da ein gekürzter kaum den Bogen ohne Aufspleißen schlagen kann.

ABB. 10.27

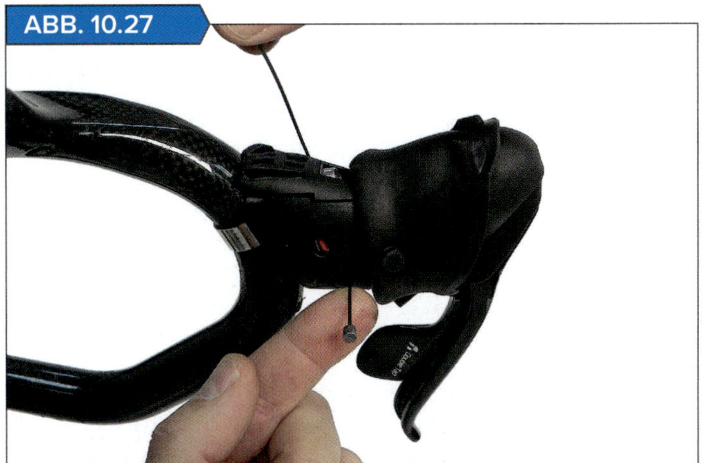

SRAM®: Innenzug von unten in den Schalthebel hinein- und an der Oberseite herausführen

## UNTERROHRSCHALTHEBEL

Für diesen altmodischen Schalthebeltyp sind an älteren Rahmen vielfach Anlötsockel am Unterrohr vorhanden (Abb. 10.28). Die Feinjustierung der Hebelposition ist dabei nicht möglich. Der Innenzug wird einfach durch die Aufnahme am Schalthebel gefädelt und unterhalb der Tretlagerhülse zum Schaltwerk oder Umwerfer geführt.

ABB. 10.28

Klassische Unterrohrschalthebel auf Anlötsockeln

## LENKERENDSCHALTHEBEL

Lenkerendschalter finden Sie an klassischen Rennlenkern, häufig bei Reiserädern, und an Aero-Lenkern (Abb. 10.29). Sie werden anstelle der Endkappen in den Lenkerenden montiert. Die Schalthülle wird unter dem Lenkerband verlegt. Mit diesem Schalhebeltyp kann der Fahrer komfortabel in der tiefen Handposition oder Aero-Haltung schalten. Der Innenzug wird von außen durch die Hebelaufnahme in die Schalthülle gefädelt.

ABB. 10.29

Lenkerendschalter an einem Aero-Lenkersystem

## UMWERFER (FRONT DERAILLEUR)

Der vordere Umwerfer verschiebt die Kette mit Hilfe eines sie umschließenden Käfigs zwischen den Kettenblättern. Dieser Schaltkäfig wird durch den Schaltzug nach außen gezogen. Eine integrierte Feder zieht ihn bei sinkender Zugspannung wieder zurück. Ein richtig eingestellter Umwerfer verschiebt die Kette zwischen den Kettenblättern, ohne sie nach außen oder innen ablaufen zu lassen.

Die grundsätzlichen Einstellungen des Umwerfers umfassen Höhe, Parallelität, Begrenzung des Schwenkbereichs sowie Zugspannung (Synchronisierung). Die meisten Modelle und Marken verwenden die gleichen Einstellungsvorgänge. Einige Ausnahmen werden am Ende dieses Abschnitts behandelt.

### UMWERFER-DESIGN

Es gibt verschiedene Befestigungsmöglichkeiten für Umwerfer. Die meisten Umwerfer werden mit einer Schelle am Sitzrohr montiert. Die Durchmesser von Rohr und Schelle müssen zueinander passen. Die Schellendurchmesser sind lieferbar in 28,6 mm, 31,8 mm und 35 mm. Für einige Modelle gibt es Unterlegscheiben, sodass diese universell zu allen üblichen Rohrdurchmessern passen.

Die „E-Plate"-Modelle von Shimano® benötigen weder Höhen- noch Drehwinkelanpassung, da sie über eine Adapterplatte an der Tretlagerhülse verschraubt werden (Abb. 10.30). Die einzige Anpassung findet über die Stoppschrauben statt. Die E-Plate benötigt kompatible Abmessungen bei Kettenblattabstand, Kettenblattgrößen und Kettenlinie.

ABB. 10.30

Umwerfer mit E-Plate Befestigung

Für den Shimano® FD-9000 Umwerfer gibt es spezielle Anpassungsvorgänge, die später in diesem Kapitel behandelt werden.

Häufige Befestigungsart bei Rennrädern ist der sogenannte „Anlötsockel". Eine konkave Befestigungsschelle ist am Sitzrohr angebracht und erlaubt eine definierte Höhen- und Drehwinkelanpassung. Bei Stahlrahmen ist diese Schelle angelötet, bei Alu- und Carbonrahmen dagegen meist genietet, geschraubt oder geklebt. Umwerfer für Anlötsockel besitzen eine konvexe Schraubaufnahme. Klemmschellen mit passender Aufnahme sind für Rahmen ohne Anlötsockel erhältlich (Abb. 10.31).

ABB. 10.31

Klemmschellenadapter für Umwerfer mit Anlötsockelaufnahme

Die „Direct Mount"-Aufnahme bei Mountainbikes ist dem Anlötsockel bei Rennrädern ähnlich. Der Umwerfer wird ebenfalls direkt an einer speziellen Sitzrohrbefestigung angeschraubt (Abb. 10.32). Bei diesem System ist jedoch nur die Höhenanpassung möglich.

ABB. 10.32

Abstandsprüfung bei einer Direct Mount-Aufnahme mit 2,5 mm Innensechskant. Die Schraube (A) ermöglicht die Höhenanpassung.

Das Design des Umwerfers wird abgestimmt auf das verwendete Tretlager. Umwerfer für 3-fach Kettenblätter an Mountainbikes müssen eine große Spreizung von Kettenblattgrößen abdecken und sind daher mit extra breiten Kettenleitblechen am Schaltwerk ausgestattet. Rennräder verfügen meist über 2-fach Kettenblätter und wesentlich schlankere Schaltkäfige (Abb. 10.33). Fragen Sie im Zweifel einen Profi-Mechaniker nach passenden Umwerfern für Ihr Fahrrad.

**ABB. 10.33**

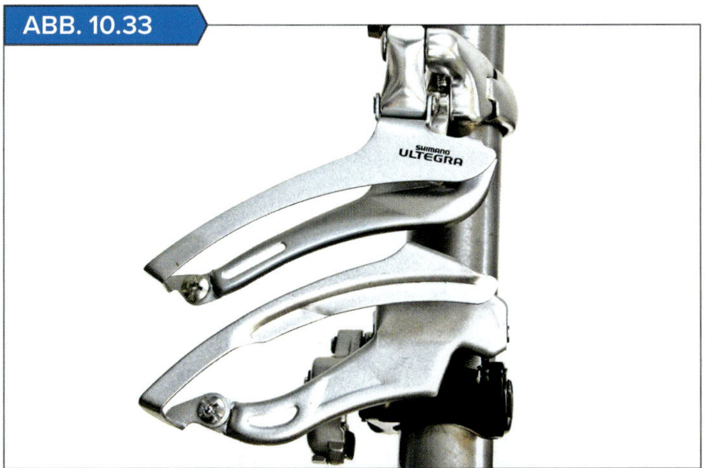


Schlanker Schaltkäfig oben, breite Version unten

Der Schaltkäfig des Umwerfers wird über ein Parallelogramm-Gelenk bewegt. Dadurch kann er trotz des Höhenunterschieds der Kettenblätter parallel zu ihnen geführt werden. Es gibt drei verschiedene Versionen: „Bottom Swing", „Top Swing" und „Side Swing". Sie bezeichnen die jeweilige Position des Gelenks im Verhältnis zum Befestigungspunkt des Umwerfers. Ein weiteres Unterscheidungsmerkmal ist die Zugrichtung des Schaltzugs. Wenn er von oben über das Sitzrohr geführt wird, spricht man von „Top Pull", von unten über die Tretlagerhülse „Bottom Pull".

Bei „Bottom Swing"-Umwerfern befindet sich das Parallelogramm unterhalb der Umwerferschelle (Abb. 10.34 und 10.35). Diese ist im Vergleich höher am Sitzrohr positioniert als bei „Top Swing".

**ABB. 10.34**

Bottom Swing mit Bottom Pull Zugführung

**ABB. 10.35**

Bottom Swing mit Top Pull Zugführung

Das Gelenk bei „Top Swing"-Umwerfern sitzt oberhalb der Schelle (Abb. 10.36 und 10.37). Diese sitzt bei diesem Umwerfertyp weiter unten am Sitzrohr als bei der „Bottom Swing"-Variante. Bei einigen Rahmen sind nur „Top Swing"-Umwerfer verwendbar, weil es sonst Probleme mit Flaschenhaltern und Federungselementen am Sitzrohr geben kann.

**ABB. 10.36**

Top Swing mit Bottom Pull Zugführung

**ABB. 10.37**

Top Swing mit Top Pull Zuagführung

**ABB. 10.38**

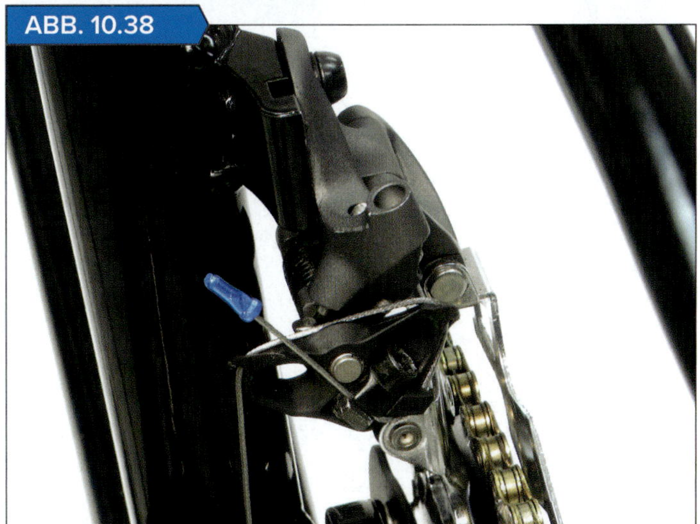

Umwerfer mit beidseitiger Zuganlenkungsoption

Es gibt auch Umwerfermodelle, die beide Anlenkrichtungen des Schaltzugs ermöglichen (Abb. 10.38).

Bei „Side Swing"-Umwerfern bewegt sich der Schaltkäfig seitlich ohne horizontale Veränderung. Der Schaltzug lenkt vorn an und zieht den Käfig nach außen, die Rückholfeder nach innen (Abb. 10.39). Das schlankere Design bietet mehr Reifenfreiheit und geringere Schaltkräfte. Ausrichtung und Stoppschrauben funktionieren wie bei herkömmlichen Umwerfern.

ABB. 10.39

Side Swing-Umwerfer

## SCHALTZUGMONTAGE

Der Schalt-Innenzug wird per Klemmschraube am Umwerfer fixiert. Drehen Sie die Klemmschraube heraus und suchen Sie einen Schlitz auf der Klemmplatte oder dem Korpus. Der Innenzug verläuft in dieser Vertiefung (Abb. 10.40). Manchmal verfügt die Unterlegscheibe über eine Lasche gegen Verdrehen.

ABB. 10.40

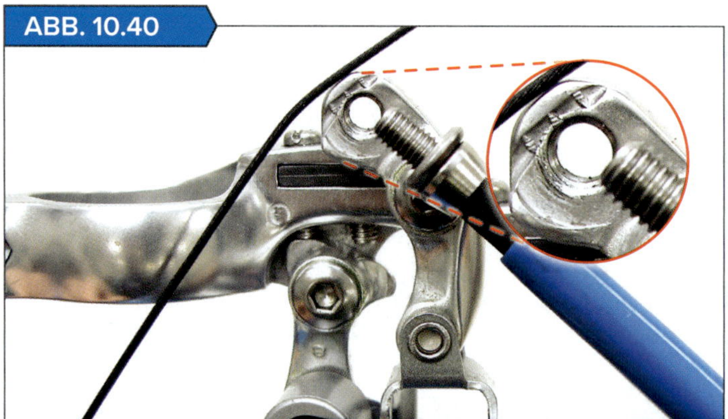

Zugaufnahme mit Schlitz unter der Klemmscheibe

Geben Sie etwas Schmiermittel auf das Gewinde der Klemmschraube. Ziehen Sie den Innenzug stramm und schrauben Sie die Klemmschraube fest. Das übliche Anzugsdrehmoment beträgt 4 Nm. An der Klemmstelle wird der Zug systembedingt gequetscht.

## HÖHENANPASSUNG

Befindet sich der Schaltkäfig zu weit über dem größten Kettenblatt, ist das Schaltverhalten beeinträchtigt. Bei zu tiefer Position des Schaltkäfigs stößt er mit den Kettenblättern zusammen und kann die Kette einklemmen. Die richtige Höhe kann mit oder ohne montierten Innenzug eingestellt werden. „E-Plate“-Umwerfer ermöglichen keine Höhenanpassung.

**Vorgehen zur Höhenanpassung des Umwerfers:**

a. Bewegen Sie den Schaltkäfig bis seine Außenseite direkt über dem größten Kettenblatt steht. Verwenden Sie dafür den Innenzug oder bewegen Sie den Umwerfer direkt.
b. Der Abstand zwischen den Zahnköpfen des größten Kettenblatts und der Unterkante der Käfigaußenseite soll 1-2 mm betragen, entsprechend der Dicke einer 20 Cent-Münze. Schieben Sie die Münze als Messlehre zwischen Kettenblatt und Schaltkäfig (Abb. 10.41).

ABB. 10.41

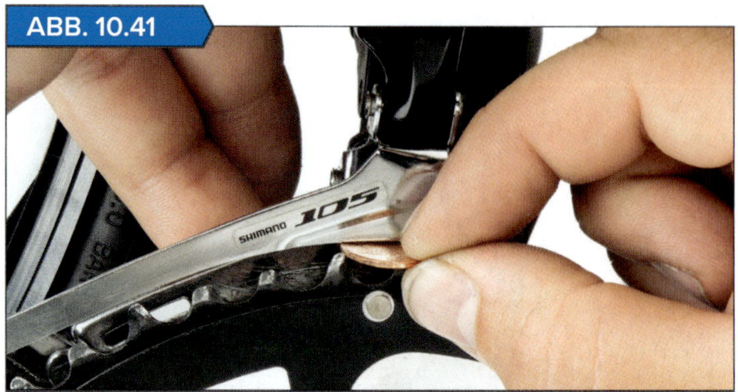


Maximal 1-2 mm Lücke zwischen Schaltkäfig und Zähnen

c. Prüfen Sie den Winkel zwischen Käfigaußenseite und Kettenblatt. Diese sollen möglichst parallel stehen.
d. Zur Höhenanpassung des Schaltkäfigs lösen Sie die Zugspannung durch Schalten aufs innerste Kettenblatt. Verbleibende Zugspannung zieht den Umwerfer sonst nach unten.
e. Die Befestigungsschelle des Umwerfers hinterlässt meistens eine Markierung auf dem Sitzrohr, die als Referenz beim Versetzen genutzt werden kann. Lösen Sie die Schraube an der Befestigungsschelle, versetzen Sie den Umwerfer und richten Sie den Schaltkäfig auf die Kettenblätter aus. Klemmen Sie die Befestigungsschelle wieder fest. Platzieren Sie die Außenseite des Schaltkäfigs wieder über dem größten Kettenblatt und prüfen Sie den Abstand.
f. Wiederholen Sie bei Bedarf das vorherige Vorgehen, bis der erforderliche Abstand von 1-2 mm eingestellt ist. Stellen Sie außerdem sicher, dass die Innenseite des Schaltkäfigs nicht das innere Kettenblatt berührt. Sollte dies der Fall sein, wird der Umwerfer wieder leicht nach oben versetzt.

Sollte der Umwerfer nicht in eine korrekte Position gebracht werden können, ist er vermutlich nicht kompatibel mit den verwendeten Kettenblättern (Abb. 10.42).

ABB. 10.42

Diese Kettenschutzscheibe verhindert einen geringeren Abstand

## PARALLELITÄT

Der Schaltkäfig des Umwerfers soll möglichst parallel zur Kette ausgerichtet sein. Weicht er zu stark ab, leidet das Schaltverhalten. Der Kettenlauf ändert sich durch die unterschiedlichen Positionen auf den hinteren Ritzeln. Verwenden Sie zur Justierung des Schaltkäfigs das äußerste Ritzel. Wenn der Schaltkäfig zu stark von der Parallellinie abweicht, schaltet er nur mäßig und kann nach dem Schaltvorgang weiter an der Kette schleifen. Die parallele Ausrichtung minimiert das Risiko einer ablaufenden Kette auf dem größten Kettenblatt. Bei mangelhafter Parallelität entsteht eine relativ große Lücke vorn oder hinten am Schaltkäfig und die Kette kann überspringen (Abb. 10.43 und 10.44).

ABB. 10.43

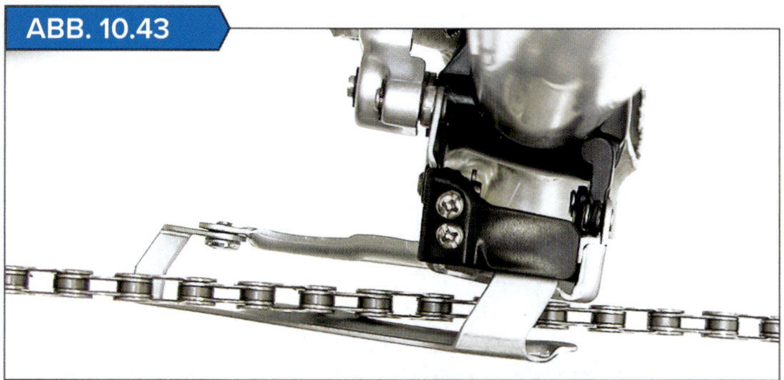

Schaltkäfig zu stark im Uhrzeigersinn verdreht, hinteres Käfigende ragt zu weit nach innen

ABB. 10.44

Schaltkäfig zu stark gegen den Uhrzeigersinn verdreht, hinteres Käfigende ragt zu weit nach außen

Die Parallelität kann bei Umwerfern mit Schellenbefestigung und Anlötsockel eingestellt werden. Bei „E-Plate"-Umwerfern ist das hingegen nicht möglich.

Am besten prüfen Sie die Parallelität des Schaltkäfigs über dem äußeren Kettenblatt. Dazu kann der Schaltzug zunächst montiert bleiben. Zur Anpassung der Parallelität wird der Klemmbolzen gelöst, wobei der gespannte Schaltzug die Höhe des Umwerfers verändert. Um dies zu vermeiden, lösen Sie die Zugspannung und bewegen den Umwerfer vor der Justierung nach innen.

**Einstellung der Parallelität des Umwerfers:**

a. Schalten Sie die Kette auf das jeweils äußerste Kettenblatt und Ritzel.

b. Blicken Sie von oben auf Kette und Kettenblätter. Gehen Sie von der Kette aus und prüfen Sie das äußere Kettenleitblech. Es soll parallel zur Kette stehen (Abb. 10.45).

ABB. 10.45

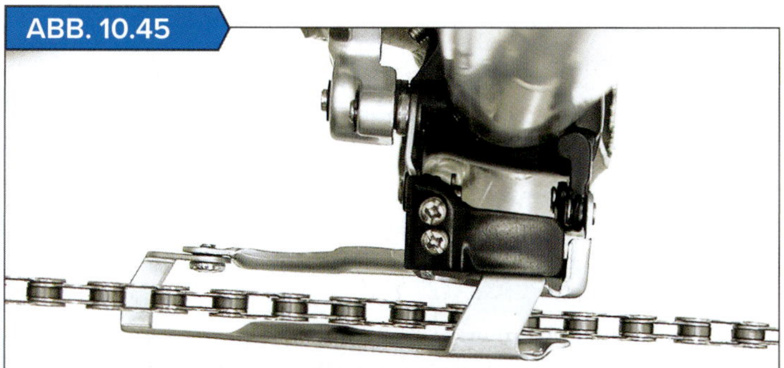

Optimale Parallelität des Schaltkäfigs

c. Wenn der Schaltkäfig neu ausgerichtet werden muss, machen Sie sich die erforderliche Drehrichtung bewusst.

d. Verringern Sie die Zugspannung durch Schalten auf das innere Kettenblatt.

e. Die meisten Befestigungsschellen hinterlassen einen leichten Abdruck auf dem Rohr. Machen Sie sicherheitshalber zwei Bleistiftmarkierungen am Rahmen, eine für die Höhe, die andere für die Parallelität. So vermeiden Sie eine unbeabsichtigte Höhenverstellung.

f. Lösen Sie die Befestigungsschraube und drehen Sie den Umwerfer vorsichtig in die gewünschte Richtung. Verändern Sie nicht die Höhe. Ziehen Sie die Befestigungsschraube wieder an.

g. Schalten Sie auf das äußere Kettenblatt und überprüfen Sie die Parallelität.

h. Wiederholen Sie den Vorgang bei Bedarf.

Obwohl das oben beschriebene Verfahren die optimale Parallelität gewährleistet, gibt es Fälle, bei denen eine leichte Abweichung empfehlenswert ist. Wenn zum Beispiel bei einem Umwerfer selbst nach korrekter Einstellung der Stoppschrauben die Schaltzeit auf ein inneres Kettenblatt zu lang ist, kann ein leicht im Uhrzeigersinn gedrehter Umwerfer Abhilfe schaffen. Dadurch wird der hintere Käfigbereich näher an die Kette gebracht und drückt diese beim Herunterschalten nachdrücklicher zum inneren Kettenblatt. Prüfen Sie die Einstellungen der Stoppschrauben nach jeder Anpassung der Parallelität.

Der SRAM® Red Umwerfer mit „Yaw"-System steht nicht parallel über den inneren Kettenblättern. Der Schaltkäfig „giert" (Englisch „to yaw") beim Hochschalten und verläuft dann parallel über dem äußeren Kettenblatt. Prüfen Sie die korrekte Ausrichtung über dem äußeren Kettenblatt mithilfe der beiden Markierungen am Schaltkäfig (Abb. 10.46).

ABB. 10.46

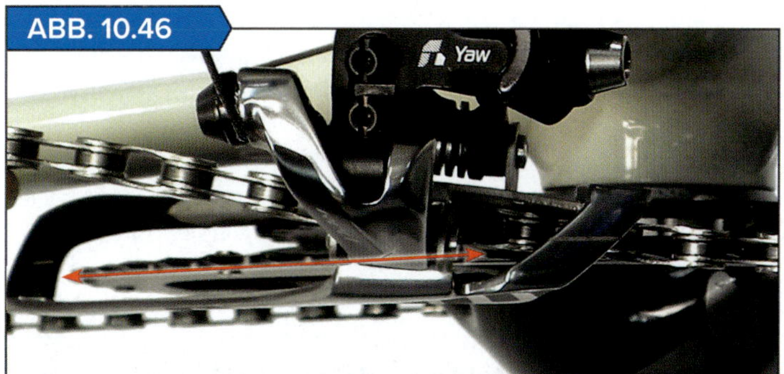


Justiermarkierungen am SRAM® Red Umwerfer, ausgerichtet auf das äußere Kettenblatt

## EINSTELLUNG DER STOPPSCHRAUBEN

Stoppschrauben begrenzen den Schwenkbereich des Umwerfers. Sie sind mit „L" für „Low" und „H" für „High" gekennzeichnet (Abb. 10.47). Die L-Schraube begrenzt das Einschwenken zum inneren „unteren" Kettenblatt und verhindert das Ablaufen der Kette auf die Tretlagerhülse. Die H-Schraube limitiert das Ausschwenken zum äußeren „hohen" Kettenblatt und verhindert entsprechend das Ablaufen der Kette nach außen.

Justieren Sie bei Indexschaltungen die Stoppschrauben vor der Synchronisierung. Die Schrauben sitzen in Nylock-Sicherungen gegen ungewolltes Verdrehen. Sollten sich die Schrauben zu leicht bewegen lassen, drehen Sie diese heraus und behandeln Sie sie mit einer leichten Schraubensicherung. Stoppschrauben werden grundsätzlich nicht geschmiert.

ABB. 10.47

Position der Stoppschrauben

### L-Stoppschraube

Während die Stoppschrauben den Schwenkbereich des Umwerfers begrenzen, sorgen der Schaltzug und die in den Umwerfer integrierte Feder für seine Bewegung. Bei der Einstellung des Umwerfers ist entscheidend, dass er bei geringster Zugspannung direkt auf der L-Schraube ruht. Zu hohe Zugspannung stoppt den Umwerfer bereits vor der Begrenzung durch die L-Schraube. Bei geänderter Zugspannung kann sich in diesem Fall der Schwenkbereich des Umwerfers verändern, sodass die Kette vom inneren Kettenblatt ablaufen kann.

**Vorgehen zur Einstellung der L-Stoppschraube:**

a. Schalten Sie die Kette auf jeweils inneres Ritzel und Kettenblatt. Lokalisieren Sie die L-Schraube am Umwerfer.
b. Prüfen Sie die Zugspannung für den Umwerfer. Sie soll in dieser Position relativ gering sein. Wenn der Zug zu straff ist, lösen Sie die Zugspannung durch Drehen der Einstellschraube am Schalthebel im Uhrzeigersinn. Sollte die Einstellschraube bereits vollständig eingedreht sein, lösen Sie die Klemmschraube am Umwerfer, lockern den Innenzug etwas und drehen die Schraube wieder fest.
c. Prüfen Sie den Abstand zwischen Kette und innerem Kettenleitblech. Er darf nicht mehr als 1 mm bzw. die Dicke einer 5 Cent-Münze betragen (Abb. 10.48).

ABB. 10.48

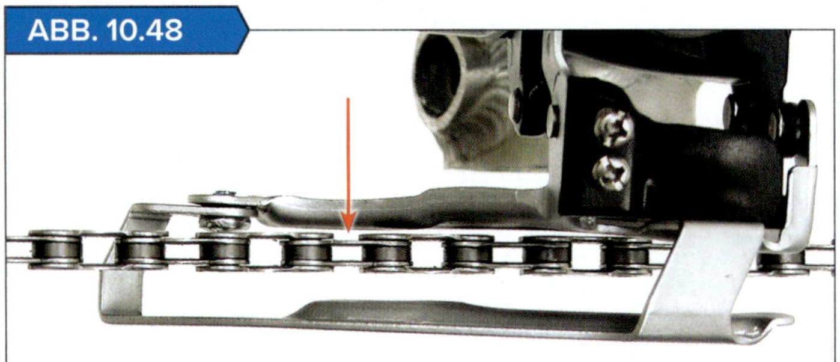

Abstand zwischen Kette und innerem Kettenleitblech prüfen

**d. Drehen Sie die Kurbel und beachten Sie die Lücke. Auch an der schmalsten Stelle zwischen Kettenblatt und innerem Kettenleitblech muss eine kleine Lücke bleiben, die Kette darf nicht am Schaltkäfig schleifen.**
1. Keine Lücke + Kette schleift am Käfig: Lösen Sie die L-Schraube 1/8 Drehung gegen den Uhrzeigersinn. Prüfen Sie die Käfigposition und wiederholen Sie den Vorgang, bis an der engsten Stelle eine Lücke entstanden ist.
2. Lücke an der weitesten Stelle > 1 mm: Drehen Sie die L-Schraube in kleinen Schritten im Uhrzeigersinn bis sie maximal 1 mm weit ist.

e. Prüfen Sie das Schaltverhalten für diesen Gang, indem Sie auf das größere Kettenblatt und zurück schalten. Die Einstellung ist korrekt, wenn die Kette schnell auf das innere Kettenblatt wechselt.
f. Dauert der Schaltvorgang mehr als eine Kurbelumdrehung, drehen Sie die L-Schraube 1/8 Drehung gegen den Uhrzeigersinn und schalten erneut. Wiederholen Sie das, bis der Schaltvorgang einwandfrei funktioniert. Die Lücke zwischen Kette und Schaltkäfig ist zwar > 1 mm, aber so schmal wie möglich bei funktionierender Schaltung.
g. Läuft die Kette beim Schalten auf das innere Kettenblatt ab, ist die Lücke zu weit oder der Schaltkäfig nicht parallel genug. Drehen Sie die L-Schraube 1/8 Drehung im Uhrzeigersinn und schalten Sie erneut. Wenn die Kette immer noch abläuft oder schleift, gibt es andere Gründe wie falsche Kettenlinie oder mangelnde Parallelität, die zu klären sind.

### H-Stoppschraube

Den äußeren Schwenkbereich des Umwerfers begrenzt die H-Schraube. Ihre Einstellung kann etwas verwirrend sein, da die Rückstellfeder des Umwerfers ihn permanent nach innen zieht. Der Innenzug arbeitet beim Schalten gegen die Feder. Eine korrekt justierte H-Schraube gewährleistet einen schnellen Schaltvorgang auf das äußere Kettenblatt, ohne dass die Kette abläuft.

Achten Sie bei der Einstellung auf genügend Zugspannung, entweder durch Herausdrehen der Zugeinstellschraube oder durch Ziehen des Innenzugs per Hand. Verwenden Sie einen Lappen beim manuellen Spannen des Innenzugs. Bei bis zur Klemmschraube verlaufenden Schalthüllen können Sie nur durch Bedienung des Schalthebels den Umwerfer gegen die H-Schraube drücken.

**Vorgehen zur Einstellung der H-Stoppschraube:**

a. Wenn Sie die Zugeinstellschraube zur Justierung der L-Schraube eingedreht haben, drehen Sie diese jetzt zum Spannen heraus.
b. Schalten Sie die Kette auf jeweils äußeres Ritzel und Kettenblatt. Wenn der Umwerfer nicht über das äußere Kettenblatt bewegt wird, schalten Sie zurück auf das innere Kettenblatt. Lösen Sie die Zugklemmschraube, ziehen den Schaltzug stramm und klemmen ihn wieder fest. Schalten Sie erneut.
c. Wenn die Kette trotz gedrückten Schalthebels nicht aufs äußere Kettenblatt gewechselt hat, ist eventuell die H-Schraube zu weit eingedreht. Lösen Sie diese um 1/4 Drehung und schalten Sie erneut.
d. Wenn die Kette aufs äußere Kettenblatt gewandert ist, halten Sie den Schalthebel gedrückt und untersuchen Sie den Abstand zwischen Kette und Außenseite des Schaltkäfigs. Alternativ ziehen Sie den Schaltzug per Hand (Abb. 10.49). Die Lücke darf zwischen 0,5 und maximal 1 mm weit sein. Drehen Sie die Kurbel langsam und achten Sie auf den Abstand. Auch an der schmalsten Stelle muss eine Lücke bestehen (Abb. 10.50).
e. Schleift die Kette am äußeren Kettenleitblech, lösen Sie die H-Schraube um 1/8 Drehung, ziehen erneut dauerhaft am Innenzug und prüfen den Abstand.

ABB. 10.49

Innenzug per Hand oder Schalthebel bis zum Anschlag straffziehen

ABB. 10.50

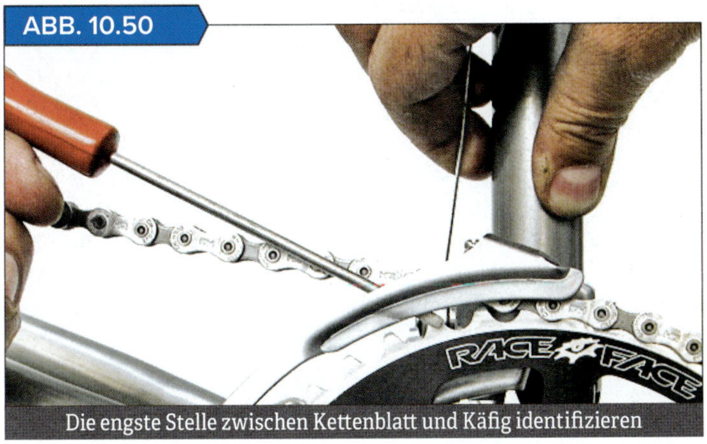

Die engste Stelle zwischen Kettenblatt und Käfig identifizieren

f. Ist die Lücke > 1 mm, drehen Sie die H-Schraube im Uhrzeigersinn, bis sie den Käfig berührt und wieder ⅛ Drehung heraus. Prüfen Sie den Abstand wie in Schritt „d" beschrieben.
g. Prüfen Sie nach Einstellen der H-Schraube das Hochschalten auf das äußere Kettenblatt und halten Sie den Schaltzug straff. Wenn der Schaltvorgang zu lange dauert, lösen Sie die H-Schraube ⅛ Drehung gegen den Uhrzeigersinn und wiederholen den Test. Schaltet die Kette über das äußere Kettenblatt hinaus und läuft ab, drehen Sie die H-Schraube ⅛ Drehung im Uhrzeigersinn und wiederholen den Test.
h. Schleift die Kette immer noch oder läuft beim Hochschalten ab, gibt es andere Gründe wie falsche Kettenlinie oder mangelnde Parallelität, die zu klären sind.

## SYNCHRONISIERUNG: 3-FACH KETTENBLÄTTER

Auch für Umwerfer gibt es indexierte Schalthebel, erkennbar an dreifacher Rasterung. Ohne Indexierung wird der Schalthebel mit vielen kleinen Schritten oder völlig ohne Einrasten geschaltet. Der Fahrer wählt dann einfach die Position, bei der die Kette nicht am Schaltkäfig schleift. Starten Sie die Synchronisierung erst nach vollständiger Einstellung der Stoppschrauben.

Mit den Einstellschrauben an Schalthebel, Rahmen oder Umwerfer sorgen Sie für die Synchronisierung der Indexschaltung. Drehen der Einstellschraube gegen den Uhrzeigersinn (Herausdrehen) verlängert praktisch die Schalthülle, steigert die Zugspannung und zieht am Umwerfer. Entsprechend sorgt Drehen im Uhrzeigersinn (Einschrauben in Schalthebel/Rahmen/Umwerfer) für die Verkürzung der Hülle und geringere Zugspannung. Der Umwerfer wird in eine entspannte Position bewegt.

**Vorgehen zur Synchronisierung bei 3-fach Kettenblättern:**

a. Schalten Sie die Kette auf das mittlere Kettenblatt sowie das innerste Ritzel.
b. Prüfen Sie den Abstand zwischen Kette und Innenseite des Schaltkäfigs. Die Lücke soll so klein wie möglich sein, ohne dass die Kette schleift. Zur Minimierung des Abstands spannen Sie den Innenzug durch Drehen der Einstellschraube gegen den Uhrzeigersinn.
c. Wenn die Kette an der Käfiginnenseite schleift, drehen Sie die Einstellschraube im Uhrzeigersinn.
d. Wenn die Einstellschraube bereits am Anschlag ist, korrigieren Sie den Schaltzug. Schalten Sie die Kette auf das innere Kettenblatt und lösen Sie die Zugklemmschraube am Umwerfer. Drehen Sie die Einstellschraube bis auf 2-3 Umdrehungen hinein. Spannen Sie den Innenzug mit einer Bowdenzugspannzange und fixieren Sie ihn neu mit der Klemmschraube. Beginnen Sie die Anpassung erneut bei Punkt „a".
e. Testen Sie das Schaltverhalten für alle drei Kettenblätter.

## SYNCHRONISIERUNG: 2-FACH KETTENBLÄTTER

Wenn der Schalthebel indexiert ist, rastet er an zwei Stellen spürbar ein. Bei nicht-indexierter Schaltung fehlt diese Rasterung, der Fahrer justiert den Umwerfer während der Fahrt nach Gefühl und Gehör. Starten Sie die Synchronisierung erst nach vollständiger Einstellung der Stoppschrauben. Wenn diese das Schleifen der Kette verhindern, sollten durch die Synchronisierung auch keine Schleifgeräusche entstehen. Einige Schalthebel bieten Halbschritte zur Anpassung des Umwerfers („Trimmen") an den wechselnden Kettenlauf beim Schalten der Ritzel.

**Vorgehen zur Synchronisierung bei 2-fach Kettenblättern:**

a. Schalten Sie die Kette auf das jeweils äußere Kettenblatt und Ritzel.
b. Achten Sie auf den Abstand zwischen Kette und Außenseite des Schaltkäfigs.
c. Wenn genügend Abstand zwischen Kette und äußerem Kettenleitblech besteht, ist die Synchronisierung korrekt.
d. Wenn die Kette am Käfig schleift, spannen Sie den Innenzug durch Drehen der Einstellschraube am Schalthebel gegen den Uhrzeigersinn.
e. Wenn die Einstellschraube bereits am Anschlag ist, korrigieren Sie den Schaltzug. Schalten Sie die Kette auf das innere Kettenblatt und lösen Sie die Zugklemmschraube am Umwerfer. Drehen Sie die Einstellschraube bis auf 2-3 Umdrehungen hinein. Spannen Sie den Innenzug mit einer Bowdenzugspannzange und fixieren Sie ihn neu mit der Klemmschraube. Beginnen Sie die Anpassung erneut bei Punkt „a".
f. Testen Sie zum Abschluss das Schaltverhalten zwischen den beiden Kettenblättern.

## SHIMANO® WIDE LINK UMWERFER

Die Shimano® "Wide Link" Umwerfer wie die Modelle FR-R9100, FD-8500 und FD-5801 verfügen über einzigartige Eigenschaften bei Montage und Justierung.

Wie die Modelle FD-9000 und FD-4700 verfügen diese neuartigen Umwerfer über eine Stützschraube, die auf ein separates Sicherungsplättchen aus Metall auf das Sitzrohr drückt. Die

Stützschraube wird so eingestellt, dass das hintere Ende des Käfigs leicht nach innen zeigt und das äußere Kettenleitblech parallel über dem äußeren Kettenblatt steht (Abb. 10.51).

ABB. 10.51

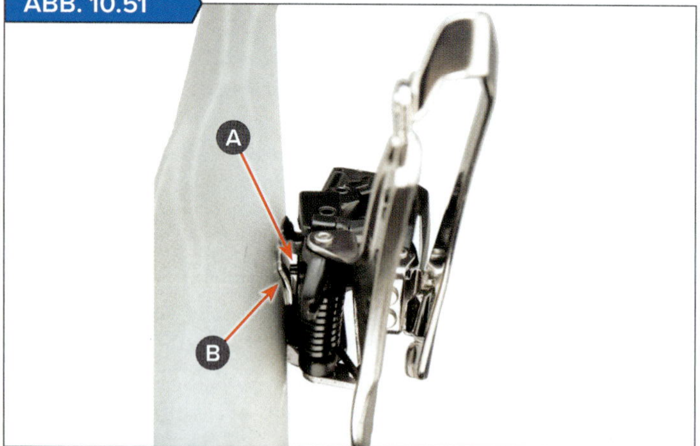


Stützschraube (A) drückt gegen Sicherungsplättchen (B) und positioniert den Umwerfer

Die L-Schraube wird wie bei klassischen Umwerfern justiert. Die H-Schraube hingegen bewegt den Schaltkäfig unabhängig von der Zugkraft des Schaltzugs in die korrekte Position über dem äußeren Kettenblatt. Das Drehen der H-Schraube im Uhrzeigersinn bewegt den Käfig nach außen, gegen den Uhrzeigersinn nach innen (Abb. 10.52).

ABB. 10.52

Shimano® Wide Link Umwerfer mit H-Stoppschraube

Schalten Sie die Kette zur Einstellung der H-Schraube auf das äußerste Ritzel sowie das äußere Kettenblatt indem Sie den Schalthebel bis zur letzten Position durchdrücken. Justieren Sie mit der H-Schraube eine Lücke von nicht mehr als 0,5 mm zwischen Kette und äußerem Leitblech. Justieren Sie die L-Schraube mit der Kette auf dem jeweils inneren Ritzel und Kettenblatt mit einem Abstand zwischen 0-0,5 mm.

Die Schaltzugspannung wird für die Trimming-Funktion des Schalthebels benötigt und direkt am Umwerfer eingestellt, nicht an einer Zugeinstellschraube der Schalthülle. Der Zugklemmmechanismus rotiert zur Straffung des Schaltzugs, wenn die Zugeinstellschraube gedreht wird (Abb. 10.53).

Schalten Sie die Kette auf das jeweils größte Kettenblatt und Ritzel. Drücken Sie zum Einwärtstrimmen des Schaltkäfigs den Schalthebel leicht. Stellen Sie mit der Zugeinstellschraube den Käfig auf einen minimalen Abstand zur Kette ein.

ABB. 10.53

Per Justierschraube werden der Zugklemmbereich gedreht und der Innenzug gestrafft

## SHIMANO® UMWERFER MIT VARIABLER JUSTIERSCHEIBE

Die Shimano® Umwerfer FD-9000 und FD-4700 besitzen besondere Eigenschaften, die bei Montage und Einstellung zu berücksichtigen sind. Die Klemmschraube der Umwerfer verfügen über eine geschlitzte Nasenscheibe, mit welcher der Hebelweg des Innenzugs und die Position des Schaltkäfigs geändert werden. Es gibt zwei mögliche Positionen der Nasenscheibe in Abhängigkeit vom Anlenkwinkel des Innenzugs. Je nach Rahmenform ändert sich der Anlenkwinkel und dieser wiederum den effektiven Schaltweg am Umwerferarm (Abb. 10.54).

ABB. 10.54

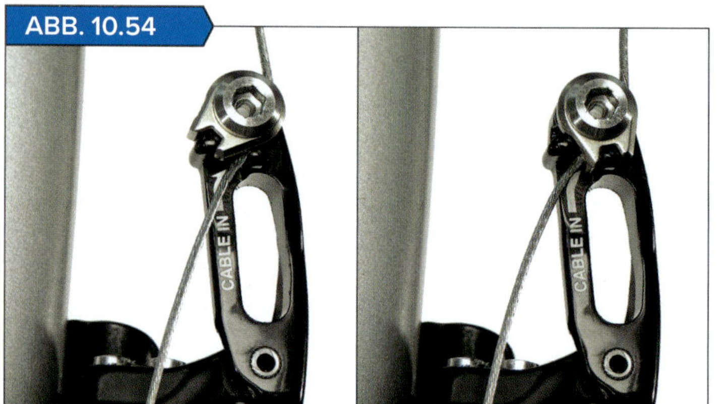


Beide Montageoptionen des Innenzugs im Vergleich

Wie bei anderen Umwerfern soll der Schaltkäfig ca. 1-3 mm oberhalb des äußeren Kettenblatts und per Stützschraube wie bei den Wide Link-Umwerfern parallel positioniert werden.

Obwohl Shimano® die Montagelehre TL-FD68 zur Ermittlung der richtigen Einstellung anbietet, ist die rechte Scheibenposition "ON" am gebräuchlichsten.

Wenn die gewählte Option ungeeignet ist, zeigt sich das in mäßigem Schaltverhalten des Umwerfers. Lösen Sie den Schaltzug und wählen Sie die andere Scheibenposition.

## UMWERFER-PERFORMANCE

Für den Umwerfer gibt es Einschränkungen der Funktion. So sorgen manche Gangkombinationen immer für Probleme. Klassisches Beispiel ist die Kettenposition auf dem jeweils kleinsten Kettenblatt und Ritzel, denn durch dieses „Überkreuzen" schleift die Kette häufig am benachbarten Kettenblatt (vom Kettenverschleiß abgesehen). Grundsätzlich sind „schleifende" Gangkombinationen zu vermeiden. Das bedeutet auch, dass jede nicht schleifende Gangkombination gefahren werden kann.

Ein weiteres Phänomen tritt bei der größten Übersetzung

auf, also Kombination von größtem Kettenblatt mit kleinstem Ritzel. Kraftvolles Treten der Kurbel in diesem Gang, insbesondere im Wiegetritt, biegt den Rahmen leicht, was zum Schleifen der Kette am Käfig führen kann. Selbst perfekt justierte Umwerfer beseitigen dieses Problem nicht. Das Erweitern des Ausschwenkbereichs schafft zwar mehr Platz, erhöht aber das Risiko des Ablaufens der Kette, vor allem bei Index-Schaltungen. Wenn alle Aspekte bei der Justierung des Umwerfers beachtet wurden, ist das technische Limit des Fahrrad erreicht.

## SCHALTWERK (REAR DERAILLEUR)

Das Schaltwerk versetzt die Kette auf den Ritzeln. Im Schaltwerk wird die Kette durch zwei im Schaltkäfig befindliche Schaltrollen gefädelt. Die obere ist die Kettenführungsrolle. Durch Versetzen des Schaltkäfigs führt sie die Kette zum jeweiligen Ritzel und schiebt sie beim Schalten von einem zum anderen.

Das Schaltwerk ist mit einer Rückstellfeder ausgestattet, die durch den Schaltzug gespannt oder gelöst wird. Durch Ziehen am Innenzug wird das Schaltwerk in Richtung innere Ritzel bewegt und die Feder gespannt. Durch Lösen der Zugspannung zieht die Feder das Schaltwerk nach außen. Die einzelnen Bauteile des Schaltwerks werden in Abb. 10.55 aufgeführt.

ABB. 10.55

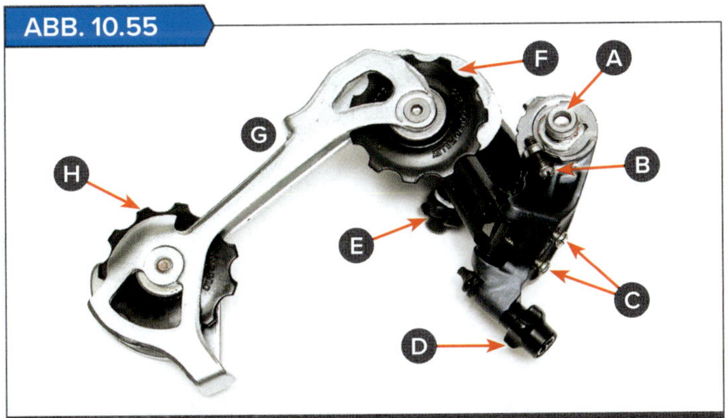


Schaltwerk: (A) Befestigungsschraube, (B) B-Einstellschraube, (C) Stoppschrauben, (D) Zugeinstellschraube, (E) Zugklemmschraube, (F) Kettenführungsrolle, (G) Schaltkäfig, (H) Kettenspannrolle

## SCHALTKAPAZITÄT & MAXIMALZÄHNEZAHL

Schaltwerke müssen zu den am Fahrrad verwendeten Zahnabstufungen passen. Die entscheidenden Messgrößen sind „Maximalzähnezahl" sowie „Schaltkapazität". Die Maximalzähnezahl gibt das größtmögliche Ritzel an, das mit dem Schaltwerk geschaltet werden kann. Für ein Ritzel mit 32 Zähnen muss das Schaltwerk eine entsprechende Maximalzähnezahl aufweisen.

Die Schaltkapazität eines Schaltwerks bezeichnet seine Fähigkeit, die durch die Zähnedifferenzen frei werdende bzw. erforderliche Kettenlänge aufzunehmen oder freizugeben. Die Schaltkapazität wird aus der Summe der Zähnedifferenzen von Kettenblättern und Ritzeln errechnet. Beispiel: Ein Fahrrad hat drei Kettenblätter mit der Abstufung 22-32-46. Der Zahnunterschied beträgt demnach 24 Zähne. Das Ritzelpaket verfügt über die Abstufung 13-14-15-17-19-21-23-26-30 Zähne. Hier beträgt der Zahnunterschied 17 Zähne. Die gesamte Schaltkapazität liegt somit bei 24 + 17, also 41 Zähnen. Ein Schaltwerk mit der Kapazität von 41 oder mehr Zähnen würde den gesamten schaltbaren Bereich dieser Gangkombinationen abdecken. Dies bedeutet aber nicht, dass sämtliche schaltbaren Kombinationen garantiert einwandfrei funktionieren, sondern nur, dass das Schaltwerk die gesamte Kettenlänge verarbeiten kann.

Wenn ein Fahrrad nur mit einem Einzelkettenblatt ausgestattet ist, umfasst die Schaltkapazität die Differenz zwischen kleinstem und größtem Ritzel. Eine 12-fach Kassette mit 10-50 Zähnen benötigt also ein Schaltwerk mit 40 Zähnen Kapazität.

Es gibt auch Schaltwerke, die nicht die gesamte Kettenlänge verarbeiten können. In obigem Beispiel würde ein Schaltwerk mit der Schaltkapazität von maximal 33 Zähnen für eine durchhängende Kette bei der Kombination von kleinstem Kettenblatt und den Ritzeln mit 13-19 Zähnen sorgen. Würde man die Kette so kürzen, dass bei diesen Gangkombinationen die Kettenspannung ausreichend ist, wäre sie zu kurz für die Kombination des größten Kettenblatts mit den drei größten Ritzeln. Zum optimalen Ablängen einer Kette für ein Fahrrad mit einem Schaltwerk von zu geringer Schaltkapazität gehen Sie am besten nach der Anleitung in Kapitel 8 vor. Dann können Sie die größten Ritzel und Kettenblätter kombinieren. Lediglich bei der Kombination von kleinem Kettenblatt mit kleineren Ritzeln wird die Kette durchhängen. Diese Schaltkombinationen sollten Sie vermeiden oder ein Schaltwerk mit größerer Kapazität verwenden.

Prüfen Sie die Spezifikationen der verschiedenen Schaltwerke in Hinblick auf Maximalzähnezahl und Schaltkapazität. Grundsätzlich gilt, je länger der Schaltwerkkäfig und damit der Abstand zwischen den Achsen der beiden Schaltrollen, desto größer ist die Schaltkapazität. Kurze Schaltkäfige mit ungefähr 50 mm Achsabstand bieten eine Kapazität von etwa 29 Zähnen. Mittlere Schaltkäfige (ca. 73 mm Abstand) bieten etwa 33 Zähne, lange (ca. 85 mm Abstand) 45 Zähne Schaltkapazität.

## SCHALTWERKMONTAGE

Das Schaltwerk wird direkt am sogenannten „Schaltauge" befestigt. Dieses verfügt über eine kleine Anschlagkante, die das Verdrehen des Schaltwerks begrenzt (Abb. 10.56). Geben Sie vor der Montage etwas Fett auf das Gewinde. Achten Sie darauf, die B-Einstellschraube nicht einzuklemmen. Halten Sie das Schaltwerk am besten im Uhrzeigersinn etwas hinter seiner „normalen" Position. Das Anzugsdrehmoment ist gering (siehe Anhang C). Prüfen Sie die freie Beweglichkeit des Schaltwerks.

ABB. 10.56

Schaltauge und B-Einstellschraube

## SCHALTZUGMONTAGE

Der Schaltzug wird mit Klemmschraube und Plättchen am Schaltwerk fixiert (Abb. 10.57). Lösen Sie die Schraube und achten Sie auf einen Schlitz im Plättchen oder Schaltwerk. Dort soll der Innenzug platziert werden. In diesem Bereich kann sich auch eine Lasche befinden, die das Verdrehen des Plättchens verhindert. Der Innenzug soll im Normalfall nicht um diese Lasche herum geführt werden.

ABB. 10.57

Innenzugführung und -klemmung am Schaltwerk

Geben Sie Schmiermittel auf das Gewinde der Klemmschraube. Ziehen Sie den Innenzug straff und drehen Sie die Schraube wieder fest. Der Innenzug wird im Klemmbereich flachgequetscht.

## EINSTELLUNG DER STOPPSCHRAUBEN

Der Schwenkbereich des Schaltwerks wird durch die beiden Stoppschrauben begrenzt. Sie sind mit „H" für „High" und „L" für „Low" gekennzeichnet. Die H-Schraube begrenzt den äußeren Schwenkbereich (kleinstes Ritzel, „höchster Gang"), die L-Schraube den inneren (größtes Ritzel, „unterster Gang"). Die Stoppschrauben befinden sich je nach Schaltwerkmodell an unterschiedlichen Positionen. Beachten Sie immer die jeweilige „H"- und „L"-Markierung (Abb. 10.58).

ABB. 10.58

Die Spitze der Stoppschraube zeigt die Begrenzung des Schwenkbereichs

Bei richtiger Einstellung wird das Schaltwerk problemlos sowohl auf das größte wie auch das kleinste Ritzel schalten. Die Stoppschrauben beeinflussen jedoch nicht die Schaltwerkssprünge zwischen den einzelnen Ritzeln. Dies wird über die Zugspannung des Schaltzugs geregelt.

Es ist normal, dass die Kette beim Schaltvorgang Geräusche verursacht. Das kann sich subjektiv durchaus „geräuschvoll", „laut" oder sogar „grob" anhören. Einflussfaktoren für das Geräuschniveau sind Ketten- oder Ritzeltyp, ihr jeweiliger Verschleiß sowie Konzentration und Art des verwendeten Kettenschmiermittels. Die Stoppschrauben hingegen beeinflussen die Schaltgeräusche überhaupt nicht.

Der nachfolgende Justiervorgang beginnt mit dem Einstellen der H-Stoppschraube, synchronisiert anschließend die Schaltung über die Zugeinstellschrauben, setzt mit der Einstellung der L-Stoppschraube fort und endet mit Überprüfung der B-Schraube.

### H-Stoppschraube

Lassen Sie sich nicht von den unterschiedlichen Aspekten von Zugspannung und Stoppschrauben verwirren. Mit der Zugspannung wird die Schaltung synchronisiert, die Stoppschrauben bestimmen dagegen den maximalen Schwenkbereich des Schaltwerks. Beachten Sie beim Einstellen der H-Schraube das Schaltverhalten vom vorletzten aufs äußerste Ritzel. Achten Sie darauf, wie die Kette auf dem äußersten Ritzel läuft, denn nur diese Position wird über die H-Schraube kontrolliert. Lassen Sie sich nicht vom Kettenlauf auf dem vorletzten Ritzel ablenken. Dort (und auf den anderen inneren Ritzeln) beeinflusst nur die Zugspannung das Geschehen.

**Vorgehen zum Einstellen der H-Stoppschraube:**

a. Schalten Sie die Kette auf das jeweils äußere Kettenblatt und Ritzel. Auch wenn die Kette schon auf dem äußersten Ritzel läuft, drücken Sie den Schalthebel so lange, bis er nicht mehr klickt. Erst dann ist er passend positioniert.
b. Prüfen Sie die Zugspannung des Schaltzugs. Wenn noch Spannung auf dem Zug ist, kann das den äußeren Schwenkbereich und damit die Einstellung der H-Schraube beeinflussen. Drehen Sie bei Bedarf die Zugeinstellschraube im Uhrzeigersinn, um die restliche Zugspannung zu lösen.
c. Drehen Sie die Kurbeln mit mindestens 60 Umdrehungen pro Minute. Schalten Sie das Schaltwerk auf das vorletzte Ritzel und wieder zurück aufs äußerste Ritzel.
d. Wenn der Schaltvorgang akzeptabel ist, drehen Sie die H-Schraube um ¼ Drehung hinein und wiederholen Sie den Schaltvorgang. Wenn der Schaltvorgang noch akzeptabel funktioniert, wiederholen Sie das solange, bis der Schaltvorgang auf das äußerste Ritzel nur noch zögerlich klappt. An diesem Punkt drehen Sie die H-Schraube wieder leicht heraus, bis der Schaltvorgang optimal verläuft. Ein anderer Hinweis für eine zu enge H-Schraube ist das Klappern der Kette auf dem äußersten Ritzel. Schauen Sie beim Auftreten dieser Geräusche auf die Unterseite der Ritzel. Sie werden feststellen, dass die Ketteninnenseite am vorletzten Ritzel schleift (Abb. 10.59).
e. Bei zu enger H-Schraube drehen Sie diese schrittweise in ¼ Drehungen heraus und prüfen jeweils den Schaltvorgang. Sobald dieser einwandfrei funktioniert, lassen Sie die H-Schraube in der eingestellten Position. Damit ist die Einstellung der H-Schraube abgeschlossen.

ABB. 10.59

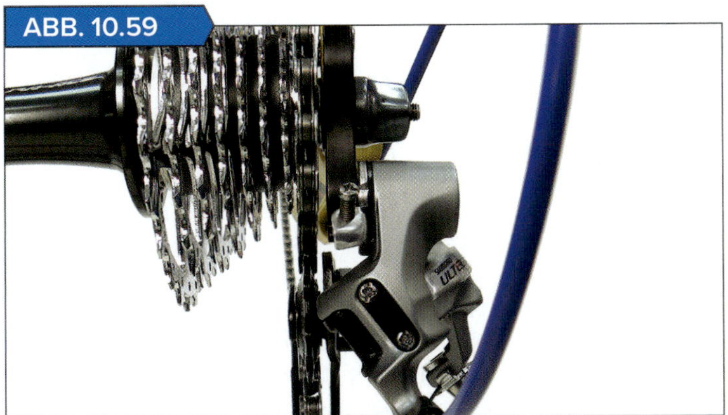

Prüfen des äußeren Schwenkbereichs durch Blick von hinten

### Synchronisierung

Als nächstes wird die Schaltung synchronisiert, denn der Schalthebel muss die Kettenleitrolle exakt unter dem innersten Ritzel positionieren. Bei der hier beschriebenen Synchronisierung wird nicht auf außergewöhnliche Probleme wie verbogenes Schaltwerk/Schaltauge, schwergängige Züge oder nicht kompatible Schaltkomponenten eingegangen. Es wird auch von der Kombination kompatibler Schaltungskomponenten eines Herstellers ausgegangen. Denn das Kombinieren verschiedener Marken bei Schaltungs- und Antriebskomponenten kann zu äußerst bescheidenen Ergebnissen bei der Schaltperformance führen.

Moderne Index-Schalthebel bilden minimale Lücken auf ihrem Schaltweg. Diese definierten Micro-Schaltpausen entsprechen genau den Positionen der einzelnen Ritzel. Die verschiedenen Modelle von Schalthebeln und Schaltwerken benötigen unterschiedlich starke Druck- oder Drehkräfte. Als Fahrer braucht man daher „das richtige Händchen" für das optimale Schaltverhalten seines Fahrrads, was sich meistens nach einer kurzen „Einfahrzeit" von selbst einstellt.

Zugeinstellschrauben befinden sich an Schaltwerk, Schalthebel oder beiden. Diese werden praktisch zum Synchronisieren der Schaltung durch Verkürzen oder Verlängern des Schaltzugs genutzt. Bei herkömmlichen Schaltwerken führt das Drehen der Einstellschraube gegen den Uhrzeigersinn zu mehr Zugspannung und zieht das Schaltwerk in Richtung Speichen. Im Mechaniker-Jargon wird die Synchronisierung strammer. Das Vorgehen ist jedoch nicht wie beim Stimmen einer Gitarre, sondern die Zugeinstellung synchronisiert die Klicks am Schalthebel mit den Ritzelabständen am Hinterrad.

Das Drehen der Zugeinstellschraube im Uhrzeigersinn entspannt die Rückstellfeder des Schaltwerks und bewegt dieses nach außen in Richtung Ausfallende. Der Schwenkbereich des Schaltwerks wird aber nicht durch die Zugspannung begrenzt sondern durch die H- und L-Stoppschrauben.

Obwohl es mehrere Einstellungen geben kann, in denen das Schaltwerk geschaltet werden kann, besteht die Kunst darin, die eine zu finden, die den Zug optimal spannt, sodass alle Gänge möglichst lange gut geschaltet werden können. Denn im Laufe der Zeit dehnen sich die Züge, sodass gelegentliches Nachspannen erforderlich wird. Zur Einstellung der straffsten funktionierenden Zugspannung stellen Sie zunächst eine zu hohe Zugspannung ein und verringern Sie diese schrittweise so lange, bis die Schaltung einwandfrei funktioniert.

Es gibt zwei grundsätzliche Hinweise auf einen zu straffen Schaltzug: Klappergeräusche der Kette gegen das nächste innere Ritzel sowie das zögerliche Schalten von größeren auf kleinere Ritzel (bei normalen Schaltwerken).

Die Beachtung von Kettengeräuschen ist eine praktische Hilfe bei der Synchronisierung. Jedes Fahrrad hat ein Basis-Geräuschniveau im Bereich von Ritzeln und Schaltwerk. Man stellt es bei dem Ritzel fest, auf dem die Kette am leisesten läuft. Extreme Kettengeräusche können außerdem von einer nicht fluchtenden Kettenführungsrolle verursacht werden.

**Vorgehen zur Synchronisierung des Schaltwerks:**

a. Justieren Sie die H-Schraube, wenn nicht schon geschehen.
b. Drehen Sie die Kurbel und schalten Sie die Kette auf das jeweils äußerste Ritzel und Kettenblatt.
c. Prüfen Sie die bestehende Zugspannung, indem Sie die Kurbeln mit normaler Frequenz drehen und den Schalthebel für das Schaltwerk NUR EINE Position weiter schalten. Wenn die Kette auf das nächste Ritzel schaltet, ist die Zugspannung korrekt. Setzen Sie den Vorgang mit Schritt „e" fort.
d. Wenn das Schaltwerk die Kette nicht auf das vorletzte Ritzel geschaltet hat, ist vermutlich die Zugspannung zu gering. Bewegen Sie den Schalthebel in die Ausgangsposition zurück. Drehen Sie die Einstellschraube des Schalthebels oder Schaltwerks bis zum Anschlag ein und anschließend zwei volle Umdrehungen heraus. Lösen Sie die Zugklemmschraube am Schaltwerk und ziehen Sie den Innenzug mit einer Bowdenzugspannzange oder einer Kombizange straff (Abb. 10.60). Drehen Sie die Klemmschraube fest und wiederholen Sie den Schaltvorgang. Sollte das Schaltwerk jetzt immer noch nicht auf das nächste Ritzel wechseln, schalten Sie zurück und erhöhen Sie die Zugspannung schrittweise mit ½ Drehungen an der Einstellschraube und anschließendem Schalten.

ABB. 10.60

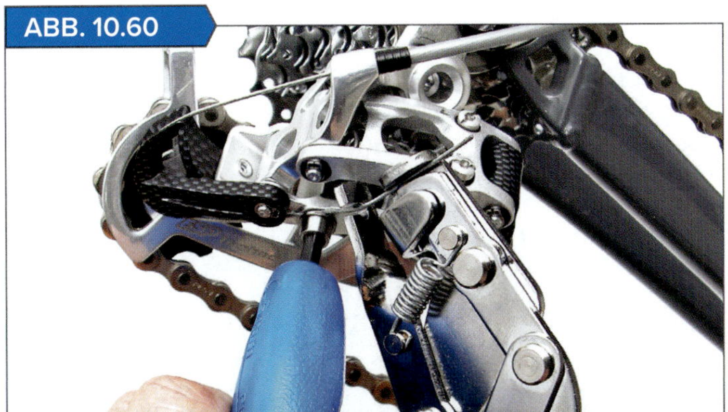

Innenzug am Schaltwerk nachspannen

e. **Sobald sich Schalthebel und Schaltwerk synchron im nächsten Gang befinden, schalten Sie auf die nächsten Ritzel. Nur das innerste lassen Sie jetzt noch aus. Dies wird bei der Einstellung der L-Schraube nach der Synchronisierung erfolgen.**
f. **Zur Einstellung der optimalen Synchronisation erhöhen Sie die Zugspannung durch Herausdrehen der Einstellschraube so lange, bis ein deutliches Klappern der Kette am nächstgrößeren Ritzel zu hören ist (Abb. 10.61).**

ABB. 10.61

Zu hohe Zugspannung verursacht Kettenklappern am benachbarten Ritzel

g. Sobald Sie das Klappern hören, drehen Sie die Einstellschraube wieder um ¼ Drehung zurück, um die Zugspannung zu reduzieren. Drehen Sie die Kurbel erneut und achten Sie auf Klapper- oder Kratzgeräusche. Drehen Sie bei Bedarf die Einstellschraube schrittweise in ¼ Umdrehungen ein, bis das Klappern verschwindet (Abb. 10.62).

h. Schalten Sie schrittweise von Ritzel zu Ritzel nach innen und achten Sie auf Klappergeräusche. Drehen Sie bei Bedarf die Einstellschraube um ¼ Drehung zurück, um das Klappern zu beseitigen. Setzen Sie das schrittweise Schalten auf das jeweils nächstgrößere Ritzel fort und justieren Sie die Zugspannung nur, wenn Sie deutliches Klappern hören. **Hinweis:** Schalten Sie nicht auf das größte Ritzel, während sich die Kette vorn auf dem äußeren Kettenblatt befindet. Diese Kombination soll nicht verwendet werden und die Anpassung der Zugspannung daran führt mit hoher Wahrscheinlichkeit zu schlechterem Schaltverhalten bei gebräuchlichen Gangkombinationen.

i. Schalten Sie die Kette auf das innere Kettenblatt und prüfen Sie das Schaltverhalten wie beschrieben. Wenn dabei kein Klappern auftritt, ist die Synchronisierung abgeschlossen.

ABB. 10.62

Bei synchronisierter Schaltung läuft die Kette geräuschlos über die Ritzel

### L-Stoppschraube

Die L-Stoppschraube wird nach erfolgter Synchronisierung justiert. Dadurch kann der Schaltzug das Schaltwerk voll unter das innerste Ritzel ziehen. Mit der L-Schraube wird der innere Schwenkbereich (in Richtung Speichen) des Schaltwerks begrenzt. Die L-Schraube verhindert bei richtiger Einstellung nur das Ablaufen der Kette in die Speichen. Beginnen Sie zunächst mit einer zu engen Einstellung der L-Schraube und lösen Sie diese schrittweise in ¼ Drehungen bis die Kette einwandfrei auf das größte Ritzel schaltet. Achten Sie nur auf den Schaltvorgang zwischen zweitem und innerstem Ritzel. Beachten Sie zusätzlich den Kettenlauf auf dem innersten Ritzel.

Es gibt eine Ausnahme für das nachfolgend beschriebene Vorgehen: SRAM® 1X 11- und 12-fach Kassetten verwenden sehr große innere Ritzel mit einem breiten, dünnen Zahnschema. Im Montageständer kann es aussehen, als ob die Kette auf den Zähnen auf und ab läuft. Dies hängt mit dem Schalten der Kette ohne Last zusammen. Während der Fahrt wird die Kette genügend belastet, um sicher auf dem größten Ritzel zu laufen.

**Vorgehen zur Einstellung der L-Stoppschraube:**

a. Schalten Sie nach erfolgter Synchronisierung die Kette bei 3-fach Kettenblättern auf das mittlere, bei 2-fach Kettenblättern auf das innere Kettenblatt.

b. Drehen Sie die Kurbel und schalten Sie das Schaltwerk vom zweiten auf das innerste Ritzel.

c. Wenn der Schaltvorgang einwandfrei funktioniert, schrauben Sie die L-Schraube um ½ Drehung hinein und wiederholen den Schaltvorgang. Wenn der Schaltvorgang immer noch akzeptabel funktioniert, drehen Sie die L-Schraube schrittweise so lange hinein, bis Symptome für eine zu knappe Einstellung auftreten, wie eine nicht (vollständig) auf das innerste Ritzel schaltende Kette, zögerlich schaltende Kette oder wenn die Kette auf dem innersten Ritzel laut klappert.

d. An diesem Punkt drehen Sie die L-Schraube um ¼ Drehung heraus, bis der Schaltvorgang wieder optimal verläuft. Überprüfen Sie außerdem den Kettenlauf auf dem innersten Ritzel.

e. Zur Überprüfung der L-Schraube halten Sie die Kurbel ruhig und drücken Sie den Schalthebel stark, während die Kette sich auf dem innersten Ritzel befindet. Der Schaltkäfig darf sich jetzt nicht weiter nach innen bewegen, sondern soll genau in dieser Position verbleiben.

### B-Einstellschraube

Nach Einstellung der L-Schraube prüfen Sie die B-Einstellschraube. Diese reguliert den Winkel des Schaltwerkkörpers („B" für Body). Schalten Sie die Kette jeweils auf das innerste Ritzel und Kettenblatt. Dadurch befinden sich Kettenführungsrolle und innerstes Ritzel in der engsten Position zueinander.

Bei gängigen Schaltwerken von Shimano® und SRAM® sitzt die B-Einstellschraube hinter der Befestigungsschraube (Abb. 10.63).

Prüfen Sie den Abstand zwischen Kettenführungsrolle und innerstem Ritzel. Wenn sie gegen das Ritzel stößt, drehen Sie die B-Einstellschraube stärker ein, damit die Rolle vom Ritzel entfernt wird. Wenn eine große Lücke zwischen Kettenführungsrolle und Ritzel besteht, drehen Sie die B-Einstellschraube entsprechend heraus, um den Abstand zu verringern.

ABB. 10.63

Position der B-Einstellschraube

Drehen Sie die Kurbel rückwärts, um die Position der Kettenführungsrolle zu prüfen und passen Sie bei Bedarf den Abstand erneut an. Die Führungsrolle verschleißt bei Kontakt mit dem Ritzel vorzeitig. Außerdem kann sich das Schaltwerk dann leicht beim Schalten verhaken.

Wenn die Kettenführungsrolle zu weit hinten positioniert ist, kann dies zu unpräzisem Schaltverhalten zwischen den einzelnen Ritzeln führen, weil die Entfernung zwischen Schaltwerk und Kassette zu groß ist.

Bei allen SRAM® Schaltwerken und einigen Modellen von Shimano® fehlt die Feder an der Rahmenbefestigungsschraube. Nur mithilfe der dahinter platzierten B-Einstellschraube wird der Abstand zwischen Kettenführungsrädchen und innerstem Ritzel eingestellt. Der Abstand soll ungefähr 6 mm betragen. Mit einem 6 mm Innensechskant können Sie den richtigen Abstand gut abschätzen (Abb. 10.64). Durch Eindrehen der B-Einstellschraube wird der Abstand zum Ritzel vergrößert, durch Herausdrehen verringert.

SRAM® 11- und 12-fach Offroad-Schaltwerke benötigen dagegen eine große Lücke von mindestens 16 mm (Abb. 10.65).

ABB. 10.64

Prüfen des Abstands zwischen Ritzel und Kettenleitrolle bei SRAM® und Shimano® Shadow Schaltwerken

ABB. 10.65

Justieren des Abstands zwischen Kettenleitrolle und Ritzel

## SCHALTWERKE MIT KETTENSTABILISATOR (CLUTCH)

Von Shimano®, SRAM®, Box® und MicroShift® gibt es Schaltwerke mit integriertem Kettenstabilisator. Traditionell sind die Schaltrollen im Käfig des Schaltwerks montiert. Dieser Schaltkäfig ist am Schaltwerkskörper beweglich gelagert. Eine Feder zieht die untere Kettenspannrolle nach hinten und hält die Kette unter Spannung. Wenn das Fahrrad jedoch durch eine Unebenheit erschüttert wird, zieht das Kettengewicht den Schaltwerkskäfig nach vorn, die Kette springt, schlägt dabei auf die Kettenstrebe und fällt manchmal sogar vom Kettenblatt ab.

Bei Clutch-Schaltwerken reduziert ein Stabilisator im unteren Gelenk des Schaltwerks die Vorwärtsbewegung des Schaltkäfigs und hält die Kette auch bei Unebenheiten unter Spannung.

Bei diesem Schaltwerkstyp ist die Demontage des Hinterrads schwieriger. Beim Shimano® Shadow Plus® RD wird die Stabilisierungsfunktion über einen kleinen Schalter am Gelenk geregelt. Die obere Position aktiviert den Stabilisator. Das Herunterziehen des Hebels deaktiviert ihn wieder (Abb. 10.66).

ABB. 10.66

Hebel zur Aktivierung der Stabilisierungsfunktion nach oben schieben

SRAM® und Box® Schaltwerke mit Stabilisator haben keine Aktivierungshebel. MicroShift® Modelle verfügen dagegen über einen Schaltknopf. Diese Schaltwerke werden wie herkömmliche justiert. Sie benötigen typischerweise höhere Schaltkräfte.

## KETTENLINIE

Die Kettenlinie bezeichnet das Verhältnis von Kettenblättern und Ritzeln zur Längsachse des Fahrrads (Abb. 10.67). So bedeutet zum Beispiel die Kettenlinie von 50 mm bei einem Tretlager und/oder Umwerfer, dass die optimale Funktionalität dieser Komponenten erreicht wird, wenn das mittlere Kettenblatt 50 mm von der Längsachse des Fahrrads entfernt positioniert ist.

ABB. 10.67

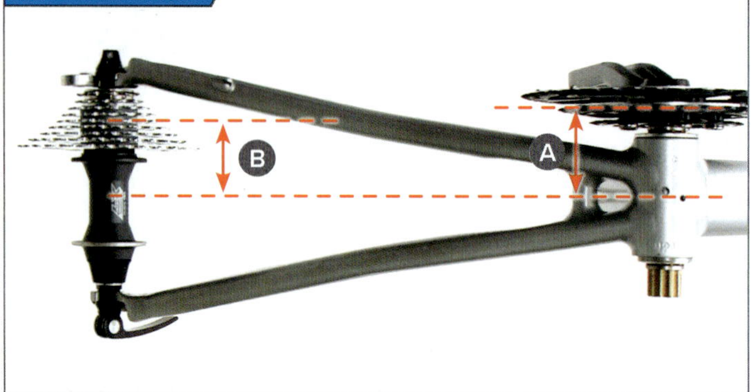


Kettenlinie im Verhältnis zur Längsachse des Fahrrads: (A) Abstand vom mittleren Kettenblatt zur Längsachse, (B) Abstand vom mittleren Ritzel zur Längsachse.

Die „effektive Kettenlinie" ist das Verhältnis von Kettenblättern und Ritzeln ohne Beachtung der Fahrradlängsachse. In Abb. 10.67 ist dies die Differenz von A zu B. Im Gegensatz zu diesem Beispiel sind die Abstände A und B nicht immer gleich. Beispielsweise beträgt der Abstand B bei den meisten Fahrrädern mit 3-fach Kettenblättern und 9-fach Ritzeln rund 45 mm. Der Abstand A schwankt bei 3-fach Kettenblättern je nach Hersteller zwischen 47 und 50 mm. In diesem Fall fluchten die Kettenblätter nicht exakt mit dem mittleren Ritzel.

Die Hersteller von Antriebskomponenten lassen im Allgemeinen nicht alle Gangkombinationen als nutzbar zu. Ein Fahrrad mit „27 Gängen" beispielsweise verfügt über drei Kettenblätter vorn und neun Ritzel hinten, für theoretisch 27 Gangkombinationen. Mit Sicherheit gibt es dabei einige Übersetzungen, die identisch oder sehr ähnlich sind. Außerdem ist es sehr wahrscheinlich, dass die Kette am mittleren Kettenblatt klappert, wenn sie auf dem inneren Kettenblatt und einem der drei äußeren Ritzeln läuft. Diese bauartbedingte Beschränkung lässt sich kaum vermeiden. Selbst wenn man die Kurbel durch eine längere Tretlagerachse nach außen versetzen würde, um diese Kombinationen nutzen zu können, gäbe es Probleme bei der Kombination von äußerem Kettenblatt und inneren Ritzeln.

„Überkreuz"-Kombinationen sollten Sie vermeiden. Hersteller von Antriebskomponenten machen dabei unterschiedliche Vorgaben. Grundsätzlich gilt, dass zumindest die Kombination von jeweils kleinstem Kettenblatt und Ritzel sowie größtem Kettenblatt und Ritzel nicht gefahren werden sollte. In der Praxis zeigt sich außerdem, welche Kombinationen nicht fahrbar sind.

Als Faustregel gilt: Wenn die jeweiligen Gänge gut schaltbar sind und keines der nachfolgenden Probleme auftaucht, ist die Kettenlinie in Ordnung:

- Kette springt vom äußeren Kettenblatt trotz korrekt justiertem Umwerfer.
- Kette läuft vom unteren Schaltwerkrädchen ab, ohne dass Schaltwerk oder Schaltwerkauge verbogen sind.
- Kette klappert auch in normalerweise fahrbaren Gängen an der Innenseite der Kettenblätter.
- Kette läuft vom inneren Kettenblatt ab trotz korrekt justiertem Umwerfer.
- Der Umwerfer kann bei sonst einwandfreiem Schaltverhalten das Überschalten der Kette nicht verhindern.

Die Kettenlinie kann durch Versetzen der Kettenblätter verändert werden. Dies geschieht am besten durch Tretlager mit unterschiedlichen Wellenlängen. Eine kürzere Welle bewegt die Kettenblätter nach innen, eine längere nach außen.

Bei einigen Modellen kann eine dünne Distanzscheibe unter der rechten Tretlagerschale montiert werden, um die Kettenblätter weiter nach außen zu versetzen. Allerdings kann dies nur begrenzt gemacht werden, da sonst zu wenig Gewinde für die Lagerschale verbleibt. Das Verringern des Abstands A ist nicht unbegrenzt möglich. Der Umwerfer hat einen begrenzten Schwenkbereich und spätestens, wenn die Kettenblätter am Rahmen scheuern, ist Schluss.

Zweiteilige Tretlager bieten nur geringe Veränderungen für die Kettenlinie. Manchmal können Distanzscheiben unter geschraubten Lageradaptern von einer auf die andere Seite getauscht werden.

Die Veränderung der Kettenlinie im Bereich der Ritzel ist ebenfalls sehr begrenzt. Der Freilaufkörper kann nicht seitlich auf der Nabe verschoben werden. Bei Naben mit Vollachse können manchmal Distanzscheiben unter den Achskontermuttern platziert werden, sodass sich die Position der Ritzel verschiebt. Wenn Sie Distanzscheiben von rechts nach links tauschen, achten Sie darauf, dass die Kette auf dem äußersten Ritzel nicht am Rahmen scheuert. Die Baubreite der Nabe im Hinterbau darf jedoch nicht verändert werden. Eine geänderte Achsposition verändert auch die Mittigkeit der Felge gegenüber der Nabe. Prüfen und korrigieren Sie das bei Bedarf.

Das Fahrrad ist für die Vorwärtsbewegung beim Kurbeln ausgelegt. Trotzdem wird bei verschiedenen Gelegenheiten die Kurbel auch rückwärts bewegt. Beim Vorwärtskurbeln wird die Kette über das obere Kettenleiträdchen zu den Ritzeln geführt. Beim Rückwärtskurbeln kommt die Kette von den relativ weit entfernten Kettenblättern zu den Ritzeln und kann dabei relativ leicht ablaufen oder einklemmen. Das kann bei Gangkombinationen mit relativ großem Kettenversatz sehr leicht passieren. Durch Verändern der Kettenlinie kann das Risiko eventuell minimiert werden, gleichzeitig aber andere Probleme verursachen, wie oben beschrieben.

## SCHALTAUGE: JUSTIERUNG & REPARATUR

Das hintere Schaltwerk wird am sogenannten „Schaltauge" am Fahrrad montiert. Dieses Schaltauge soll parallel zu den Ritzeln stehen. Ist dies nicht der Fall, sind Schaltprobleme vorprogrammiert (Abb. 10.68). Das Schaltauge kann zum Beispiel durch einen Sturz verbiegen oder wenn sich auf der Fahrt ein Gegenstand im Schaltwerk verfängt. Allerdings werden neue Fahrräder manchmal mit einem nicht optimal justierten Schaltauge ausgeliefert.

Oft ist es möglich, das Schaltauge einfach wieder gerade zu biegen. Denn dieses Bauteil wird beim Fahren und Schalten nur wenig belastet. Faustregel: Wenn das Schaltauge das Geradebiegen übersteht, kann damit auch weiter gefahren werden.

ABB. 10.68

Durch Sturz verbogenes Schaltauge

Zur Reparatur und Justierung verwenden Sie am besten ein Mess- und Richtwerkzeug für Schaltaugen wie das DAG-2.2. Dieses Werkzeug verlängert die Winkelung des Schaltauges und vergleicht sie mit der Felge. Wenn das Schaltauge auf die Felge ausgerichtet ist, fluchtet es automatisch mit den Ritzeln.

Austauschbare Schaltaugen können auch gerichtet werden (Abb. 10.69). Allerdings müssen Sie dabei vorsichtig vorgehen. Zunächst prüfen Sie die Passung des Schaltauges im Rahmen. Wenn es dort Spiel hat, kann sich die Ausrichtung von Schaltauge und Schaltwerk ungewollt verändern. Vor dem Messen und Richten sollten Sie daher die Verbindungsschrauben zwischen austauschbarem Schaltauge und Rahmen prüfen und bei Bedarf nachziehen.

ABB. 10.69

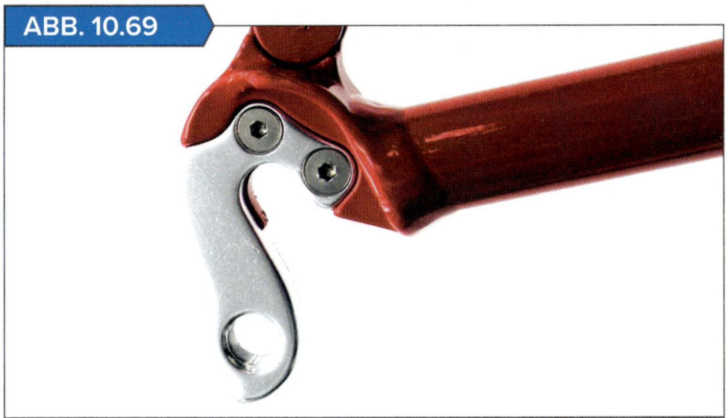

Austauschbare Schaltaugen auf sichere Befestigung im Rahmen prüfen

**Vorgehen zum Prüfen und Richten des Schaltauges:**

a. Platzieren Sie das Fahrrad in einem Montageständer so, als würde es auf ebenem Untergrund stehen.
b. Prüfen und korrigieren Sie bei Bedarf die Position des Hinterrads im Hinterbau.
c. Entfernen Sie das Schaltwerk aus dem Schaltauge und lassen Sie es am Schaltzug herabhängen. **Hinweis**: Wenn es sich um ein elektronisches Schaltwerk handelt, achten Sie darauf, das Kabel nicht zu beschädigen.
d. Montieren sie das DAG-2.2 im Schaltauge und drehen Sie den Griff fest. Wenn sich das Werkzeug nur schwer ins Gewinde des Schaltauges einschrauben lässt, reinigen Sie dieses und schneiden es bei Bedarf mit einem Gewindebohrer (M10 x 1) nach. Verwenden Sie das DAG-2.2 nicht zur Instandsetzung des Gewindes.
e. Schwenken Sie den Ausleger am Hinterrad in die 9 Uhr-Position. Drehen Sie das Laufrad, bis das Reifenventil bündig mit dem Ausleger ist und nutzen Sie es als Referenzpunkt beim Justieren des Schaltauges (Abb. 10.70). Dadurch kann ein möglicher Seitenschlag die Vermessung nicht verfälschen.

ABB. 10.70

Mit dem DAG-2.2 Maß nehmen in der 9 Uhr-Position

f. **Lösen Sie den Verschlussknopf des DAG-2.2, schieben Sie sie bis zur Felgenflanke und fixieren Sie den Knopf wieder.**
g. Schieben Sie die Abstandslehre in Richtung Nabe, bevor Sie den Ausleger weiterdrehen. So vermeiden Sie eine Beschädigung der Abstandslehre durch die Felge.
h. Drehen Sie DAG-2.2 und Reifenventil um 180° auf die 3 Uhr-Position und schieben Sie die Abstandslehre in Richtung Felgenflanke.
i. Es gibt drei mögliche Ergebnisse:
   1. Die Spitze der Abstandslehre berührt leicht die Felgenflanke oder die Lücke zwischen beiden ist geringer als 4 mm. Das Schaltauge ist horizontal ausgerichtet.
   2. Die Spitze der Abstandslehre ist mehr als 4 mm von der Felgenflanke entfernt. Das Schaltauge ist nicht ausgerichtet (Abb. 10.71) und muss justiert werden. Nutzen Sie einen 4 mm Innensechskant als Maß.

ABB. 10.71

Abstandslehre identifiziert ein verbogenes Schaltauge

   3. Die Spitze der Abstandslehre ragt in die Speichen hinein (Abb. 10.72) und zeigt die mangelhafte Ausrichtung des Schaltauges an. Richten Sie die Abstandslehre in der 3 Uhr-Position neu auf die Felgenflanke aus und schwenken Sie den Ausleger zurück in die 9 Uhr-Position. Diese Abweichung ist leichter korrigierbar.

ABB. 10.72

Abstandslehre jetzt neu auf die Felgenflanke ausrichten

j. Biegen Sie das Schaltauge mit Hilfe des DAG-2.2 etwas in die gewünschte Richtung und prüfen Sie die Lage der Abstandslehre in beiden Positionen. Platzieren Sie den Ausleger des DAG-2.2 zum Richten des Schaltauges neben der Kettenstrebe (Abb. 10.73). So können Sie die Kettenstrebe zur Abstützung beim Biegevorgang nutzen.

ABB. 10.73

Rahmen zur Abstützung beim Biegevorgang nutzen

k. Wiederholen Sie das Richten und Vermessen so lange, bis die Lücke zwischen Abstandslehre und Felgenflanke kleiner als 4 mm ist. Dieses Maß entspricht einer Abweichung des Schaltauges < 1 mm in Bezug auf die Ritzel. Verwenden Sie einen 4 mm Innensechskant als Maß.

l. Wenn die horizontale Ausrichtung abgeschlossen ist, setzen Sie die Vermessung mit der Überprüfung der vertikalen 6 Uhr- und 12 Uhr-Positionen fort.

m. Wenn hier die Abstände 4 mm überschreiten, setzen Sie das schrittweise Richten und Vermessen fort (Abb. 10.74). Wenn die Lücke jeweils unter 4 mm liegt, prüfen Sie nochmals den Abstand in der 9 Uhr-Position. Sobald drei Positionen im Abstand von 90° die 4 mm-Toleranz erfüllen, ist das Schaltauge vollständig ausgerichtet.

n. Entfernen Sie das Werkzeug und montieren Sie das Schaltwerk.

o. Prüfen Sie die Stoppschrauben sowie die Synchronisierung des Schaltwerks.

ABB. 10.74

Ein 4 mm Innensechskant dient als Toleranzmaß

Shimano® Shadow Schaltwerke verfügen über ein zusätzliches "B-Link", welches das Schaltwerk mit dem herkömmlichen Schaltauge verbindet. Dadurch entstehen zwei Verbindungspunkte, die überprüft werden müssen. Montieren Sie nach Prüfung des Schaltauges das Schaltwerk zunächst wieder. Lösen Sie den Korpus des Schaltwerks vom B-Link und prüfen Sie mit dem DAG-2.2 die Ausrichtung des B-Links (Abb. 10.75). So stellen Sie sicher, dass alle relevanten Komponenten justiert sind.

ABB. 10.75

Ausrichtung des B-Link zusätzlich zum Schaltauge prüfen

Schaltaugen haben normalerweise das Gewindemaß M10 x 1. Campagnolo® verwendet das Maß 10 x 26 tpi, das jedoch mit dem Standardgewindemaß kompatibel ist. Wenn sich das Schaltwerk nur mühsam montieren lässt, sollte das Gewinde nachgeschnitten werden. Schrauben Sie zur Überprüfung die Befestigungsschraube bis zum Anschlag in das Schaltauge. Wenn die Schraube fest sitzt und nicht im Gewinde hin und her rutscht, ist das Schaltauge noch brauchbar. Ist dies nicht mehr der Fall, kann ein geübter Mechaniker es mit einem Reparaturgewinde instand setzen (Abb. 10.76).

ABB. 10.76

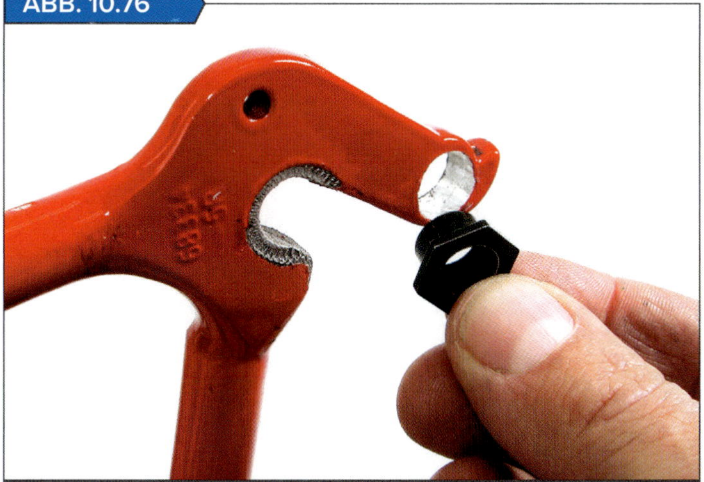

Reparatureinsatz für defektes Schaltauge

## KETTENSCHALTUNG: VERSCHLEISS & WARTUNG

Verschleiß bei Schaltwerk und Umwerfer zeigt sich in wachsendem Spiel der beweglichen Teile. Fassen Sie zur Überprüfung den Schaltwerkkäfig im unteren Bereich und bewegen Sie ihn von links nach rechts. Wenn das Spiel hier größer als 3 mm ist, tauschen Sie das Schaltwerk aus.

Ständiger Kontakt mit der Kette sorgt für Abnutzung der Schaltrollen. Verschlissene Rollen fassen nicht mehr richtig (Abb. 10.77). Sie können meist einzeln ausgetauscht werden.

ABB. 10.77

Schaltrollen im Vergleich: neu (links) gegen verschlissen (rechts)

Das Schaltwerk kann zur Reinigung abgebürstet und mit dünner Seifenlauge gereinigt werden. Lassen Sie keine Reinigungsflüssigkeit in die Gelenke gelangen, um das dort vorhandene Schmierfett nicht auszuwaschen. Einige Schaltwerke lassen sich zur Reinigung komplett demontieren. Die detaillierte Wartung von Schaltwerken wird in diesem Buch jedoch nicht behandelt.

Den Umwerfer können Sie zur Wartung mit Entfetter spülen, abtrocknen und an Feder und Gelenken mit dünnem Schmiermittel behandeln. Auch hier können im Laufe der Zeit die Gelenke Spiel bekommen. Fassen Sie den Schaltkäfig von hinten und bewegen Sie ihn seitlich hin und her. Wenn das Spiel im Vergleich zu einem neuen Umwerfer zu groß ist, sollten Sie ihn austauschen. Dies gilt auch für den Fall, dass der Käfig durch den häufigen Kontakt mit der Kette verschlissen oder verbogen ist. Für Umwerfer gibt es keine austauschbaren Teile, sie werden bei Bedarf komplett ausgetauscht.

TABELLE 10.1 *Troubleshooting*

| SYMPTOM | MÖGLICHE URSACHE | LÖSUNG |
|---|---|---|
| Kette springt in allen Gängen | Mäßige Synchronisierung | Schaltung neu synchronisieren |
| Insgesamt zögerliches Schaltverhalten | Erhöhte Reibung im Schaltzug | Schmieren und/oder Ersatz von Zug und Hülle |
| Zögerliches Herunterschalten auf innere Ritzel | Mäßige Synchronisierung + zu geringe Zugspannung (Rapid Rise™: wahrscheinlich zu hoch) | Zugspannung erhöhen (bei Rapid Rise™ verringern) |
| Zögerliches Heraufschalten auf äußere Ritzel | Mäßige Synchronisierung + zu hohe Zugspannung (Rapid Rise™: wahrscheinlich zu gering) | Zugspannung verringern (bei Rapid Rise™ erhöhen) |
| Kette springt unter Last nur auf bestimmten Ritzeln | Ritzel oder/und Kette ist/sind verschlissen | Ritzel und Kette prüfen + bei Bedarf austauschen |
| Kette läuft beim Schalten vom äußeren Kettenblatt ab | Umwerfer: H-Schraube zu weit oder mangelnde Parallelität | H-Schraube prüfen und justieren Parallelität prüfen und justieren |
| Kette läuft beim Schalten vom inneren Kettenblatt ab | Umwerfer: L-Schraube zu weit oder mangelnde Parallelität | L-Schraube prüfen und justieren Parallelität prüfen und justieren |
| Kette steigt zu langsam oder gar nicht auf das äußere Kettenblatt | Umwerfer: Zugspannung zu gering, H-Schraube zu eng und/oder mangelnde Parallelität | Prüfen und justieren von Synchronisierung, H-Schraube und Parallelität des Umwerfers |
| Kette schaltet zu langsam oder gar nicht auf das innere Kettenblatt | Umwerfer: Zugspannung zu hoch, L-Schraube zu eng und/oder mangelnde Parallelität | Prüfen und justieren von Synchronisierung, L-Schraube und Parallelität des Umwerfers |
| Kette steigt leicht auf das äußere Kettenblatt, schleift danach aber am äußeren Kettenleitblech | Zugspannung am Umwerfer zu gering | Zugspannung am Umwerfer erhöhen |
| Kette springt unter Last auf Kettenblatt | Kettenblatt verschlissen | Betroffenes Kettenblatt austauschen |

KAPITEL 11

# ELEKTRONISCHE KETTENSCHALTUNG

Bei elektronischen Schaltungen werden Motoren in Umwerfer und Schaltwerk von einem am Fahrrad befindlichen Akku mit Strom versorgt. Die Motoren bewegen die Kette auf die gewünschten Kettenblätter und Ritzel. Jeder Schalthebel verfügt über digitale Schalter, mit denen die Schaltkomponenten gesteuert werden. Es gibt Systeme mit und ohne Kabel zur Übertragung der Schaltsignale. Über Mikroprozessoren werden Umwerfer und Schaltwerk exakt über Kettenblättern und Ritzeln positioniert. Mit downloadbaren Apps der Hersteller lassen sich die Systeme individuell anpassen updaten und tracken.

## SHIMANO® DI2® DIGITAL INTEGRATED INTELLIGENCE

Das elektronische Schaltsystem Di2® von Shimano® ist in Road- und MTB-Modellgruppen lieferbar. Schaltung und Einstellung sind in beiden Segmenten identisch angelegt.

### SCHALTHEBEL

Die kombinierten Brems-/Schalthebel enthalten jeweils zwei elektronische Schalttaster (Abbildung 11.1). Der größere, mit „X" gekennzeichnete, schaltet auf die jeweils größeren Zahnräder, der dahinter platzierte, kleinere „Y"-Schalter auf die kleineren.

ABB. 11.1

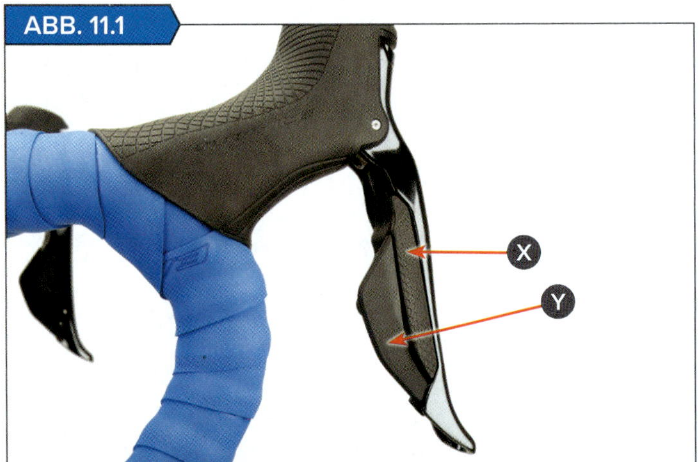


X- und Y-Taster am Bremshebel eines Rennlenkers

Die MTB-Versionen des Di2® Systems verfügen über Schalteinheiten für Standardlenker, die wie herkömmliche Schalthebel befestigt werden (Abb. 11.2). Die Stromkabel werden von den Schaltern zu den Steckeraufnahmen der vorderen „Kontaktbox" geführt. Durch Softwareanpassung ist es möglich, nur den rechten Schalter zur Bedienung von Umwerfer und Schaltwerk zu benutzen.

ABB. 11.2

Schalter für Standardlenker mit X- und Y-Taster

Die Road-Kontaktbox wird am Vorbau befestigt und dient zur Feinjustierung der Schaltung und zur Ladekontrolle des Akkus (Abb. 11.3). Ein Kabel führt zur hinteren Kontaktbox.

ABB. 11.3

Vordere Kontaktbox an der Unterseite des Vorbaus

Die MTB-Kontaktbox mit Display wird am Lenker montiert und zeigt aktuellen Gang, Akkuladung und Schaltmodus an (Abb. 11.4).

ABB. 11.4

MTB Di2 Kontaktbox mit Display für Gang, Ladung und Schaltmodus

Die hintere Kontaktbox sitzt typischerweise in einem Rahmenrohr und verbindet die Stromkabel von Akku, Umwerfer und Schaltwerk (Abb. 11.5).

ABB. 11.5

Im Rahmen installierte Kontaktbox

Die Stromkabel sind dünn und vorsichtig zu behandeln. Zum An- und Abstöpseln der Kabel von den Steckern ist das Shimano® Werkzeug TL-EW02™ empfehlenswert (Abb. 11.6).

ABB. 11.6

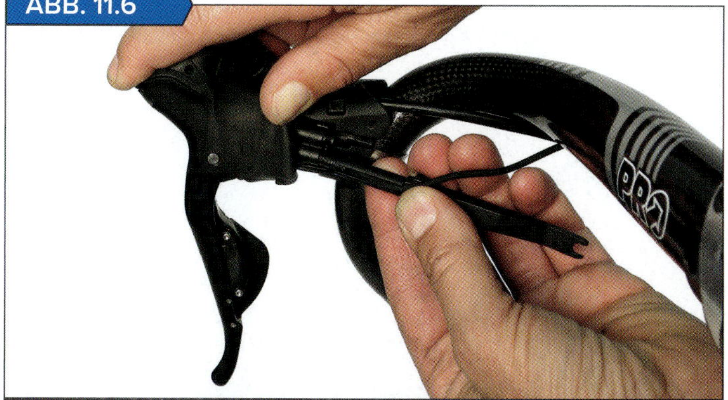

Verwenden des Shimano® Kabelwerkzeugs zum An- und Abstöpseln der Stromkabel

Prüfen Sie die Kabelverlegung und sichern Sie alle losen Kabelabschnitte mit Kabelbindern oder Klebeband gegen Kontakt mit hervorstehenden Objekten. Der Lenker muss frei drehbar sein und darf kein Kabel dabei einklemmen. Durchhängende Kabel sind unbedingt zu vermeiden, damit diese nicht festhängen, gezogen und beschädigt werden können.

## DI2® AKKU

Ein Lithium-Ionen Akku versorgt die Motoren mit Strom. Er kann intern in der Sattelstütze (Abb. 11.7) oder extern am Rahmen (Unterrohr, Tretlagerhülse) untergebracht werden.

ABB. 11.7

Interner Akku in der Sattelstütze

Shimano® bietet ein Ladegerät an, dass den Akku über die vordere Kontaktbox auflädt. Achten Sie auf eine seitliche Abdeckung, wo der Anschluss fürs Ladegerät sitzt. Externe Akkus werden zum Laden vom Fahrrad entfernt.

Die Nutzungsdauer einer Akkuladung hängt von Fahrbedingungen, Anzahl der Schaltvorgänge und dem Alter des Akkus ab. Unter günstigen Umständen hält eine Ladung ca. 1.500 Kilometer. Extrem kalte Temperaturen verkürzen die Haltbarkeit des Akkus. Rechnen Sie mit mindestens 90 Minuten Ladezeit.

Der Ladezustand des Akkus wird mithilfe der Schalter geprüft. Schalten Sie zunächst mit einem Y-Taster auf das kleinste Kettenblatt oder Ritzel. Drücken und halten Sie einen der Y-Schalter für ca. 2 Sekunden, bis die LED der vorderen Kontaktbox aufleuchtet (Abb. 11.8). Je nach Ladezustand leuchtet die LED unterschiedlich, wie in Tabelle 11.1 aufgeführt.

**TABELLE 11.1** *Di2® Ladestandanzeige*

| LEUCHTANZEIGE | GESCHÄTZTE RESTLADUNG |
|---|---|
| Grünes Dauerlicht | > 75 % |
| Grünes Blinklicht | 75–50 % |
| Rotes Dauerlicht | 49–25 % |
| Rotes Blinklicht | 24–1 % |
| Ohne | 0 |

ABB. 11.8

Y-Taster drücken und Ladestandanzeige beobachten

Wenn Sie das Fahrrad zwei Monate oder länger nicht benutzen, entfernen Sie den Akku und laden ihn gelegentlich auf.

## UMWERFER

Der Umwerfer wird wie mechanische Versionen montiert. Er verfügt über Stoppschrauben und bietet in der Road-Version eine Justierfunktion zur Parallelität (Abb. 11.9), die bei der Direct Mount-Ausführung fehlt.

ABB. 11.9

Umwerfer mit Justierschrauben: (A) Parallelität, (B) H-Stoppschraube, (C) Höhenanpassung

Der Schaltkäfig des Umwerfers kann zur Höheneinstellung über dem großen Kettenblatt problemlos mit der Hand nach außen gezogen werden. Lassen Sie ca. 2 mm Abstand zur Oberkante des Kettenblatts. Mit der Stützschraube wird die Parallelität des Schaltkäfigs bei Anlötsockelversionen hergestellt (Abb. 11.10). Die Schraube drückt gegen ein Schutzplättchen am Rahmen und biegt den Schaltkäfig von hinten gesehen nach rechts.

ABB. 11.10

Stützschraube zur Einstellung des Schaltkäfigwinkels bei einem Umwerfer mit Anlötsockelbefestigung

**Vorgehen zur Einstellung des Umwerfers:**

a. L-Schraube justieren. Schalten Sie auf kleines Kettenblatt und größtes Ritzel. Dadurch wird der Schaltkäfig automatisch nach innen getrimmt.

b. Drehen Sie die L-Schraube im Uhrzeigersinn und bewegen Sie den Schaltkäfig nach außen, bis seine Innenseite die Kette berührt. Dann lösen Sie die L-Schraube, bis eine Lücke von weniger als 0,5 mm zwischen Kette und innerem Kettenleitblech des Schaltkäfigs besteht.

c. H-Schraube justieren. Schalten Sie auf kleinstes Ritzel und großes Kettenblatt.

d. Drehen Sie die H-Schraube gegen den Uhrzeigersinn und bewegen Sie den Schaltkäfig nach innen, bis eine Lücke von nicht mehr als 1 mm zwischen Außenseite des Schaltkäfigs und Kette besteht (Abb. 11.11).

e. Bei Di2® Offroad-Umwerfern lösen Sie die Befestigungsschraube des Schaltkäfigs vor dem Umwerfer und justieren die H-Schraube. Lassen Sie maximal 0,5 mm Lücke zwischen Kette und äußerem Kettenleitblech (Abb. 11.12).

f. Testen Sie das Schaltverhalten. Wenn der Schaltvorgang zu lange dauert, prüfen Sie Höhenanpassung, Parallelität und Schwenkbereich erneut.

ABB. 11.11

Lücke zwischen Kette und Schaltkäfig beim Justieren der H-Schraube

ABB. 11.12

Umwerfer mit 0,5 mm Lücke positionieren , nach Öffnen des Schaltkäfigs an der vorderen Befestigungsschraube

## SCHALTWERK

Das Schaltwerk wird ganz normal in das Schaltauge geschraubt. Für die einwandfreie Funktion des elektronisches Schaltwerks ist die parallele Ausrichtung des Schaltauges entscheidend. Prüfen Sie diese mit dem DAG-2.2 Mess- und Richtwerkzeug.

Die Synchronisierung des Schaltwerks ist beim Di2® System besonders. Bei mechanischen Schaltungen geschieht dies durch Anpassung der Zugspannung über die Einstellschraube, was die Zughüllen effektiv verkürzt oder verlängert. Dadurch wird die Kettenleitrolle unter den Ritzeln leicht seitlich bewegt und behält diese relative Position für alle Schaltschritte bei.

Bei Di2® Systemen wird die Synchronisierung der Schaltung über den Schaltmodusschalter der vorderen Kontaktbox gestartet. Im Justiermodus verschieben Sie mit den Tastern des rechten Brems-/Schalthebels das Schaltwerk um minimale Abstände. Jedes Drücken auf den X-Taster verschiebt die Kettenleitrolle um ca. 0,2 mm nach innen. Drücken des Y-Tasters bewegt sie um denselben Abstand nach außen. Mit den Schaltern wird das Schaltwerk exakt auf die Ritzel ausgerichtet.

Das Di2® Schaltwerk bewegt den Schaltkäfig mit dem Motor unter den Ritzeln. Zusätzlich wird über die Stoppschrauben der Schwenkbereich festgelegt. Die H-Schraube begrenzt den Schwenkbereich außen, die L-Schraube innen.

Die B-Einstellschraube wird genau wie bei einem mechanischen Schaltwerk justiert. Steigern oder verringern Sie die Spannung nach Bedarf, bis die Kettenleitrolle möglichst nah unter dem innersten Ritzel positioniert ist, wenn die Kette sich auf dem inneren Kettenblatt befindet. Drehen Sie die Kurbel rückwärts und achten Sie auf den Kontakt zwischen Ritzel und Kettenleitrolle. Ziehen Sie die B-Einstellschraube an, bis der Abstand akzeptabel ist.

ABB. 11.13

Zum Justieren des Schaltwerks auf mittleres Ritzel schalten

**Vorgehen zur Synchronisierung des Schaltwerks:**

a. Schalten Sie die Kette auf ein mittleres Ritzel (Abb. 11.13).

b. Wechseln Sie durch Knopfdruck an der vorderen Kontaktbox in den Justiermodus. Achten Sie auf das Leuchten der roten LED (Abb. 11.14). Bei Di2® für MTB halten Sie den Knopf bis zur Anzeige des Justiermodus (Abb. 11.15). Das System bleibt für ca. 60 Sekunden in diesem Modus. (**Hinweis:** Drücken des Knopfschalters für mehrere Sekunden setzt das Schaltwerk aus dem „Sicherheitsmodus" zurück und endet mit einem akustischen Signal).

ABB. 11.14

Ein Knopfdruck an der Kontaktbox aktiviert den Justiermodus

ABB. 11.15

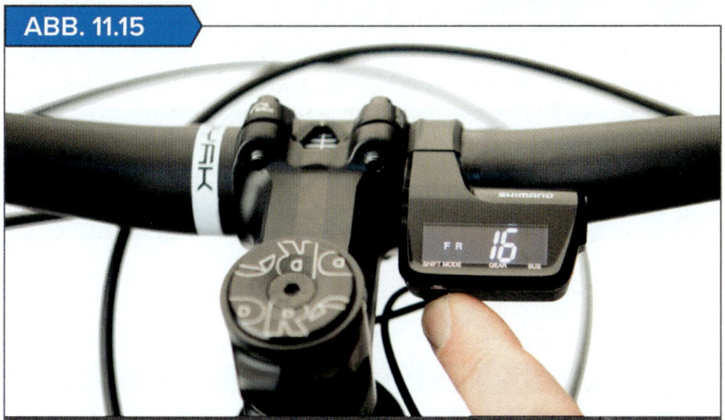

Schaltmodusknopf an Display von MTB Di2® gedrückt halten

c. Drehen Sie die Kurbel zum Schalten und beobachten Sie die Kettenleitrolle unter den Ritzeln. Drücken Sie zum Verschieben der Rolle nach innen wiederholt den X-Taster, bis Sie die Kette am nächsten inneren Ritzel klappern hören (Abb. 11.16). Dies signalisiert, dass die Rolle zu weit innen positioniert ist. Drücken Sie den Y-Taster ca. 4-mal oder bis das Kettenklappern wieder verstummt ist.

ABB. 11.16

Schaltwerk im Justiermodus so weit nach innen verschieben, bis die Kette zu klappern beginnt

d. Drücken Sie den Knopf zum Beenden des Justiermodus an der vorderen Kontaktbox. Das Fahrrad befindet sich jetzt im Schaltmodus und Sie können alle Gänge schalten. Kehren Sie bei Bedarf in den Justiermodus zum Feinjustieren eines speziellen Gangs zurück. Wie bei mechanischen Systemen müssen manchmal verschiedene Positionen nachgestellt werden , um eine für alle Gänge passende Justierung zu finden.

e. L-Schraube justieren: Schalten Sie das Schaltwerk auf das größte Ritzel. Drehen Sie die L-Schraube fest, um diese Einstellung zu sichern (Abb. 11.17). Prüfen Sie diese Einstellung durch das Schalten zwischen den beiden größten Ritzeln. Wenn die Kette zu langsam auf das größte Ritzel schaltet oder dort nicht bleibt, lösen Sie die L-Schraube um ¼ Drehung und versuchen es erneut.

ABB. 11.17

L-Schraube bis zum ersten Kontakt mit dem Korpus eindrehen

f. H-Schraube justieren: Schalten Sie auf das kleinste Ritzel. Sichern Sie diese Einstellung mit der H-Schraube und drehen Sie sie um ½ Drehung heraus. Diese lose H-Stoppeinstellung erlaubt leichtes Überschalten, das in der Elektronik berücksichtigt wurde. Testen Sie diese Einstellung durch Schalten zwischen den beiden kleinsten Ritzeln.

Die Di2® Offroad-Versionen nutzen überwiegend dieselben Justierschritte. Schaltmuster und -sequenz können über das Display sowie die Di2® App modifiziert werden. Im Justiermodus kann der Schaltkäfig in 16 Schritten nach innen und außen bewegt werden. Dies ist wie beim Justieren der Zugeinstellschraube am mechanischen Schaltwerk. Die Schritte werden im Justiermodus auf dem Display angezeigt. Wenn ein Umwerfer verwendet wird, kann der linke Schalter demontiert werden, da die Software für die Schaltsequenz eigenständig zwischen den Kettenblättern schaltet.

### DI2® CRASH FUNKTION

Das Schaltwerk besitzt eine eingebaute Schutzfunktion für Unfälle. Bei einem Aufprall öffnet die Verbindung zwischen Motor und Parallelogramm und das Schaltwerk wird deaktiviert. Diese Maßnahme soll das System im Falle eines Überschlags schützen. Zum Zurücksetzen des Systems drücken Sie den Knopfschalter der vorderen Kontaktbox für mindestens 5 Sekunden. Prüfen Sie das Schaltverhalten und justieren Sie das Schaltwerk bei Bedarf. Wenn die Einstellung deutlich abweicht, ist das ein Hinweis auf ein verbogenes Schaltauge. Prüfen Sie das Schaltauge im Zweifel mit dem DAG-2.2 von Park Tool.

### SRAM® ETAP®

Das elektronische Schaltsystem SRAM® eTap® verwendet nur kabellose Technologie zur Kommunikation zwischen den Schaltkomponenten. Die Schalter nutzen austauschbare Li-Ion Knopfzellen, während Umwerfer und Schaltwerk mit aufladbaren Akkus ausgestattet sind. Das Schaltwerk hat einen eingebauten Beschleunigungsmesser zur Aktivierung des Systems bei Bewegung. Es gibt keinen Ein-/Ausschalter.

Beachten Sie, dass weder Umwerfer noch Schaltwerk von Hand bewegt werden dürfen. Dies muss ausschließlich über die Funktionsknöpfe oder Schaltwippen erfolgen.

Die Komponenten müssen miteinander gekoppelt werden, damit sie funktionsfähig sind. Bei einem neuen Fahrrad sollte das bereits der Fall sein. Wenn jedoch Komponenten ersetzt werden, müssen diese neu gekoppelt werden. Informationen dazu finden Sie auf www.parktool.com/repair-help.

### BREMS-/SCHALTHEBEL

eTap® Brems-/Schalthebel werden wie herkömmliche Versionen am Lenker montiert. In jedem Hebelkorpus befindet sich auf der Innenseite eine CR2032 Knopfzelle unter einer mit drei Schrauben gesicherten Abdeckung. Ziehen Sie die Gummihülle von vorn nach hinten, um die vordere Schraube zu lösen, anschließend die Hülle von hinten nach vorn für die beiden hinteren Schrauben. Entfernen Sie die Abdeckung für den Austausch der Knopfzelle (Abb. 11.18). Platzieren Sie Abdeckung und Schrauben wieder auf dem Korpus. Der Batteriewechsel hat keinen Einfluss auf die Kopplung der Komponenten.

An jedem Brems-/Schalthebel befindet sich eine Schaltwippe. Mit der rechten wird das Schaltwerk nach außen bewegt, mit der linken nach innen. Das gleichzeitige Betätigen beider Schaltwippen bewegt die Kette auf den Kettenblättern. Auf der Innenseite der Schaltwippen befinden sich jeweils ein kleiner Funktionsknopf und eine Status-LED (Abb. 11.19). Diese werden für Einrichtung und Justierung des Systems benötigt. Umwerfer und Schaltwerk verfügen ebenfalls über diese Ausstattung. Die Status-LEDs leuchten bei jedem empfangenen Schaltsignal auf.

ABB. 11.18

Batterie sitzt unter der Abdeckung auf der Innenseite

ABB. 11.19

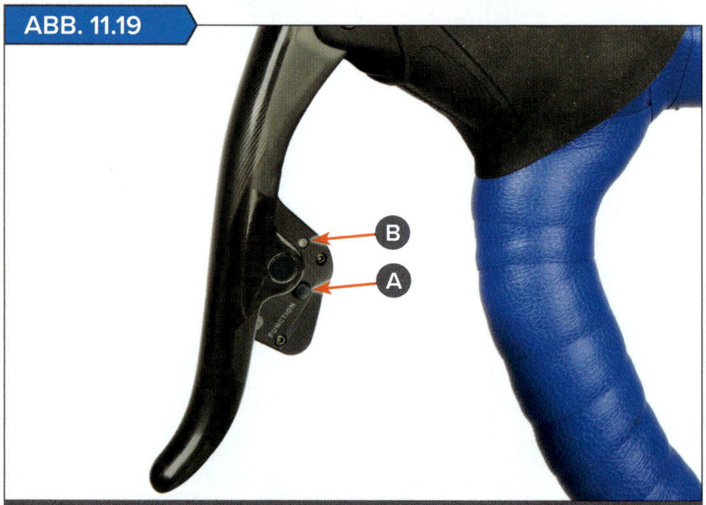


(A) Funktionsknopf und (B) Status-LED

### BATTERIEN & AKKUS

Die Motoren von Schaltwerk und Umwerfer benötigen jeweils ein Akkupack, die untereinander austauschbar sind. Für den Fall, dass unterwegs ein Akku leer läuft, kann getauscht oder ein Ersatzpack montiert werden (Abb. 11.20).

Zur Prüfung der Akkuladung von Umwerfer bzw. Schaltwerk drücken Sie den entsprechenden Funktionsknopf. Die LED zeigt für 1-2 Sekunden den aktuellen Status an. Siehe Tabelle 11.2.

**TABELLE 11.2** *eTap® Ladestandanzeige*

| LEUCHTANZEIGE | GESCHÄTZTE RESTLADUNG (H) |
|---|---|
| *Schaltwerk* | |
| Grün | 15–60 |
| Rot | 6–15 |
| Rotes Blinklicht | < 6 |
| *Umwerfer* | |
| Grün | 22–90 |
| Rot | 9–22 |
| Rotes Blinklicht | < 9 |

Entfernen Sie den Akku, indem Sie ihn bei geöffnetem Sicherungsverschluss aus der Aufnahme ziehen. Nach erfolgter Aufladung im eTap® Ladegerät montieren Sie den Akku wieder.

ABB. 11.20

Montage des Akkus im Schaltwerk

## UMWERFER

Das Betätigen beider Schaltwippen zum Schalten des Umwerfers und das gleichzeitige Kurbeln ist bei einem Fahrrad im Montageständer praktisch unmöglich. Drücken Sie in diesem Fall einfach den Funktionsknopf vorn am Umwerfer (Abb. 11.21)

ABB. 11.21

Nutzen Sie den vorderen Funktionsknopf am Umwerfer, solange sich das Fahrrad im Montageständer befindet

Der Umwerfer wird justiert, während er sich über dem äußeren Kettenblatt befindet. Die Höhe wird wie bei anderen Umwerfern auf 1-2 mm über den Zähnen eingestellt. Mithilfe von Markierungen vorn und hinten am Schaltkäfig wird die Parallelität des Umwerfers zum äußeren Kettenblatt hergestellt. Der Umwerfer basiert auf der SRAM® Yaw™-Technologie.

Beim Justieren der H-Stoppschraube muss sich der Schaltkäfig über dem äußeren Kettenblatt befinden, sonst kann der Umwerfer beschädigt werden. Die Stoppschrauben von eTap® Umwerfern kann man sich besser als Positionsschrauben vorstellen, da es keine Federspannung gibt. Die obere Schraube definiert die Käfigposition für das äußere, die untere für das innere Kettenblatt (Abb. 11.22).

ABB. 11.22

Positionsschrauben für Schaltkäfig: (A) H-Schraube und (B) L-Schraube

**Vorgehen zur Einstellung des Umwerfers:**

a. Mit der Kette auf dem äußersten Ritzel schalten Sie auf das äußere Kettenblatt. Prüfen Sie den Abstand zwischen äußerem Kettenleitblech und Kette.
b. Justieren Sie den Schaltkäfig mit der oberen Positionsschraube. Drehen im Uhrzeigersinn bewegt ihn nach innen, gegen den Uhrzeigersinn nach außen. Stellen Sie eine Lücke von ca. 0,5 mm ein.
c. Schalten Sie anschließend per Funktionsknopf den Umwerfer auf das innere Kettenblatt und mit der Schaltwippe auf das innerste Ritzel.
d. Stellen Sie mit der unteren Positionsschraube eine Lücke von 0,5 mm zwischen innerem Kettenleitblech und Kette ein. Drehen im Uhrzeigersinn bewegt den Schaltkäfig nach außen, gegen den Uhrzeigersinn nach innen.

Es gibt keine manuelle Justierung für das Trimmen des Umwerfers per Schaltwippe. Das Trimmen erfolgt automatisch durch den Prozessor in Abhängigkeit vom gewählten Ritzel.

## SCHALTWERK

Die Einstellung des Schaltwerks erfolgt im Justiermodus, der durch längeres Drücken des Funktionsknopfs an einer Schaltwippe aktiviert wird. Mit dem Knopf an der linken Wippe wird die Kettenleitrolle nach außen (von den Speichen weg) bewegt, mit dem der rechten Schaltwippe nach innen.

**Vorgehen zur Einstellung des Schaltwerks:**

a. Beginnen Sie mit der Kette entweder auf dem innersten oder äußersten Ritzel. Drücken Sie die Schaltwippe wie bei einer mechanischen Schaltung ein paar Mal, um sicherzustellen, dass Schaltwippe und Schaltwerk im gleichen Gang sind.
b. Prüfen Sie die Position der Kettenleitrolle unter dem Ritzel. Wenn sie eindeutig nicht ausgerichtet ist, muss das Schaltwerk justiert werden.
c. Halten Sie zum Feinjustieren der Kettenleitrolle den Funktionsknopf der entsprechenden Schaltwippe gedrückt. Achten Sie auf das Aufleuchten der benachbarten LED.
d. Halten Sie den Knopf gedrückt, während Sie die Schaltwippe mit mindestens vier Klicks bewegen. Beobachten Sie dabei die LED am Schaltwerk, die durch Aufleuchten das

Schaltsignal bestätigt. Jeder Klick bewegt das Schaltwerk um ca. 0,2 mm. Es sind mehr als 20 Klicks pro Gangposition möglich, was die Bewegung der Kettenleitrolle über den Abstand von zwei Ritzeln hinaus ermöglicht.

e. Lösen Sie den Funktionsknopf und testen Sie die Einstellung durch Hin- und Herschalten zum nächsten Ritzel. Wenn die Kette am nächstgrößeren Ritzel klappert, muss die Kettenrolle leicht nach außen justiert werden. Verwenden Sie den Funktionsknopf der rechten Schaltwippe zur Positionskorrektur.

f. Lösen Sie den Funktionsknopf und testen Sie diese Einstellung durch Schalten zwischen allen Ritzeln. Achten Sie auf Klappergeräusche und Synchronisierungsprobleme. Feinjustieren Sie weiter, sofern erforderlich.

Das Schaltwerk verfügt über Stoppschrauben wie herkömmliche mechanische Modelle. Drehen Sie die L-Schraube bis zum leichten Kontakt mit dem Schaltwerkkorpus, während die Kette auf das innerste Ritzel geschaltet ist (Abb. 11.23).

Schalten Sie die Kette auf das äußerste Ritzel und drehen Sie die H-Schraube bis zum leichten Kontakt mit dem Schaltwerkkorpus ein.

ABB. 11.23

L-Schraube eindrehen mit Kette auf dem innersten Ritzel

## FSA® K-FORCE® WE®

Die elektronische Schaltung von FSA® kombiniert verkabelte und kabellose Kommunikation zwischen ihren Komponenten. Beide Schalthebel interagieren mit einem im Umwerfer untergebrachten Prozessor. Ein in der Sattelstütze platzierter Li-Ion-Akku versorgt Umwerfer und Schaltwerk über Kabel mit Energie. Die Kabelverbindung überträgt außerdem die Schaltsignale vom Prozessor im Umwerfer aufs Schaltwerk. Das System wird über einen Schalter aktiviert und schaltet sich automatisch nach einer Stunde Inaktivität ab. Über die K-Force® WE® App kann dieser Zeitraum modifiziert werden. Die App ist unter www.fullspeedahead.com verfügbar und bietet auch Hilfestellung bei Problemen.

### BREMS-/SCHALTHEBEL

Die Brems-/Schalthebel werden auf herkömmliche Weise am Lenker montiert. Die Bremshebel verfügen über integrierte, zweigeteilte Schaltwippen. In der Werkseinstellung schaltet die rechte das Schaltwerk und die linke den Umwerfer. Mit den unteren Teilen der Schaltwippen wird die Kette auf jeweils kleineres Ritzel und Kettenblatt bewegt, die oberen Teile schalten die Kette entsprechend auf größeres Ritzel und Kettenblatt (Abb. 11.24). Dieses Schaltmuster entspricht dem der klassischen mechanischen Kettenschaltung. Allerdings ermöglicht die K-Force® WE® App verschiedene individuelle Anpassungen der Schaltsystematik. Die nachfolgend beschriebenen Vorgehensweisen legen die Werkseinstellungen zugrunde. Wenn Sie das vorgegebene Schaltmuster geändert haben, verwenden Sie diejenige Schaltwippe zur Justierung, die das Schaltwerk bewegt.

Je eine CR2032 Knopfzelle befindet sich in jedem Brems-/Schalthebelkorpus. Sie werden nur beim Betätigen der Schaltwippen beansprucht. Drehen Sie zum Austausch der Batterien das Fahrrad über Kopf und ziehen Sie die Gummihülle nach vorn ab, um die Batterieabdeckung freizulegen. Mit einem Kreuzschlitzschraubendreher #0 lösen Sie die Sicherungsschraube. Ziehen Sie die Abdeckung von vorn, heben Sie sie nach hinten und oben ab, damit die Batterie zugänglich ist (Abb. 11.25)

ABB. 11.24

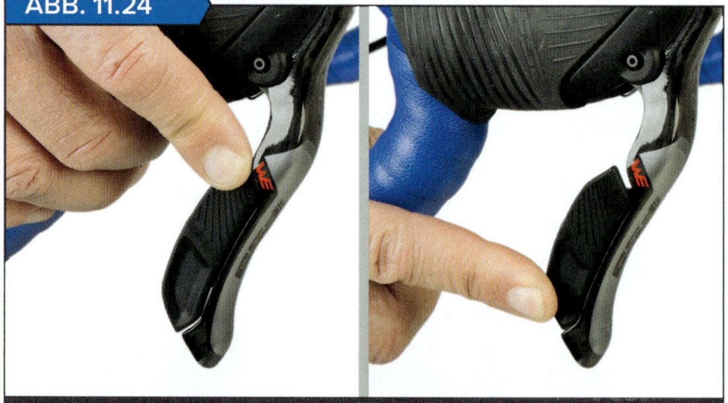


Geteilte Schaltwippe für Auf- und Abwärtschalten

ABB. 11.25

Batteriefach auf der Unterseite des Brems-/Schalthebelkorpus

Achten Sie darauf, weder die Sicherungsschraube noch den kleinen Reset-Knopf in der Abdeckung zu verlieren. Mit einem kleinen Schlitzschraubendreher können Sie die Batterie vorsichtig heraushebeln. Installieren Sie eine neue Batterie und setzen Sie die Abdeckung mit Resetknopf und Schraube ein.

### AKKU

Der Akku für die Energieversorgung von Umwerfer und Schaltwerk wird in der Sattelstütze platziert. Zwei identische Kabel am Ende werden in Schaltwerk und Umwerfer gestöpselt. Ein vollständig geladener Akku sollte für 4-6.000 Fahrkilometer reichen. Der Ladezustand kann per K-Force® WE® App oder LED-Anzeigen am Umwerfer geprüft werden. Halten Sie den POWER-Knopf gedrückt bis beide LEDs blinken und beobachten Sie die blinkende LED am Schaltwerk. Beachten Sie Tabelle 11.3.

**TABELLE 11.3** *K-Force® WE® Ladestandanzeige*

| LEUCHTANZEIGE | GESCHÄTZTE RESTLADUNG |
|---|---|
| Blau | > 75 % |
| Grün | 75–50 % |
| Gelb | 50–25 % |
| Rotes Blinklicht | < 25 % |

Bevor der Akku geladen wird, muss das System deaktiviert werden. Lösen Sie die Klemmschraube am Kabelstecker mit einem Innensechskant bevor Sie den Stecker (nicht das Kabel!) nach oben abziehen und in das K-Force® WE® Ladegerät stecken. Eine grüne LED signalisiert die vollständige Ladung.

## UMWERFER

Der Umwerfer wird wie herkömmliche Versionen in Hinblick auf Höhe und Parallelität montiert. Das Stromkabel wird mit Stecker und Klemmschraube im Korpus verbunden.

Es befinden sich zwei Funktionsknöpfe auf dem Umwerferkorpus gepaart mit je einer LED. Der vordere aktiviert das System. Halten Sie ihn gedrückt bis beide LEDs kurz blau aufleuchten. Die hintere LED wird gelegentlich blinken, um Systemaktivität und Fahrbereitschaft anzuzeigen.

Der hintere Bedienknopf wird im SET-Modus benötigt, um die Schalthebel mit Umwerfer und Schaltwerk zu koppeln (Abb. 11.26). Der Schwenkbereich des Umwerfers wird elektronisch im Rahmen des Justiervorgangs gesteuert.

ABB. 11.26

Funktionsknöpfe und LEDs am Umwerfer

## SCHALTWERK

Das Schaltwerk wird wie herkömmliche Modelle montiert. Das Stromkabel wird mit Stecker und Klemmschraube am Korpus verbunden (Abb. 11.27). Lösen Sie diese Schraube immer, bevor Sie den Stecker ziehen.

ABB. 11.27

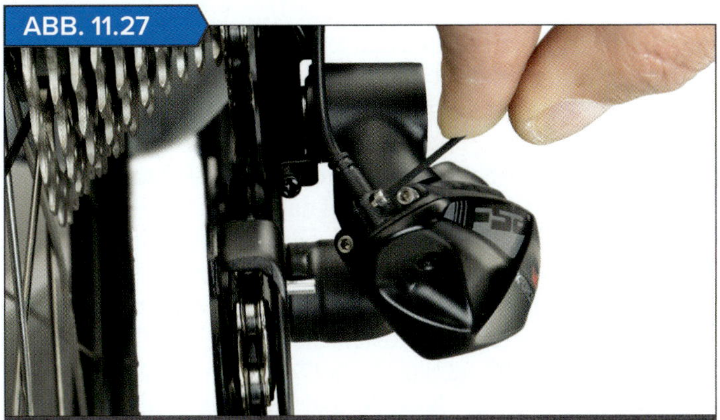

Kabelklemmschraube am Schaltwerk

## EINSTELLUNG VON UMWERFER & SCHALTWERK

Die Schaltung wird nach der Kopplung der Komponenten justiert, welche die Kommunikation zwischen Schalthebeln und Prozessor aktiviert. Wenn die jeweiligen Schaltwippen Umwerfer und Schaltwerk bewegen, ist die Kopplung bereits erfolgt. Die Kopplung ist in der Regel nur bei Nachrüstung oder Austausch von Komponenten erforderlich. Die Kopplung wird nicht hier, sondern auf www.parktool.com behandelt. Der Austausch der Knopfzellen in den Schalthebeln macht keine Kopplung erforderlich.

Schaltwerk und Umwerfer werden im SET-Modus ähnlich dem Verfahren mechanischer Schaltungssynchronisation justiert. Dabei bewegt die Schaltwippe für das Schaltwerk bei der Anpassung auch den Umwerfer in Mikroschritten.

Die Kette muss sich bei beiden Justiervorgängen jeweils auf dem sechsten Ritzel befinden. Der Prozessor passt alle weiteren Einstellungen auf Basis dieser Grundeinstellung an. Auch der Schwenkbereich des Umwerfers wird aus dieser Kettenposition heraus bestimmt und der Prozessor bewegt den Umwerferkäfig automatisch entsprechend der gewählten Ritzel.

**Vorgehen zur Einstellung des Umwerfers:**

a. Aktivieren Sie das System über den POWER-Knopf.
b. Schalten Sie das Schaltwerk auf das sechste Ritzel.
c. Schalten Sie den Umwerfer auf das innere Kettenblatt.
d. Halten Sie den SET-Knopf für ca. 2 Sekunden gedrückt bis beide LEDs grün blinken. Umwerfer und Schaltwerk befinden sich jetzt im SET-Modus bis der Prozessor das Signal erhält, welchen von beiden Sie justieren.
e. Signalisieren Sie die Einstellung des Umwerfers durch einmaliges Tippen der entsprechenden Schaltwippe. Drücken Sie die Schaltwippe seitlich, um den Umwerfer über dem inneren Kettenblatt zu fixieren.

   **Hinweis:** Die Feinjustierung des Umwerfers erfolgt mit der Schaltwippe fürs Schaltwerk. Versuchen Sie nicht, die vordere Schaltwippe zum Einstellen zu benutzen.

f. Justieren Sie den Umwerferkäfig mit der hinteren Schaltwippe so, dass zwischen Innenseite der Kette und innerem Kettenleitblech eine Lücke von 0,5-1 mm besteht.

g. Schalten Sie noch im SET-Modus mit der vorderen Schaltwippe auf das äußere Kettenblatt.
h. Stellen Sie mit der hinteren Schaltwippe eine Lücke von 0,5-1 mm zwischen Kette und äußerem Kettenleitblech ein.
i. Halten Sie den SET-Knopf gedrückt bis beide LEDs blinken. Dadurch wird die Einstellung des Umwerfers gespeichert.
j. Bewegen Sie die Kurbel und testen Sie die Einstellung.

Der Umwerfer benötigt durch die Funktionalität des Prozessors keine separaten Stoppschrauben.

**Vorgehen zur Einstellung des Schaltwerks:**

a. Aktivieren Sie das System über den POWER-Knopf.
b. Schalten Sie den Umwerfer auf das innere Kettenblatt.
c. Schalten Sie das Schaltwerk auf das sechste Ritzel (vom äußersten Ritzel ausgehend). Wenn die Kette das sechste Ritzel nicht erreicht, machen Sie im SET-Modus weiter und feinjustieren Sie die Kette auf das sechste Ritzel.
d. Halten Sie den SET-Knopf für ca. 2 Sekunden gedrückt bis beide LEDs grün blinken. Umwerfer und Schaltwerk befinden sich jetzt im SET-Modus bis der Prozessor das Signal erhält, welche der beiden Komponenten Sie justieren.
e. Betätigen Sie die hintere Schaltwippe zum Feinjustieren des Schaltwerks.
f. Fahren Sie mit der Feinjustierung fort, bis die Kettenleitrolle direkt unter dem sechsten Ritzel positioniert ist. Drehen Sie die Kurbel, um eventuelles Klappern der Kette gegen das siebte Ritzel zu identifizieren.
g. Halten Sie den SET-Knopf gedrückt bis beide LEDs blinken. Dadurch wird die Einstellung des Schaltwerks gespeichert.

## STOPPSCHRAUBEN AM SCHALTWERK

Die Stoppschrauben dienen als Schutz vor dem Schlagen der Kette gegen Laufrad, Speichen oder Rahmen (Abb. 11.28). Der Schwenkbereich wird nach Einstellung der Schaltung justiert und verhindert das Ablaufen der Kette.

**Vorgehen zur Einstellung der Stoppschrauben:**

a. Schalten Sie das Schaltwerk auf das äußerste Ritzel und lokalisieren Sie die H-Stoppschraube. Drehen Sie die H-Schraube im Uhrzeigersinn bis Sie den Kontakt zum Schaltwerkkorpus spüren oder sehen, wie sich der Schaltkäfig nach innen bewegt. Lösen Sie die Schraube an diesem Punkt um ½Drehung.
b. Schalten Sie das Schaltwerk auf das innerste Ritzel und lokalisieren Sie die L-Stoppschraube. Drehen Sie die L-Schraube im Uhrzeigersinn bis Sie den Kontakt am Schaltwerkkorpus spüren oder sehen, wie sich der Schaltkäfig nach außen bewegt. Lösen Sie die Schraube an diesem Punkt um ½ Drehung.
c. Schalten Sie mehrfach auf äußerstes und innerstes Ritzel.

ABB. 11.28

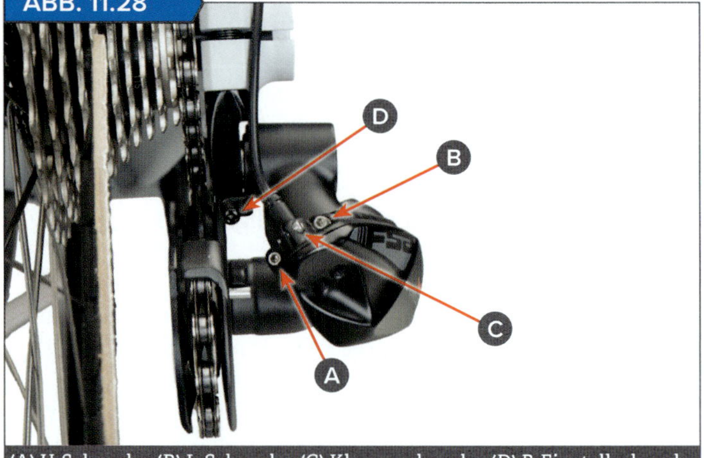


(A) H-Schraube, (B) L-Schraube, (C) Klemmschraube, (D) B-Einstellschraube

## B-EINSTELLSCHRAUBE

Die B-Einstellschraube beim K-Force® WE® Schaltwerk wird wie bei herkömmlichen Modellen justiert. Die Kettenleitrolle soll so nah am innersten Ritzel positioniert werden wie möglich, ohne dass es zum Kontakt kommt.

## TROUBLESHOOTING

Die Möglichkeiten zur Problembehandlung bei elektronischen Schaltungen sind je nach Hersteller sehr unterschiedlich. Schauen Sie im Benutzerhandbuch Ihrer Schaltung oder der Website des Herstellers zur Unterstützung bei Problemen nach.

KAPITEL 12

# NABENSCHALTUNG

Nabenschaltungen ermöglichen verschiedene Übersetzungen ohne Kettenschaltwerk oder -umwerfer. Sie verfügen jeweils über ein innen liegendes „Planetengetriebe".

Das zentrale „Sonnenrad" sitzt auf der Nabenachse und ist mit außen liegenden „Planetenrädern" verbunden. Diese Räder sind im „Planetenträger" befestigt, der die Nabenhülse antreibt. Die verschiedenen Kombinationen von Sonnenrad und Planetenrädern erzeugen die unterschiedlichen Übersetzungen. Getriebenaben nutzen Fixierscheiben und abgeflachte Achsen, um das Verdrehen in den Ausfallenden zu verhindern (Abbildung 12.1).

ABB. 12.1

Fixierscheibe gegen Verdrehen der Achse

In diesem Kapitel werden Laufrad- und Schaltzugmontage sowie die Einstellung der Schaltung behandelt. Getriebenaben werden am besten von Profi-Mechanikern gewartet.

Bei Nabenschaltungen ist einer der mittleren Gänge der sogenannte „Normalgang" bei dem die Getriebeübersetzung neutralisiert ist und das Fahrrad mit 100 % der von Kettenblatt und Ritzel vorgegebenen Übersetzung angetrieben wird. Die Gänge um den Normalgang herum reduzieren oder steigern die Übersetzungsverhältnisse. Bei der SRAM® DualDrive™ 3-Gangnabe reduziert zum Beispiel der 1. Gang die Übersetzung auf 73 %, während der 3. Gang sie auf 136 % steigert.

## SRAM® DUALDRIVE™

Die SRAM® DualDrive™ Nabe besitzt drei interne Gangabstufungen. Zusätzlich ist sie mit Freilaufkörper für eine Ritzelkassette ausgestattet, die über ein normales Schaltwerk bedient wird. Die internen Gänge ersetzen das 3-fach Kettenblatt.

Die Nabe wird durch einen kleinen Bolzen in der rechten Achse geschaltet. Dieser wird über die sogenannte „Clickbox" in verschiedene Positionen in der Nabe bewegt, um das Planetengetriebe in die gewünschten Gangabstufungen zu schalten. Das Hinterrad kann für Wartungsarbeiten an Reifen oder Felge demontiert und der Schaltzug ersetzt werden.

**Vorgehen zur Demontage des Hinterrads:**

a. Schalten Sie in den kleinsten Nabengang (Schalter nach links) und die Kette auf das kleinste Ritzel.
b. Lösen Sie den Arretierungsknopf der Clickbox und ziehen Sie sie von der Achse (Abb. 12.2).
c. Lösen Sie beide Achsmuttern. Der Schaltbolzen kann in der Achse bleiben, darf aber nicht verbogen werden.
d. Entfernen Sie das Laufrad aus dem Rahmen.

ABB. 12.2

Zugang zur Achsmutter nach Lösen der Clickbox

**Vorgehen zur Montage des Hinterrads:**

a. Montieren Sie das Hinterrad im Rahmen und richten Sie es aus. Setzen Sie die Fixierscheiben mit der Sicherung von außen in die Ausfallenden.
b. Ziehen Sie die Achsmuttern fest.
c. Montieren Sie den Schaltbolzen ggf. wieder und ziehen Sie ihn mit einem Schraubendreher vorsichtig fest.
d. Drücken Sie die Arretierung der Clickbox und setzen Sie sie bis zur Achsmutter auf die Hinterradachse.
e. Verriegeln Sie die Arretierung der Clickbox zur Verbindung des Hebelarms mit dem Schaltbolzen. Prüfen Sie die Sicherheit der Verbindung durch leichtes Ziehen der Clickbox nach außen.

Das Schaltwerk wird wie bei anderen Kettenschaltungen justiert (siehe Kap. 10 Kettenschaltung).

Die DualDrive™ Nabenschaltung wird über die Schaltzugspannung mit dem Schalthebel synchronisiert. Stellen Sie den Daumenschalter auf die mittlere Position. Justieren Sie die Zugeinstellschraube so, dass sich die gelben Markierungen im Sichtfenster der Clickbox überdecken (Abb. 12.3). Prüfen Sie die Einstellung durch Schalten in alle drei Gänge.

ABB. 12.3

Zugspannung justieren bis sich die gelben Markierungen decken

Der Einhandschaltgriff des DualDrive™ Systems verfügt über zwei Schaltzüge, je einer für Ketten- und Nabenschaltung.

**Austausch des Innenzugs an der Kettenschaltung:**

a. Der Innenzug der Kettenschaltung endet unter dem Deckel des Drehschaltgriffs. Lösen Sie den Innenzug am Schaltwerk und die Schraube am Deckel.
b. Schieben Sie zum Freilegen des Innenzugs den Deckel nach rechts. Ziehen Sie den alten Innenzug heraus.
c. Montieren Sie den geschmierten neuen Innenzug durch die Bohrung hindurch.
d. Setzen Sie den Deckel wieder auf den Schaltgriff und fixieren Sie die Sicherungsschraube.

e. Führen Sie den Schaltzug durch die Hülle zum Schaltwerk.
f. Klemmen Sie den Schaltzug fest, kürzen Sie ihn und synchronisieren Sie die Kettenschaltung.

**Austausch des Innenzugs an der Nabenschaltung:**

a. Entfernen Sie die Clickbox wie zuvor beschrieben.
b. Entfernen Sie das Ende der Clickbox. Halten Sie die Clickbox fest und drücken die hintere Ecke nach unten (Abb. 12.4).

ABB. 12.4

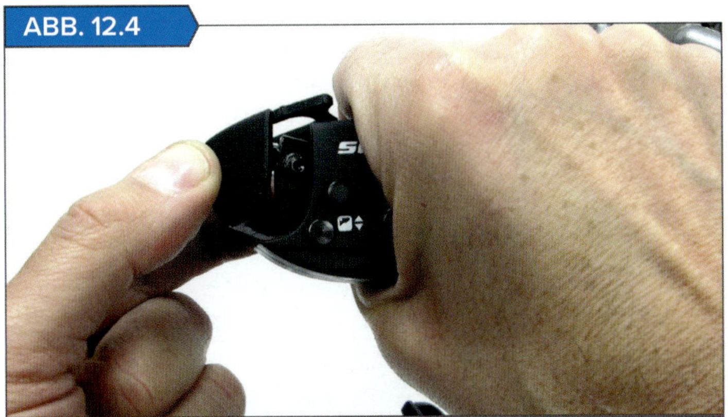

Clickbox halten und hintere Ecke nach unten drücken

c. Lösen Sie die Klemmschraube und ziehen Sie den Innenzug aus der Clickbox.
d. Lösen Sie die Abdeckung vom Daumenhebel (Abb. 12.5).

ABB. 12.5

Austausch des Innenzugs am Daumenschalter

e. Schieben Sie den alten Innenzug aus dem Schalthebel. Montieren Sie den geschmierten neuen Innenzug und führen Sie ihn durch die Schalthülle zur Clickbox. Schrauben Sie die Einstellschraube vollständig in die Clickbox hinein.
f. Ziehen Sie den Innenzug stramm und positionieren Sie ihn unter der Klemmscheibe. Drehen Sie die Klemmschraube fest (Abb. 12.6).

ABB. 12.6

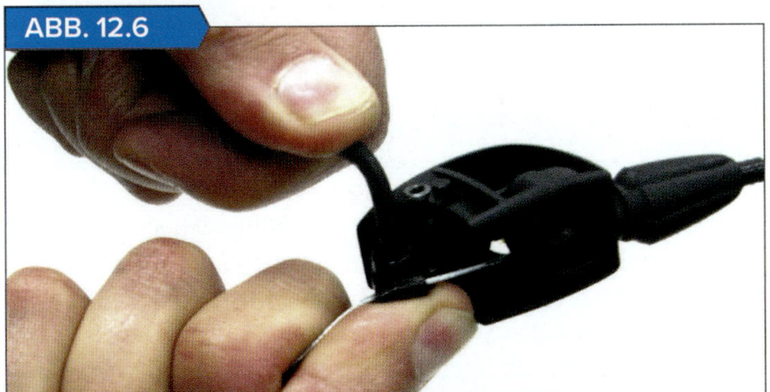

Stramm gezogenen Innenzug mit der Klemmschraube sichern

## SRAM® I-MOTION® 9

Die I-Motion® 9 mit neun Gängen wird im 6. Gang synchronisiert. Zur Demontage des Hinterrads wird der Schaltzug gelöst. Die Nabe darf nur von Profi-Mechanikern gewartet werden.

**Vorgehen zur Demontage des Hinterrads:**

a. Stellen Sie den Schaltgriff auf den 1. Gang.
b. Schieben Sie den Schnellverschluss am Verbindungsröhrchen von der Nabe weg.
c. Ziehen Sie das Röhrchen nach unten und von der Nabenaufnahme weg (Abb. 12.7).

ABB. 12.7

Schnellverschluss öffnen

d. Lösen Sie die Achsmuttern sowie die Sicherungsschraube am Rücktrittbremshebel, falls vorhanden.
e. Entfernen Sie das Hinterrad aus dem Rahmen.

**Vorgehen zur Montage des Hinterrads:**

a. Montieren Sie die Fixierscheiben mit der Verzahnung zum Rahmen. Die Haltenasen müssen in die Ausfallenden greifen, um das Verdrehen der Achse zu verhindern.
b. Ziehen Sie zunächst die Achsmutter auf der Kettenseite fest, dann auf der kettenabgewandten Seite. Prüfen und korrigieren Sie bei Bedarf die Kettenspannung.
c. Falls vorhanden, bringen Sie den Rücktrittbremshebel in Position und schrauben Sie ihn fest.
d. Drehen Sie den Schaltgriff in den 1. Gang.
e. Schieben Sie das Verbindungsröhrchen bei geöffnetem Schnellverschluss auf den Zapfen an der Nabe. Schieben Sie den Schnellverschluss über das Verbindungsröhrchen.

**Vorgehen zur Synchronisierung der Schaltung:**

a. Schalten Sie den Drehgriff vom 7. in den 6. Gang.
b. Bringen Sie die gelben und roten Markierungen im Sichtfenster durch Drehen der Einstellmuttern zur Deckung (Abb. 12.8).
c. Prüfen Sie die Einstellung durch Schalten aller Gänge.

ABB. 12.8

Markierungen zur Synchronisierung ausrichten

**Vorgehen beim Austausch des Innenzugs:**

a. Stellen Sie den Schaltgriff auf den 1. Gang.
b. Trennen Sie Schaltzug und Nabe am Schnellverschluss.
c. Ziehen Sie den Innenzug am Verbindungsröhrchen aus der Hülle und schneiden Sie ihn ab.
d. Entfernen Sie die Einstellmutter vom Röhrchen.
e. Entfernen Sie Spiralfeder, Innenzug und Kupplungsnippel vom Verbindungsröhrchen. Lösen Sie die Klemmschraube vom Kupplungsnippel und entfernen Sie den Innenzug.
f. Entfernen Sie die Zugabdeckung am Schaltgriff mit einem kleinen Schraubendreher. Schieben Sie den Innenzug aus der Öffnung, sichern Sie dabei den Nippel mit dem Schraubendreher (Abb. 12.9).

ABB. 12.9

Innenzug am Drehschaltgriff herausziehen

g. Montieren Sie den neuen Innenzug im Schaltgriff. Leichtes Vorbiegen des Zugendes erleichtert das Durchfädeln.
h. Führen Sie den Innenzug durch die Schalthülle. Prüfen Sie den korrekten Sitz aller Hüllenendkappen.
i. Kürzen Sie den Innenzug bei vollständig verlegter Hülle und Schaltgriff im 1. Gang mit 105 mm Abstand nach der Hüllenendkappe.
j. Schieben Sie Einstellmutter und Feder auf den Innenzug.
k. Drücken Sie die Feder vorsichtig zusammen und schieben Sie den Kupplungsnippel auf das Ende des Innenzugs. Klemmen Sie ihn mit der Schraube fest (Abb. 12.10).

ABB. 12.10

Klemmschraube des Kupplungsnippels sichern

l. Montieren Sie Kupplungsnippel und Innenzug im Verbindungsröhrchen. Die asymmetrische Nippelform ermöglicht nur eine Montagerichtung. Der Nippel sollte am offenen Ende des Röhrchen sichtbar sein.
m. Drehen Sie die Einstellmutter voll in das Röhrchen ein.
n. Verbinden Sie den Schnellverschluss und synchronisieren Sie die Schaltung wie zuvor beschrieben.

## SHIMANO® NEXUS® INTER-7, NEXUS® INTER-8 & ALFINE® NABEN

Die Getriebenaben Nexus Inter-7®, Nexus Inter-8® und Alfine® besitzen einen sogenannten „Kassettenverschluss" auf der rechten Seite zur Ansteuerung der Gangabstufungen. Für die Hinterradmontage ist es sinnvoll, das Fahrrad kopfüber zu positionieren, damit Sie zur Bearbeitung der Teile beide Hände frei haben.

**Vorgehen zur Demontage des Hinterrads:**

a. Stellen Sie den Schaltgriff in den 1. Gang.
b. Lösen Sie den Zug am Zuganschlag der Nabe (Abb. 12.11).

ABB. 12.11

Schaltzug aus dem Zuganschlag ziehen

c. Lösen Sie den Innenzuganker aus dem Kassettenverschluss. Drehen und heben Sie ihn vom Haken.
d. Lösen Sie die Achsmuttern und demontieren Sie das Hinterrad. Der dreiteilige Kassettenverschluss wird durch einen Sicherungsring an der Nabe fixiert. Für Arbeiten am Laufrad braucht er nicht demontiert zu werden. Drehen des Hebels gegen den Uhrzeigersinn öffnet den Verschluss. Zum Verriegeln richten Sie die gelben Markierungen aufeinander aus. Drehen Sie den Sicherungsring zum Verriegeln um 45° im Uhrzeigersinn (Abb. 12.12).

ABB. 12.12

Kassettenverschluss bei Shimano® Inter Getriebenaben

**Vorgehen zur Montage des Hinterrads:**

a. Auf der Laufradachse befinden sich Fixierscheiben, die das Verdrehen der Achse in den Ausfallenden bei Belastung verhindern. Richten Sie den Zuganschlag an der Nabe in Richtung auf den Schaltzug aus.
b. Bei Naben mit Rücktrittbremse schrauben Sie den Bremshebel an der linken Kettenstrebe fest.
c. Montieren Sie das Laufrad und spannen Sie die Kette wie

bei einem Singlespeed Hinterrad.

Normalerweise werden die Inter Getriebenaben mit dem Revoshift® Drehschaltgriff kombiniert.

**Vorgehen beim Austausch des Innenzugs:**

a. Bei diesem wird zum Austausch des Innenzugs die Abdeckung nach Lösen der Sicherungsschraube entfernt.

b. Stellen Sie den Schaltgriff für den Zugriff auf den Innenzug in den 7. oder 8. Gang.

c. Schieben Sie den freigelegten Innenzug nahe der Einstellmutter zum Schaltgriff und ziehen Sie das Ende mit einem Schraubendreher aus der Griffaufnahme (Abb. 12.13).

ABB. 12.13

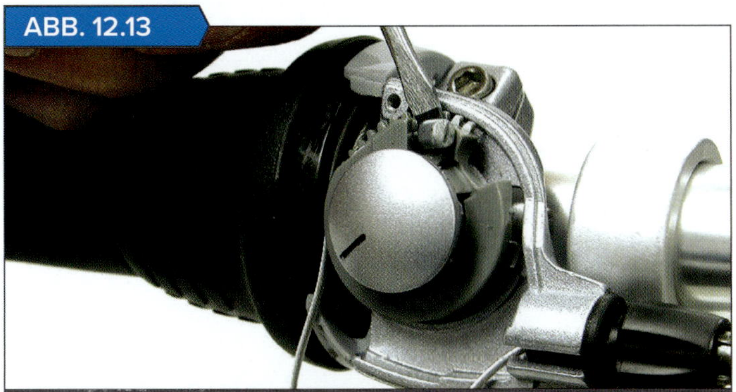

Innenzugaufnahme bei Revoshift® Schaltgriff

d. Installieren Sie den neuen Innenzug vom Schaltgriff ausgehend durch Einstellmutter und Hülle bis zum Innenzuganker. Montieren Sie die Abdeckung mit Schraube und stellen Sie den 1. Gang ein.

e. Fädeln Sie den Innenzug durch die Hülle bis zur Getriebenabe. Eine Klemmschraube verbindet den Innenzuganker mit dem Kassettenverschluss. Ziehen Sie den Innenzug am Naben-Zuganschlag stramm und drehen Sie die Einstellmutter ca. 2 Umdrehungen aus der Nullstellung heraus.

f. Fixieren Sie die Klemmschraube ca. 100 mm hinter der Hüllenendkappe auf dem Innenzug (Abb. 12.14).

ABB. 12.14

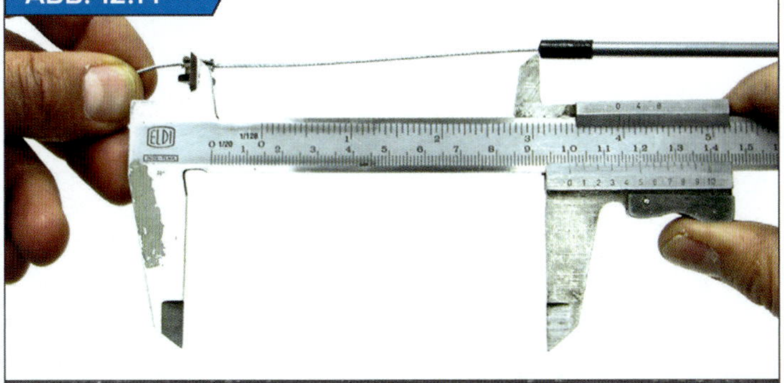

Ungefähr 100 mm Abstand zwischen Hülle und Anker abmessen

Die Schaltung wird über Markierungen auf dem Kassettenverschluss synchronisiert. Diese sind oben und unten sichtbar.

**Vorgehen zur Synchronisierung der Schaltung:**

a. Montieren Sie den Innenzuganker im Kassettenverschluss, wenn nicht schon geschehen (Abb. 12.15).

ABB. 12.15

Innenzuganker in die Aufnahme setzen

b. Bei Inter-7®, Inter-8® und Alfine® 8 stellen Sie den Schaltgriff in den 4. Gang. Bei Alfine® 11-Gangschaltung nehmen Sie den 6. Gang.

c. Justieren Sie mit der Einstellmutter die roten Markierungen am Kassettenverschluss (Abb. 12.16). Schalten Sie alle Gänge zur Prüfung der Einstellung.

ABB. 12.16

Markierungen mit der Einstellmutter ausrichten

# KAPITEL 13

# SCHEIBENBREMSE

Scheibenbremsen bestehen aus einem Bremssattel, der nah an den Ausfallenden von Hinterbau bzw. Gabel befestigt wird und einer an der Laufradnabe montierten Bremsscheibe. Dieser Bremsentyp wird an vielen Fahrradmodellen eingesetzt, wie Mountainbikes, Renn-, Gravel- und Trekkingrädern, E- und Cargobikes. Wenn es keine Aufnahmen für die Bremssättel am Fahrrad gibt, können keine Scheibenbremsen nachgerüstet werden. Dieser Bremsentyp ist auch bei nassen Fahrbedingungen effektiv, wenn Matsch, Schmutz und Wasser das Bremsverhalten beeinträchtigen können.

Die Bremsbeläge befinden sich im Bremssattel und werden seitlich auf die Bremsscheibe gedrückt. Das Fahrrad wird abgebremst, indem kinetische Energie in Wärme umgewandelt wird. Da die Wärmeentwicklung durch den Bremsvorgang groß sein kann, lassen Sie die Bremsen immer abkühlen, bevor Sie daran arbeiten. Die Scheiben sind aus gefrästem Stahl und häufig scharfkantig. Bearbeiten Sie Bremssattel und -scheibe nur bei stehendem Laufrad.

## BREMSSÄTTEL

Es gibt mechanische und hydraulische Scheibenbremsen. Die mechanischen Systeme funktionieren wie die klassischen Felgenbremsen mit Bowdenzug (Abbildung 13.1).

ABB. 13.1

Mechanische Scheibenbremse am Vorderrad

Bei hydraulischen Modellen erfolgt die Kraftübertragung über eine Flüssigkeit in der geschlossenen Bremsleitung vom Geberzylinder im Bremshebel zum Nehmerzylinder im Bremssattel, der die Bremsbeläge über Kolben gegen die Scheibe drückt (Abb. 13.2). Entscheidend für die Funktion dieses Systems ist seine Dichtigkeit und die Abwesenheit von Luftblasen.

ABB. 13.2

Hydraulische Scheibenbremse mit Hydraulikleitung am Bremssattel

Inzwischen gibt es drei Standards zur Befestigung des Bremssattels an Rahmen oder Gabel. Dies sind Internationaler Standard (IS), Post Mount (PM) und Flat Mount (FM).

Beim Internationalen Standard befinden sich zwei gewindelose Bohrungen in 51 mm Abstand senkrecht zur Oberfläche der Bremsscheibe (Abb. 13.3). Ältere Bremssättel wurden direkt durch die Bohrungen am Rahmen montiert. IS-Aufnahmen werden heute vorwiegend mit Adaptern für Post Mount Bremssättel verwendet. Verschiedene Größen ermöglichen die Anpassung an unterschiedliche Durchmesser der Bremsscheiben.

ABB. 13.3

Bremssattelaufnahme nach Internationalem Standard (IS), hier kombiniert mit Adapter für Post Mount (PM) Bremssattel

Post Mount (PM) Gabeln/Rahmen erlauben die direkte Montage von Bremssätteln ohne Adapter (Abb. 13.4). Die Schrauben werden parallel zum Rotor in den M6 Aufnahmen mit 74 mm Abstand montiert. PM-Adapter dienen auch als Spacer für den Bremssattel zur Anpassung an größere Scheibendurchmesser. Klären Sie mit Rahmen- oder Gabelhersteller ob dies nötig ist.

ABB. 13.4

Post Mount (PM) Bremssattelaufnahme an Vorderradgabel

Der Flat Mount (FM) Standard ist kompakter. Die Hinterbaubefestigung wird direkt in die Kettenstrebe integriert und besitzt zwei ovale Bohrungen, durch die Bolzen direkt in den Bremssattel oder Adapter geschraubt werden. Die ovalen Öffnungen erlauben die seitliche Justierung des Bremssattels über der Scheibe (Abb.13.5)

ABB. 13.5

Flat Mount (FM) Bremssattelaufnahme am Hinterbau

Flat Mount-Gabeln haben Gewindeösen für Bremsadapter, an den der Bremssattel geschraubt wird. Ovale Bohrungen im Adapter erlauben die seitliche Ausrichtung des Bremssattels (Abb. 13.6). FM-Befestigungen verwenden M5-Gewinde.

ABB. 13.6

Flat Mount (FM) Bremssattelaufnahme an Vorderradgabel

## BREMSBELÄGE

Jeder Hersteller entwickelt spezielle Bremsbeläge für sein System. Die meisten Beläge sind nicht zwischen den Marken oder Modellen auswechselbar. Es gibt jedoch verschiedene Zubehörhersteller, die Ersatzbeläge für die meisten Modelle anbieten.

Bremsbeläge verschleißen im Laufe der Zeit durch den Abrieb an der Scheibe. Die Beläge sollten nie bis zur Trägerplatte herunter gebremst werden. Meist soll eine Mindeststärke von 1 mm am Bremsbelag (ohne Trägerplatte) vorhanden sein. Informieren Sie sich im Zweifel beim Bremsenhersteller über die Spezifikationen.

Bremsbeläge gibt es aus synthetischem und organischem Material sowie aus gesintertem Metall. Sie werden direkt auf eine Trägerplatte aus Stahl oder Alu geklebt. Die grundlegende Unterscheidung ist zwischen „Resin" und „(Sinter-)Metall" (Abb. 13.7). Allgemein bieten weichere Resin-Beläge mehr Bremsmodulation und weniger Quietschgeräusche. Ihr Nachteil ist der relativ hohe Verschleiß. Die härteren gesinterten oder semi-metallischen Beläge sind haltbarer, insbesondere bei Nässe und Matsch. Ihr Nachteil ist der höhere Geräuschpegel. Prüfen Sie die Bremsscheibe vor der Auswahl von Ersatzbelägen. Manche Scheiben sind nur für weiche Beläge zugelassen und halten die semi-metallischen nicht aus. Dies ist ggf. auf der Scheibe markiert.

ABB. 13.7

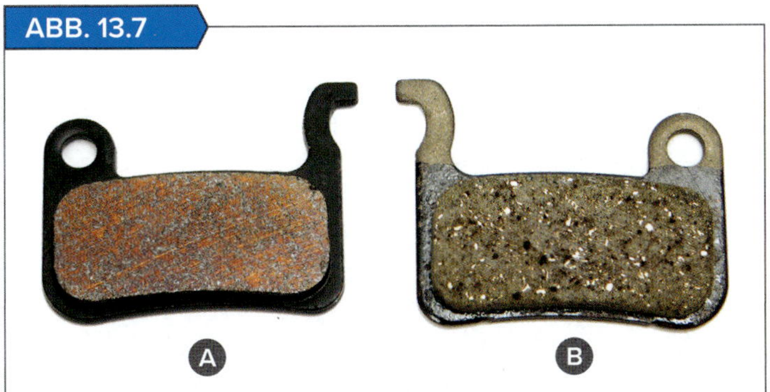


(A) Semi-metallischer Bremsbelag, (B) Resin-Bremsbelag

Bremsbeläge müssen frei von Öl und Fett bleiben. Tauschen Sie verunreinigte Beläge am besten aus. Bei leichter Verschmutzung hilft eventuell Abschleifen mit sehr feinem Sandpapier. Demontieren Sie die Bremsbeläge und reiben Sie sie auf einem flach liegenden Stück Sandpapier ab. Verwenden Sie zur Reinigung der Rotoren Isopropylalkohol oder vergleichbare Reinigungsmittel, keinesfalls ölhaltige oder filmbildende Mittel.

## DEMONTAGE & ERSATZ VON BREMSBELÄGEN

Bremssättel verfügen über einen Rückstellmechanismus wie eine Feder für die Bremsbeläge, der die Beläge nach Lösen der Bremszylinder von der Bremsscheibe entfernt (Abb. 13.8). Merken Sie sich die Position der Feder beim Ausbau der alten Beläge – am besten per Foto.

ABB. 13.8

Rückstellfeder zwischen den Bremsbelägen

Beginnen Sie bei mechanischen Bremsen mit dem Zurückdrehen der Belageinstellschrauben, um Platz für neue, dickere Beläge zu schaffen. Bei Hydraulikbremsen können die Beläge zuerst ausgebaut werden, aber die Bremszylinder müssen vor der Montage neuer Beläge in den Sattel gedrückt werden.

Platzieren Sie das Fahrrad zunächst im Montageständer und demontieren Sie das relevante Laufrad. Es gibt zahllose Fixiersysteme für die Beläge. Häufig geht eine Schraube oder ein Bolzen durch den Bremssattel und die Trägerplatten der Beläge. Suchen Sie am Bremssattel nach einer Schraube oder einem Splint. Schrauben besitzen am Ende häufig einen Sicherungspin. Entfernen Sie diesen vorher (Abb. 13.9).

Ein Sicherungssplint wird zunächst per Spitzzange begradigt und anschließend aus dem Bremssattel gezogen (Abb. 13.10).

ABB. 13.9

Sicherungspin entfernen und Bremsbelagbolzen herausschrauben

ABB. 13.10

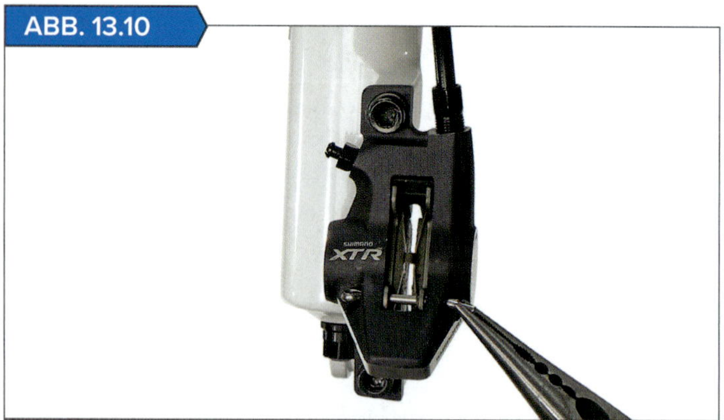


Sicherungssplint vor dem Herausziehen begradigen

Stellen Sie fest, auf welcher Seite die Beläge aus dem Bremssattel entnommen werden. Bei einigen Modellen passiert das aufwärts, vom Rotor weg, bei anderen nach unten. Die größere Öffnung am Bremssattel gibt den Entnahmeweg vor.

Manchmal werden Beläge auch mit internen Clips im Bremssattel gehalten. Hayes® ist ein Beispiel dafür, wobei die Beläge mit Federclips an den Kolben gesichert werden (Abb. 13.11). Bei Zapfen am Ende der Beläge, nutzen Sie diese zum Herausziehen.

ABB. 13.11

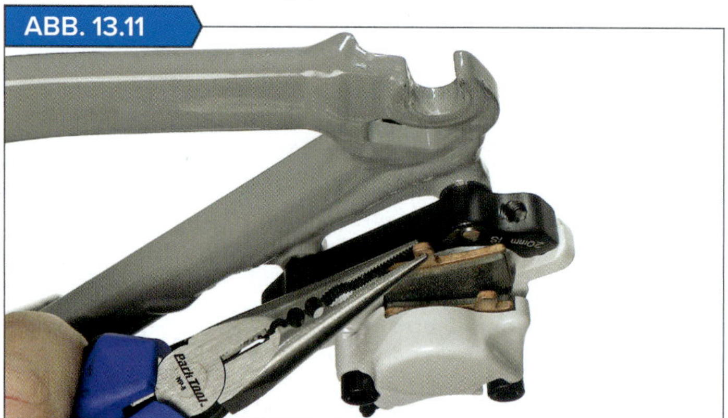


Hayes® Beläge per Zange an den Zapfen herausziehen

Andere Beläge werden per Magnet in Position gehalten. Drücken Sie diese nach innen und ziehen sie heraus (Abb. 13.12).

ABB. 13.12

Per Magnet gesicherte Beläge nach innen drücken und herausziehen

## BREMSBELÄGE MONTIEREN

Die Montage der Beläge funktioniert meist genau anders herum als der Ausbau. Beläge sind nicht immer symmetrisch. Achten Sie daher auf Markierungen wie „innen" und „außen" oder „links" und „rechts". Einige Modelle verwenden eine Rückstellfeder, vor der Montage zwischen die Beläge geklemmt wird. Es kann selbst für erfahrene Mechaniker einige Versuche dauern, bis neue Beläge installiert sind.

Drücken Sie bei Hydraulikbremsen jeden Bremskolben in den Bremssattel. **TUN SIE DIES VORSICHTIG.** Wenn es keinen Zapfen für einen clipbaren Belag gibt, drücken Sie mit einem Kunststoffhebel wie einem Reifenheber oder beschichteten Konusschlüssel mittig auf den Bremszylinder. Bei vorhandenem Zapfen verwenden Sie einen darum passenden Ringschlüssel.

Noch mal: Drehen Sie bei mechanischen Bremsen alle Einstellschrauben für den größtmöglichen Abstand zur Bremsscheibe gegen den Uhrzeigersinn (Abb. 13.13).

ABB. 13.13

Einstellknöpfe mechanischer Bremsen gegen den Uhrzeigersinn drehen

Montieren und sichern Sie alle Belagsicherungsbolzen und Bolzensicherungen. Einen Sicherungssplint biegen Sie nach der Montage das längere Ende um 90° nach oben. Bauen Sie das Laufrad wieder ein. Mechanische Bremsen müssen in der Regel neu eingestellt und auf die Bremsscheibe ausgerichtet werden. Bei hydraulischen Bremsen ziehen Sie mehrmals den Bremshebel. Dadurch werden Bremszylinder und Beläge zur Bremsscheibe gedrückt. Prüfen und korrigieren Sie bei schleifenden Belägen die Ausrichtung.

## BREMSSCHEIBEN (ROTOR)

Der Rotor wird auf einer speziellen Scheibenbremsnabe meist mit sechs Befestigungsschrauben montiert. Viele Hersteller verwenden M5 Schrauben mit Torx® T25 Fassung (Abb. 13.14). Ziehen Sie die Schrauben mit dem vom Hersteller vorgegebenen Anzugsdrehmoment fest. Das Scheibendesign ist meist asymmetrisch und richtungsgebunden. Achten Sie daher bei der Montage auf Richtungspfeile oder Schrift, die nach außen zeigen muss.

ABB. 13.14

Rotorschrauben mit T25-Schlüssel fixieren

Es gibt auch Naben mit Vielzahnaufnahme für entsprechende Scheiben. Diese „Center-Lock"-Modelle werden mit einem Sicherungsring wie bei Ritzelkassetten an der Nabe gesichert. Verwenden Sie einen Abzieher der FR-5 Serie für Sicherungsringe mit 12 innen liegenden Zähnen wie beim Kassetten-Sicherungsring. Für Sicherungsringe mit 16 außen liegenden Zähnen, die vor allem bei Steckachsnaben verwendet werden passen BBT-9 oder BBT-69.2 (Abb. 13.15).

ABB. 13.15

Center-Lock Rotor an Steckachsnabe mit BBT-9 Abzieher

Bremsscheiben sind in den Durchmessern 140, 145, 152, 160, 180, 183, 185, 200 sowie 203 mm lieferbar. Bremsscheibe und -sattel sowie die Bremsaufnahme an Rahmen/Gabel müssen kompatibel sein. Ein größerer Rotor bietet mehr Hebelwirkung, was zu stärkerer Bremsleistung führt. Rahmen- und Gabeldesign begrenzen die jeweils größten einsetzbaren Scheibendurchmesser. In einigen Fällen lässt sich durch Tausch des Bremssatteladapters ein Rotor anderer Größe nutzen. Häufig können verschiedene Marken von Bremsen und Rotoren miteinander kombiniert werden, sofern der Durchmesser passt.

Durch die Bremsvorgänge werden schließlich auch die Rotoren verschlissen. Eine häufig von Herstellern vorgeschriebene Mindeststärke für Bremsscheiben beträgt 1,6 mm. Messen Sie die Scheibe mit einem Messschieber und tauschen Sie sie möglichst vor diesem Wert aus. Ein Rotor muss auch ausgetauscht werden, wenn sich eine sichtbare Riefe auf der Bremsfläche gebildet hat (Abb. 13.16).

ABB. 13.16

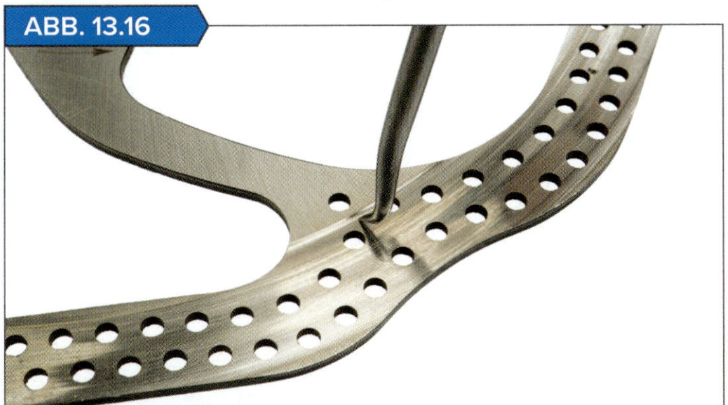

Offensichtlich verschleißbedingte Riefe auf der Bremsfläche erfordert den Austausch des Rotors

Wenn eine Bremsscheibe verbogen ist, kann sie eventuell gerichtet werden. Mit dem DT-2 Bremsenrichtwerkzeug von Park Tool funktioniert das relativ leicht (Abb. 13.17). Meist ist es günstiger, die Scheibenarme statt der Bremsfläche zu richten. Die Nummerierung der Scheibenarme erleichtert den Reparaturvorgang. Setzen Sie das Fahrrad in einen Montageständer und drehen Sie das betroffene Laufrad. Lokalisieren Sie die verbogene Stelle an den Bremsbelägen oder halten Sie das Werkzeug als Indikator nah an den Rotor. Merken Sie sich Stelle und Richtung der Abweichung zusammen mit der Nummer des Scheibenarms. Drehen Sie die betroffene Stelle des Rotors aus dem Bremssattel heraus und biegen Sie sie vorsichtig gerade. Drehen Sie das Laufrad und prüfen Sie die Bremsscheibe. Wiederholen Sie den Vorgang bei Bedarf. Wenn nach mehreren Versuchen keine Besserung eintritt, tauschen Sie den Rotor aus.

ABB. 13.17

Betroffenen Bereich aus dem Bremssattel herausdrehen und nach links oder rechts biegen

Neue Rotoren und Beläge müssen „eingebremst" werden, bis sie optimale Bremswirkung bieten. Durch die beim Bremsen entstehende Wärme werden jegliche Rückstände von Belägen und Scheiben entfernt. Zunächst sollte die neue Scheibe mit Alkohol oder Aceton gereinigt werden. Dann fahren Sie das Fahrrad bei sauberen und trockenen Bedingungen auf flacher Strecke mit hoher Geschwindigkeit und führen etwa 10 „Notbremsungen" ohne blockierende Laufräder pro Bremse durch. Vermeiden Sie einen Überschlag mit dem Fahrrad beim Betätigen der Vorderradbremse (Abb. 13.18).

ABB. 13.18

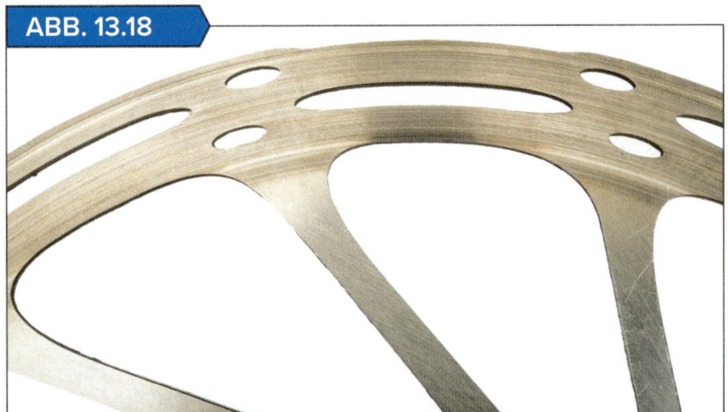

Rotor mit typischen Einbremsspuren

## HYDRAULISCHE BREMSSYSTEME

Durch die Dehnbarkeit von mechanischen Bremszügen wird nicht die volle Kraft vom Bremshebel auf den Rotor übertragen. Hydrauliköl verändert sich unter Druck kaum, sodass hydraulische Bremsen höhere Effizienz und Performance bieten.

Untersuchen Sie Hydraulikbremsen regelmäßig auf Dichtigkeit. Eine undichte Stelle führt zum Versagen der Bremse.

## HYDRAULISCHE BREMSHEBEL

Der Bremshebel drückt über den Geberzylinder Bremsflüssigkeit durch die Leitung zum Nehmerzylinder, welcher über Bremskolben die Beläge an die Scheibe drückt. Eine Feder im Bremssattel drückt den Geberzylinder beim Lösen des Bremshebels zurück, sodass Öl in der Leitung hinter den Kolben zurückfließt und die Beläge vom Rotor gelöst werden.

Durch die Reibung der Beläge beim Bremsvorgang entsteht Wärme, die überwiegend durch den Rotor abgeleitet wird. Dennoch überträgt sich etwas Wärme auch über Beläge und Nehmerzylinder auf die Hydraulikflüssigkeit, die sich bei Erwärmung ausdehnt. Bei hydraulischen Scheibenbremsen befindet sich daher ein Ausgleichsbehälter mit Balgdichtung am Bremsgriff (Abb. 13.19). Der Geberzylinder wird beim Ziehen des Bremshebels geschlossen, ist aber zum Ausgleichsbehälter hin offen, wenn sich der Bremshebel in der Ruheposition befindet.

ABB. 13.19

Ausgleichsbehälter mit Faltenbalg am Bremshebel

Hydraulische Bremshebel werden wie mechanische fest am Lenker montiert. Drehen Sie die Hebel so, dass der Fahrer sie in normaler Sitzposition bequem erreicht. Die Griffweite wird vor oder hinter dem Hebelgelenk eingestellt (Abb. 13.20). Das Drehen dieser Stellschraube verändert den Abstand zwischen Hebel und Lenker, jedoch nicht zwischen Bremskolben und Rotor.

ABB. 13.20

Griffweiteneinstellung bei einem Shimano® Bremshebel

Einige Bremshebel und Bremssättel können mit neuen Dichtungen an den Bremszylindern runderneuert werden. Dies ist meist bei DOT-Bremssystemen erforderlich und wird am besten durch Profi-Mechaniker erledigt.

### Justieren des Bremssattels

Bei Bremssätteln ist es bauartbedingt schwierig, die Ausrichtung der Beläge auf den Rotor zu prüfen. Es geht dabei um enge Toleranzen. Arbeiten Sie bei guter Beleuchtung und platzieren Sie ein Stück weißes Papier oder Tuch als Hintergrund. Beleuchten Sie das Tuch möglichst mit einer Taschenlampe (Abb. 13.21).

ABB. 13.21

Leichtere Sichtkontrolle der Bremsbelägevor weißem Hintergrund

Die Beläge sollen möglichst rechtwinklig auf die Bremsflächen des Rotors drücken. Untersuchen Sie die alten Beläge nach dem Ausbau. Wenn sie ungleichmäßig abgerieben sind, kann das ein Hinweis auf mangelnde Ausrichtung sein (Abb. 13.22).

ABB. 13.22

Der obere Bremsbelag ist neu, der ungleichmäßige Verschleiß des unteren weist auf mangelhafte Ausrichtung hin

Bremssättel bieten in gewissem Maße seitliche Einstellmöglichkeiten, die sich auch auf die vorderen und hinteren Belagkanten auswirken. Auch Ober- und Unterkanten der Beläge sollen rechtwinklig auf die Scheibe drücken. Letztendlich sind die Aufnahmen an Gabel/Rahmen für den Bremssattel ausschlaggebend bei der korrekten Ausrichtung. Wenn die Justierung des Bremssattels nicht ausreicht, müssen eventuell die Aufnahmen plangefräst werden. Fragen Sie ggf. einen Profi-Mechaniker.

Einige Bremsen nutzen Kugelscheiben für die lotrechte Einstellung des Bremssattels. Da hierfür zusätzlicher Platz benötigt wird, können diese Spacer nicht für andere Modelle genutzt werden. Avid® bezeichnet dies als CPS-System.

Das Ausrichten des Bremssattels erfordert eine gerade laufende Bremsscheibe ohne starke Seitenschläge. Korrigieren Sie bei Bedarf Scheibenfehler vor der Justierung. Ein potenzielles Problem ist übermäßiger Widerstand zwischen Nehmerzylinder und Dichtung. Ist der Widerstand zu stark, stellen die Beläge nicht weit genug zurück. Die Wartung von Bremszylindern wird am besten von Profi-Mechanikern durchgeführt.

**Vorgehen zum Justieren des Bremssattels:**

a. Lösen Sie die Befestigungsschrauben des Bremssattels, damit er seitwärts beweglich ist.

b. Ziehen Sie den Bremshebel und halten Sie die Bremsbeläge gegen die Scheibe gedrückt. Dadurch wird der Bremssattel verschoben, sodass sich die Beläge auf die Scheibe ausrichten. Prüfen Sie Bremssattel und -kolben und verschieben Sie den Bremssattel, bis die Bremskolben zur Scheibe zentriert sind. Halten Sie den Bremsdruck konstant, während Sie die Befestigungsschrauben am Bremssattel festziehen (Abb. 13.23).

ABB. 13.23

Bremshebel für permanenten Bremsdruck fixieren

c. Lösen Sie den Bremshebel und prüfen Sie das Ergebnis. Im Idealfall schleifen die Bremsbeläge nicht an der Scheibe. Leichtes Schleifen ist jedoch akzeptabel. Wenn das drehende Laufrad abgebremst wird, lösen Sie die Schrauben und richten die Beläge neu aus. Die Feinjustierung des Bremssattel erfolgt mit jeweils einer gelösten Schraube (Abb. 13.24).

ABB. 13.24

Bremsbeläge auf Rotor ausrichten und Befestigungschrauben fixieren

d. Ziehen Sie die Bremssattelschrauben mit 6-8 Nm fest.

Beim Ziehen eines hydraulischen Bremshebels sollten die Kolben auf beiden Seiten des Bremssattels gleichzeitig denselben Weg zum Rotor zurücklegen. Es kann jedoch durch kleine Toleranzen bei Dichtungen, Kolben oder Sattel passieren, dass ein Belag den Rotor zuerst erreicht. Dies ist nicht problematisch, weil erst Druck auf den Rotor ausgeübt wird, wenn der zweite Belag auftrifft. Ein Belag/Kolben stellt sich vielleicht nicht so weit zurück wie der andere. Betrachten Sie diese Position als „normal" oder Ruheposition. Verwenden Sie diese bei der Seitenjustierung des Bremssattels über dem Rotor statt zu versuchen, die Bremskolben gleichmäßig auszurichten. Manchmal bleibt trotz sorgfältiger Einstellung ein leichtes Schleifen. Dies beeinträchtigt die Performance nicht und kann ignoriert werden.

## HYDRAULIKBREMSEN ENTLÜFTEN

Im Lauf der Zeit wird die Hydraulikflüssigkeit durch Schmutz und Feuchtigkeit verunreinigt und muss erneuert werden. Hydraulische Systeme sollten regelmäßig entlüftet und neu befüllt werden, selbst wenn das Bremsverhalten noch gut und keine Luft im System bemerkbar ist. Ein regelmäßiges Wartungsintervall pro Jahr ist adäquat.

Für alle hydraulischen Systeme ist entscheidend, dass keine Luft zwischen Geber- und Nehmerzylindern enthalten ist. Luftbläschen werden unter Druck komprimiert, sodass sich die Bremse beim Ziehen des Hebels weich anfühlt (Abb. 13.25).

ABB. 13.25

Luftblasen im transparenten Modell eines Bremshebels

Ziehen Sie zum Feststellen von Lufteinschluss den Bremshebel kräftig an. Etwas Spiel ist immer vorhanden, doch ein klarer Druckpunkt beim Kontakt der Beläge mit der Scheibe soll erkennbar sein, bevor der Hebel auf den Lenker trifft. Bei Luft im System fühlt es sich dagegen schwammig an, da die Bläschen komprimiert werden. Vergleichen Sie beide Bremsen. Wenn sich eine fester anfühlt als die andere ist eine Entlüftung fällig.

Verwenden Sie für das jeweilige Bremsenmodell die richtige Bremsflüssigkeit. Einige Hersteller nutzen spezielles Mineralöl, andere DOT-Bremsflüssigkeit aus dem Automobilbereich. Beachten Sie die Herstellerangaben. Die unterschiedlichen Arten von Bremsflüssigkeit dürfen nicht gemischt werden. Falsche Flüssigkeit greift die Dichtungen an und führt zum Bremsversagen.

DOT-Bremsflüssigkeit besteht normalerweise aus Polyglykol und ist in verschiedenen Klassifizierungen lieferbar, wie 3, 4, 4.1, 5 oder 5.1. Erfragen Sie die Spezifikation beim Bremsenhersteller. DOT-Bremsflüssigkeit ist ätzend und giftig. Vermeiden Sie Hautkontakt ebenso wie mit den Oberflächen von Bremsanlage und Fahrrad. Tragen Sie möglichst Schutzhandschuhe wie die MG-2. Entfernen Sie Spritzer sofort mit Lappen und Isopropylalkohol oder Seifenwasser. DOT-Hydraulikflüssigkeit greift Lack an. Wartungsmaterial für Mineralöl darf nie mit DOT-Flüssigkeit verwendet werden und umgekehrt.

Der Austausch der Hydraulikflüssigkeit variiert bei den Herstellern. Teilweise gibt es sogar unterschiedliches Vorgehen beim gleichen Modell. Aber alle Hydraulikbremsen benötigen neue Flüssigkeit und vollständiges Entfernen von Luft.

Normalerweise findet das Entlüften in 3 Schritten statt: Zunächst wird der Bremssattel befüllt, dann die Hydraulikleitung und zum Schluss verbliebene Luft über den Bremshebel entfernt. Schauen Sie im Zweifel in die Wartungsemfehlungen der jeweiligen Hersteller.

Die benötigten Gegenstände für die Bremsenentlüftung variieren bei jeder Marke. Die Grundausstattung für das Entlüften von Bremsen umfasst jedoch immer: eine dichte Kunststoffflasche oder Injektionsspritze zum Befüllen der Bremsanlage, ein Auffangbehälter für ablaufende Flüssigkeit sowie Schläuche und Schraubverbindungen zum Anschluss an Bremshebel und -sattel. Brauchbare Spritzen gibt es in Fachmärkten für Haustiere oder im Landhandel. Wenn Schraubanschlüsse benötigt werden, sind diese meist nur in den herstellerspezifischen Entlüftungssets enthalten. Die Wartung von Hydraulikbremsen muss in einem sauberen Umfeld stattfinden. Achten Sie darauf, hydraulische Bauteile wie Reservoir, Anschlussschrauben und alle Verbindungen frei von Schmutz und Feuchtigkeit zu halten.

### SHIMANO® HYDRAULIKBREMSEN

Es gibt mehrere Bauformen bei Shimano®. Alle Modelle benötigen jedoch Shimanos® spezifisches Mineralöl. Shimano® bietet zwei unterschiedliche Entlüftungssets an. Ältere MTB-Bremsen besitzen einen Ausgleichsbehälter mit abnehmbarem Deckel am Bremshebel ohne Entlüftungsschraube. Das Entlüften dieser Bauweise wird auf www.parktool.com/repair-help behandelt.

Aktuelle Shimano® Hydraulikbremsen nutzen einen speziellen „Entlüftungstrichter" mit dem Shimano® Artikelcode DISC-BP. Dieser Trichter passt in den Entlüftungsanschluss am Bremshebel auch bei hydraulischen Rennbremsen. Diese benötigen aber zusätzlich eine Verlängerung.

Der Entlüftungstrichter dient als temporäres Reservoir für das Hydrauliköl. Der Vorgang beginnt mit dem Befüllen des Bremssystems vom Bremssattel ausgehend zum Trichter. Überschüssiges Öl fließt aus der Entlüftungsöffnung des Bremssattels. Zum Schluss wird die Entlüftungsschraube platziert und der Bremshebel zum Entfernen der letzten Luftblasen hin und her bewegt. Road- und MTB-Modelle werden ähnlich entlüftet.

Optimales Entlüften wird bei maximaler Reichweiteneinstellung der Bremshebel ermöglicht. So blockiert der Geberzylinder die Entlüftungsöffnung nicht..

**Flüssigkeitswechsel und Entlüften der Bremse mit Trichter:**

a. Setzen Sie das Fahrrad in einen Montageständer und entfernen Sie die Laufräder. Drehen Sie das Fahrrad, bis die Bremsleitung einen Aufwärtsbogen vom Bremssattel bis zum Bremshebel bildet.
b. Füllen Sie eine Spritze vollständig mit Hydrauliköl.
c. Entfernen Sie die Bremsbeläge aus dem Bremssattel.
d. Drücken Sie beide Kolben gleichmäßig zurück (Abb. 13.26).
e. Montieren Sie den Shimano® Entlüftungsblock (Abb. 13.27) oder ein passendes sauberes Distanzstück wie einen Innensechskant als Ersatz. Sie vermeiden dadurch das unbeabsichtigte Eindrücken der Bremskolben,
f. Entfernen Sie die Entlüftungsschraube am Bremshebel mit der Dichtung. Bei Standardbremshebeln ist sie auf der Oberseite (Abb. 13.28). Bei Rennbremshebeln ist die Schraube unter dem Gummiüberzug platziert. Schützen Sie das Lenkerband vor Hydrauliköl (Abb. 13.29).
g. Schrauben Sie den Einfülltrichter in die Entlüftungsöffnung. Entfernen Sie den Stöpsel aus dem Trichter.

ABB. 13.26

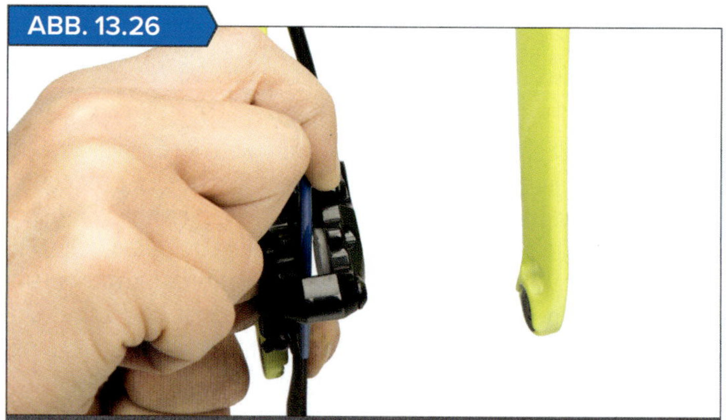

Bremskolben in den Bremssattel zurück drücken

ABB. 13.27

Entlüftungsblock im Bremssattel installieren

ABB. 13.28

Entlüftungsschraube an Standardbremshebel

ABB. 13.29

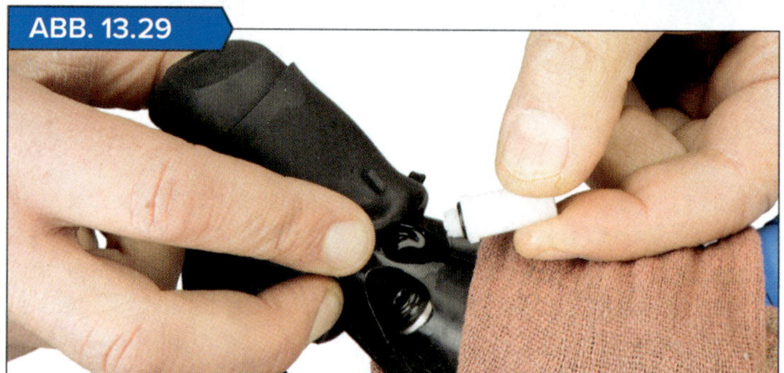

Entlüftungsöffnung und Verlängerung an Rennbremshebel

h. Betrachten Sie das Fahrrad von der Seite und beachten Sie die vertikale Neigung des Trichters. Lösen Sie bei Standardbremshebeln die Lenkerklemme und neigen Sie den Trichter ca. 45° hinter die Senkrechte (Abb. 13.30). Bei Rennbremshebeln lösen Sie die Vorbauklemmung und drehen ihn entsprechend (Abb. 13.31).

**Vorsicht bei Di2®**: Bei durch Lenker und Vorbau verlegten Schaltkabeln drehen Sie das Fahrrad zur Neigung des Trichters.

ABB. 13.30

Standardbremshebel für 45° Neigung des Trichters drehen

ABB. 13.31

Lenker oder Fahrrad für 45° Neigung des Trichters drehen

i. Entfernen Sie die Abdeckung vom Entlüftungsnippel und setzen Sie das Schlauchende der Spritze auf den Nippel (Abb. 13.32). Einige Entlüftungsnippel sind in den Bremssattel integriert (Abb. 13.33).

ABB. 13.32

Öffnen eines externen Entlüftungsnippels mit Maulschlüssel

j. Öffnen Sie den Entlüftungsnippel mit ½ Umdrehung. Für externe Nippel passt ein 7 mm Maulschlüssel. Die Verschlussschraube bei internen Nippel benötigt einen 3 mm Innensechskant.

k. Halten Sie die Spritze möglichst senkrecht, damit keine Luftbläschen in den Bremssattel gelangen. Drücken Sie das meiste Hydrauliköl aus der Spritze ohne Luftblasen in den Bremssattel. Neues Hydrauliköl und Luftbläschen steigen

ABB. 13.33

Öffnen eines internen Entlüftungsnippels mit Innensechskant

bis zum Bremshebel und werden im Trichter aufgefangen.

l. Schließen Sie Entlüftungsnippel bzw. Verschlussschraube und entfernen Sie die Spritze.

m. Befestigen Sie den Schlauch mit Auffangbeutel am Entlüftungsnippel des Bremssattels (Abb. 13.34).

ABB. 13.34

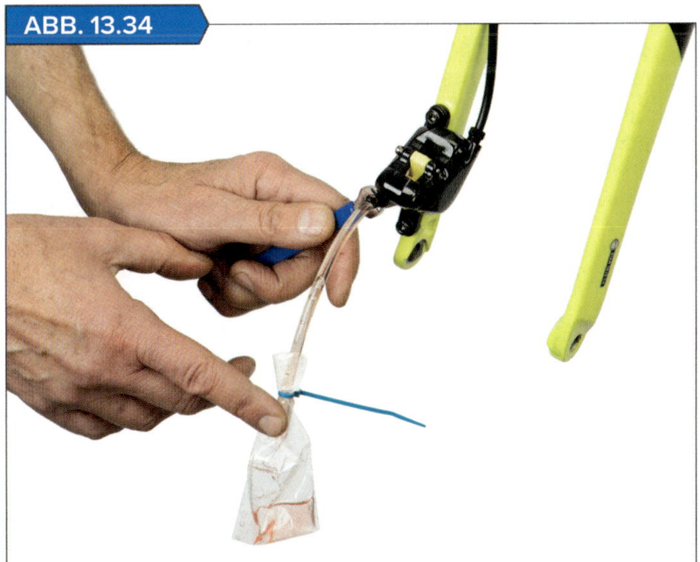

Schlauch mit Auffangbeutel am Entlüftungsnippel befestigen

n. Der Trichter soll mindestens halb voll sein. Ist das vorhandene Mineralöl sauber, benutzen Sie es weiter.
Bei verschmutztem Öl setzen Sie den Stöpsel ein und schrauben den Trichter zur Entsorgung des Öls ab. Montieren Sie den Trichter und befüllen Sie ihn mit frischem Hydrauliköl. Öffnen Sie Entlüftungsnippel oder Verschlussschraube am Bremssattel, damit Hydrauliköl aus dem Trichter nach unten und aus dem Schlauch heraus fließen kann. Drücken Sie dafür leicht den Bremshebel.

o. Klopfen Sie leicht an der gesamten Hydraulikleitung, damit sich noch vorhandene Luftbläschen lösen. **Achtung**: Halten Sie den Trichter mindestens 1/4 gefüllt (Abb. 13.35). Schließen Sie Entlüftungsnippel oder -schraube. Füllen Sie den Trichter bei Bedarf auf.

p. Üben Sie durch Ziehen des Bremshebels Druck auf die Kolben aus. Wenn Sie Bremshebel und -sattel nicht gleichzeitig erreichen, fixieren Sie den Hebel per Gurt.

ABB. 13.35

Halten Sie den Trichter während des Vorgangs möglichst halb voll

q. Öffnen und schließen Sie einmal schnell die Entlüftungsschraube. Am Bremshebel sinkt der Druck. Entfernen Sie den Gurt und pumpen Sie den Hebel bis ein Druckpunkt da ist. Wiederholen Sie diesen Vorgang einmal und entfernen Sie den Gurt.
r. Prüfen Sie durch wiederholtes Ziehen am Bremshebel und Beobachtung des Trichters, dass sich keine Luft mehr im System befindet (Abb. 13.36).

ABB. 13.36

Auf Luftbläschen im Trichter achten

s. Der Trichter muss jetzt 45° vor die Senkrechte geneigt werden. Drehen Sie Bremshebel, Lenker oder Fahrrad.
t. Ziehen Sie den Bremshebel und achten Sie auf Luftblasen.
u. Wenn in beiden Neigungspositionen keine Luftbläschen mehr erscheinen, bringen Sie den Trichter in die Senkrechte. Schließen Sie den Trichter mit dem Stöpsel und schrauben Sie ihn vom Bremshebel ab. Beachten Sie, dass seine Dichtung am Trichteranschluss bleibt.
v. Montieren Sie die Entlüftungsschraube zusammen mit der Dichtung am Bremshebel.
w. Drehen Sie Bremshebel oder Lenker wieder in Fahrposition und sichern Sie diese.
x. Entfernen Sie den Entlüftungsblock und reinigen Sie Bremshebel und -sättel mit Alkohol, bei Rennbremshebeln auch die Innenseite der Gummiüberzüge.
y. Montieren Sie Bremsbeläge, Sicherungsbolzen und -splint sowie das Laufrad. Justieren Sie die Bremsen bei Bedarf.

## MAGURA® HYDRAULIKBREMSEN

Magura® Hydraulikbremsen benötigen spezielles Mineralöl, das "Magura Royal Blood™". Verwenden Sie keinesfalls DOT-Bremsflüssigkeit.

Magura® Scheibenbremsen werden vom Bremssattel ausgehend entlüftet. Magura® bietet ein Entlüftungsset mit 2-Spritzensystem an. Die eine besitzt einen Schlauch mit spezieller Tülle für das Befüllen am Bremssattel. Die zweite Spritze wird zum Auffangen von Flüssigkeit an der Entlüftungsschraube des Bremshebels benötigt („EBT™" Schraube).

**Flüssigkeitswechsel und Entlüften der Bremse:**

a. Setzen Sie das Fahrrad in den Montageständer und entfernen Sie das Laufrad.
b. Drücken Sie die Bremskolben mit dem Kolbenspreizer PP-1.2 oder einem Kunststoff-Reifenheber zurück.
c. Entfernen Sie die Bremsbeläge.
d. Vorderradbremse: Drehen Sie die Bremssattelaufnahme der Gabel in die Vertikale. Hinterradbremse: Demontieren Sie den Bremssattel, sodass dieser vertikal herunterhängt. So wird die Entlüftungsöffnung des jeweiligen Bremssattels möglichst vertikal positioniert.
e. Montieren Sie die Magura® Transportsicherung oder einen 10 mm Innensechskant im Bremssattel. Fixieren Sie die Sicherung mit Gummiband oder Kabelbinder.
f. Präparieren Sie eine Spritze mit 25–30 cm³ Royal Blood und entfernen Sie die Luft aus der Spritze.
g. Entfernen Sie die Sicherungsschraube von der Entlüftungsöffnung des Bremssattels. Schrauben Sie die Anschlusstülle der gefüllten Spritze in das Gewinde.
h. Lösen Sie die Entlüftungsschraube (EBT™) mit einem T25-Schlüssel vom Bremshebel. Ziehen Sie den Kolben aus der zweiten Spritze und setzen Sie sie mit der Spitze als Auffangbehälter in die Entlüftungsöffnung (Abb. 13.37).

ABB. 13.37

Spritze in die Entlüftungsöffnung am Bremshebel setzen

i. Drücken Sie den Kolben der gefüllten Spritze am Bremssattel (Abb. 13.38). Leeren Sie die Spritze nicht ganz, damit keine Luft ins System gelangt. Achten Sie auf Luftblasen in der Spritze am Bremshebel.
j. Ziehen Sie den Kolben der Spritze am Bremssattel für ein Vakuum langsam zurück (Abb. 13.39). Dadurch werden etwaige Luftblasen entfernt. Ziehen Sie den Bremshebel etwas an und lassen Sie ihn schnell los zum Lösen noch vorhandener Luftblasen. Leeren Sie die Spritze am Bremshebel nicht völlig.

ABB. 13.38

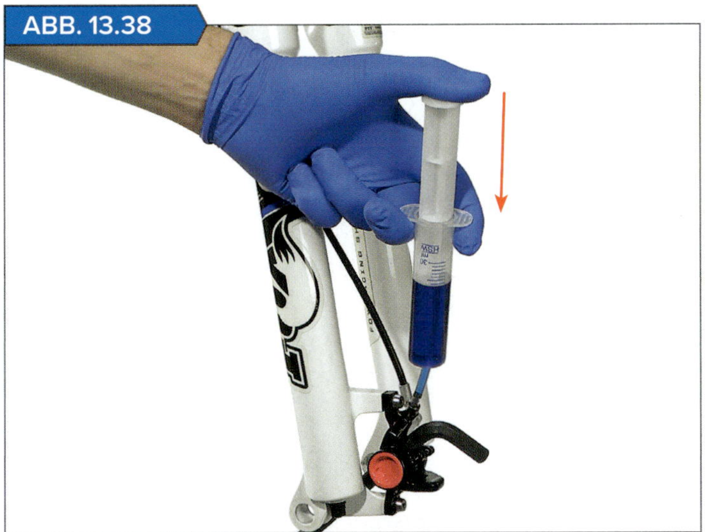

Hydrauliköl vom Bremssattel nach oben zum Bremshebel pumpen

k. Drücken Sie das Öl noch mal vom Bremssattel nach oben.
l. Ziehen Sie den Kolben der Spritze am Bremssattel zur Erzeugung eines Vakuums ein letztes Mal zurück. Leeren Sie die Spritze am Bremshebel nicht völlig.
m. Entfernen Sie die Spritze am Bremshebel. Fangen Sie mit einem Lappen austretende Flüssigkeit ab. Montieren Sie die Entlüftungsschraube (EBT™) und ziehen sie fest.
n. Schrauben Sie die Anschlusstülle aus dem Bremssattel und montieren Sie die Entlüftungsschraube.
o. Reinigen Sie Bremssattel und Bremshebel mit Alkohol.

ABB. 13.39

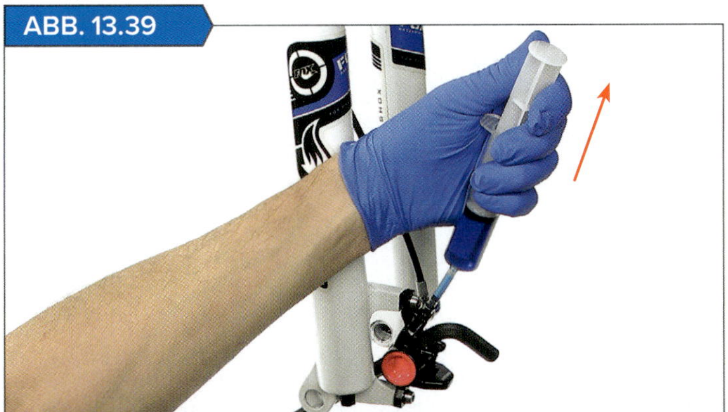

Hydrauliköl zur Beseitigung von Luftblasen hin und her pumpen

p. Entfernen Sie die Transportsicherung, und montieren Beläge und Belagschraube.
q. Montieren Sie das Laufrad und ziehen Sie mit dem Bremshebel die Beläge an die Scheibe.
r. Der Bremshebel muss nach mehrfachem Ziehen Druck aufbauen. Wiederholen Sie notfalls den Entlüftungsvorgang.

## HAYES® HYDRAULIKBREMSEN

Hayes® bietet Hydraulikbremsen mit Mineralöl oder DOT-Bremsflüssigkeit an. Mischen Sie niemals Werkzeug oder Hydraulikflüssigkeit. Das beschriebene Vorgehen bezieht sich auf DOT-Modelle. Die Bremsen werden vom Bremssattel aus entlüftet. Überschüssige Flüssigkeit tritt am Bremshebel aus. Das Entlüftungsset von Hayes® beinhaltet Anschlüsse für Bremshebel, kurze Schlauchstücke sowie Pumpflasche. Mit der Flasche wird Flüssigkeit in die Bremse gepumpt und abgesaugt. Durch Pumpen und Vakuum wird Luft aus dem System entfernt. Eine Spritze kann als Ersatz dienen, doch muss durch Ziehen des Kolbens die Luft aus dem System entfernt werden. Am Bremshebel muss ein Auffangbehälter für austretende Flüssigkeit vorhanden sein.

### Hayes® DOT-Entlüftung

Das Entlüftungsset von Hayes® umfasst eine Pumpflasche zum Befüllen der Bremse sowie Schläuche mit Schraubanschlüssen für verschiedene Bremshebel. Nehmen Sie eine alte Flasche oder Dose als Auffangbehälter, die Sie mit einer zurecht gebogenen Speiche oder Kabelbindern während des Entlüftens am Bremshebel befestigen. Füllen Sie die Pumpflasche vor dem Entlüftungsvorgang zur Hälfte mit Hayes® Bremsflüssigkeit. Sichern Sie den Schlauch auf der Flaschenöffnung mit einem Kabelbinder. Kürzen Sie den Füllschlauch, damit die Flasche beim Entlüften immer griffbereit ist.

**Bremsflüssigkeitswechsel und Entlüften der Bremse:**

a. Demontieren Sie Laufrad und Bremsbeläge.
b. Drehen Sie Fahrrad oder Lenker, sodass eine Aufwärtsverbindung zwischen Bremssattel und Entlüftungsschraube am Bremshebel besteht. Falls erforderlich, demontieren Sie den Bremssattel vom Rahmen.
c. Lokalisieren Sie die Entlüftungsschraube am Bremshebel. Lösen und drehen Sie den Hebel, bis die Schraube direkt aufwärts gerichtet ist, damit Luftblasen leicht entweichen können. Lassen Sie die Hebelklemmung drehbar.
d. Entfernen Sie die Entlüftungsschraube und montieren Sie den Schraubansatz mit Schlauch. Stecken Sie das Schlauchende in den Auffangbehälter am Lenker. Wickeln Sie Lappen um den Bremshebel herum zur Vermeidung von Kontakt zwischen Flüssigkeit und Rahmen oder Komponenten.
e. Bei Hayes® müssen die Beläge vor Eindrücken der Bremskolben demontiert werden. Platzieren Sie einen 8, 9 oder 10 mm Ringschlüssel um den Zapfen und drücken Sie den Kolben in den Bremssattel zurück (Abb. 13.40).

ABB. 13.40

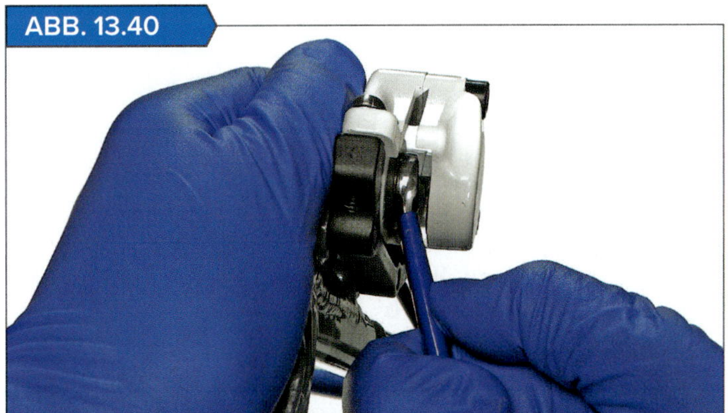

Bremskolben mit Ringschlüssel um den Zapfen zurück drücken

f. Lokalisieren Sie den Entlüftungsnippel am Bremssattel und entfernen Sie die Gummiabdeckung. Setzen Sie einen 6 mm Ringschlüssel auf den Nippel.
g. Setzen Sie das Schlauchende der Pumpflasche auf den Nippel. Lösen Sie ihn mit ¼ Drehung. Drücken Sie die Flasche für ca. 5 Sekunden fest zusammen, um Flüssigkeit mit Druck bis zum Bremshebel zu pumpen. Lösen Sie den Griff um die Flasche zum Absaugen von Luft aus dem System. Wiederholen Sie diesen Pump-/Saugvorgang, bis keine Luft-

blasen mehr austreten (Abb. 13.41). Mit einer Spritze pressen Sie Flüssigkeit hinein und ziehen Luft heraus.

ABB. 13.41

Pumpflasche zum Entlüften der Bremse wiederholt drücken und lösen

h. Wenn keine Luft mehr am Bremssattel erscheint, pumpen Sie die Flasche weiter und beobachten den Ablaufschlauch am Bremshebel. Ziehen und lösen Sie den Hebel (Abb. 13.42).

ABB. 13.42

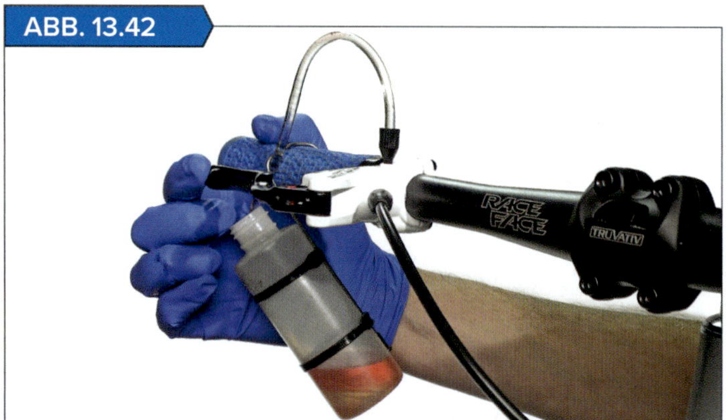


Leichtes Ziehen und Lösen des Hebels zum weiteren Entlüften

i. Drehen Sie den Bremshebel am Lenker leicht aufwärts, während Sie weiter Flüssigkeit ins System pumpen, dann drehen Sie ihn leicht abwärts. Fahren Sie damit fort, bis die austretende Flüssigkeit keine Blasen mehr zeigt.
j. Schließen Sie den Nippel am Bremssattel. Entfernen Sie die Pumpflasche vorsichtig und vermeiden Sie Tropfen auf Rahmen oder Teilen. Reinigen Sie eventuelle Verunreinigungen sofort mit Seifenwasser oder Isopropylalkohol.
k. Entfernen Sie den Ablaufschlauch vom Bremshebel. Montieren Sie die Entlüftungsschraube. Drehen Sie den Bremshebel in die normale Position und ziehen Sie ihn fest. Reinigen Sie Spritzer mit Seifenwasser oder Alkohol.
l. Entfernen Sie die Sperre und montieren Sie die Beläge.
m. Montieren Sie das Laufrad und prüfen Sie den Bremshebel. Bei den ersten Zügen wird er sich weich anfühlen, bis die Bremskolben den Rotor erreichen. Dann muss der Hebel bei kräftigem Ziehen einen Druckpunkt bieten.

## SRAM® & AVID® HYDRAULIKBREMSEN

SRAM® produziert Bremsen unter den Markennamen SRAM® und Avid®. Beide Marken verwenden DOT 4 oder DOT 5.1 Bremsflüssigkeit. Benutzen Sie nie Mineralöl für dieses System. Für alle Modelle gilt derselbe Entlüftungsvorgang. Das empfehlenswerte Avid® Entlüftungsset besteht aus zwei Spritzen mit Schraubanschlüssen, einer Flasche DOT Bremsflüssigkeit und einem 8 mm Maulschlüssel-Steckaufsatz für 3/8“ Ratschenschlüssel. Lagern Sie die Spritzen mit geöffneten Schlauchklemmen. Eine Spritze ist zum Befüllen, mit der anderen wird Flüssigkeit am Bremshebel aufgefangen.

Einige Modelle nutzen die sogenannte „Bleeding Edge™“-Technologie mit speziellem Entlüftungsstutzen am Bremssattel.

Präparieren Sie beide Spritzen vor dem Entlüften. Öffnen Sie die Schlauchklemme einer Spritze und füllen Sie sie halb voll mit DOT 5.1 Flüssigkeit. Halten Sie die Spritze senkrecht mit der Spitze nach oben. Lassen Sie Blasen nach oben steigen und klopfen Sie leicht an den Spritzenzylinder. Drücken Sie den Kolben langsam ein und schließen Sie die Klemme. Wiederholen Sie den Vorgang mit der zweiten Spritze, die nur zu ¼ gefüllt wird.

**Bremsflüssigkeitswechsel und Entlüften der Bremse:**

a. Entfernen Sie Laufrad und Bremsbeläge. Montieren Sie einen Entlüftungsblock, ersatzweise einen 10 mm Innensechskant oder ähnliches.
b. Prüfen Sie die Griffweite des Bremshebels. Bei großer Griffweite ist der Ausgleichsbehälter geschlossen und das Entlüften unmöglich. Bei Standardbremshebeln muss der Abstand zwischen Hebelende und Lenkerrohrmitte unter 80 mm betragen (Abb. 13.43).

ABB. 13.43

Griffweite zum Entlüften auf weniger als 80 mm justieren

c. Drehen Sie bei Rennbremshebeln die Einstellschraube für die Griffweite gegen den Uhrzeigersinn, bis der Hebel vollständig außen steht (Abb. 13.44).

ABB. 13.44

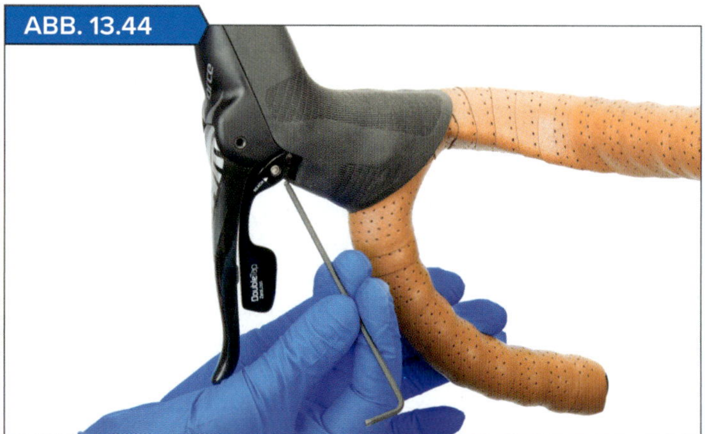

Einstellschraube für Griffweite gegen den Uhrzeigersinn drehen

d. Falls vorhanden, justieren Sie mit den Einstellmuttern das Volumen des Bremssattels. Rechter Hebel: Mutter vollständig gegen den Uhrzeigersinn drehen und eine Drehung zurück. Linker Hebel: Muter vollständig im Uhrzeigersinn drehen und eine Drehung zurück (Abb. 13.45).

ABB. 13.45

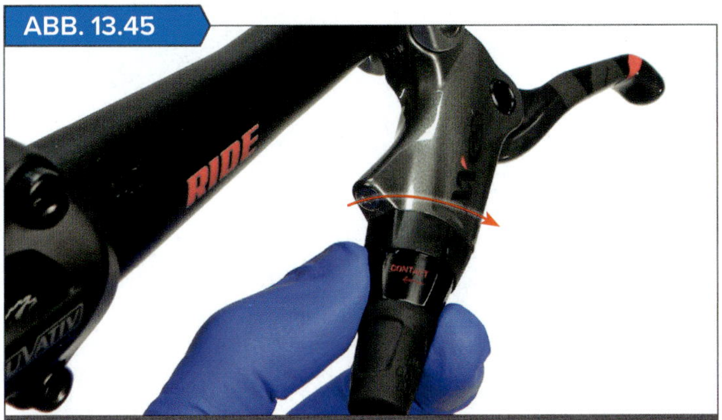

Einstellmuttern justieren, falls vorhanden

e. Drehen Sie Fahrrad und Bremshebel, sodass die Fließrichtung von Bremssattel zu -hebel möglichst steil verläuft. Lösen Sie bei Standardbremshebeln die Lenkerklemme, sodass sie verdrehbar sind. Bei Rennbremshebeln verdrehen Sie den Lenker nach Bedarf (Abb. 13.46).

ABB. 13.46

Fahrrad drehen, damit Fließrichtung von Bremssattel zu Bremshebel möglichst steil verläuft

f. Entfernen Sie die Entlüftungsschraube am Bremssattel mit einem Torx® T10 Schlüssel (Abb. 13.47).
g. Schrauben Sie die halb volle Spritze mit geschlossener Schlauchklemme in die Entlüftungsöffnung. Überprüfen Sie sie auf Luftblasen. **Hinweis:** Das Vorgehen mit „Bleeding Edge™"-Stutzen wird später behandelt.
h. Demontieren Sie die Entlüftungsschraube am Bremshebel (Abb. 13.48). Schrauben Sie die weniger volle Spritze in die Öffnung. Diese nimmt Flüssigkeit auf (Abb. 13.49).
i. Öffnen Sie die Schlauchklemmen. Halten Sie die untere Spritze aufrecht (Abb. 13.50). Drücken Sie die Flüssigkeit fast vollständig durch den Bremssattel in die obere Spritze (Abb. 13.51). Achten Sie auf Luftblasen und Schmutz.

ABB. 13.47

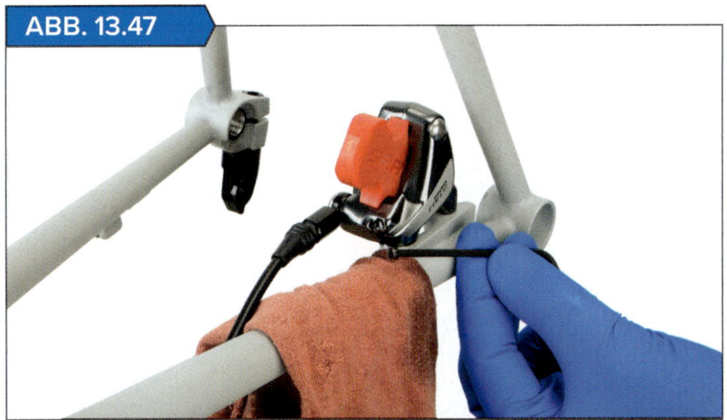

Entlüftungsschraube am Bremssattel entfernen

ABB. 13.48

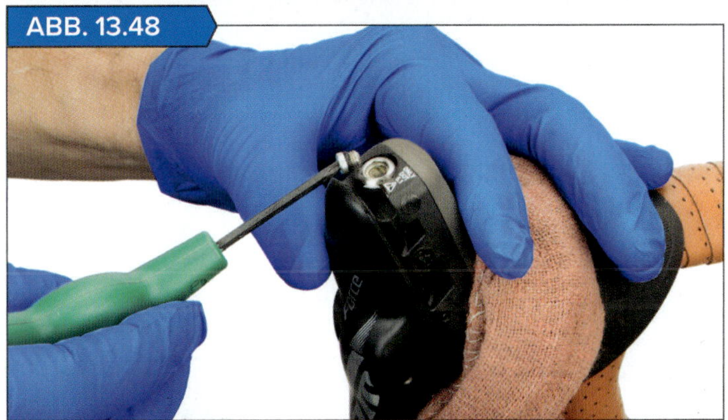

Vor Öffnen der Entlüftungsschraube den Bereich mit Lappen abdecken

ABB. 13.49

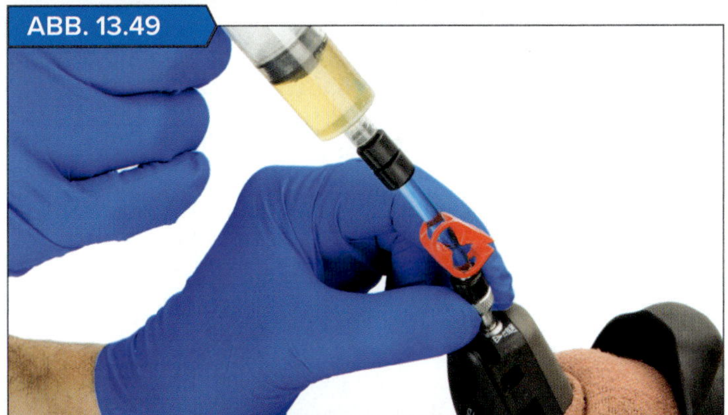

Spritze in Entlüftungsöffnung des Bremshebels schrauben

ABB. 13.50

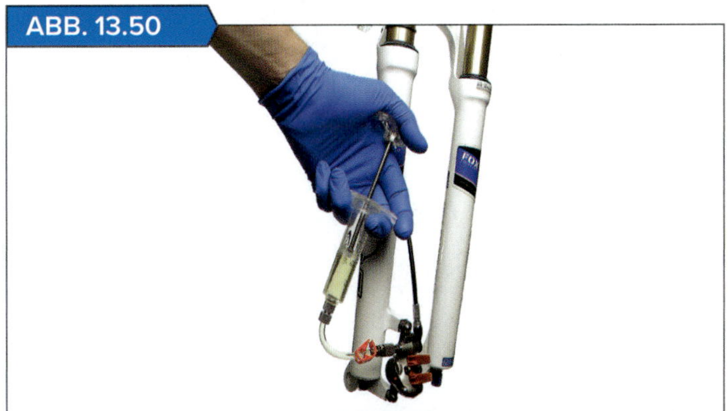

Flüssigkeit vom Bremssattel zum Bremshebel pumpen

ABB. 13.51

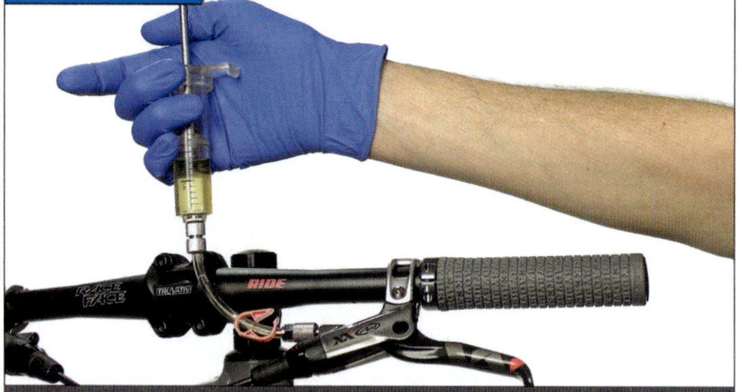


Spritze am Bremshebel fängt austretende Flüssigkeit auf

j. Schließen Sie die Schlauchklemme der Spritze am Bremshebel. Die Klemme der unteren Spritze bleibt geöffnet.
k. Ziehen Sie den Bremshebel zum Lenker und fixieren Sie ihn mit Kabelbinder oder Gummiband (Abb. 13.52).

ABB. 13.52

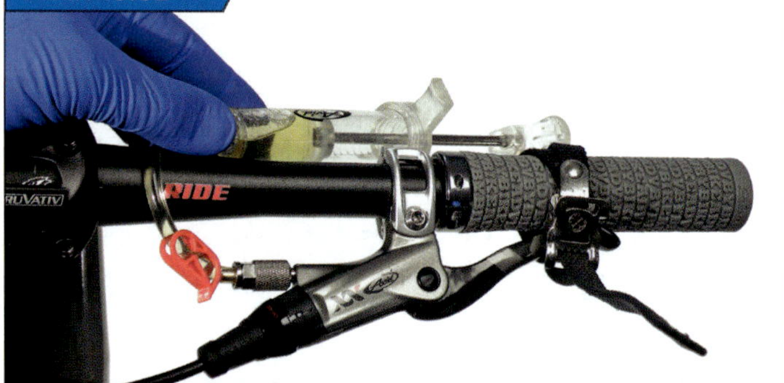


Gezogenen Hebel nach Schließen der Schlauchklemme fixieren

l. Drücken Sie zum Druckaufbau leicht den Kolben der unteren Spritze und ziehen Sie ihn wieder zurück. Wiederholen Sie das ca. 3–4 Mal (Abb. 13.53). Achten Sie auf in die Spritze fließende Luft. Die Klemme bleibt offen.

ABB. 13.53

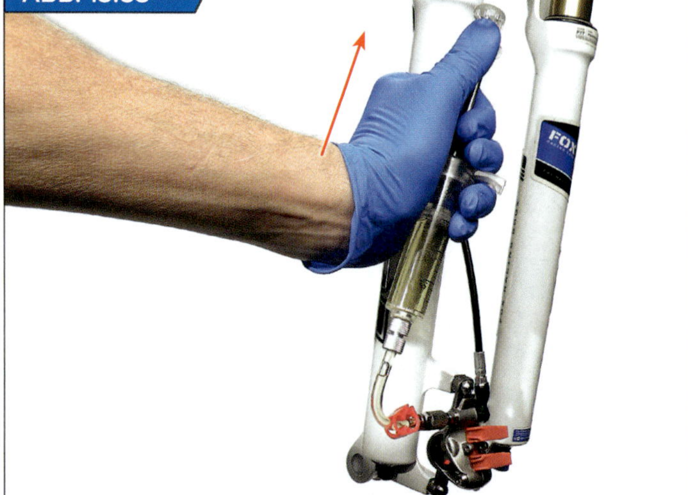


Spritzenkolben zum Erzeugen eines Vakuums herausziehen

m. Entfernen Sie die Sicherung am Bremshebel, halten Sie ihn aber per Hand am Lenker (Abb. 13.54). Drücken Sie die untere Spritze und lassen Sie den Hebel durch die einströmende Flüssigkeit in die Ruheposition gleiten.

ABB. 13.54

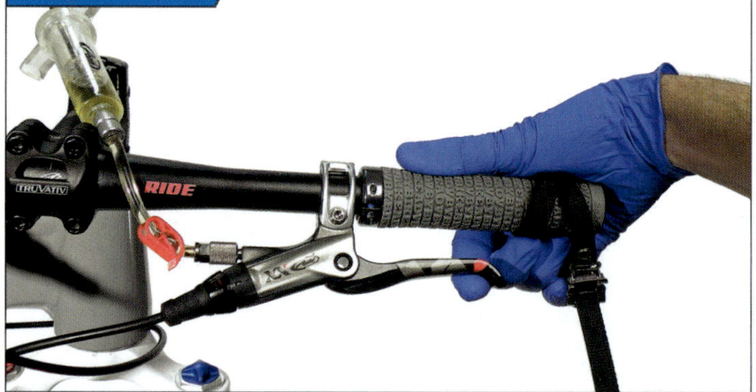


Bremshebel langsam lösen , gleichzeitig Spritze am Bremssattel drücken

n. Schließen Sie die Klemme der unteren Spritze und schrauben Sie sie aus dem Bremssattel. Montieren Sie die Entlüftungsschraube. Entfernen Sie Flüssigkeit mit Alkohol.
o. Öffnen Sie die Klemme der Spritze am Bremshebel. Erzeugen Sie ein Vakuum durch Ziehen am Spritzenkolben. Dann drücken Sie den Kolben etwas ein. Ziehen Sie den Bremshebel leicht und lassen ihn zurückschnellen, um Luft aus dem Hebel zu treiben (Abb. 13.55). Wiederholen Sie das ca. 10-mal oder bis keine Blasen mehr im Schlauch auftauchen.

ABB. 13.55

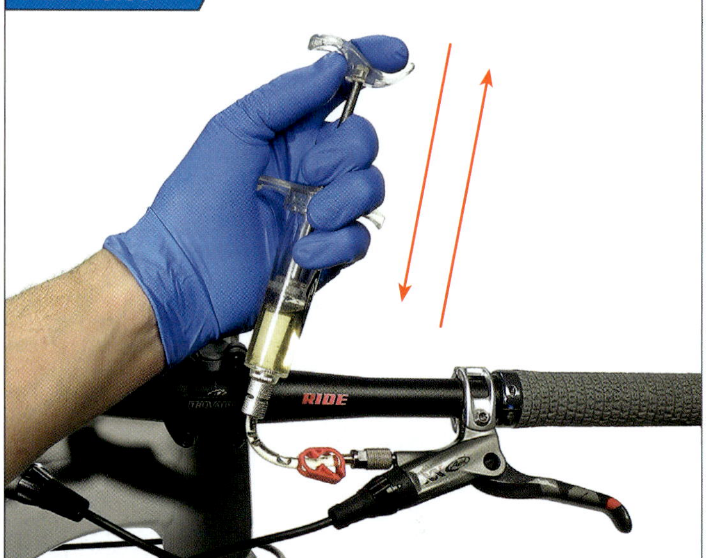


Bremshebel zum Entlüften 10-mal ziehen und lösen

p. Drücken Sie leicht auf den Kolben, während die Spritze aus dem Bremshebel geschraubt wird. Montieren Sie die Schraube. Entfernen Sie Flüssigkeitsspritzer mit Alkohol.
q. Testen Sie das Ergebnis durch kräftiges Ziehen am Bremshebel. Es muss ein klarer Druckpunkt vorhanden sein.
r. Montieren Sie Beläge und Laufrad.
s. Ziehen Sie den Bremshebel, bis die Beläge auf den Rotor drücken. Der Hebel soll bei kräftigem Ziehen Widerstand aufbauen. Wiederholen Sie das Entlüften, falls nötig. Leeren Sie die Spritzen in geeignete Behälter und lagern Sie sie mit geöffneten Schlauchklemmen.

SRAM® stattet einige Bremssättel mit „Bleeding Edge™"-Technologie aus, die eine komfortablere Verbindung zur Spritze bietet. Die Entlüftung ist ähnlich wie beim herkömmlichen Vorgang. SRAM® bietet jedoch einen speziellen Entlüftungsstutzen, der nicht nur als Anschluss sondern auch als Absperrventil dient (Abb. 13.56).

ABB. 13.56

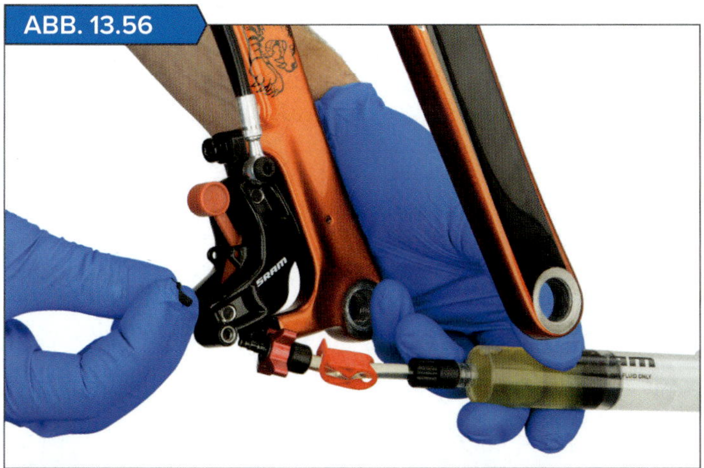

Bleeding Edge™-Verbindung für entsprechende Bremssättel

Bleeding Edge™-Bremssättel haben eine Gummiabdeckung über dem Entlüftungsanschluss. Setzen Sie die Spritze mit Bleeding Edge™-Stutzen nach Entfernen der Abdeckung auf den Anschluss und drücken Sie bis es klickt. Drehen Sie den Bleeding Edge™-Knopf um ½ Drehung gegen den Uhrzeigersinn. Wenn der Anschluss so nicht geöffnet wird, entfernen Sie den Entlüftungsstutzen und lösen Sie die Schraube etwas mit einem 4 mm Innensechskant (Abb. 13.57).

ABB. 13.57

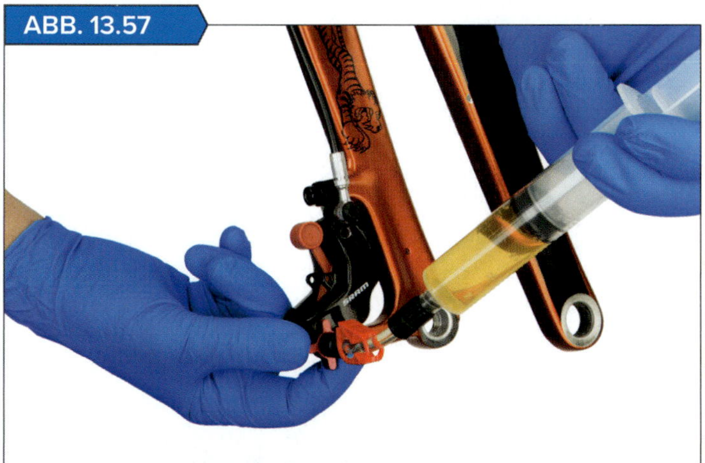

Bleeding Edge™ -Bremssattel bereit fürs Entlüften

Befüllen Sie die Spritze mit Bleeding Edge™-Stutzen zu ¼, die andere zur Hälfte. Bei Bleeding Edge™-Bremssätteln wird die vollere Spritze am Bremshebel platziert und von dort nach unten zur Spritze mit Bleeding Edge™-Stutzen gedrückt.

## TEKTRO® HYDRAULIKBREMSEN

Die diversen Tektro® Bremsenmodelle werden alle mit demselben Vorgehen entlüftet. Tektro® nutzt Mineralöl als Flüssigkeit. Verwenden Sie niemals DOT Bremsflüssigkeit oder damit verwendete Spritzen für dieses System. Das Entlüftungsset von Tektro® umfasst eine Spritze zum Befüllen am Bremssattel. Die Flüssigkeit tritt am Bremshebel aus. Tektro® liefert einen Schlauch mit M6 Anschluss, aus dem die Flüssigkeit aufgefangen wird. Flexibler 3/16" Schlauch kann das Anschlussstück ersetzen, führt aber zu Flüssigkeitsverlust am Hebel. Am Bremssattel wird ¼" Schlauch verwendet.

Die Entlüftung mit montierten Belägen ist zwar möglich, sie sollten zum Schutz vor Verölen aber besser entfernt werden.

**Flüssigkeitswechsel und Entlüften der Bremse:**

a. Setzen Sie das Fahrrad in den Montageständer. Drehen Sie es, sodass eine steile Verbindung zwischen Bremssattel und Bremshebel besteht. Demontieren Sie Laufrad und Beläge.

b. Drehen Sie den Bremshebel, bis der Deckel des Ausgleichsbehälters horizontal steht (Abb. 13.58). So wird die Entlüftungsschraube an höchstmöglicher Stelle positioniert.

ABB. 13.58

Deckel des Ausgleichsbehälters parallel zum Untergrund justieren

c. Lösen Sie die Entlüftungsschraube mit einem Torx® T15 vom Deckel des Ausgleichsbehälters (Abb. 13.59).

ABB. 13.59

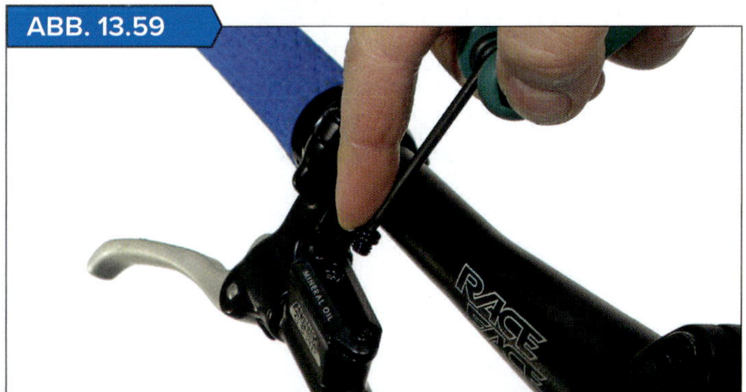

Entlüftungsschraube entfernen

d. Schrauben Sie das Anschlussstück des Schlauchs in den Deckel (Abb. 13.60). Setzen Sie sonst den 3/16" Schlauch auf die Deckelöffnung. Platzieren Sie das andere Schlauchende in einen am Lenker fixierten Auffangbehälter.

ABB. 13.60

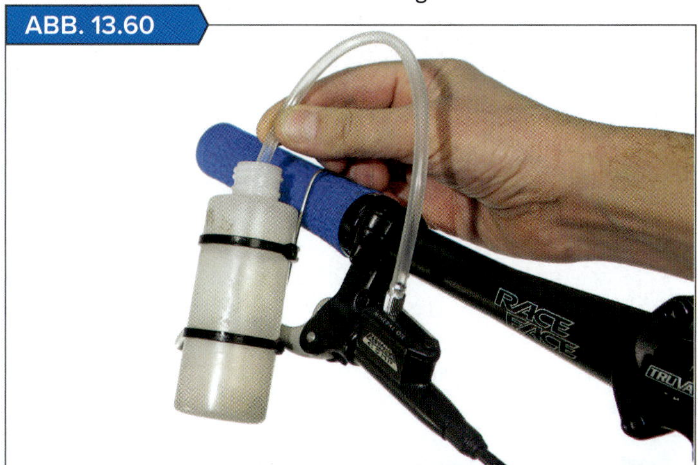

Austretendes Hydrauliköl fließt in die Auffangflasche

e. Setzen Sie den Füllschlauch auf die Spritze und füllen Sie diese mindestens ½ voll (15 ml) mit Tektro® Mineralöl. Hinweis: Kürzen Sie den Schlauch auf etwa 3–4 cm Länge, weil mehr Länge den Vorgang erschwert (Abb. 11.49).
f. Der Entlüftungsanschluss des Bremssattels hat eine 7 mm Aufnahme. Setzen Sie einen passenden Ringschlüssel auf den Anschluss bevor Sie die Spritze anschließen. Halten Sie die Spritze aufrecht, damit vorhandene kleine Luftblasen nach oben steigen.
g. Öffnen Sie den Entlüftungsanschluss mit ⅛–¼ Drehung gegen den Uhrzeigersinn und pumpen Sie die Flüssigkeit aus der Spritze nach oben durch den Bremshebel. Drücken Sie den Kolben langsam und gleichmäßig. Halten Sie die Spritze die ganze Zeit aufrecht, damit keine Luft aus der Spritze ins System gelangt (Abb. 13.61).

ABB. 13.61

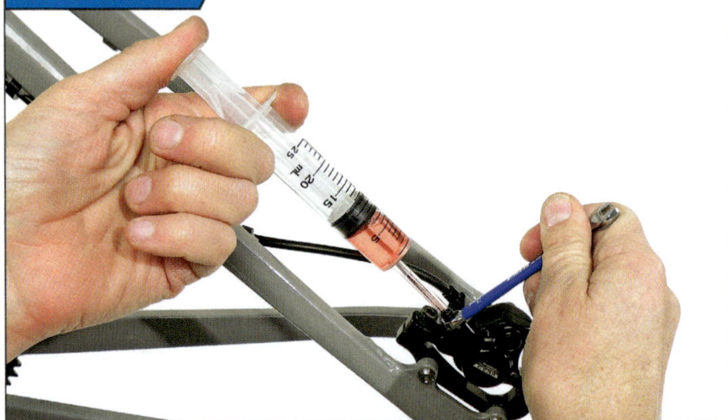

Hydrauliköl in den Bremssattel pumpen

h. Pumpen Sie die Spritze fast leer. Achten Sie am Ablaufschlauch auf Blasen, Abrieb oder Farbänderung (Abb. 13.62).

ABB. 13.62

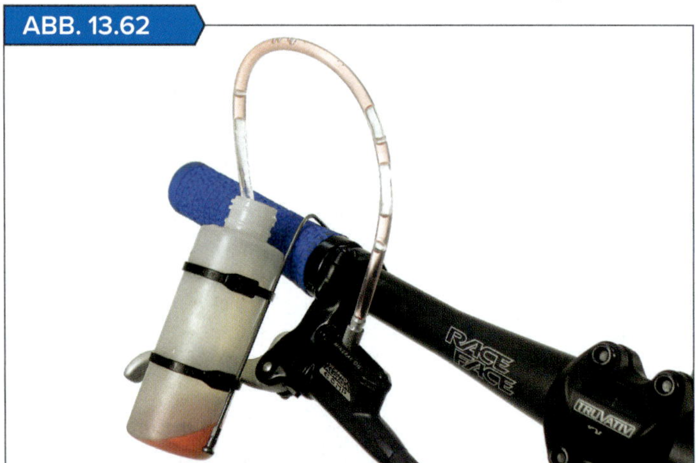


Hydrauliköl bis in die Auffangflasche nach oben pumpen

i. Schließen Sie den Entlüftungsanschluss. Das Anzugsdrehmoment ist 4–7 Nm. Entfernen Sie die Spritze vom Anschluss. Montieren Sie eine vorhandene Gummiabdeckung.
j. Entfernen Sie den Schlauch vom Bremshebel. Geben Sie 1–2 Tropfen Flüssigkeit in die Öffnung und montieren Sie die Schraube mit 2-4 Nm.
k. Reinigen Sie Spritzer mit Alkohol oder Seifenwasser.
l. Montieren Sie Beläge und Laufrad. Testen Sie die Bremse.

Beim ersten Zug kann der Hebel weit zurückgehen, weil sich die Beläge zum Rotor bewegen müssen. Wiederholtes Ziehen sollte Widerstand am Hebel aufbauen. Vorhandene Luft zeigt sich in matschigem Gefühl beim Hebelzug.

## MECHANISCHE SCHEIBENBREMSEN

Mechanische Scheibenbremsen sind mit einem herkömmlichen Bremszug ausgestattet, der zu einem Hebelarm am Bremssattel führt. Die Drehung des Hebels drückt die Bremsbeläge an die Scheibe. Die meisten Modelle verfügen über einen beweglichen und einen feststehenden Belag. Der bewegliche ist der in Fahrtrichtung äußere Bremsbelag, der die Scheibe an den feststehenden inneren Belag drückt. Dieses Prinzip ist keine Belastung für die Scheibe.

Die Version mit Doppelhebelarm, der beide Beläge bewegt, ist seltener (Abb. 13.63). Die Einstellung variiert mit der Bauweise.

ABB. 13.63

Doppelhebelarm drückt beide Beläge an die Bremsscheibe

Mechanische Bremsen benötigen meist größere Abstände zwischen Scheibe und Belägen. Durch die Dehnbarkeit des Bremszugs ist diese Bauweise nicht so effizient wie hydraulische Systeme. Auch bei diesen Bremsen wird durch den Bremsvorgang Wärme erzeugt. Arbeiten Sie also nur bei stehendem Laufrad an Bremssattel und Rotor.

Bremssättel und Bremshebel müssen kompatibel sein. Standardbremshebel für mechanische Scheibenbremsen verfügen meist über lange Hebelwege wie V-Bremshebel. Sie müssen mit ebensolchen Bremssätteln kombiniert werden. Bremshebel für Rennlenker besitzen einen kürzeren Hebelweg und sind nur für entsprechende Bremssättel geeignet. Die Kombination beider Standards verändert die Hebelverhältnisse und verschlechtert das Bremsverhalten.

Ein wichtiger Unterschied ist die verschleißbedingte Anpassung der Bremsbeläge. Bei Felgenbremsen werden die Beläge einfach durch Nachjustieren der Zugeinstellschraube näher an die Felgenflanke bewegt. Bei Scheibenbremsen sollte die Zugeinstellschraube dafür nicht verwendet werden. Stattdessen werden die Beläge über die Belageinstellung am Bremssattel näher zur Scheibe bewegt, um Verschleiß auszugleichen. Denn die Hebelarme am Bremssattel benötigen den gesamten Hebelweg, um effektiv zu funktionieren (Abb. 13.64). Durch Nachjustieren der Zugeinstellschraube wird der

Hebelarm in eine schwächere Position für den Anpressdruck der Beläge gezogen.

Der Hebelarm am Bremssattel soll sich beim Justieren der Beläge in der vollständig entspannten Position befinden. Lösen Sie die Zugklemmschraube oder schrauben Sie die Zugeinstellschraube vollständig ein, um dies sicherzustellen.

ABB. 13.64

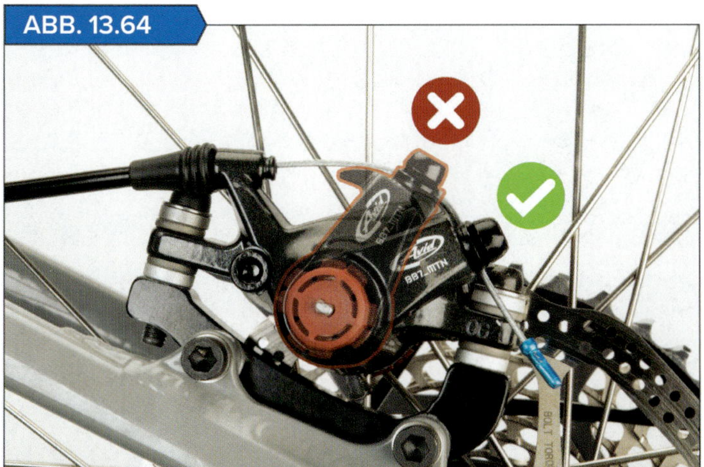

Hebelarm muss bei entspannter Bremse in rückwärtiger Position sein

Bremssättel mit einem beweglichen Bremsbelag haben normalerweise eine Anpassungsmöglichkeit für den feststehenden Belag relativ zum Rotor. Der bewegliche Belag hat keine Justierschraube und drückt den Rotor an den feststehenden, wenn der Bremshebel gezogen wird. Die Position des beweglichen Belags wird über Verschieben des Bremssattels an den Rotor angepasst.

**Justierung von mechanischen Bremssätteln mit einem beweglichen Belag und einseitiger Einstelloption:**

a. Lösen Sie beide Befestigungsschrauben zur seitlichen Justierung des Bremssattels.
b. Drehen Sie die Einstellung, bis der innere Belag den Rotor blockiert und dann ca. ¼ Drehung zurück (Abb. 13.65).

ABB. 13.65

Beläge direkt am Bremssattel an den Rotor anpassen

c. Ziehen und halten Sie den Bremshebel fest.
d. Ziehen Sie die Befestigungsschrauben per Hand an. Das Festziehen erfolgt erst nach Ausrichten der Beläge.
e. Lösen Sie den Bremshebel und drehen Sie zur Überprüfung der Belagposition das Laufrad.
f. Wenn der feststehende, verstellbare Belag schleift, lösen Sie seine Einstellschraube entsprechend.
g. Wenn der bewegliche, nicht verstellbare Belag schleift, lösen Sie eine Befestigungsschraube zur Zeit und schieben Sie den Bremssattel leicht zum Rotor.
h. Wenn die Beläge nicht schleifen, fixieren Sie die Befestigungsschrauben endgültig.
i. Ziehen Sie am Bremshebel. Sie können den Druckpunkt durch Justieren der Einstellschrauben variieren.

Wenn die Beläge durch die Bremsvorgänge verschleißen, stellen Sie sie mit den vorhandenen Einstellschrauben nach.

Es gibt auch Bremssättel mit einem beweglichen Bremsbelag, die Einstellknöpfe für beide Beläge haben Lokalisieren Sie die Justiermöglichkeit auf beiden Seiten (Abb.13.66).

ABB. 13.66

Einstellknopf für Bremsbelag

**Justierung von mechanischen Bremssätteln mit einem beweglichen Belag und beidseitiger Einstelloption:**

a. Lösen Sie die Befestigungsschrauben des Bremssattels, sodass dieser frei beweglich ist.
b. Beide Einstellknöpfe sollen vollständig gegen den Uhrzeigersinn herausgedreht sein.
c. Drehen Sie den äußeren Einstellknopf eine Drehung im Uhrzeigersinn zurück, .
d. Drehen Sie den inneren Einstellknopf im Uhrzeigersinn, bis der innere Belag die Bremsscheibe blockiert. So werden Bremssattel und Beläge auf die Bremsscheibe ausgerichtet.
e. Drehen Sie beide Befestigungsschrauben per Hand fest.
f. Lösen Sie beide Einstellknöpfe um ¼ Drehung.
g. Drehen Sie das Laufrad und prüfen Sie die Ausrichtung der Bremsbeläge. Wenn ein Belag schleift, lösen Sie den entsprechenden Einstellknopf etwas (Abb. 13.67).

ABB. 13.67

Einstellknöpfe einzeln justieren

h. Fixieren Sie die Befestigungsschrauben.
i. Ziehen Sie den Bremshebel. Wenn der Hebelweg zu weit ist, drehen Sie beide Einstellknöpfe etwas einwärts, ist er zu kurz, drehen Sie beide etwas gegen den Uhrzeigersinn.

Bremssättel mit doppeltem Hebelarm bewegen beide Bremsbeläge zur Scheibe. Beide Beläge sind einstellbar und sollen beim verschleißbedingten Nachjustieren angepasst werden.

**Justierung von mechanischen Bremssätteln mit zwei beweglichen Belägen:**

a. Lösen Sie die Befestigungsschrauben am Bremssattel.
b. Drehen Sie die Einstellknöpfe abwechselnd in ¼ Drehungen, bis beide Beläge auf den Rotor drücken (Abb. 13.68).
c. Drehen Sie die Befestigungsschrauben per Hand fest.
d. Lösen Sie jeden Einstellknopf um ¼-½Drehung und prüfen Sie die Einstellung bei drehendem Laufrad.
e. Ziehen Sie den Bremshebel und passen den Druckpunkt beidseitig schrittweise in ¼ Drehungen an.
f. Zur Anpassung der Beläge lösen Sie die Befestigungsschrauben einzeln und verschieben den Bremssattel.
g. Wenn die Beläge nicht mehr schleifen, ziehen Sie die Befestigungsschrauben wieder fest.

ABB. 13.68

Beide Beläge gleichmäßig an Rotor anpassen

**TABELLE 13.1** *Troubleshooting*

| SYMPTOM | MÖGLICHE URSACHE | LÖSUNG |
|---|---|---|
| Mechanische Scheibenbremsen schleifen | 1. Laufrad sitzt nicht richtig in Ausfallenden<br>2. Rotor ist verbogen<br>3. Bremssattel nicht richtig justiert | 1. Laufrad korrekt in Ausfallenden montieren<br>2. Rotor richten oder austauschen<br>3. Bremssattel justieren |
| Laufrad lässt sich bei hydraulischer Bremse nach Ausbau nur schlecht oder nicht wieder montieren | Bei fehlendem Rotor hat der versehentlich gezogene Bremshebel die Beläge nach innen gedrückt | Beläge im Bremssattel zurück drücken und Laufrad montieren |
| Beläge schleifen an der Scheibe nach Wiedereinbau des Laufrads in offene Ausfallenden | Laufrad wurde mit anderer Position in den Ausfallenden montiert | Schnellspanner lösen, Laufradposition korrigeren und auf Schleifen prüfen . Bremssattel an neue Laufradposition anpassen |
| Bremshebel bei Hydraulikbremse lässt sich bis zum Lenker durchziehen | 1. Lufteinschluss im Bremssystem<br>2. Undichte Stelle im System | 1. Beläge auf Verschleiß prüfen, Bremse entlüften<br>2. Alle Verbindungen und Kolben auf Flüssigkeit prüfen, Bei Bedarf professionelle Hilfe für Reparatur suchen |
| Quietschgeräusche beim Bremsen | 1. Verschmutzung von Belägen und/oder Rotor<br>2. Beläge oder Rotor verglast | 1. Vorzugsweise Beläge austauschen, Rotor mit Alkohol reinigen<br>2. Belagoberfläche mit Sandpapier abschleifen, Rotor reinigen und Bremsverhalten prüfen |

# KAPITEL 14

# FELGENBREMSE

Felgenbremsen befinden sich an Rahmen und Gabel und üben zum Verzögern Druck auf die Laufradfelgen aus. Dieser Bremsentyp besteht aus Bremshebel, Bremszug sowie Bremszange in Verbindung mit den Bremsflächen der Felge.

Die Hand des Fahrers zieht den Hebel und verwendet dabei den Lenker als Abstützung. Die Muskelkraft der Hand wird über den Bremszug auf die Bremsklötze übertragen. Ein häufiger Fehler ist der Wunsch nach einer sehr strammen Bremseneinstellung. Felgenbremsen sollten generell nicht so stramm eingestellt sein, dass ein leichter Zug am Hebel die Bremsklötze fest an die Felge presst. Selbst Fahrer mit viel Fingerspitzengefühl können zu stramm eingestellte Felgenbremsen kaum dosiert betätigen.

Eine gute Bremsanlage kann mehr als reine Notbremsungen. Sorgfältig eingestellte Bremsen ermöglichen dem Fahrer die fein dosierbare Kontrolle der Geschwindigkeit. Viele kleine Details beeinflussen das Bremsverhalten. Dies sind unter anderem die Position der Bremshebel, die Verlegung der Bremszüge sowie die Position der Bremsklötze.

In diesem Kapitel werden Felgenbremsen vom Typ „Cantilever". „V-Bremse", und „Seitenzug" behandelt. Für Informationen zu anderen Systemen wie „U-Brake" oder „Mittelzugbremsen" schauen Sie auf www.parktool.com/repair-help nach. Bei Scheibenbremsen befindet sich eine Bremsscheibe an der Nabe des Laufrads. Dieser Bremsentyp wirdin Kapitel 13 behandelt.

## BREMSHEBEL

Es gibt zwei unterschiedliche Felgenbremshebel: Standardbremshebel und Renn(-lenker-)bremshebel. Bremshebel werden mit Schellen am Lenker geklemmt. Häufig werden auch die Schalthebel in die Bremsgriffe integriert.

### STANDARDBREMSHEBEL

Standardbremshebel sind für Lenkerrohrdurchmesser von 22,2 mm ausgelegt. Bremshebel sollen so platziert werden, dass sie leicht und schnell erreichbar sind. Sie lassen sich seitlich auf dem Lenker verschieben und werden nah an den Griffen montiert. Separate Schaltgriffe werden auf der Innenseite der Bremshebel am Lenker platziert.

Für Standardlenker (alle Lenkertypen außer Rennlenker) gilt, dass der Bremshebel in einer Linie mit dem Arm des Fahrers stehen soll. Ein Winkel von 45° unterhalb der Horizontalen ist die übliche Einstellung (Abbildung 14.1). Dadurch muss das Handgelenk beim Bremsen nicht gebogen werden. Bremshebel können bei gelöster Klemmung auf dem Lenker gedreht werden.

ABB. 14.1

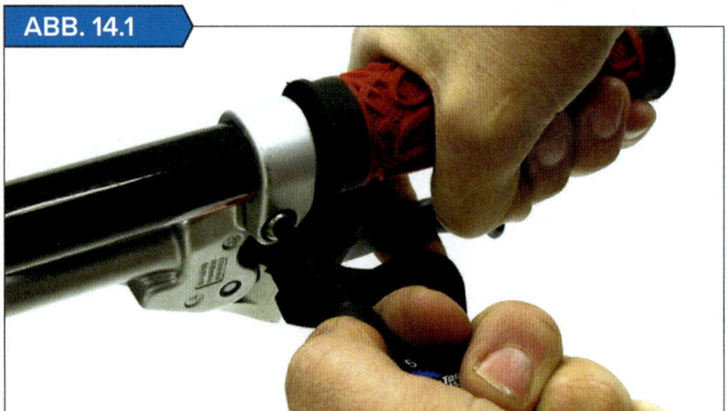

Bremshebel in eine komfortable Position drehen

Standardbremshebel verfügen häufig über eine Stellschraube, mit der die Griffweite auf die Handgröße des Fahrers einstellbar ist. Durch Eindrehen der Stellschraube kommt der Hebel näher an den Lenker. Änderungen an der Stellschraube verändern die Einstellung des Bremszugs.

Bei diesen Bremshebeln kann der Nippel des Innenzugs normalerweise leicht in der Aufnahme platziert werden. Wenn Sie den Hebel ziehen, sehen Sie die Aufnahme quasi automatisch. Achten Sie auch auf den Schlitz an der Zugeinstellschraube. Bringen Sie die Schlitze an Bremshebel und Einstellschraube in eine Linie, führen Sie den Bremszug hindurch und den Nippel in die Hebelaufnahme (Abb. 14.2).

ABB. 14.2

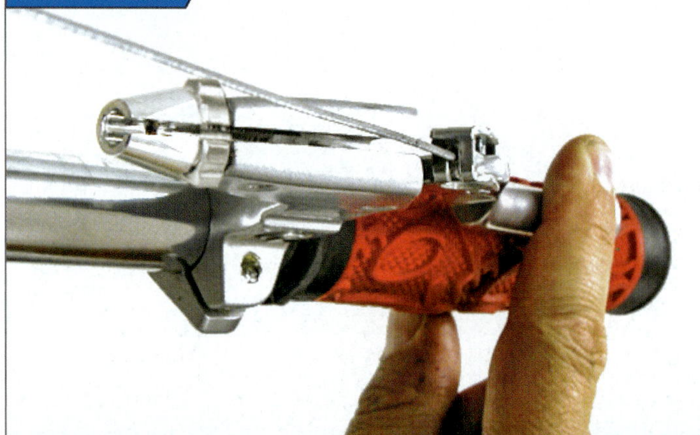

Schlitze erleichtern das Einfädeln des Innenzugs

Bremshebel verfügen über einen bestimmten Hebelweg. Der Abstand zwischen Zugnippelaufnahme und dem Hebelgelenkbolzen definiert den Hebelweg. Bei V-Bremsen ist der Abstand mit 30 mm oder mehr („Long Pull") größer als bei Cantilever- und Seitenzugbremsen mit maximal 29 mm („Short Pull"). Der Bremshebel muss mit der Bremszange kompatibel sein. Der Tausch von Bremshebeln zwischen den Systemen verändert die Hebelverhältnisse und damit die Bremskräfte drastisch und kann zu Unfällen führen.

Einige Bremshebel lassen sich wahlweise auf Cantilever- oder V-Bremsen einstellen. Eine andere Möglichkeit sind mechanische Umlenkrollen, wie der Travel Agent®, die die Kombination von Cantileverhebeln mit V-Bremsen ermöglichen.

### BREMSHEBEL FÜR RENNLENKER

Bremshebel an Rennlenkern können nur vertikal am Lenkerbogen angepasst werden. Wird der Bremshebel weiter unten platziert, ist er in der Unterlenkerposition besser erreichbar. Die höhere Positionierung des Bremshebels erleichtert die Erreichbarkeit in der Oberlenkerposition. Zum Verschieben der Bremshebel muss vorher das Lenkerband entfernt werden.

Der Bremshebel wird mit einer Schelle am Lenker befestigt. Der Rohrdurchmesser von Rennlenkern ist im Griffbereich ist mit 23,4 mm größer als bei Standardlenkern mit 22,2 mm. Daher sind die Bremshebel nicht kompatibel.

Die Befestigungsschraube kann sich im Innern des Bremshebels oder seitlich unter der Gummimanschette befinden. Manchmal muss man diese abziehen, um den Innensechskant einsetzen zu können (Abb. 14.3). Der Bremshebel muss fest am Lenker montiert sein, denn sein Sockel dient als Handablage in der Oberlenkerposition. Bei zu lockerer Montage kann es leicht zum Unfall kommen.

ABB. 14.3

Höhenanpassung des Bremshebels am Bogen des Rennlenkers

Der Innenzug wird mit dem Zugnippel im Bremshebel verankert. Ziehen Sie den Bremshebel, um die Aufnahme für den Nippel zu lokalisieren. Die üblichen Aero-Bremshebel verfügen über eine Bohrung im Sockel (Abb. 14.4). Führen Sie das glatte Ende des Innenzugs als erstes in die Aufnahme und fädeln Sie sie durch die Bohrung im Sockel. Ziehen Sie den Innenzug straff und beachten Sie, dass der Nippel voll in der Aufnahme sitzt. Die Hülle stößt von der anderen Seite auf den Sockel.

ABB. 14.4

Innenzug von vorn in den Bremsgriff einfädeln

## BREMSZÜGE

Der Bremszug besteht aus Innenzug und Hülle und verbindet Bremshebel und Bremszange. Der Innenzug besteht aus einem dünnen Drahtseil mit Nippel an einem Ende. Ersatz-Innenzüge werden oft mit unterschiedlichen Nippeln an beiden Enden geliefert. Der nicht benötigte Nippel wird mit einem Kabelschneider entfernt. Das Innenzugende mit Nippel sitzt im Bremshebel, dass offene Ende wird in der Bremszange montiert. Standardbremshebel benötigen normalerweise zylindrische („Tonnen"-) Nippel mit rund 7 mm Durchmesser. Bremshebel für Rennlenker benötigen dagegen birnen- oder pilzförmige Nippel (Abb. 14.5). Innenzüge für Bremsen haben 1,5 mm Mindestdurchmesser. Sie sind spürbar dicker als Innenzüge für Schaltungen.

ABB. 14.5

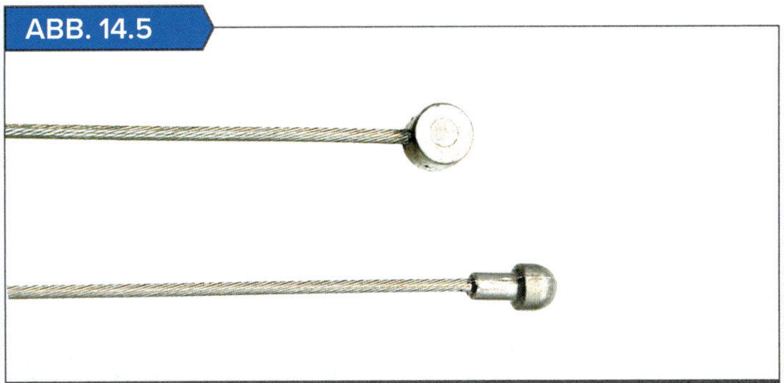

Oben: Innenzug mit Tonnennippel für Standardbremshebel
Unten: Innenzug mit Birnennippel für Rennbremshebel

Die flexible Außenhülle ermöglicht die Zugverlegung am Rahmen, selbst um scharfe Kanten herum. Die Standardausführung besteht aus einer inneren Kunststoffhülse, die von gewundenem Draht umgeben ist. Eine Kunststoffaußenhülle schützt vor Rost und Korrosion (Abb. 14.6). Diese Bremshülle unterscheidet sich von der stauchungsfreien Schalthülle, die die hohen Bremskräfte nicht aushalten würde.

ABB. 14.6

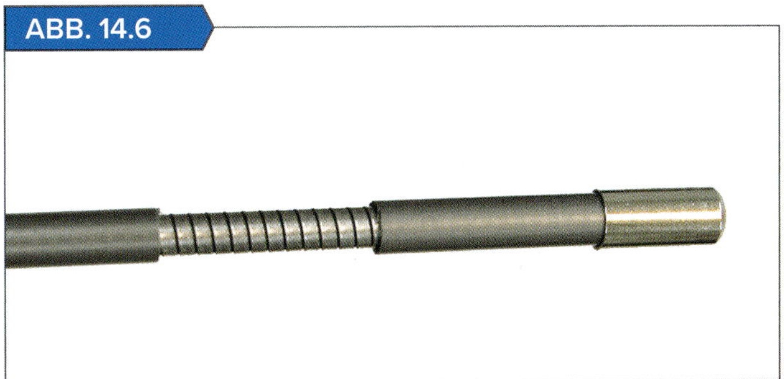

Bremshülle mit freigelegtem gewundenen Draht

Geflochtene Hüllen sind sowohl für Bremsen als auch für Indexschaltungen verwendbar (Abb. 14.7). Die äußeren Stützdrähte bilden ein Geflecht rund um die Kunststoffhülse und sind eine effektive Lösung, wenn bei herkömmlichen Hüllen durch Stauchung ein schwammiges Bremsgefühl aufkommt.

ABB. 14.7

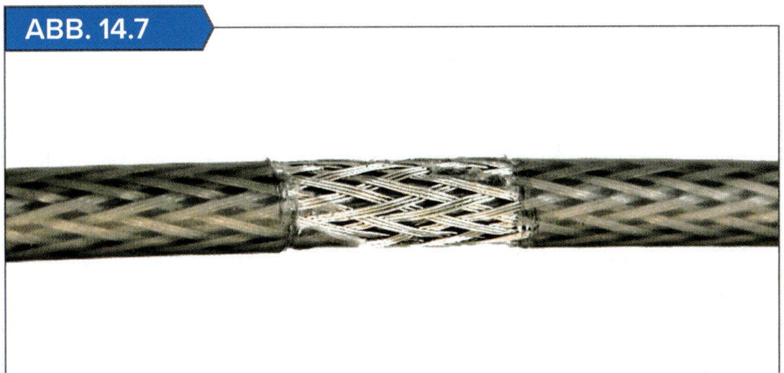

Geflochtene Hülle, für Brems- und Schaltzüge geeignet

Eine weitere Möglichkeit ist die sogenannte „gefädelte Hülle". Dabei werden kleine Metallhülsen in der gewünschten Länge auf die innere Kunststoffhülse gefädelt (Abb. 14.8). Auch dieser Typ ist sowohl für Bremsen als auch Schaltung geeignet.

ABB. 14.8

Für Brems- uns Schaltzüge nutzbare gefädelte Hülle

Ersetzen Sie beschädigte, geknickte, korrodierte oder zu kurze Bremshülle. Auch noch funktionierende aber gealterte Bremshülle sollte gelegentlich ersetzt werden, weil im Laufe der Zeit die innere Kunststoffhülse verschmutzt und verschleißt.

## LÄNGE DER BREMSHÜLLEN

Beachten Sie beim Austausch die Länge der Bremshülle. Grundsätzlich soll die Hülle so kurz wie möglich sein und dabei in gerader Linie in die Zuganschläge führen (Abb. 14.9). Wenn die Hülle zu lang ist, überschneidet sie eine gedachte Gerade in Verlängerung des Zuganschlags (Abb. 14.10). Ist die Hülle zu kurz, kommt es zu störenden Knicken. Soll die Lenkerposition zukünftig erhöht werden, lassen Sie die Hülle entsprechend länger.

ABB. 14.9

Bremshülle trifft passend in gerader Linie auf den Zuganschlag

ABB. 14.10

Bogen der Hülle überschreitet den Zuganschlag: Hülle ist zu lang

Wenn die alte Hülle das richtige Maß hatte, nehmen Sie sie als Vorlage. Im Zweifel schneiden Sie etwas länger ab, setzen die Hülle in die Zuganschläge und kürzen bei Bedarf. Schneiden Sie die gewundene Hülle mit einem Seitenschneider. Biegen Sie die Hülle an der Schnittstelle (Abb. 14.11).

ABB. 14.11

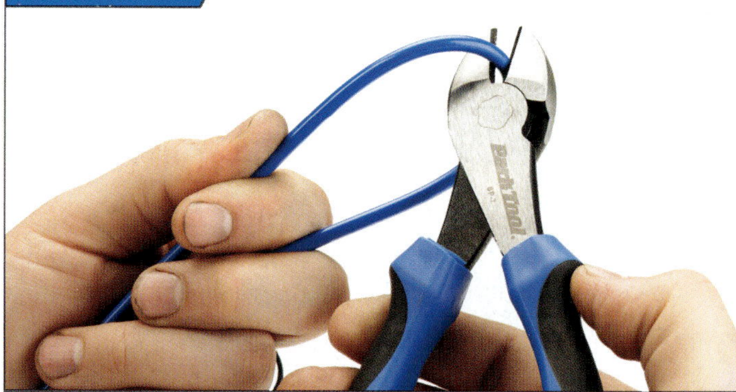

Biegen der Hülle öffnet die Drahtwindung für besseren Schnitt

Beim Schneiden gewundener Hülle verbleibt häufig ein Grat an der Schnittstelle. Dieser sollte geglättet werden, damit die Außenhülle dort rechtwinklig endet (Abb. 14.12).

ABB. 14.12

Schnittkante der gewundenen Hülle mit Feile entgraten

Geflochtene Hülle wird wie Schalthülle mit einem Kabelschneider gekürzt. Gefädelte Hülle wird dagegen wie eine Perlenkette angepasst – überschüssige Hülsenstücke werden entfernt und überstehende Kunststoffhülse mit der Schere abgeschnitten.

Hüllenendkappen sollten möglichst häufig verwendet werden, denn sie verbessern den Sitz der Hülle im Zuganschlag. Wenn keine Endkappe in einen Zuganschlag passt, ist sie dort wegen seiner schmaleren Fassung überflüssig. Es gibt Endkappen in verschiedenen Formen und Durchmessern (Abb. 12.13).

ABB. 14.13

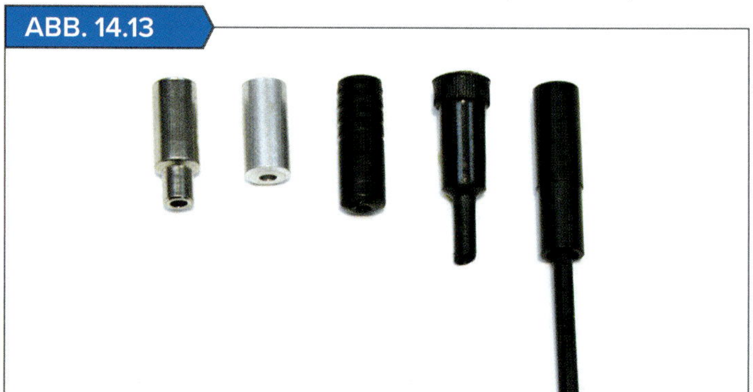

Verschiedene Formen von Hüllenendkappen

Sobald der Zug montiert und die Bremse justiert ist, sollte der überstehende Innenzug mit einem Kabelschneider gekürzt werden. Kabelschneider wie der CN-10 sind speziell für das Kürzen gewickelter Drähte wie Schalt- und Bremszügen sowie Hüllen entwickelt worden. Setzen Sie eine Kappe auf das Ende des Innenzugs, um das Ausfransen zu verhindern (Abb. 14.14).

ABB. 14.14

Zugendkappe verhindert das Ausfransen des Innenzugs

Der Innenzug wird mit Klemmplatte und Schraube an der Bremszange befestigt. Da er mit großer Kraft vom Bremshebel gezogen wird, darf er nicht in der Aufnahme rutschen (Abb. 14.15). Der Innenzug wird bei korrektem Anzugsdrehmoment durch die Klemmschraube gequetscht.

ABB. 14.15

Klemmschraube quetscht systembedingt den Innenzug

Bremshüllen werden meist durch eine „Zugeinstellschraube" an Bremshebel oder Bremszange geführt (Abb. 14.16). Hierbei handelt es sich um eine drehbare Hohlschraube, mit der die Länge der Hülle manipuliert werden kann. Das Herausdrehen der Justierschraube aus der Befestigung verlängert die Hülle effektiv und zieht die Bremsklötze näher an die Felge. Hineindrehen der Schraube verkürzt die Hülle und entfernt die Bremsklötze von der Felge.

ABB. 14.16

Einstellschraube zur Anpassung der Zugspannung

Wenn der Innenzug irgendwo zwischen Bremshebel und Klemmschraube der Bremszange beschädigt ist, tauschen Sie ihn aus. Selbst ein einziger beschädigter Draht wird schließlich zum Reißen des Innenzugs führen (Abb. 14.17).

ABB. 14.17

Beschädigte Innenzüge schnellstmöglich austauschen

## BREMSZÜGE SCHMIEREN

Geben Sie dünnflüssiges Schmiermittel für Leichtgängigkeit und gegen Korrosion dort auf den Innenzug, wo er durch die Bremshülle geführt wird. Wenn die Zuganschläge am Rahmen geschlitzt sind, können Züge leicht herausgenommen werden.

Lösen Sie zur Reduktion der Zugspannung den Schnellverschluss der Bremszange. Ziehen Sie die Hülle zurück und aus dem Zuganschlag heraus. Schieben Sie zum Freilegen des Innenzugs die Hülle hin und her. Wischen Sie ihn mit einem öligen Lappen ab. Setzen Sie die Hülle in die Zuganschläge ein und schließen Sie die Bremszange.

Wenn die Hülle nicht entnehmbar ist, drehen Sie das Fahrrad, sodass Schmiermittel am Innenzug in die Hülle hineinlaufen kann. Bremszüge mit durchgehender Innenhülse vom Bremshebel bis zur Bremszange dürfen nicht geschmiert werden.

## BREMSZANGEN

**Hinweis**: In diesem Kapitel gilt „rechts" und „links" ausnahmsweise aus Mechaniker- nicht aus Fahrersicht. Als linker Bremsarm der Vorderradbremse ist der sich links an der Gabel befindende, wenn man von vorn auf das Fahrrad schaut. Der linke Bremsarm der Hinterradbremse ist der sich links am Hinterbau befindende, wenn man von hinten auf das Fahrrad schaut.

Das Design der Bremszange bestimmt die Justage der Bremsklötze. Die meisten führen die Bremsklötze bogenförmig zur Felgenflanke, einige abwärts, andere aufwärts. Klären Sie vor der Einstellung, welchen Bremszangentyp Sie vor sich haben. Bewegen Sie die Bremsarme und beobachten Sie, wie sich der Bremsklotz jeweils zur Felgenflanke bewegt (Abb. 14.18).

ABB. 14.18

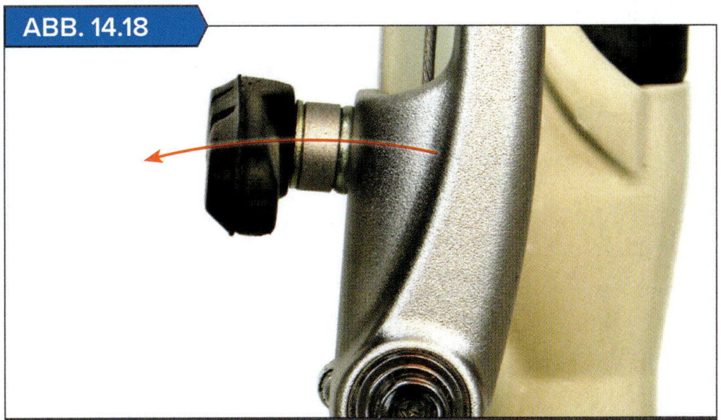

Dieser Bremsklotz bewegt sich abwärts zur Felgenflanke

## BREMSKLÖTZE

Bremsklötze verschleißen und müssen ausgetauscht werden. Einige haben Markierungen, die den Austauschzeitpunkt signalisieren. Ältere Bremsklötze härten aus und verlieren Bremsleistung. Untersuchen Sie Bremsklötze regelmäßig auf Verschmutzung und Fremdkörper und entfernen Sie diese. Bei zu niedriger Einstellung entstehen Kanten an der Unterseite, die spätere Korrekturen verhindern (Abb. 14.19).

ABB. 14.19

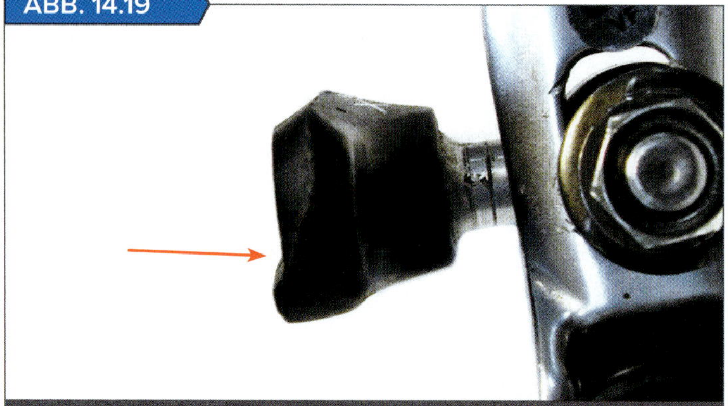

Benutzter Bremsklotz mit Kante aufgrund fehlerhafter Justierung

Ersatzklötze müssen zum jeweiligen Bremszangentyp passen. Es gibt jede Menge, wie Allround-, Nass- oder Spezialmodelle für bestimmtes Felgenmaterial. Wählen Sie die Bremsklötze, die Ihrem Bedarf am nächsten kommen. Ein relativ weicher Bremsklotz zum Beispiel bietet hohe Bremswirkung, verschleißt aber schnell.

Die meisten Bremsklötze werden komplett ausgetauscht. Es gibt auch sogenannte „Cartridge Bremsklötze", bei denen man nur das Bremsgummi in der Halterung tauscht und die Einstellung zur Felge erhalten bleibt. Dafür lokalisieren und entfernen Sie die Schrauben oder Splinte, die das Bremsgummi fixieren. Ziehen Sie das Bremsgummi gegen die Drehrichtung der Felge aus der Aufnahme (Abb. 14.20). Schieben Sie das neue Bremsgummi in die Aufnahme und fixieren Sie es mit Splint oder Schraube.

ABB. 14.20

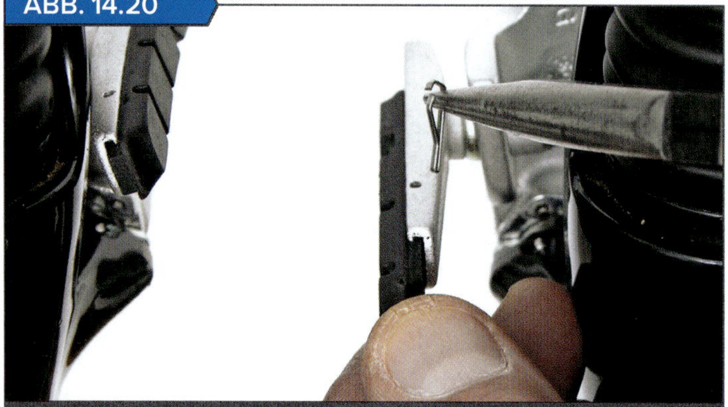

Bremsgummi nach Entfernen des Splints aus der Halterung ziehen

Einige Bremsklötze sind asymmetrisch aufgebaut, sodass ein Ende länger ist (Abb. 14.21). Beachten Sie die Markierungen des Herstellers zur richtigen Montage.

ABB. 14.21

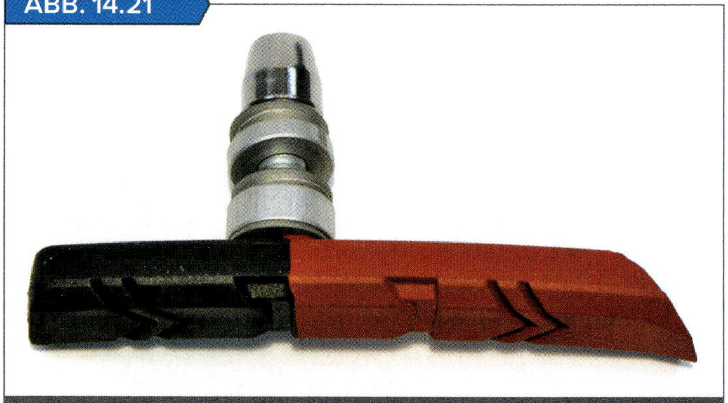

Asymmetrisch aufgebauter Bremsklotz

### Bremsklötze justieren

Voraussetzung für korrekt ausgerichtete Bremsklötze ist die vorherige sorgfältige Montage des zentrierten Laufrads in Rahmen bzw. Gabel (Abb. 14.22). Ein Laufrad, das nicht richtig spurt, beeinträchtigt die Ausrichtung der Bremsklötze nachhaltig.

ABB. 14.22

Falsch ausgerichtetes Laufrad (zu weit links aus Mechanikersicht)

Manchmal sitzt ein Laufrad nur falsch im Rahmen. Dann lösen Sie den Schnellspanner oder die Achsmuttern und platzieren es richtig in den Ausfallenden. Es kann aber sein, dass die Felge nicht mittig über der Nabe zentriert ist. Zum Test können Sie das Laufrad einfach andersherum einbauen. Wenn es mittig ist, sitzt es genauso im Rahmen wie vorher. Manchmal ist ein Laufrad bewusst nicht mittig zentriert worden, um kleinere Unregelmäßigkeiten an Rahmen oder Gabel auszugleichen.

In der Praxis halten Sie das Laufrad einfach bei der Montage mittig im Rahmen und schließen dabei den Schnellspanner (oder drehen die Achsmuttern fest), um das Laufrad in Position zu halten. Fragen Sie im Zweifel einen Profi-Mechaniker.

Bremsklötze werden an den Bremsarmen montiert und sind in verschiedene Richtungen einstellbar. Es gibt vier wesentliche Justierrichtungen: Höhe, Tangentiale, Neigungswinkel sowie Fluchtung. Nicht jedes Bremszangenmodell bietet alle Einstellmöglichkeiten und gelegentlich muss man sich mit einem Kompromiss zufrieden geben.

### Höheneinstellung

Dies betrifft die vertikale Anpassung der Bremsklötze an die Felgenflanke. Schauen Sie von vorn auf die Bremszange und bewegen Sie die Bremsarme. Beobachten Sie dabei den Weg der Bremsklötze zur Felgenflanke. Wenn sich der Bremsklotz in einem Abwärtsbogen bewegt, soll er die Felgenflanke nah an ihrer Oberkante berühren (Abb. 14.23). Wenn der Bremsklotz in einem Aufwärtsbogen auf die Felgenflanke trifft, soll er sie nah an ihrer Unterkante berühren. Durch Verschleiß wird der Bremsklotz dünner und bewegt sich weiter auf seinem Bogen. Setzen Sie die Bremsklötze weder so hoch, dass sie den Reifen berühren, noch so niedrig, dass sie sich unterhalb der Bremsfläche befinden.

ABB. 14.23

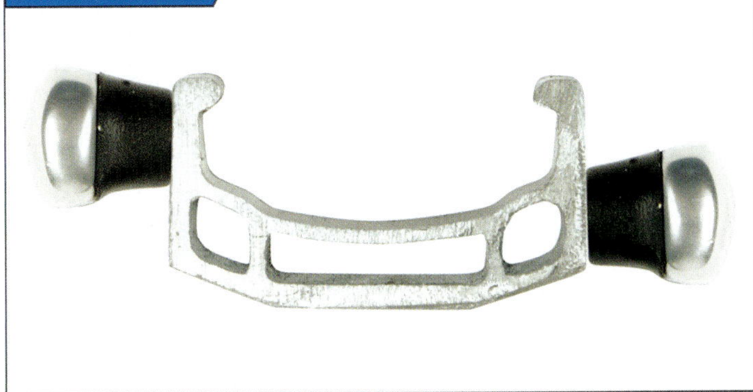

Bremsklotz links korrekt auf den oberen Rand der Bremsfläche ausgerichtet, rechts entsprechend an der Unterseite

### Tangentiale Einstellung

Hier geht es um den tangentialen Winkel der Bremsklötze. Von der Seite betrachtet sollen beide Bremsklotzenden parallel zur Felgenflanke stehen. Kein Ende soll von dieser Parallelität abweichen (Abb. 14.24). Halten Sie den Bremsklotz fest, damit er sich nicht verdreht, wenn Sie die Befestigungsschraube anziehen.

ABB. 14.24

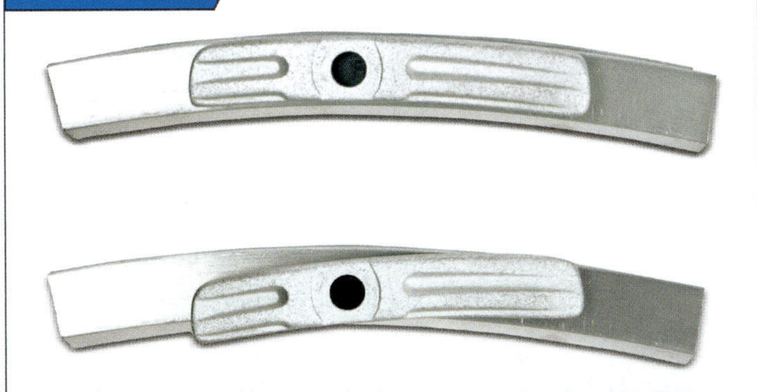

Beide Enden des Bremsklotzes sollen bündig zur Felge justiert sein.
Oben: perfekte Position
Unten: fehlerhafte Ausrichtung

### Neigungswinkel

Die Reibfläche des Bremsgummis soll vollständig auf die Felgenflanke treffen (Abb. 14.25). Die meisten Cantilever- und V-Bremsen bieten eine Einstellmöglichkeit für den Neigungswinkel. Bei vielen Seiten- und Mittelzugbremsen ist das nicht möglich. Die dort montierten Bremsklötze verschleißen entsprechend und können von Zeit zu Zeit durch Nachschleifen wieder in Form gebracht werden.

ABB. 14.25

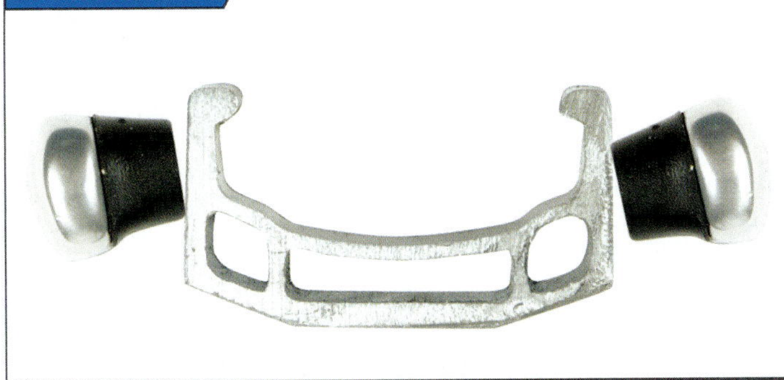

Beide Bremsklötze sind nicht optimal zur Bremsfläche geneigt

### Fluchtung

Dies betrifft den Winkel, in dem die Bremsklötze von oben betrachtet auf die Felgenflanke treffen. Idealerweise trifft das in Fahrtrichtung vordere Ende des Bremsklotzes mit einem Versatz von 0,25–1,0 mm vor dem hinteren Ende auf die Felgenflanke (Abb. 14.26). Dadurch wird Bremsenquietschen reduziert, das als Resonanzschwingung leicht entstehen kann.

ABB. 14.26

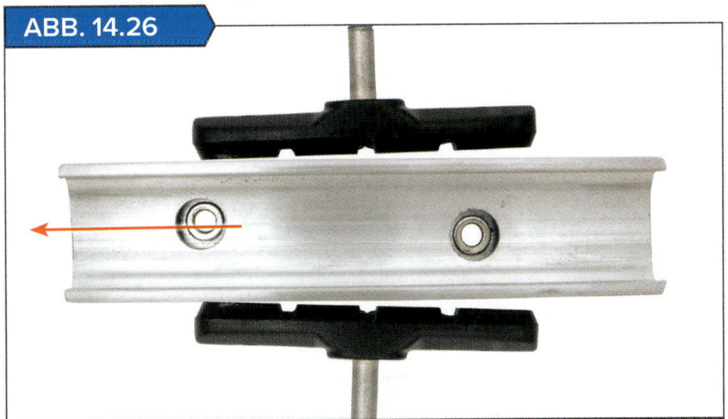

Korrekt gefluchtete Bremsklötze mit leichtem Versatz hinten

Dies liegt am Spiel in den Bremsarmen sowie der Nachgiebigkeit des gesamten Systems beim Bremsvorgang. Dieses Phänomen ist vergleichbar mit den Bogen auf einer Violinensaite. Je steifer das Bremssystem, desto weniger tendiert es zum Quietschen, selbst ohne Fluchtung. Je geringer der Versatz, desto besser. Denn ein großer Fluchtwinkel verstärkt das Verziehen der Bremszange, ohne die Bremswirkung zu steigern.

Bei einigen Bremsklötzen kann man Versatz mit der Befestigungsschraube einstellen. Die Bremsarme von Seiten- und Mittelzugbremsen können manchmal etwas gebogen werden, um den gewünschten Versatz zu erreichen. Leichter ist es allerdings, Versatz in die Bremsgummis zu feilen. In der Praxis zeigt eine vorherige Probefahrt manchmal, dass kein Versatz nötig ist.

## JUSTIERUNG VON V-BREMSEN

Die Bremsarme von Cantilever- und V-Bremsen werden auf Sockeln an Rahmen und Gabel auf beiden Laufradseiten montiert. Die Sockel sind meist angeschraubt, bei Stahlrahmen und -gabeln häufig angelötet. Sie sind 16 mm lang, 8 mm im Durchmesser und mit einem Innengewinde für M6 Schrauben versehen. Fetten Sie die Oberfläche der Anlötsockel vor der Montage der Bremsarme. Verwenden Sie einen leichten Schraubenkleber zur Sicherung der Sockelschraube und drehen Sie diese mit geringem Anzugdrehmoment fest. Der Bremsarm soll bei montierter Schraube frei beweglich sein..

Am Anlötsockel gibt es meist mehrere Aufnahmen für die Rückholfeder (Abb. 14.27). Wählen Sie für beide Bremsarme symmetrische Aufnahmen. Durch verschiedene Positionen kann die Federspannung grob verändert werden. Ausgangsposition ist die mittlere Bohrung.

ABB. 14.27

Anlötsockel am Rahmen für Cantilever- und V-Bremsen mit dreifacher Aufnahme für die Rückholfeder des Bremsarms

V-Bremsen sind eine Weiterentwicklung der Cantileverbremsen. Die Bremsarme werden auf denselben Anlötsockeln fixiert und über einen Bowdenzug bewegt. Allerdings ist wegen der anderen Zuganlenkung kein zusätzliches Verbindungskabel erforderlich. Denn der Bremszug mündet in eine Zugaufnahme mit Hülse, die in den einen Bremsarm gesteckt wird. Der aus der Hülse herausgeführte Innenzug wird am anderen Bremsarm festgeklemmt. Durch Betätigen des Bremshebels werden die Bremsarme zusammengezogen und die an ihnen befestigten Bremsklötze auf die Felgenflanken gedrückt.

ABB. 14.28

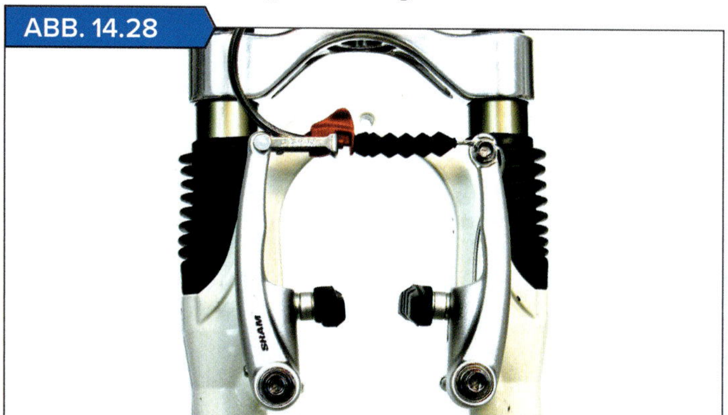

Einsatzbereite V-Bremse an Vorderradgabel

Bei Cantilever- und V-Bremsen bewegen sich die Bremsklötze auf einem Abwärtsbogen zur Felge. Daher sollten die Bremsklötze zur Oberkante der Felgenflanke ausgerichtet werden, ohne den Reifen zu berühren. Durch Abrieb sinkt die Position des Bremsklotzes automatisch.

V-Bremsen werden auf den gleichen Anlötsockeln wie Cantileverbremsen an Rahmen oder Gabel befestigt. Fetten Sie die Oberfläche der Anlötsockel vor der Montage der Bremsarme. Drehen Sie die Sockelschrauben mit geringem Anzugsdrehmoment fest. Der Bremsarm soll frei beweglich sein, wenn die Schraube montiert ist. Zu starkes Anziehen der Schraube kann den Bremsarm blockieren.

Die meisten V-Bremsen verfügen über Bremsklötze mit Gewinde. Auf der Befestigungsschraube befinden sich einige Halbmondscheiben, mit deren Hilfe Neigungswinkel und Versatz justiert werden können (Abb. 14.29). Dazu lösen Sie die Befestigungsschraube und richten den Bremsklotz wie gewünscht aus. Sichern Sie den Bremsklotz gegen Verdrehen, wenn Sie die Schraube wieder festziehen.

ABB. 14.29

Bremsklotz mit Gewindezapfen und justierbaren Halbmondscheiben

Die meisten Bremsklötze bei V-Bremsen werden mit unterschiedlich dicken Unterlegscheiben justiert. Drücken Sie beide Bremsarme zusammen, sodass die Bremsklötze die Felgenflanken berühren. Die Bremsarme sollen jetzt nahezu parallel zueinander stehen. Wenn sie stattdessen ein weites „V" bilden, tauschen Sie die dickeren Unterlegscheiben innen gegen die dünneren außen. Wenn die Bremsarme nach innen kippen, tauschen Sie die dünneren Unterlegscheiben innen gegen die dickeren Unterlegscheiben außen (Abb. 14.30). Bei den Spacern muss jeweils eine konvexe auf eine konkave Oberfläche treffen.

ABB. 14.30

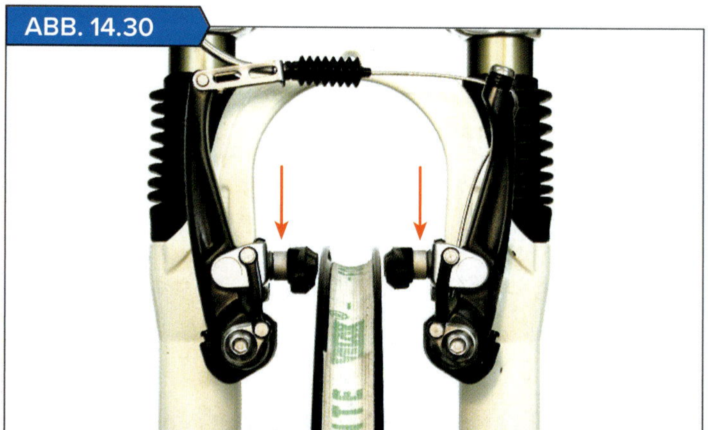

Breite Spacer für parallele Positionierung der Bremsarme nach außen

**Vorgehen zum Justieren von V-Bremsen:**

a. Befestigen Sie den Innenzug am Bremshebel und führen Sie ihn durch die Außenhülle. Fädeln Sie den Innenzug durch Hülse und Gummiüberzug, falls vorhanden. Fädeln Sie zum Schluss den Innenzug durch den Klemmbereich.
b. Prüfen Sie die Zugeinstellschraube. Sie soll zwei Umdrehungen aus dem Bremshebel herausgedreht sein.
c. Drücken Sie die Bremsarme zusammen bis die Bremsklötze die Felgenflanken berühren. Die Bremsarme sollen jetzt möglichst parallel zueinander stehen. Modifizieren Sie bei Bedarf die Position der Unterlegscheiben, wie beschrieben.
d. Richten Sie jeden Bremsklotz auf die Felge aus. Lösen Sie

die Befestigungsschraube und geben Sie etwas Schmiermittel auf Scheiben und Gewinde. Streifen Sie zur Fluchtung ein Gummiband auf das hintere Ende (Abb. 14.31).

ABB. 14.31

Gummiband für Einstellung von Versatz am Bremsklotzende

e. Drücken Sie den Bremsarm an die Felgenflanke. Leichter geht es mit ausgehakter Rückholfeder. Richten Sie die Bremsklötze aus und justieren Sie sie nach vier Aspekten:
   **Höhe:** Oberer Rand an der Oberkante der Bremsfläche.
   **Tangentiale:** Beide Enden bündig mit der Felge.
   **Neigungswinkel:** Reibfläche und Felge parallel.
   **Fluchtung:** Leichter Versatz am hinteren Ende. Gummiband fungiert als Abstandhalter.
f. Fixieren Sie die Mutter und entfernen Sie das Gummiband.
g. Wiederholen Sie den Vorgang am anderen Bremsklotz.
h. Ziehen Sie den Innenzug am Klemmbereich des zweiten Bremsarm straff. Lassen Sie den Innenzug etwas lockerer bei Einsatz eines Bremsenspanners wie dem BT-2. Schrauben Sie die Klemmschraube fest. Im Klemmbereich wird der Innenzug gequetscht.
i. Ziehen Sie zur Prüfung des Zugs mehrfach kräftig am Bremshebel und stellen Sie Druckpunkt sowie Hebelweg nach ihrem Geschmack ein. Justieren Sie die Zugspannung mit der Einstellschraube. Sollte die Bremse trotzdem zu stramm sein, lösen Sie die Klemmschraube und geben etwas Innenzug nach. Drehen Sie die Klemmschraube fest und versuchen Sie es erneut.
j. Beachten Sie die gleichmäßige Ausrichtung der Bremsklötze zur Felge und verwenden Sie dafür die kleinen Einstellschrauben an den Bremsarmen. Drehen Sie die Schraube an dem Bremsarm ein, dessen Bremsklotz der Felge am nächsten ist (Abb. 14.32).
k. Stellen Sie sicher, dass kein Bremsklotz am Reifen schleift.

ABB. 14.32

Federspannung mit der Einstellschraube anpassen

Wenn die V-Bremse für glatte Bremsklotzzapfen ausgelegt ist, ist der Einstellvorgang wie bei Cantileverbremsen. Ziehen Sie die Bremsarme mit dem Innenzug in eine Parallelposition und richten Sie die Bremsklötze aus. Mit der Zugeinstellschraube justieren Sie anschließend den Abstand der Bremsklötze zur Felge.

## JUSTIERUNG VON CANTILEVERBREMSEN

Cantilever-Bremsen findet man hauptsächlich an Mountainbikes, Cross- und Trekkingrädern. Die Bremsklötze bewegen sich in einem Abwärtsbogen zur Felgenflanke (Abb. 14.33). Deshalb sollen die Bremsklötze die Felgenflanke möglichst weit oben berühren, jedoch ohne Reifenkontakt. Mit zunehmendem Verschleiß trifft der Bremsklotz die Felgenflanke weiter unten und der Bremsarm kommt näher an die Felge.

ABB. 14.33

Cantilever-Bremsklotz schwingt abwärts in Richtung Felgenflanke

Cantilever-Bremsen gibt es mit „geschraubten" und „glatten" Bremsklotzzapfen. Bei der glatten Ausführung kann die Fluchtung über halbrunde Unterlegscheiben und Klemmschraube justiert werden (Abb. 14.34). Der Bremsklotz kann in unterschiedlichen Abständen zur Felge fixiert werden.

ABB. 14.34

Glatter Bremsklotzzapfen in beweglicher Klemmaufnahme

Es gibt zwei Arten von Verbindungskabeln zwischen den beiden Bremsarmen. Die eine Version besteht aus dem Verbindungskabel mit separatem Kabelträger. Die zweite besteht aus einem Verbindungsstück mit integriertem Verbindungskabel definierter Länge.

Der Kabelträger der ersten Bauform wird mittig über dem Laufrad ausgerichtet und über eine Klemmschraube mit dem vom Bremshebel kommenden Innenzug verbunden (Abb. 14.35). Positionieren Sie diesen Kabelträger für eine optimale Hebelwirkung so tief wie möglich über dem Laufrad. Seine Unterkante soll nach Möglichkeit bündig stehen mit der Unterkante der Gabelbrücke bzw. der Sitzstrebenverbindung am Hinterbau.

ABB. 14.35

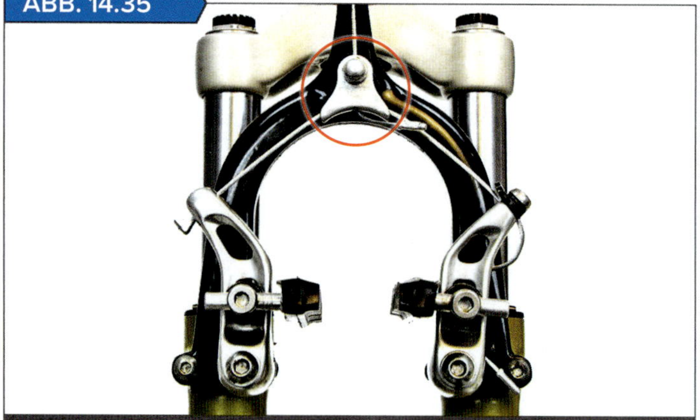

Cantileverbremse mit Verbindungskabel und Kabelträger

Die zweite Bauform besteht aus einem Verbindungsstück mit integriertem Verbindungskabel definierter Länge (Abb. 14.36). Die vertikale Position des Verbindungsstücks bestimmt die Stellung der Bremsarme. Ein längeres Kabel führt zu mehr vertikalem Abstand zwischen Verbindungsstück und Reifen. Der primäre Innenzug wird am Bremsarm mit Klemmschraube fixiert, während das integrierte Verbindungskabel am anderen Arm eingehängt wird. Der Innenzug wird am Verbindungsstück nicht geklemmt.

ABB. 14.36

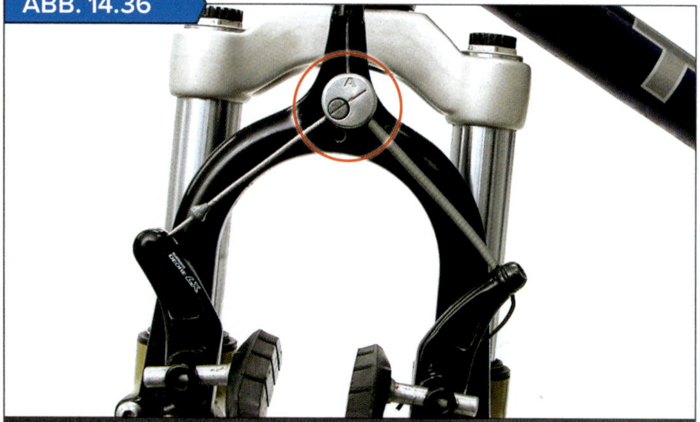

Verbindunsstück mit integriertem Kabelstück

**Vorgehen zum Justieren von Cantileverbremsen:**

a. Bei Verbindungsstück mit integriertem Kabel befestigen Sie den Bremszug an Bremshebel und -arm. Bei separatem Kabelträger befestigen Sie den Zug an Bremshebel und Kabelträger. Positionieren Sie den Träger über dem Reifen. Drehen Sie seine Klemmschraube fest.

b. Drehen Sie die Zugeinstellschraube voll in den Bremshebel ein und wieder 2 Drehungen heraus. Dies ermöglicht die Feinjustierung nach Ausrichten der Bremsklötze.

c. Lösen Sie die Befestigungsschrauben der Bremsklötze und fetten Sie deren Gewinde, Unterlegscheiben sowie die Kontaktstellen der Scheiben auf den Bremsarmen.

d. Drehen Sie die Bremsklötze nach unten von der Felgenflanke weg und drehen Sie die Befestigungsschrauben handfest ein. So können die Bremsarme optimal justiert werden.

e. Richten Sie die Bremsarme parallel aus (Abb. 14.37). Justieren Sie den Zug an der Klemmschraube. Verwenden Sie bei Bedarf eine Bowdenzugspannzange. Ziehen Sie die Klemmschraube fest.

f. Zentrieren Sie die Bremsarme zur Felge. Die meisten Modelle verfügen über eine Stellschraube am Bremsarm. Durch Drehen der Stellschraube wird die Federspannung in diesem Arm verändert. Beispiel: um beide Bremsarme nach rechts zu bewegen, drehen Sie die rechte Stellschraube im Uhrzeigersinn. Um beide Arme nach links zu bewegen, gegen den Uhrzeigersinn. Ziehen Sie am Bremshebel und prüfen Sie die Stellung der Bremsarme. Diese sollen mittig zur Felge stehen, es geht nicht um die Bremsklötze.

ABB. 14.37

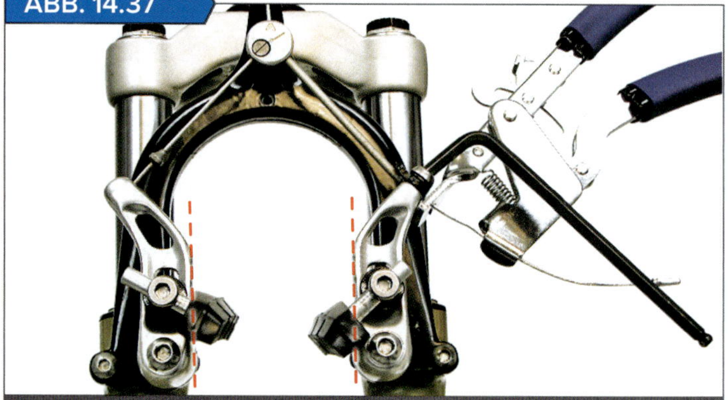

Innenzug an der Klemmschraube justieren, bis Bremsarme parallel stehen

g. Streifen Sie ein Gummiband um das hintere Bremsklotzende. Dies wird nur zur Fluchtung verwendet und später entfernt (Abb. 14.38). Das Gummiband sorgt für den gewünschten Versatz. Bei Bremsklötzen mit integriertem Versatz wird kein Gummiband verwendet.

ABB. 14.38

Bremsklötze einzeln justieren, hier mit Gummiband für Versatz

h. Richten Sie einen Bremsklotz auf die Felge aus, indem Sie ihn an die Felgenflanke pressen ohne den Bremsarm zu bewegen. Justieren Sie den Bremsklotz nach diesen Aspekten:
   **Höhe:** Oberer Rand an der Oberkante der Felgenflanke.
   **Tangentiale:** Beide Enden bündig zur Felge.
   **Neigungswinkel:** Reibfläche und Felge parallel.
   **Fluchtung:** Leichter Versatz am hinteren Ende. Gummiband fungiert als Abstandhalter.

i. Fixieren Sie die Befestigungsschraube mit einem Innensechskant und drehen Sie die Mutter fest. Der Bremsklotz soll die Felgenflanke nach der Ausrichtung berühren.

j. Entfernen Sie das Gummiband vom Bremsklotz und beachten Sie den Versatz. Prüfen Sie die Ausrichtung des Bremsklotzes von allen Seiten. Am Ende des Bremsklotzes soll eine kleine Lücke sichtbar sein. Prüfen Sie die Ausrichtung von allen Seiten.

k. Lösen Sie den anderen Bremsklotz und wiederholen Sie die Schritte „h“ bis „k“. Beide Bremsklötze sollen die Felgenflanken nach der Justierung berühren.

l. Ziehen Sie den Bremshebel mehrfach, um den Zug zu setzen und die Klemmschraube zu prüfen. Der Zug darf keinesfalls durchrutschen.

m. Justieren Sie die Griffweite am Bremshebel. Wenn die Bremse fest sitzt, senken Sie die Zugspannung mit der Einstellschraube. Bei zu langem Hebelweg erhöhen Sie die Zugspannung entsprechend.

n. Wenn bei vollständig eingedrehter Zugeinstellschraube der Hebel immer noch zu fest sitzt, lösen Sie die Zugklemmschraube und geben etwas Innenzug nach. Drehen Sie die Klemmschraube wieder fest und versuchen Sie es erneut.

o. Prüfen Sie die gleichmäßige Ausrichtung der Bremsklötze zur Felge. Drehen Sie bei Bedarf die Stellschrauben der Bremsarme (Abb. 14.39).

ABB. 14.39

Bremsarme wird über Federspannung mittig auf die Felge justiert

p. Stellen Sie sicher, dass die Bremsklötze nicht am Reifen scheuern. Justieren Sie notfalls neu. Verschieben Sie nicht die Bremsklotzzapfen im Bremsarm. Bewegen Sie nur die Bremsklötze auf oder ab.

Wenn Bremsarme keine Stellschraube oder andere Justiermöglichkeiten besitzen, verschieben Sie die Bremsklotzzapfen seitlich in den Aufnahmen. Bei einigen Modellen gibt es an jedem Bremsarm eine Stellschraube, mit der die Federspannung individuell eingestellt werden kann.

Bremsarme können auch für Bremsklötze mit Gewindezapfen ausgelegt sein. Auf dem Zapfen befinden sich Kugelscheiben, mit denen beim Bremsklotz Neigungswinkel und Versatz justiert werden können (Abb. 14.29). Den seitlichen Abstand zur Felge variiert man durch Austausch von dicken und dünnen Distanzscheiben auf Innen- oder Außenseite des Bremsarms.

**Justieren von Cantileverbremsklötzen mit Schraubzapfen:**

a. Drücken Sie die Bremsklötze mithilfe des Verbindungskabels leicht an die Felgenflanken und drehen Sie die Klemmschraube des Bremsarms fest (Abb. 14.40).

ABB. 14.40

Justieren der Bremsklötze über den Kabelträger

b. Justieren Sie den Bremsklotz nach diesen Aspekten:
   **Höhe:** Oberer Rand an der Oberkante der Felgenflanke.
   **Tangentiale:** Beide Enden bündig zur Felge.
   **Neigungswinkel:** Reibfläche und Felge parallel.
   **Fluchtung:** Leichter Versatz am hinteren Ende. Gummiband fungiert als Abstandhalter.

c. Drehen Sie die Zugeinstellschraube in den Bremshebel, um die Bremsklötze von der Felge zu lösen. Ziehen Sie den Bremshebel und stellen Sie die Griffweite ein.

d. Prüfen Sie die Ausrichtung der Bremsklötze zur Felge. Drehen Sie bei Bedarf die Stellschrauben an den Bremsarmen.

## JUSTIERUNG DOPPELT GELAGERTER SEITENZUGBREMSEN

Doppelt gelagerte Seitenzugbremsen sind bei Rennrädern sehr häufig zu finden. Sie sehen den einfach gelagerten Seitenzugbremsen sehr ähnlich (Abb. 14.41). Der Unterschied besteht in der separaten Lagerung der beiden Bremsarme und ihrer sich daraus ergebenden unterschiedlichen Drehbewegung. Der aus Sicht des Mechanikers linke Bremsklotz schwingt abwärts zur Felge, der rechte aufwärts. Wie bei anderen Bremsentypen bestimmt die Bewegungsrichtung die Höhe des Bremsklotzes.

ABB. 14.41

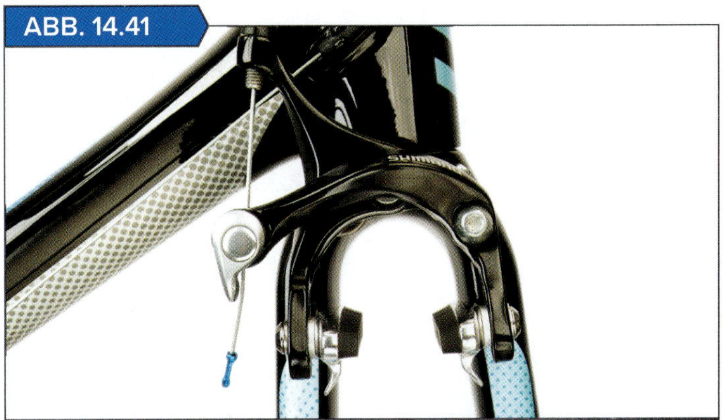

Doppelt gelagerte Felgenbremse

Seitenzug-Felgenbremsen werden in einer zentralen Bohrung oberhalb des Laufrads an Rahmen oder Gabel mit einer Mutter montiert (Abb. 14.42). Vorderradbremsen verfügen über längere Gewindebolzen als Hinterradbremsen. Halten Sie die Bremszange bei der Montage zentriert über dem Laufrad und ziehen Sie die Mutter fest.

ABB. 14.42

Bremszange beim Festziehen der Montageschraube zentrieren

Häufig kann bei diesen Felgenbremsen nur die Höhe und horizontale Ausrichtung der Bremsklötze justiert werden. Neigungswinkel und Fluchtung lassen sich nur bei Bremsklötzen mit Kugelscheiben verändern. Manchmal können die Bremsarme für den Versatz leicht gebogen werden. Alternativ können Sie die Bremsklötze etwas schräge feilen. Wenn die Bremse bei einer Probefahrt nicht quietscht, ist Versatz nicht erforderlich.

**Einstellung doppelt gelagerter Felgenbremsen:**

a. Führen Sie den Innenzug durch Bremshebel und Hülle.
b. Sichern Sie den Innenzug an der Klemmschraube.
c. Lösen Sie die Befestigungsschrauben der Bremsklötze und geben Sie etwas Schmiermittel auf die Gewinde.
d. Drücken Sie beide Bremsklötze an die Felgenflanken und richten Sie sie in Höhe und Tangentiale aus. Der rechte Bremsklotz soll nahe der Unterkante auf die Felgenflanke treffen, der linke nahe der Oberkante. Wenn Versatz erzeugt werden soll, biegen Sie die Zangenarme jeweils nach Bedarf etwas mit Flachzange oder einstellbarem Maulschlüssel. Legen Sie zur Vermeidung von Kratzern ein Tuch oder Stück Schlauch auf den Zangenarm.
e. Ziehen Sie die Befestigungsschrauben fest.
f. Ziehen Sie den Bremshebel zur Prüfung des Hebelwegs.
g. Stellen Sie den Hebelweg mit der Zugeinstellschraube ein. Der Abstand zwischen Bremsklotz und Felgenflanke soll jeweils ca. 3-4 mm betragen. Passen Sie die Länge des Innenzugs über die Klemmschraube an, wenn der Verstellbereich der Zugeinstellschraube nicht ausreicht.
h. Prüfen Sie die Ausrichtung der Bremsklötze zur Felge. Wenn der linke näher zur Felge steht, drehen Sie die Stellschraube ein. Steht der rechte näher zur Felge, drehen Sie sie etwas heraus (Abb. 14.43).

ABB. 14.43

Stellschraube zum Ausrichten der Bremsarme

Einige Bremsen werden anders zentriert. Bei der Shimano® BR-9000™ ist eine Zentrierschraube im Zangenarm mit der Einstellschraube untergebracht (Abb. 14.44). Verwenden Sie diese Schraube zur Ausrichtung der Bremszange.

ABB. 14.44

Stellschraube bei Shimano® BR-9000 Bremszange

SRAM® Bremsen haben eine Schlüsselaufnahme hinter den Bremsarmen. Setzen Sie einen Innensechskant in die hintere Befestigungsmutter und einen Schlüssel wie den OBW-4 in die Aufnahme und drehen Sie beide in dieselbe Richtung (Abb. 14.45).

ABB. 14.45

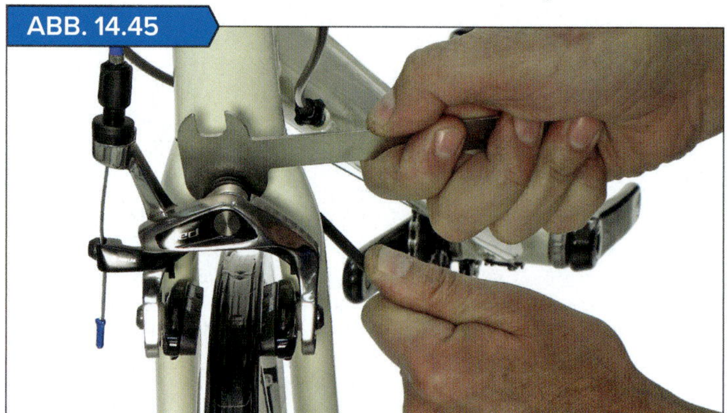

Zur mittigen Justierung der Bremsklötze Befestigungsmutter und Schlüsselaufnahme in dieselbe Richtung drehen

## DIRECT MOUNT FELGENBREMSEN

Bei Direct Mount Felgenbremsen werden beide Bremsarme auf Gewinde von Rahmen oder Gabel geschraubt. Es gibt keine zentrale Verbindungseinheit wie bei doppelt gelagerten Felgenbremsen. Dies übernehmen Gabel bzw. Rahmen (Abb. 14.46).

ABB. 14.46

Gabel mit Gewindeaufnahmen für Direct Mount Felgenbremse

Zugmontage und Bremsklotzjustierung sind wie bei herkömmlichen Seitenzugbremsen. Beobachten Sie die Bremsarme bei der Bewegung zur Felge und richten Sie die Bremsklötze passend aus. Das Zentrieren dieses Bremsentyps erfolgt mittels seitlicher Einstellschrauben.

## JUSTIERUNG EINFACHER SEITENZUGBREMSEN

Viele Renn- und Alltagsräder sind mit einfach gelagerten Seitenzugbremsen ausgestattet, die auf den ersten Blick von doppelt gelagerten kaum zu unterscheiden sind (Abb. 12.47). Hier sind jedoch die Bremsarme zusammen auf einer zentralen Achse oberhalb des Laufrads gelagert. Beide Bremsklötze schwingen in einem Abwärtsbogen zu den Felgenflanken und sollen sie daher nah bei ihren Oberkanten berühren.

ABB. 14.47

Einfach gelagerte Seitenzugbremse

**Justieren einfacher Seitenzugbremsen:**

a. Führen Sie den Innenzug durch Bremsgriff und Hülle.
b. Lösen Sie die Befestigungsschrauben der Bremsklötze und geben Sie etwas Schmiermittel auf die Gewinde.
c. Drücken Sie einen Bremsklotz an die Felgenflanke und richten Sie ihn in Höhe und Tangentiale aus. Er soll sie nahe der Oberkante berühren. Neigung und Fluchtung sind meist nicht einstellbar. Ziehen Sie die Befestigungsschraube fest.
d. Richten Sie den anderen Bremsklotz genauso aus.
e. Fädeln Sie den Innenzug in den Klemmbereich ein, drücken Sie die Bremsklötze an die Felge und ziehen Sie den Innenzug stramm. Schrauben Sie die Klemmschraube fest.
f. Ziehen Sie mehrfach kräftig am Bremshebel, um die Sicherheit der Verbindung zu prüfen.
g. Prüfen Sie die Griffweite des Bremshebels und stellen Sie sie wie gewünscht ein.
h. Prüfen Sie die symmetrische Ausrichtung der Bremsklötze zur Felge.
i. Wenn die Bremsklötze nicht in gleichmäßigem Abstand zur Felge stehen, halten Sie beide Bremsarme mit der Hand und lösen Sie die hintere Befestigungsmutter der Bremsachse. Schwenken Sie die Bremsarme so, dass die Bremsklötze gleichmäßig zur Felge stehen und ziehen Sie die Mutter fest. Einige Modelle haben eine Schlüsselaufnahme an der zentralen Achsschraube. Setzen Sie einen passenden Schlüssel in diese Aufnahme sowie einen anderen auf die hintere Mutter und bewegen Sie beide in die gleiche Richtung (Abb. 14.48). Wenn beim Bremsen ein Bremsklotz vor dem anderen die Felge berührt, ist das nicht problematisch. Entscheidend ist, dass die Bremsklötze bei geöffneter Bremszange mittig zur Felge stehen.
j. Testen Sie die Bremsen per Probefahrt. Wenn sie nicht quietschen, ist kein Versatz erforderlich. Bei Bedarf können Sie die Bremsarme leicht biegen oder die Bremsklötze schräg feilen.

ABB. 14.48

Mittiges Justieren einer Seitenzugbremse

TABELLE 14.1 *Troubleshooting*

| SYMPTOM | MÖGLICHE URSACHE | LÖSUNG |
|---|---|---|
| Bremsen quietschen | Bremsklötze berühren Bremsfläche zu gleichmäßig und erzeugen Resonanzschwingung | Bremsklötze mit ca. 1 mm Versatz zur Felgenflanke am hinteren Ende fluchten |
| Ein Bremsklotz berührt Bremsfläche vor dem anderen | Spannung der Rückholfedern in den Bremsarmen ist ungleichmäßig | Spannung mit passendem Schlüssel an Einstellschraube des Bremsarm erhöhen, der zuerst die Felge berührt |
| Bremsen schleifen an der Felge und am Bremshebel ist für etwa 3 cm kaum Widerstand zu spüren | Leichtgängigkeit der Bremszüge wird behindert | Bremshüllen und Innenzüge auf Zustand und Funktion prüfen, bei Bedarf ersetzen |

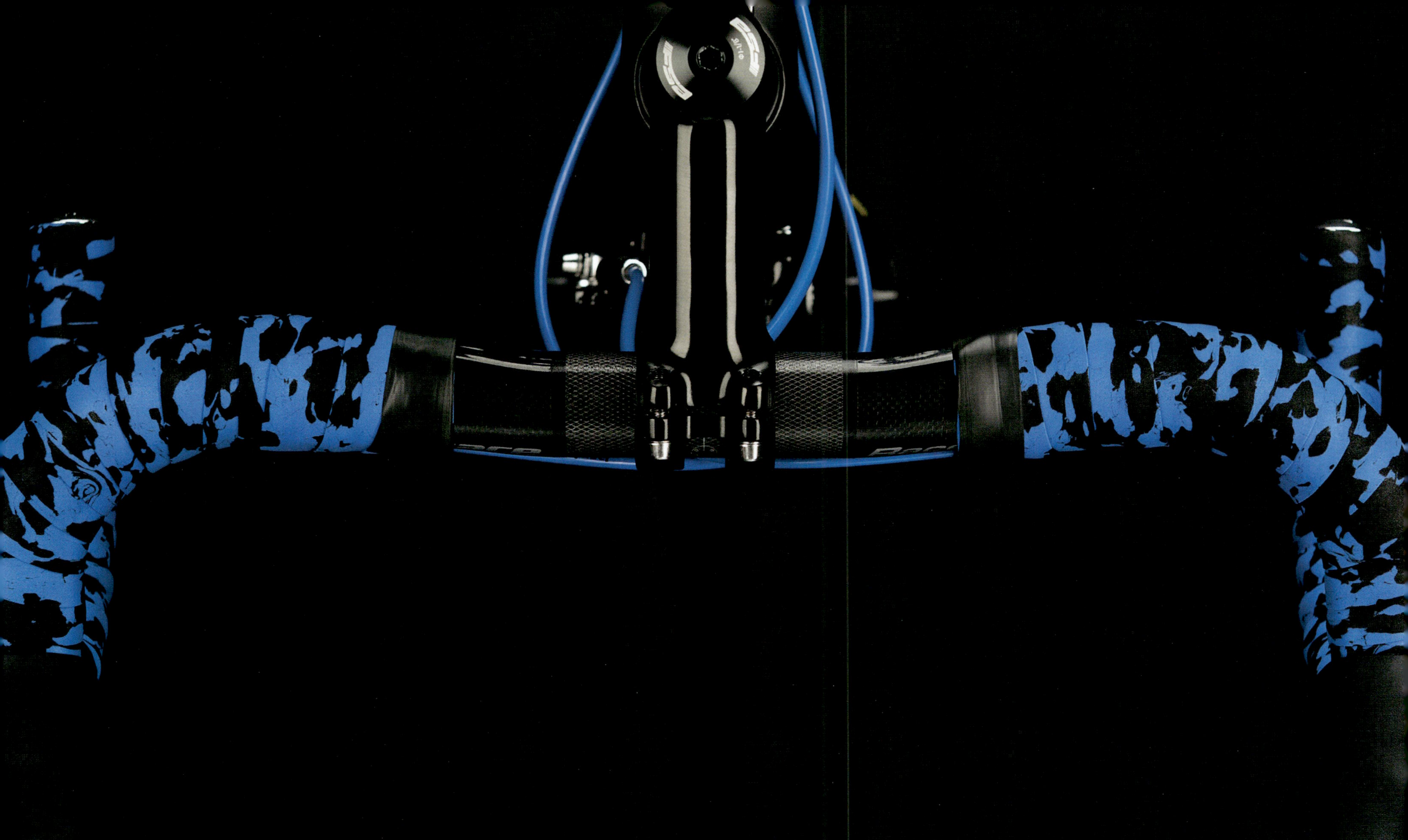

KAPITEL 15

# LENKER, VORBAU, SATTEL & SATTELSTÜTZE

Der Lenker verbindet den Fahrer mit dem Vorbau, der die Verbindung zu Gabel und Vorderrad bildet. Der Lenker ist neben Sattel und Pedalen der dritte Kontaktbereich zwischen Fahrer und Fahrrad. Diese drei Komponenten sollten individuell auf Fahrer und Fahrweise abgestimmt werden, denn sie sind elementar für Komfort und Leistungsfähigkeit. Verschiedenste Größen und Arten von Lenkern und Vorbauten stehen für die optimale Sitzposition zur Auswahl. Bei Lenkern gibt es zwei Grundtypen: Standard- und Rennlenker.

## STANDARDLENKER

Standardlenker für eine aufrechte Sitzposition findet man an Alltagsrädern, Trekking- und Mountainbikes sowie BMX-Rädern. Sie sind aus Stahl, Alu oder Carbon. Diese Lenker haben eine mehr oder weniger starke Biegung, die nach hinten zeigen soll, sodass sich die Griffe parallel zum Untergrund befinden (Abbildung 15.1). Wenn der Lenker im Vorbau gedreht wird, sind Brems- und Schaltgriffe anzupassen.

ABB. 15.1

Gerade ausgerichteter Standardlenker

Der Außendurchmesser im Griffbereich beträgt 22,2 mm als Maß für Brems- und Schaltgriffe sowie Lenkerhörnchen. Lenker werden mit der Lenkermuffe im Vorbau geklemmt. Für Standardlenker gibt es Klemmweiten von 22,2 / 25,4 / 26,0 / 26,4 / 31,8 / 35 mm. (**Hinweis**: 31,7 mm ist mit 31.8 mm kompatibel). Für Oversized Vorbauten gibt es häufig Adapterhülsen für Lenker mit kleineren Klemmweiten. Die Maße von Lenker und Vorbau müssen zusammenpassen. Ein Lenker mit 25,4 mm Klemmung passt zum Beispiel nicht korrekt in einen Vorbau mit 26,0 mm, sondern rutscht und gefährdet den Fahrer. Eine Toleranz von bis zu 0,1 mm ist jedoch kein Problem.

Unterschiedlichste Standardlenker sind lieferbar, mit entsprechenden Varianten in Breite, Biegung und Steigung (Abb. 15.2). Lenkerbreite wird an den Außenkanten gemessen. Die Biegung reicht von wenigen Grad bis zum Fahrer zeigenden Griffbogen. Sie wird in Grad von der Lenkermitte angegeben. Die Steigung geht auch von der Lenkermitte aus und kann 0 bis mehrere Zentimeter betragen.

ABB. 15.2

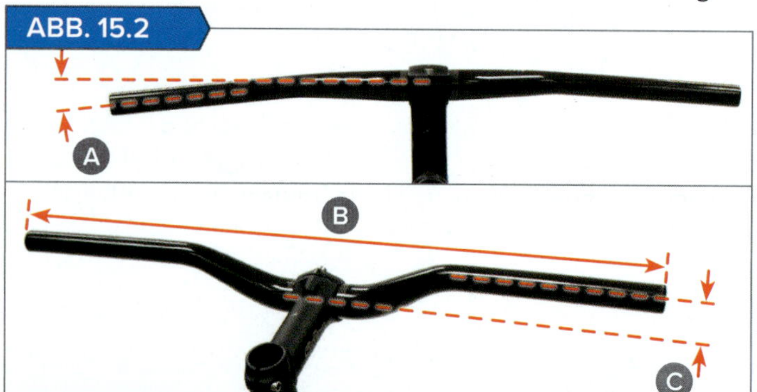


(A) Biegung, (B) Breite, (C) Steigung

## LENKERHÖRNCHEN

Lenkerhörnchen mit interner oder externer Klemmung an den Lenkerenden ermöglichen zusätzliche Griffpositionen (Abb. 15.3). Sie sind sehr sorgfältig zu montieren, da sie hohe Hebelkräfte aushalten müssen. Lenker mit dünner Wandstärke können von extern geklemmten Hörnchen beschädigt werden. Wenn der Innendurchmesser des Lenkers größer als 19 mm ist, werden Innenstopfen zur Stabilisierung benötigt. Fragen Sie im Zweifel den Hersteller oder einen Profi-Mechaniker.

ABB. 15.3

Lenkerhörnchen sorgfältig gegen Verdrehen unter Last sichern

## LENKERGRIFFE

Neben den herkömmlichen gibt es auch schraubbare Griffe. Normale Griffe werden einfach mit Druck auf den Lenker geschoben und halten dort durch die Elastizität des Griffmaterials. Schraubgriffe verfügen an einem oder beiden Enden über kleine Klemmschellen, die durch Festziehen den Griff in der gewünschten Position fixieren.

Es gibt verschiedene Formen, Farben und Materialien. Aber alle sind für 22,2 mm Lenkerdurchmesser ausgelegt. Sie dürfen nach der Montage nicht auf dem Lenker drehen oder verrutschen. Verschlissene oder beschädigte Griffe müssen getauscht werden.

Achten Sie bei der Montage neuer Griffe darauf, dass Brems- und Schalthebel schon weit genug auf dem Lenker sind. Bei herkömmlichen Griffen hilft das Anfeuchten der Innenseite mit einer nichtölenden Flüssigkeit, wie Haarspray, Fensterreiniger oder Reinigungsalkohol. Verwenden Sie keinesfalls Schmiermittel, das den sicheren Halt des Griffs auf dem Lenker verhindert.

Verschlissene Griffe können Sie einfach aufschneiden und vom Lenker ziehen. Wenn die Griffe noch weiter verwendbar sind, heben Sie das innere Ende mit einem dünnen Schraubendreher vorsichtig an und träufeln etwas Flüssigkeit, wie z. B. Haarspray oder Fensterreiniger darunter (Abb. 15.4). Drehen Sie kräftig am Griff und ziehen Sie ihn vom Lenker.

ABB. 15.4

Bremshebel nach innen schieben und Flüssigkeit unter den Griff sprühen

Wenn ein Griff an der Außenseite geschlossen ist, können Sie ihn mit Druckluft entfernen. Blasen Sie Luft unter das innere Ende und wackeln Sie am Griff, während Sie ihn abziehen. Beim zweiten Griff muss das offene Lenkerende verstopft werden.

Schraubgriffe werden mit ihren Klemmschellen gegen Verdrehen gesichert (Abb. 15.5). Der Griff darf sich auch bei Krafteinsatz nicht bewegen.

ABB. 15.5

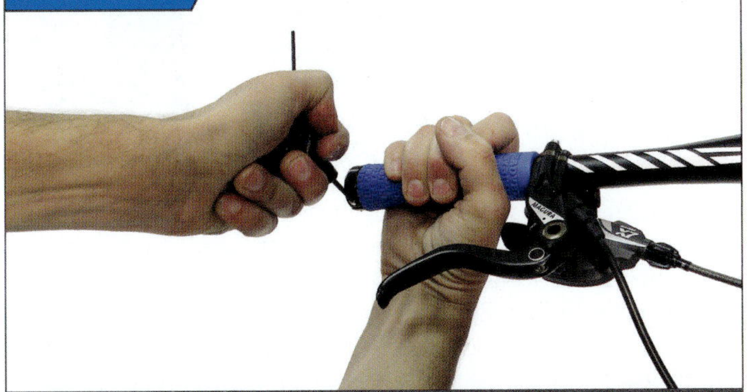

Sicherungsschrauben an Schraubgriffen festziehen

## RENNLENKER (ROAD)

Rennlenker verfügen über nach vorn zeigende und unten abfallende Griffbögen. Sie werden aus Stahl, Aluminium oder Carbonfaser hergestellt und variieren in Breite, Reichweite der Bögen und Lenkerform. Wählen Sie die für Sie komfortabelste Variante. Aktuell gibt es Lenkermuffen mit den Klemmweiten 25,4 mm, 25,8 mm, 26,0 mm, 26,4 mm, 31,8 mm (31,7 mm gehört dazu) sowie 35 mm. Stellen Sie im Zweifel das Maß mit einem Messschieber fest. Bei größer dimensionierten Vorbauten gibt es häufig Adapterhülsen für Lenker mit kleineren Klemmweiten.

Vorbau und Lenker müssen die gleiche Klemmweite besitzen. Ein Vorbau mit 26,0 mm beispielsweise kann einen Lenker mit 25,4 mm nicht sicher fixieren. Eine solche Kombination ist daher extrem gefährlich für den Fahrer und darf nicht verwendet werden. Eine Toleranz von maximal 0,1 mm zwischen Vorbau und Lenker gilt als akzeptabel.

Rennlenker werden in verschiedenen Formen und Varianten produziert. Die Lenkerbreite wird an der Rohrmitte der Lenkerenden gemessen. Der Höhenunterschied zwischen Ober- und Untergriffbereich (Drop) ebenfalls an der Rohrmitte. Die Vorwölbung der Griffbögen (Reach) wird von Mitte Lenkermuffe bis Rohrmitte Griffbogen gemessen (Abb. 15.6).

ABB. 15.6

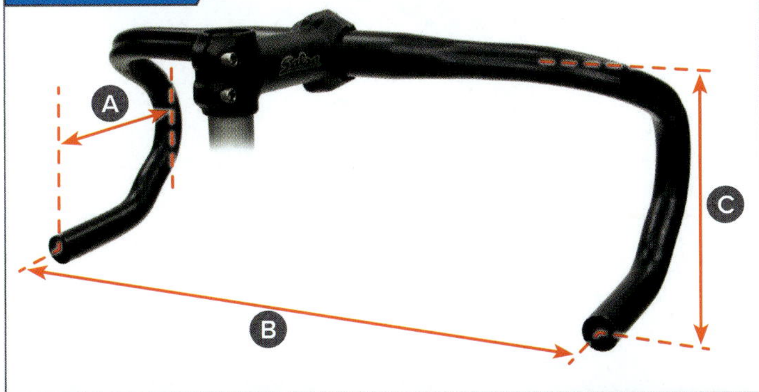


(A) Reach, (B) Breite, (C) Drop

Sie können Rennlenker für mehr Fahrkomfort in einem gewissen Bereich ohne Beeinträchtigung von Fahrverhalten und Sicherheit schwenken (Abb. 13.7). Beim Rennlenker wirken starke Hebelkräfte auf die Lenkermuffe. Die Montage muss daher besonders sorgfältig ausgeführt werden. Beachten Sie dazu Anhang C sowie die von den jeweiligen Herstellern vorgeschriebenen Anzugsdrehmomente und Montagehinweise.

ABB. 15.7

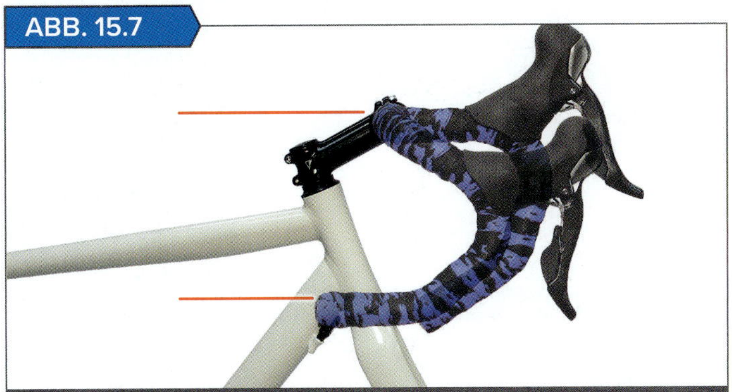

Höchste und niedrigste Positionsmöglichkeit einen Rennlenkers

Rennlenker werden für höheren Fahrkomfort mit gepolstertem Lenkerband umwickelt. Das Lenkerband verbirgt den Lenker bei der Inspektion. Speziell in feuchten Regionen oder bei stark schwitzenden Fahrern ist die gelegentliche Korrosionsprüfung unterhalb des Lenkerbands im Bereich der Bremsgriffe empfehlenswert. Das Lenkerwickeln ist eine Fähigkeit, die Übung und Geduld erfordert. Tipps zum Vorgehen finden Sie unter www.parktool.com/repairhelp.

### LENKERAUFSÄTZE UND AERO-LENKER

Es gibt zahlreiche Aero-Lenkeraufsätze, die weitere Griffmöglichkeiten bieten (Abb. 15.8). Diese Aufsätze werden auf den vorhandenen Lenker geschraubt und bieten weitere, aerodynamisch optimierte Sitzpositionen. Achten Sie immer auf sichere und feste Montage von Lenker und Aufsatz, denn lockere Lenkerkomponenten bergen höchstes Unfallrisiko. Beachten Sie die Herstellerangaben zu Anzugsdrehmoment und Kompatibilität.

ABB. 15.8

Zusätzlicher Aero-Lenkeraufsatz am Rennlenker

Anders als beim zusätzlichen Lenkeraufsatz ist ein integrierter Aero-Lenker Teil einer kompletten Lenkerkonstruktion (Abb. 15.9). Sie verfügen über Armauflagen und zusätzliche Lenkausleger. Die verschiedenen Komponenten sind individuell anpassbar. Ergänzende Brems- und Schaltgriffe sorgen für Kontrollmöglichkeit in jeder Position. Aero-Lenker werden vorrangig für Rennsituationen eingesetzt.

ABB. 15.9

Alle Teile des integrierten Aero-Lenkers sind sorgfältig zu sichern

## VORBAU

Der Vorbau verbindet den Lenker mit dem Gabelschaft. Schaftvorbauten passen für Fahrräder mit Gewindegabeln und geschraubten Steuersätzen. Gewindelose Vorbauten sind für Fahrräder mit ebenso gewindelosen Gabeln und Steuersätzen.

Lenker werden mittels separater Klemmplatte oder einteiliger Schlitzklemmung im Vorbau fixiert. Alle vorhandenen Klemmschrauben im Vorbau müssen gefettet und fest angezogen sein. Die Klemmbereiche an Lenker und Vorbau dagegen müssen absolut fettfrei sein.

Bei Vorbauten mit separater Klemmplatte klemmt diese die Lenkermuffe, wenn die Klemmschrauben festgezogen sind. Achten Sie bei dieser Bauweise darauf, dass der Abstand zwischen Klemmplatte und Vorbau auf beiden Seiten gleich groß ist. Bei unterschiedlichen Abständen können die Schraubenköpfe beim Festziehen überlastet werden (Abb. 15.10). Es gibt jedoch auch Versionen, wo eine Seite als Kugelgelenk fungiert und kein Abstand besteht.

ABB. 15.10

Die Abstände zwischen klassischer Klemmplatte und Vorbaukorpus müssen symmetrisch sein

Bei der neuartigen „Zero Gap"-Bauweise wird die Oberseite der Klemmplatte bündig an den Vorbau geschraubt und die Klemmung des Lenkers nur an der Unterseite fixiert (Abb. 15.11).

Die altmodische Schlitzklemmung wird nur bei Schaftvorbauten verwendet. Der Lenker wird dabei einfach durch Anziehen der Klemmschraube im Vorbau gesichert.

ABB. 15.11

Bei „Zero Gap"-Vorbauten wird die Klemmplatte mit den oberen Schrauben zunächst bündig montiert, bevor die unteren festgezogen werden

Vorbauten werden für unterschiedliche Einsatzbereiche konzipiert. Sie sind in gewissem Maß austauschbar, wenn Schaftdurchmesser und Lenkerklemmung passen, doch der Einsatzzweck diktiert die Auswahl. Zum Beispiel ist ein Vorbau für Downhillfahrten tendenziell kurz, massiv und sehr robust. Ein Vorbau für Straßeneinsatz ist dagegen länger, leichter und deutlich weniger robust. Selbst wenn Schaft- und Lenkermaße passen sollten, darf ein weniger robuster Vorbau nie für schwerere Fahrbedingungen genutzt werden.

Schaft- und gewindelose Vorbauten gibt es auch in winkelverstellbarer Ausführung. Das eingebaute Gelenk ermöglicht die Verstellung des Vorbauwinkels zum Gabelschaft. Dadurch kann der Fahrer verschiedene Vorbaupositionen variieren ohne jedes Mal einen anderen Vorbau zu montieren. Vor der Fahrt muss der Gelenkverschluss sorgfältig festgezogen werden.

### SCHAFTVORBAUTEN

Schaftvorbauten werden in Verbindung mit geschraubten Steuersätzen verwendet. Der Schaft wird ins Gabelschaftrohr gesteckt und durch eine Schraube, die mit einem Spreiz- oder Schrägkonus verbunden ist, im Rohr fixiert. Gabelschaftschraube, Schraubenkopf, Konus und die Schaftaußenseite sollen vor der Montage gefettet werden.

Schaftvorbauten gibt es mit verschiedenen Vorbaulängen und -winkeln. Zusätzlich werden Schaftlänge und -durchmesser spezifiziert. Der Vorbauwinkel wird zwischen Schaft und Vorbau gemessen (Abb. 15.12).

ABB. 15.12

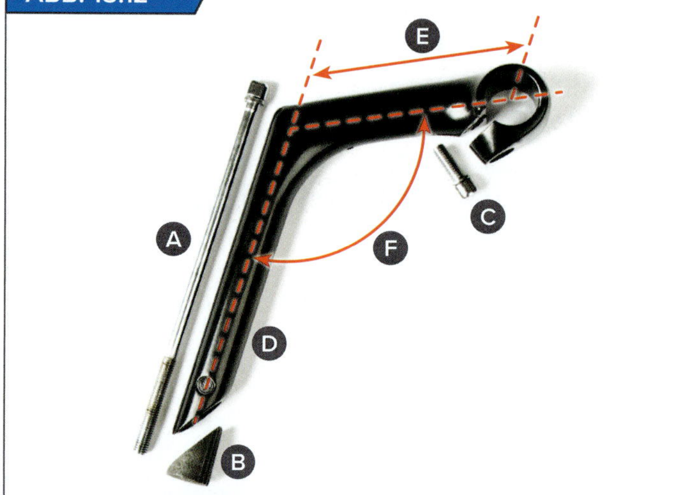


Schaftvorbau: (A) Gabelschaftschraube, (B) Schrägkonus, (C) Lenkerklemmung, (D) Gabelschaft, (E) Vorbaulänge, (F) Vorbauwinkel

Achten Sie darauf, dass der Vorbauschaft ins Gabelschaftrohr passt. Die Durchmesser dürfen sich nur geringfügig unterscheiden. Es gibt verschiedene Gabel-Maße: Schaft-Vorbauten mit 22,2 mm Durchmesser passen für 1"-Gabeln (25,4 mm Außendurchmesser), Schaft-Vorbauten mit 25,4 mm Durchmesser sind für 1⅛"-Gabeln (28,6 mm AD) und Schaft-Vorbauten mit 28,6 mm passen für 1¼"-Gabeln (31,8 mm AD).

Zur Höhenverstellung des Vorbaus lösen Sie nur die Gabelschaftschraube ein wenig. Die Kontermutter des Steuersatzes muss dagegen nicht gelöst werden. Versuchen Sie anschließend, den Vorbau durch Drehen im Gabelschaft zu lösen. Wenn das nicht geht, schlagen Sie zum Lockern des Konus mit einem Gummihammer leicht auf den Schraubenkopf. Der Vorbau darf niemals über die Maximal-Markierung hinausgehend montiert werden (Abb. 15.13). Als Faustformel benötigt man mindestens das 2,5-fache des Schaftdurchmessers als Mindesteinstecktiefe im Gabelschaft. Ein Schaftdurchmesser von 25,4 mm erfordert demnach eine Mindesteinstecktiefe von 63,5 mm. Durch Herausziehen des Vorbaus können längere Brems- und Schaltzüge notwendig werden.

ABB. 15.13

Gabelschaft zu weit herausgezogen; Markierung darf nicht sichtbar sein

Richten Sie den Vorbau mit einem Lineal oder Zollstock auf das Vorderrad aus. Sie können auch den Lenker als Richtmaß parallel zur Vorderradnabe drehen. Es ist hilfreich, ein Lineal an die Gabelbeine anzulegen und die Parallelität mit dem Lenker herzustellen (Abb. 15.14 und 15.15).

ABB. 15.14

Lineal identifiziert mangelnde Ausrichtung des Vorbaus

ABB. 15.15

Lenker und Lineal sind parallel, Vorbau ist optimal ausgerichtet

## VORBAUTEN FÜR GEWINDELOSE STEUERSÄTZE

Vorbauten für gewindelose Steuersätze werden von außen auf das Gabelschaftrohr gesteckt. Der Steuersatz wird durch die Schraube in der Abdeckplatte für das Gabelschaftrohr justiert, während der Vorbau nur locker auf dem Gabelschaftrohr sitzt. Dieser Vorbautyp darf nur mit einem gewindelosen Gabelschaft kombiniert werden, niemals mit einem Gewinde-Gabelschaft.

Seine Abmessungen werden vom AD des Gabelschaftrohrs bestimmt. Es gibt Vorbauten mit 25,4 mm für 1"-Gabeln, 28,6 mm für 1⅛"-Gabeln, 31,8 mm für 1¼"-Gabeln und 38,1 mm für 1½"-Gabeln. Ein weiterer Vorbau kann mit Adapter für einen dünneren Gabelschaft angepasst werden.

Gewindelose Steuersätze gibt es in vielen verschiedenen Winkeln und Längen. Die Vorbaulänge wird von der Mitte der Lenkerklemmung bis zur Mitte der Gabelschaftaufnahme gemessen. Der Winkel wird zwischen Gabelschaft und Vorbauunterseite bestimmt. Die Bauhöhe der Gabelschaftaufnahme ist die dritte Messgröße, die beim Anpassen und Ablängen des Gabelschafts zu berücksichtigen ist (Abb. 15.16).

ABB. 15.16

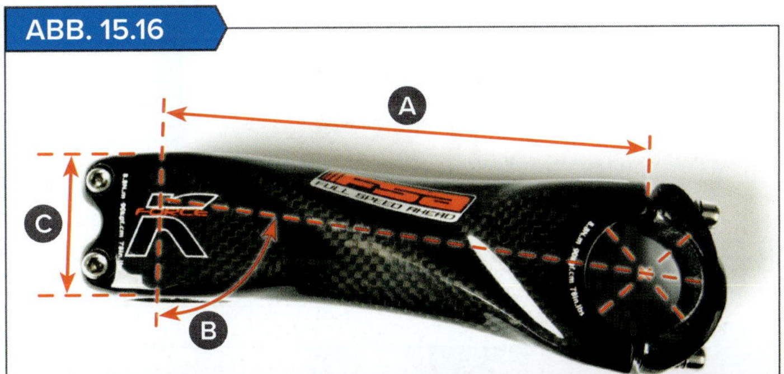


Vorbau für gewindelosen Steuersatz: (A) Vorbaulänge, (B) Vorbauwinkel, (C) Bauhöhe

Die Höhenanpassung gewindeloser Vorbauten ist auf die vorhandenen Spacer auf dem Gabelschaft limitiert. Dieser Vorbautyp kann nur abgesenkt werden, indem Sie die Spacer unter ihm entfernen und oberhalb montieren. Wenigstens eine Distanzscheibe sollte zwischen Vorbau und Steuersatz verbleiben, damit die Belastung des Gabelschafts begrenzt wird. Wenn trotz dieser Maßnahme das Gabelschaftrohr noch übersteht, kann es gekürzt werden. Mehr finden Sie in Kap. 16.

Wenn Sie die Position des Vorbaus erhöhen wollen, nehmen Sie die Spacer oberhalb und setzen diese unter den Vorbau. Der Einsatz zusätzlicher Spacer unterhalb des Vorbaus kann zur mangelhaften Verbindung zwischen Gabelschaft und Vorbau führen. Das Gabelschaftrohr muss kurz unterhalb der Oberkante des Vorbaus enden. Bei den meisten Abdeckungen soll dieser Abstand 3 mm betragen. (Abb. 15.17).

ABB. 15.17

Gabelschaftrohr reicht bis knapp unter die Oberkante des Vorbaus

Bei Gabelschaftrohren aus Alu, Stahl und Carbon gibt es Begrenzungen für den Abstand zwischen Vorbau und Steuersatz. Weitere Infos finden Sie in Kapitel 16.

Wenn es keine Spacer über dem Vorbau gibt, erwägen Sie die Montage eines Vorbaus mit steilerem Aufwärtswinkel. Eine weitere Möglichkeit ist der Einsatz einer Schaftverlängerung für mehr Lenkerhöhe (Abb. 15.18). Diese wird auf das Gabelschaftrohr gesetzt und bietet am oberen Ende einen Klemmbereich für den vorhandenen Vorbau. Beachten Sie, dass die Schaftverlängerung vollständig auf dem Gabelschaft sitzt. Informieren Sie sich beim Hersteller über mögliche Höhenbeschränkungen.

ABB. 15.18

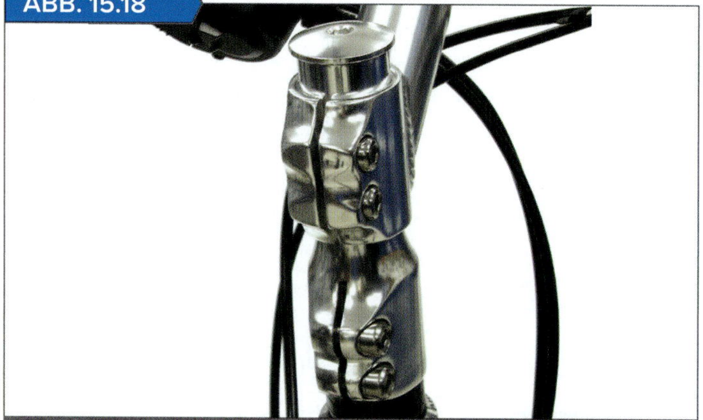

Schaftverlängerung mit montiertem Vorbau

Richten Sie den Vorbau auf das Vorderrad aus (Abb. 15.19). Nutzen Sie bei dafür ein Lineal, wie bei den Schaftvorbauten beschrieben. Ziehen Sie die Vorbauklemmschrauben gut fest.

ABB. 15.19

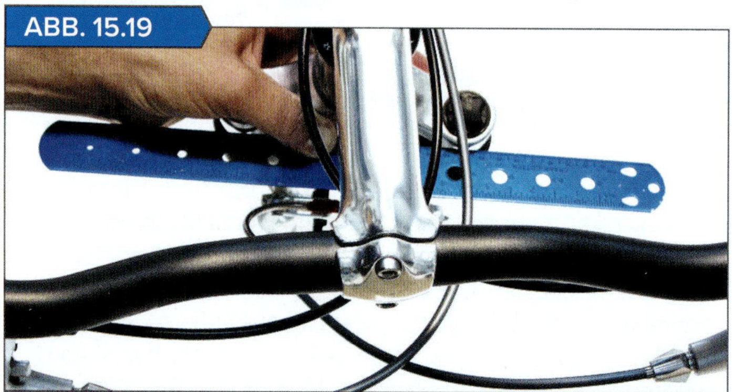

Lineal zeigt die mangelnde Ausrichtung des Vorbaus

Wenn der Gabelschaft aus Carbon besteht, ist es sicherheitsrelevant, dass die Vorbauklemmschrauben nicht zu fest gezogen werden. Sonst kann das Carbongewebe beschädigt werden (Abb. 15.20). Informieren Sie sich beim Hersteller der Gabel über zulässige Anzugsdrehmomente.

ABB. 15.20

Durch Vorbauklemmschraube beschädigter Carbon-Gabelschaft

## SÄTTEL

Der Fahrer „reitet" auf dem Sattel, der sein Gewicht abstützt. Sättel sind in unzähligen Formen, Breiten und mit verschiedenen Bezügen erhältlich. Es gibt sie in spezifischen Formen für Männer und Frauen. Jedenfalls ist die Wahl des passenden Sattels sehr individuell und lässt sich am besten in einem Fachgeschäft realisieren, das Test oder sogar Probefahrt verschiedener Modelle ermöglicht. Außerdem gibt es Sattelformen speziell für BMX, Zeitfahren, Crossfahren und verschiedene andere Einsatzbereiche.

Die meisten Fahrradsättel verfügen über ein zweikufiges Drahtgestell unterhalb einer Sattelschale aus Kunststoff. Polsterung und Satteldecke aus Leder oder Kunststoff bedecken die Sattelschale. Über ein Klemmsystem wird das Sattelgestell mit der Sattelstütze verbunden (Abb. 15.21).

ABB. 15.21

Beide Sattelklemmschrauben abwechselnd zur Einstellung und Klemmung des Sattels festziehen

Das Sattelgestell besteht meist aus zwei 7 mm starken, runden Kufen. Auf ihnen kann der Sattel auf der Sattelstütze verschoben und geneigt werden. Es gibt auch Sättel mit Einzelschienen, die nur mit der passenden Sattelstütze des jeweiligen Herstellers nutzbar sind.

Ein häufig auftretendes Problem ist Quietschen an Sattel oder Sattelstütze. Dies kann meist durch sorgfältiges Festziehen der Sattelklemmschrauben gelöst werden. Wenn sich jedoch die Sattelschale vom Gestell gelöst hat, kann das kaum repariert werden. Harter Einsatz oder ein Unfall können das Sattelgestell verbiegen. Die weitere Nutzung kann zum Bruch führen. Ersetzen Sie den Sattel bei gebrochener Schale, verbogenem Gestell oder Trennung von Schale und Gestell.

Bevor Sie den Sattel austauschen, stellen Sie die Sattelposition fest. Legen Sie ein Lineal auf den Sattel und ermitteln Sie den Neigungswinkel mit einem Winkelmesser (Abb. 13.21). Merken Sie sich auch die Klemmposition des Sattelgestells in der Sattelstütze. Entfernen Sie anschließend den alten Sattel und geben Sie etwas Schmiermittel auf die Klemmschrauben. Montieren Sie den neuen Sattel auf der Sattelstütze und fixieren Sie die Klemmschrauben. Stellen Sie die Sattelposition analog zum alten Sattel ein und passen Sie sie bei Bedarf an. Beginnen Sie zunächst mit der Sattelhöhe und justieren Sie dann schrittweise Neigungswinkel sowie Entfernung zum Lenker.

ABB. 15.22

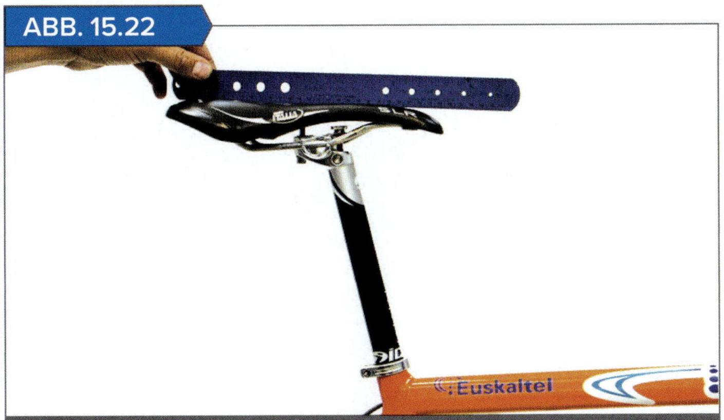


Feststellung des Neigungswinkels mit Lineal

## SATTELSTÜTZEN

Die Sattelstütze verbindet den Sattel mit dem Rahmen. Sattelstützen sind in verschiedenen Längen, Durchmessern und sogar Profilen erhältlich. Hochwertige Modelle verfügen über einen integrierten Patentkopf, der das Sattelgestell fixiert.

Sattelstützen variieren beim „Versatz", der Distanz zwischen Mitte des Stützenrohrs zur Mitte der Sattelklemmung. Je nach Art des Versatzes kommt der Fahrer in eine Sitzposition weiter vorn oder näher zum Hinterrad (Abb. 15.23).

ABB. 15.23

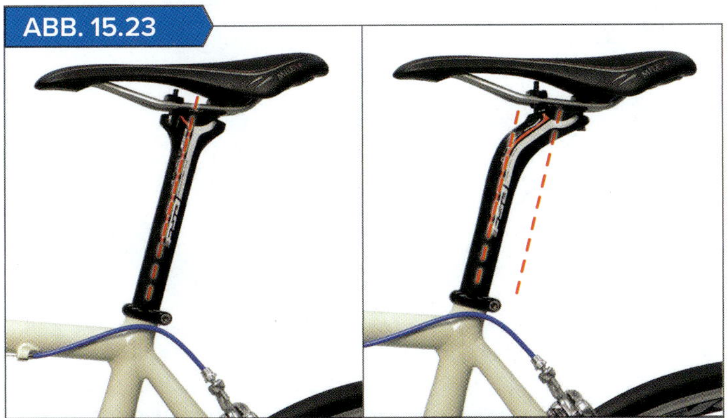

Sattelstütze links ohne, rechts mit 32 mm Versatz

Billigere und ältere Fahrräder besitzen häufig nur eine einfache Kerzensattelstütze. Statt der integrierten Sattelklemmung ist das obere Rohrende auf ⅞" reduziert. Ein separater Sattelkloben wird darauf zusammen mit dem Sattel montiert.

Fahrradrahmen verfügen über die verschiedensten Sitzrohrdurchmesser. Ebenso gibt es eine Vielzahl von Durchmessern für Sattelstützen zwischen 22,2 mm und 32,4 mm. Der Außendurchmesser der Sattelstütze soll ungefähr 0,1 mm geringer als der Innendurchmesser des Sitzrohrs sein. Es gibt Adapterhülsen für dünnere Sattelstützen zur Anpassung in weitere Sitzrohre. Selbstgemachte Aluhülsen bringen meist keine gute Passung.

Grundsätzlich muss die Sattelstütze mit Montage- oder Lagerfett zur Vermeidung galvanischer Korrosion behandelt werden, wenn der Rahmen aus Stahl, Titan oder Aluminium besteht. Dadurch wird das berüchtigte „Festfressen" der Sattelstütze im Sitzrohr wirksam verhindert. Gleiches gilt übrigens auch für Schaftvorbauten im Gabelschaft. Wenn Rahmen oder Sattelstütze aus Carbon bestehen, sollte eine spezielle Montagepaste wie SAC-2 von Park Tool eingesetzt werden. Beide Montagemittel sorgen gleichzeitig für festen Halt und verhindern Korrosion. In regenreichen Regionen oder am Meer empfiehlt sich die Reinigung und Pflege von Sattelstütze und Sitzrohr alle 3-4 Monate.

Sattelstützen werden im Sitzrohr unterschiedlich fixiert. Runde Sitzrohre verfügen am oberen Ende meist über einen vertikalen Schlitz. Mit einer Schraubklemme wird die Sattelstütze dort gesichert. Geben Sie etwas Schmiermittel auf das Gewinde der Klemmschraube vor dem Festziehen. Es wird kein hohes Anzugsdrehmoment zur Klemmung der Sattelstütze benötigt. Sie brauchen die Klemmschraube nur so weit fest zu ziehen, bis Sie den Sattel nicht mehr mit einer Hand verdrehen können (Abb. 15.24).

ABB. 15.24

Verdrehbarkeit des Sattels mit nur einer Hand prüfen

Einige Rahmen besitzen eine Klemmung mit in den Rahmen integrierter Schraube. Bei vielen Rahmen wird jedoch eine separate Klemme mit Schraube von oben auf das Sitzrohr geschoben und fixiert die Sattelstütze im Rahmen.

Eine weitere Möglichkeit ist die Verwendung eines Schnellspanners. Damit kann die Sattelstütze werkzeuglos (de-) montiert und justiert werden. Der Mechanismus ist wie bei der Schnellspannachse am Laufrad aufgebaut, benötigt jedoch weniger Anpressdruck. Justieren Sie den Schnellspanner so, dass der Sattel sich nicht mehr mit einer Hand verdrehen lässt.

Sattelstützen sind mit einer Markierung für die Mindesteinstecktiefe versehen (Abb. 15.25). Montieren Sie die Sattelstütze so, dass diese Markierung nicht sichtbar ist, da sonst Bruchgefahr besteht. Grundsätzlich muss sich das Ende der Sattelstütze im Rahmen unterhalb der Sattelrohrmuffe bzw. der Verbindung zwischen Oberrohr und Sattelrohr befinden. Sattelstützen sind permanenter Belastung ausgesetzt und können dauerhaft verbiegen. Eine verbogene Sattelstütze ist extrem bruchgefährdet und nicht reparabel. Sie muss schnellstmöglich ersetzt werden.

ABB. 15.25

Sattelstütze zu weit herausgezogen, Markierung darf nicht sichtbar sein

Einige Rahmen sind für flache oder ovale Sattelstützen ausgelegt. Die Sattelstützen können dort wegen des besonderen Rohrquerschnitts nicht im Sitzrohr verdreht werden. Die Rohrprofile sind bei jedem Hersteller unterschiedlich und auf die jeweiligen Rahmen abgestimmt. Daher sind diese Sattelstützen kaum zwischen den Rahmenmarken austauschbar. Bei einigen Rahmen wird die Sattelstütze mit einer Klemmplatte wie beim Vorbau im Rahmen fixiert. Bei anderen Rahmen kommt die bekannte Schlitzklemmung mit speziell geformter Schelle zum Einsatz. Wenn möglich sollten Sattelstützen entsprechend der Herstellerangaben zum Anzugsdrehmoment geklemmt werden.

Bei manchen Rahmen wird die Sattelstütze mit internem Klemmkonus fixiert. Per Schraube drückt die Innenklemmung die Sattelstütze an das Sitzrohr und verhindert ihr Verrutschen (Abb. 15.26). Sattelstützen müssen zum Schmieren der Kontaktflächen aus dem Rahmen entfernt werden. Montieren Sie sie anschließend gemäß Herstellervorgabe.

ABB. 15.26

Sattelklemmung mit integriertem Klemmkonus

Rahmen mit „integrierter Sattelstütze" verfügen über ein verlängertes Sitzrohr, das weit über das Oberrohr hinausragt und am Ende über eine Aufnahme für den Sattel verfügt. Das Sitzrohr wird passend für den Fahrer gekürzt, am besten mit einer geeigneten Säge und Schneidführung wie der SG-7.2 (Abb. 15.27).

ABB. 15.27

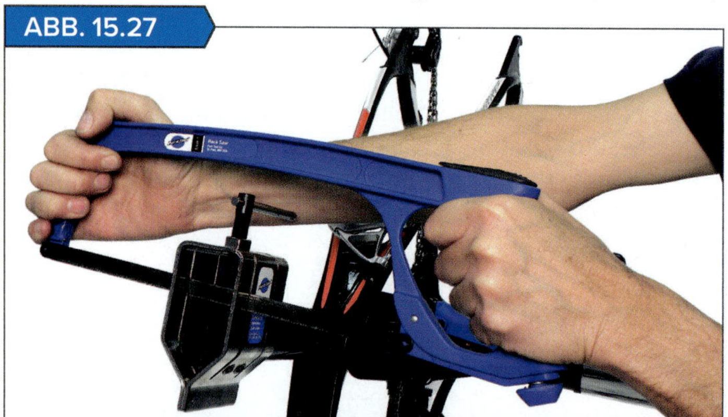

Kürzen einer integrierten Sattelstütze mit Schneidführung SG-7.2

Federsattelstützen ermöglichen Fahrer und Sattel Auf- und Abwärtsbewegung relativ zum Rahmen (Abb. 15.28). Ein Federsystem dämpft so Unebenheiten des befahrenen Untergrunds aus. Im Lauf der Zeit können Lager und Verbindungen Spiel entwickeln. Informieren Sie sich beim Hersteller über Wartungsmöglichkeiten.

ABB. 15.28

Federsattelstütze

Teleskopstützen können leicht und schnell unterwegs in der Sitzhöhe angepasst werden (Abb. 15.29). Diese Modelle bieten keine Federung, sind aber praktisch z. B. für die schnelle Absenkung der Sattelposition bei steilen Abfahrten.

ABB. 15.29

Verschiedene Sattelpositionen einer Teleskop-Sattelstütze

Sie verfügen in der Regel über einen Kontrollschalter am Lenker zur Sattelverstellung per Seilzug, Hydraulik oder Bluetooth während der Fahrt. Je nach Ausführung verlaufen die Züge bzw. Leitungen intern oder extern am Rahmen.

Eine Teleskopstütze muss perfekt zum Fahrradrahmen passen. Neben dem passenden Rohrdurchmesser soll auch die maximale Sitztiefe mit der Sitzrohrlänge des Rahmens korrespondieren. Messen Sie daher von der Oberkante des Sitzrohrs herunter bis zum ersten potenziellen Hindernis — Rohrbiegung, Gelenkaufnahme oder Anlötsockel.

Bei interner Zugverlegung müssen Sie die Demontage der Stütze von der Hülle bedenken. Montieren Sie zunächst den Bedienhebel wie gewünscht am Lenker. Simulieren Sie den Verlauf des Zugs außerhalb des Rahmens und geben Sie ein paar Zoll dazu. Die Hülle wird nach der Montage im Rahmen auf die exakte Länge gekürzt.

Führen Sie die Hülle wie vorgegeben durch den Rahmen und aus dem Sitzrohr hinaus. Kürzen Sie die Hülle 2-3 cm oberhalb des Sitzrohrs. Damit können Sie die Stütze bei Bedarf vom Innenzug lösen.

Drehen Sie den Lenker in Richtung Rahmenöffnung, also z. B. nach links, wenn sie sich auf der linken Seite befindet (Abb. 15.30). Lassen Sie gerade genug Hülle für die bequeme Verbindung zum Bedienhebel. Sobald die Teleskopstütze komplett montiert ist, kommt noch mehr Hülle aus dem Rahmen, wenn der Lenker gerade gestellt wird.

ABB. 15.30

Lenker mit Hülle drehen

TABELLE 15.1 *Troubleshooting*

| SYMPTOM | MÖGLICHE URSACHE | LÖSUNG |
|---|---|---|
| Vorbau dreht leicht auf dem Gabelschaft, selbst nach Festziehen mit vorgeschriebenem Anzugsdrehmoment | Innenseite des Vorbaus mit Fett oder Öl verschmutzt | Vorbau demontieren, Gabelschaft und Innenseite des Vorbaus mit Alkohol reinigen. Anschließend erneut montieren und festziehen |
| Weiße Pulverkorrosion unterhalb des Lenkerbands | Lenkermaterial korrodiert durch Schweißdiffusion durchs Lenkerband | Lenkerband regelmäßig reinigen und ersetzen. Lenker kann korrosionsbedingt brechen, daher bei starker Korrosion austauschen |
| Carbonlenker rutscht im Vorbau | Niedriger Reibungskoeffizient von Carbonfaser kann zu rutschenden Komponenten führen | Klemmverbindung mit Carbon-Montagepaste behandeln |
| Linke und rechte Lenkerhälfte stehen in unterschiedlichen Winkeln | Lenker verbogen, wahrscheinlich durch Unfall | Lenker sofort austauschen – Fahrrad bis zum Lenkertausch nicht mehr benutzen |
| Teleskopstütze fährt nicht mehr hoch | Klemmung der Sattelstütze zu stramm | Klemmung etwas lösen und Funktion testen |

# KAPITEL 16

# STEUERSATZ

Zweiräder, wie Fahr- und Motorräder, benötigen bei Geradeausfahrt permanent winzige Lenkkorrekturen. Der Steuersatz ist das Lager, das die Vorderradgabel mit dem Steuerohr des Rahmens verbindet. Ein gepflegter und justierter Steuersatz ermöglicht das leichtgängige Steuern des Vorderrads.

Obere und untere Lagerschale des Steuersatzes sitzen an den Rändern des Steuerrohrs. Wenn diese Ränder nicht exakt parallel stehen, verkanten die Lager im Steuersatz, der in der Folge vorzeitig verschleißt bzw. schlecht justierbar ist. Ein bei der Rahmenfertigung deformiertes Steuerrohr wird durch Planfräsen mit einem entsprechenden Spezialwerkzeug wie dem HTR-1 korrigiert (Abbildung 16.1). Der Konussitz am Gabelschaft sollte plangefräst werden, sonst kann der Steuersatz auch hier verkanten. Dafür wird ein Gabelkonussitz-Fräser wie der CRC-1 benötigt. Diese Fräsarbeiten sollten am besten durch einen professionellen Fahrradmechaniker ausgeführt werden. Normalerweise kann der Steuersatz anschließend problemlos montiert und justiert werden. Wenn er sich gut einstellen lässt und leichtgängig ist, sind die betreffenden Bauteile plan.

ABB. 16.1

Planfräsen des Steuerrohrs für bessere Funktion des Steuersatzes

## STEUERSATZTYPEN

Es gibt bei Steuersätzen zwei grundsätzlich unterschiedliche Bauweisen: mit Gewinde und gewindelos. Steuersätze mit Gewinde verfügen über Gewindekonus und Kontermutter, die auf ein Gabelschaftrohr mit Gewinde geschraubt werden. In diese Gabel wird ein Schaftvorbau eingesetzt, der jedoch nicht zum Steuersatz gehört (Abb. 16.2).

ABB. 16.2

Gewinde-Steuersatz mit externer Lagerschale (EC) und Schaftvorbau

Die gewindelosen (auch „AheadSet®" genannten) Steuersätze dürfen nur mit ebenfalls gewindelosen Gabelschaftrohren kombiniert werden. Der Steuersatz wird hier durch die Schraube in der Abdeckplatte des Gabelschafts justiert, während der Vorbau locker auf dem Gabelschaft sitzt (Abb. 16.3). Die Vorbauklemmschrauben fixieren den Vorbau auf dem Gabelschaft ebenso wie die eingestellte Position des Steuersatzes.

ABB. 16.3

Gewindeloser Steuersatz mit externer Lagerschale (EC), Vorbau und Abdeckkappe

Es gibt aktuell zahlreiche verschiedene Standards für Steuersätze. Achten Sie beim Austausch auf die Kompatibilität des neuen Modells. Mit der Einführung des „Standardized Headset Information Systems (SHIS)" versucht die Fahrradbranche ein einheitliches Bezeichnungssystem für die unterschiedlichen Größen und Typen von Steuersätzen zu etablieren. Anhang D enthält eine tabellarische Übersicht mit SHIS-Codes, klassischen Bezeichnungen und Größenangaben.

Die ersten beiden Buchstaben des SHIS-Codes definieren die Bauweise des Steuersatzes. Dies sind „EC", „ZS" und „IS".

„EC" ist die Abkürzung für „External Cup". Dies ist die traditionelle, konventionelle Bauweise mit externen, eingepressten Lagerschalen, die sich ober- und unterhalb der Steuerohrenden befinden (Abb. 16.4).

ABB. 16.4

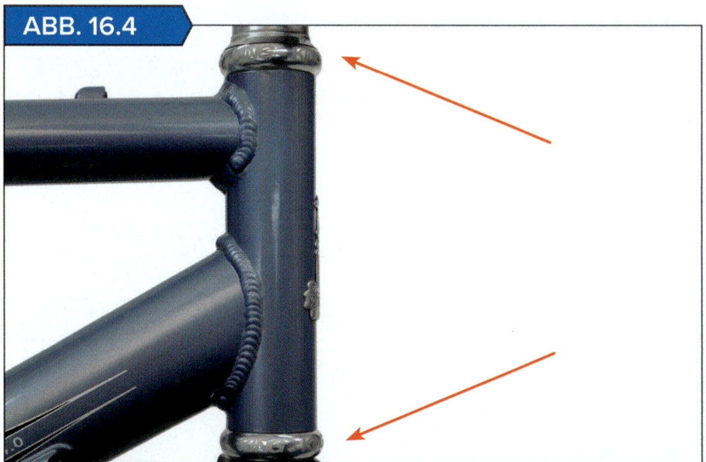

EC-Steuersatz mit externen Lagerschalen

„ZS" steht für „Zero-Stack" oder „Low Profile", also semi-integrierte Steuersätze. Die Lagerschalen oder Adapter werden in relativ groß dimensionierte Steuerrohre gepresst. Die Lager befinden sich nahezu auf gleicher Höhe mit den Steuerrohrenden, also nicht außerhalb wie bei EC-Modellen. Ein neuer ZS-Steuersatz als Ersatzteil umfasst einzupressende Lagerschalen oder Adapter sowie die dazugehörigen Lager. Aufgrund des relativ großen Steuerrohrdurchmesser von ca. 50 mm können die Lager dort praktisch versteckt untergebracht werden (Abb. 16.5).

ABB. 16.5

ZS-Steuersatz mit semi-integrierten Lagerschalen

„IS" steht für „Integrated Standard", also vollintegrierte Steuersätze (Abb. 16.6). Hier werden Industrielager direkt in den integrierten Lagerschalen des Steuerrohrs platziert, ohne dass externe Lagerschalen zum Einsatz kommen, wie das bei ZS-Steuersätzen der Fall ist. Die IS-Industrielager sind als Schräglager ausgeführt, damit sie für die konkave Aufnahme im Steuerrohr passen. Das IS-Steuerrohr ist somit definierter Bestandteil des Steuersatzsystems. Die IS-Austauschversion umfasst daher nur Industrielager, Gabel-„Konus" sowie Abdeckkappe.

ABB. 16.6

Integrierter oder IS-Steuersatz

Beim SHIS-Code folgt nach den Buchstaben eine zweistellige Ziffer, welche die nominelle Rohrweite des Steuerrohrs bezeichnet. EC34 ist zum Beispiel die Bezeichnung für einen Steuersatz mit externen Lagerschalen für ein Steuerrohr mit 34 mm Rohrweite. Die Ziffer gibt nicht den tatsächlichen Wert für den AD der Schale oder den ID des Steuerrohrs an. Es ist nur eine systematische Kurzbezeichnung zur Klassifizierung von Steuersätzen. Die klassische Bezeichnung für EC34 ist „1⅛" konventioneller Steuersatz". ZS44 ist ein semi-integrierter Steuersatz für nominelle 44 mm Rohrweite. IS42 ist ein integrierter Steuersatz für 42 mm Rohrweite, klassische Bezeichnung „1⅛" integriert, italienisch".

Die SHIS-Codierung ist auch für Sonderformen geeignet, zum Beispiel bei unterschiedlicher Größe von oberem und unterem Lager. Die vierstellige Codierung wird dann um Schrägstrich und Gabelschaftgröße ergänzt. Beispiel: Oberes Lager mit EC34/28,6 und unteres Lager mit EC34/30. Beide Lager besitzen externe Schalen für 34 mm nominelle Steuerrohrweite. Das obere Lager passt für ein 28,6 mm Gabelschaftrohr, während das untere für einen größeren Durchmesser von 30 mm am Gabelkonussitz ausgelegt ist.

Fahrräder mit „konischem Steuerrohr" benötigen ebenfalls gemischte Steuersätze. Eine Codierung könnte zum Beispiel sein: ZS44/28,6 für oben und ZS56/40 für unten. Die Gabel in diesem Beispiel hat ein konisch zulaufendes Schaftrohr mit 40 mm Durchmesser am Gabelkopf und 28,6 mm am anderen Ende für den Vorbauschaft (Abb. 16.7).

ABB. 16.7

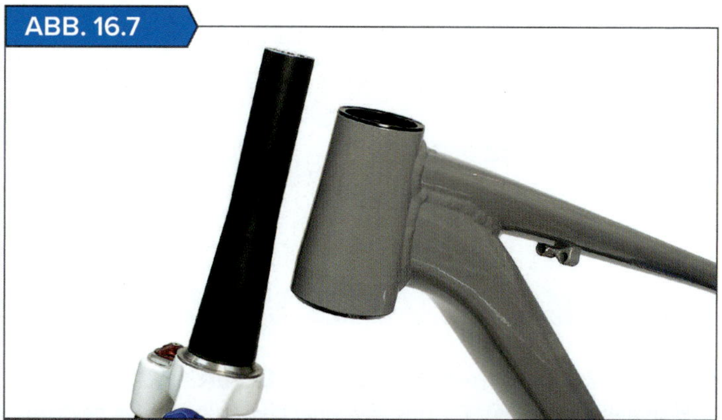

Gemischte Lagermaße bei konischem Steuerrohr
unten ZS56/40, oben ZS44/28.6

Einige Hersteller verwenden individuelle Abmessungen. Wichtig zu wissen ist, welche Abmessungen das Fahrrad benötigt, damit man die richtigen Ersatzteile besorgt. Fragen Sie im Zweifel einen Profi-Mechaniker.

## WARTUNG VON STEUERSÄTZEN

Das untere Steuerlager wird durch das Vorderrad ständig mit Schmutz und Spritzwasser belastet. Regelmäßige Säuberung und Wartung kann die Lebensdauer des Steuersatzes deutlich verlängern. Spätestens wenn sich der Steuersatz beim Drehen des Lenkers schwergängig anfühlt, ist eine Wartung fällig. Wenn der Steuersatz jedoch beim Drehen einrastet, sind die Lagerschalen bereit gestanzt. Dann ist es für die bloße Wartung zu spät und ein kompletter Austausch wird erforderlich. Machen Sie bei der Demontage Notizen oder Fotos über die Anordnung der Bauteile.

Je nach Ausführung verwenden Steuersätze Kugelringe, lose Kugeln oder Industrielager. Letztere werden einfach vollständig ausgetauscht. Einzelne Kugeln bzw. Kugelringe sitzen in halbrunden Kugelläufen.

Prüfen Sie bei der Wartung die Kugelläufe der Lagerschalen auf Dellen oder andere Beschädigungen (Abb. 16.8). Fahren Sie mit einem Kugelschreiber die Kugelbahn nach. Raue oder verschlissene Stellen lassen sich so leicht feststellen. Verschlissene Stellen lassen sich nicht mehr mit Lagerfett ausgleichen. Tauschen Sie verschlissene Teile oder notfalls den gesamten Steuersatz aus. Gereinigte Kugeln, die blank glänzen und sich glatt anfühlen, können weiter verwendet werden. Kugeln verschleißen als letztes Teil des Systems. Matte oder fleckige Kugeln sollten ersetzt werden.

Die eingepressten Lagerschalen sowie der Gabelkonus werden nur beim kompletten Austausch des Steuersatzes demontiert. Reinigen Sie alle Bestandteile des Steuersatzes gründlich mit Entfetter. Lassen Sie bei Federgabeln keinen Entfetter in die Standrohre gelangen.

Bei der Wartung ist der Lenker im Weg. Am besten lösen Sie alle Brems- und Schaltzüge und entfernen sie zusammen mit dem Lenker. Am Lenker montierte Scheinwerfer und Computer sollten Sie ebenfalls demontieren, um die Kabel nicht zu beschädigen. Alternativ können Sie den Lenker mit Kabelbindern und Tüchern kratzsicher am Rahmen befestigen.

ABB. 16.8

Verschlissene Lagerschale mit Dellen im Kugellauf

## WARTUNG GEWINDELOSER STEUERSÄTZE

Für gewindelose EC-, ZS- und IS-Steuersätze gilt der gleiche grundlegende Wartungsvorgang. Wenn der Steuersatz über Industrielager statt Kugelringe verfügt, tauschen Sie einfach die Industrielager komplett aus. Bei einigen Lagermodellen lässt sich die Dichtung zum Reinigen und Nachschmieren entfernen. Sobald das Lager jedoch irgendeine Beeinträchtigung aufweist, lässt sich das nicht allein durch neues Fett beseitigen.

Industrielager findet man häufig bei ZS- und IS-Modellen. Die Lager lassen sich einfach per Hand (de-)montieren. Schmieren Sie die Lager zum Schutz vor Korrosion von außen. Industrielager in Steuersätzen verfügen über je eine konkave und konvexe Seite. Die konkave Seite passt zum konischen Laufring des Gabelkopfes oder zum einstellbaren Laufring. Die konvexe Seite zeigt jeweils zum Steuerrohr (Abb. 16.9).

ABB. 16.9

Montagerichtung der Industrielager

**Vorgehen zur Demontage gewindeloser Steuersätze:**

a. Lösen Sie die Vorbauklemmung.
b. Lösen und entfernen Sie Justierschraube und Abdeckkappe vom Gabelschaft.
c. Merken Sie sich Anordnung und Montagerichtung der Unterleg- und Distanzscheiben auf dem Gabelschaftrohr. Entfernen Sie Vorbau und Scheiben vom Gabelschaftrohr.
d. Ziehen sie die Gabel aus dem Rahmen. Eventuell benötigen Sie einen Gummihammer, um die Gabel aus dem Rahmen zu lösen (Abb. 16.10). Sobald die Gabel sich etwas nach unten bewegt hat, schieben Sie sie wieder hoch und entfernen den Konusring vom Gabelschaft.

ABB. 16.10

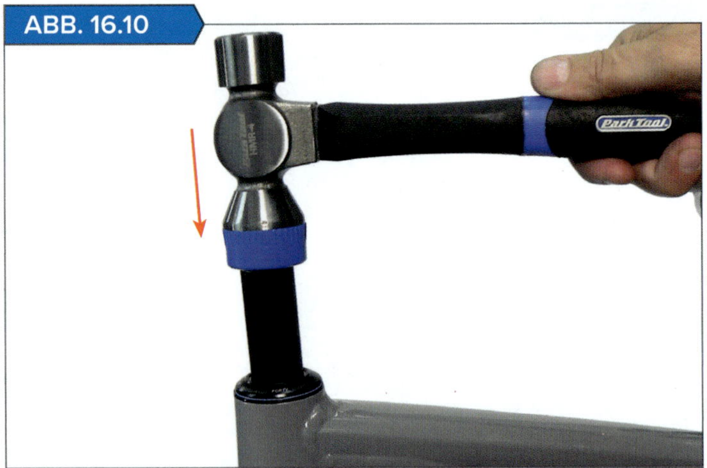

Falls nötig, die Gabel mit einem Gummihammer herausklopfen

e. Entfernen Sie die Gabel aus dem Rahmen und beachten Sie die Montagerichtung der Lager und Dichtungen.
f. Wenn der Steuersatz nicht ersetzt wird, lassen Sie die eingepressten Bauteile in Rahmen und Gabel.
g. Bei Kugelringen oder Kugeln reinigen und untersuchen Sie die einzelnen Teile. Alle verschlissenen Teile müssen ersetzt werden. Industrielager werden im Normalfall einfach getauscht.

Beachten Sie bei Kugelringen vor dem Wiedereinbau die korrekte Positionierung zu Schale und Konus. Die offene Seite des „C"-förmigen Kugelrings soll zum Konus zeigen, nicht zur Lagerschale (Abb. 16.11). Wenn Sie unsicher sind, legen Sie den Kugelring in die Lagerschale, drücken den dazugehörigen Konus leicht mit der Hand auf den Kugelring und drehen Sie ihn hin und her. Bei falscher Ausrichtung reibt der Lagerring auf Schale und Konus, bei korrekter Position läuft das Lager leichter.

ABB. 16.11

Die offene Seite des Kugelrings soll zum Konus zeigen

**Vorgehen zur Montage gewindeloser Steuersätze:**

a. Fetten Sie die Kugelringe und Lagerschalen großzügig. Industrielager werden einfach in die Schalen eingesetzt.
b. Setzen Sie die Lagerringe in obere und untere Lagerschale ein. Setzen Sie Industrielager mit der konkaven Seite zu den konisch geformten Laufringen.
c. Schieben Sie den Gabelschaft ins Steuerrohr.
d. Schieben Sie oberen einstellbaren Laufring, Kompressionsring und Lagerdeckel auf den Gabelschaft. Drücken Sie Kompressionsring und Lagerdeckel auf den Lagerring.
e. Montieren Sie eventuell vorhandene Distanzscheiben.
f. Montieren Sie den Vorbau und drücken Sie ihn gegen das Lager. Ziehen Sie die Klemmschraube(n) leicht an.
g. Achten Sie auf ausreichenden Abstand zwischen Gabel-

schaftende und Oberkante des Vorbaus und montieren Sie die Abdeckkappe mit der Justierschraube (Abb. 16.12).

ABB. 16.12

Stahl- und Aluschäfte sollen unterhalb der Vorbauoberkante enden

Beachten Sie den Versatz zwischen Gabelschaftende und Oberkante des Vorbaus. Gabelschäfte aus Stahl oder Aluminium sollen 2–3 mm unterhalb der Vorbauoberkante enden. Dieser Abstand wird benötigt, damit man den Steuersatz mit dem Vorbau zur Justierung vorspannen kann. Wenn Gabelschaft und Vorbau bündig abschließen, kann kein Druck auf den Steuersatz ausgeübt werden. Lagerspiel könnte so nicht eliminiert werden. Bei Bedarf können Distanzscheiben ober- oder unterhalb des Vorbaus montiert oder der Gabelschaft ein Stück gekürzt werden (Abb. 16.13).

ABB. 16.13

Zusätzlicher Spacer für Abstand zwischen Schaft und Abdeckkappe

Gabelschäfte aus Carbonfaser sollten dagegen über den Vorbau herausragen. Die vollflächige Abdeckung des Vorbaus verhindert die Beschädigung des Gabelschaftendes beim Anziehen der Vorbauklemmschrauben (Abb. 16.14). Oberhalb des Vorbaus wird eine Distanzscheibe gesetzt, damit das Lager auf die Weise mit der Justierschraube in der Abdeckkappe eingestellt werden kann, wie vorher beschrieben.

Kugelringe können durch einzelne Kugeln desselben Durchmessers ersetzt werden. Einzelne Kugeln, vor allem in der unteren Lagerschale bewegen sich leichter, was die Eindellungen in der Lagerschale reduziert. Die Montage ist allerdings etwas komplizierter, denn die Kugeln müssen bei Zusammenbau des Steuersatzes perfekt in der Schale platziert bleiben.

Fetten Sie die Lagerschale reichlich, sodass die Kugeln durch das Fett in der Schale gehalten werden. Füllen Sie die Lagerschale nicht vollständig mit Kugeln, sondern lassen Sie eine Lücke von ca. 2 bis 3 Kugeln (Abb. 16.15). Drehen Sie zur leichteren Platzierung der Kugeln den Rahmen im Montageständer möglichst kopfüber. Schieben Sie anschließend den Gabelschaft ins Steuerrohr und prüfen Sie die Drehbarkeit der Gabel. Jegliche Unregelmäßigkeit weist auf deplatzierte Kugeln hin. Öffnen Sie in diesem Fall den Steuersatz, positionieren Sie die Kugeln neu und montieren Sie die Gabel.

ABB. 16.14

Verkürzte Carbonschäfte sind bruchgefährdet durch den Klemmdruck der Vorbauklemmschrauben

ABB. 16.15

Einzelkugeln in der Lagerschale mit Lücke für optimale Beweglichkeit

## EINSTELLUNG GEWINDELOSER STEUERSÄTZE

Alle gewindelosen Steuersätze, inklusive EC-, ZS- und IS-Modelle funktionieren nach demselben Prinzip: Die Lagerschalen und Konen müssen zur Vermeidung von übermäßigem Lagerspiel gegen die Lager gepresst werden. Die Justierschraube in der Abdeckkappe übt Druck auf den Vorbau aus. Der Vorbau drückt auf die Scheibe(n) unter sich. Die Scheibe(n) wiederum drücken auf die Lagerkonen, die gegen die Lager drücken (Abb. 16.16). Die Klemmschrauben fixieren den Vorbau, sodass er nicht nur auf das Vorderrad ausgerichtet ist, sondern auch den justierten Druck auf die Lager konstant hält.

Wenn nicht bei der Montage geschehen, entfernen Sie die Abdeckkappe und inspizieren Sie Krallenmutter oder Klemmstopfen im Gabelschaft. Die Schraube in der Abdeckkappe wird dort hineingedreht und zieht die Gabel so gegen den Steuersatz.

**Vorgehen zur Einstellung gewindeloser Steuersätze:**

a. Entfernen Sie die Abdeckkappe zur Untersuchung der Gabelschaftlänge. Fetten Sie die Schraube, montieren Sie die Abdeckkappe und ziehen Sie die Schraube leicht an.
b. Lösen Sie die Klemmschraube(n) am Vorbau und fetten Sie diese, falls nötig.

ABB. 16.16

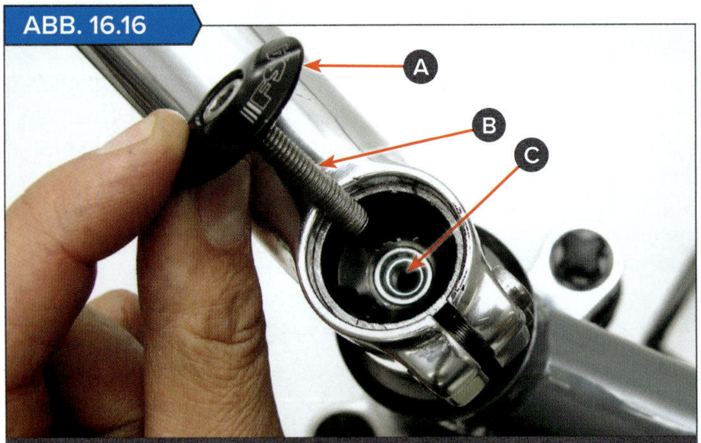


(A) Abdeckkappe, (B) Justierschraube, (C) Krallenmutter im Gabelschaft

c. Der Vorbau darf nur lose auf dem Schaft sitzen. Wenn er fixiert ist, kann der Steuersatz nicht justiert werden.
d. Richten Sie den Vorbau parallel zum Vorderrad aus und drehen Sie die Justierschraube vorsichtig fest, bis Sie Widerstand spüren (Abb. 16.17).

ABB. 16.17

Steuersatz nur bei gelösten Vorbauklemmschrauben justieren

e. Drehen Sie die Klemmschraube(n) fest und rütteln Sie in verschiedenen Lenkerstellungen an der Gabel, um eventuelles Spiel festzustellen. Zu diesem frühen Zeitpunkt werden Sie wahrscheinlich noch Spiel spüren. Fassen Sie Federgabeln an den oberen Tauchrohren, da die unteren Standrohre selbst Spiel haben können.
f. Wenn Sie Spiel festgestellt haben, lösen Sie die Klemmschraube(n) am Vorbau erneut.
g. Drehen Sie die Justierschraube in der Abdeckkappe um ⅛–¼ Drehung im Uhrzeigersinn.
h. Ziehen Sie die Klemmschraube(n) wieder fest und prüfen Sie das Lagerspiel.
i. Wiederholen Sie diese Anpassung so oft, bis das Lagerspiel verschwunden ist. Lösen Sie vorher die Klemmschraube(n).
j. Prüfen Sie abschließend die Ausrichtung des Vorbaus und ziehen Sie die Klemmschraube(n) endgültig fest.

Eine andere Möglichkeit zum Testen des justierten Steuersatzes ist, das stehende Fahrrad mit gezogener Vorderradbremse am Lenker hin und her zu schieben. Wenn Sie Ruckeln oder Knacken feststellen, kann das auf den zu lockeren Steuersatz hinweisen. Allerdings kann dafür auch Spiel in der Bremse oder der Federgabel verantwortlich sein. Legen Sie eine Hand ans obere Lager und achten Sie auf Bewegung als Indiz für Lagerspiel.

Wenn sich der Steuersatz nicht richtig justieren lässt, liegt vermutlich ein Problem vor. Lagerschalen oder -konen können verschlissen sein, die Kugelringe können verkehrt montiert sein oder eine Dichtung sitzt nicht richtig. Wenn das Spiel immer unverändert bleibt, ist vielleicht der Gabelschaft zu lang und drückt auf die Abdeckkappe. Ergänzen Sie in diesem Fall einen geeigneten Distanzring. Eine weitere Ursache kann eine lockere Lagerschale oder ein wackeliger Gabelkonus sein. Eine lockere Einpressverbindung kann eventuell durch Montagepaste behoben werden. Im Extremfall kann das Steuerrohr durch Unfall oder missbräuchliche Benutzung gestreckt werden. Wenden Sie sich im Zweifel an einen Profi-Mechaniker.

## WARTUNG VON GEWINDE-STEUERSÄTZEN

Gewinde-Steuersätze werden durch zwei gegeneinander gekonterte Bauteile justiert. Die obere Kontermutter sichert an ihrer Unterseite einen geschraubten Steuersatzkonus. Für den Konus wird ein schmaler Steuersatzschlüssel wie der HCW-15 benötigt. Die breitere, häufig aus Aluminium bestehende Kontermutter sollte dagegen mit einem besonders breiten Schlüssel gefasst werden, wie einem großen einstellbaren Maulschlüssel. 30, 32 und 36 mm sind die gängigen Schlüsselgrößen.

**Vorgehen zur Demontage von Gewinde-Steuersätzen:**

a. Lassen Sie das Vorderrad zunächst als Hebel in der Gabel.
b. Lösen Sie die Vorbauschaftschraube. Drehen Sie den Vorbau im Gabelschaft. Wenn er sich nicht bewegen lässt, klopfen Sie mit einem Hammer zum Lösen der Klemmung auf die Schaftschraube (Abb. 16.18). Versuchen Sie erneut, den Vorbau zu drehen.

ABB. 16.18

Schaftschraube zum Lösen der Klemmung in den Vorbau klopfen

c. Ziehen Sie Vorbau und Lenker aus der Gabel.
d. Stellen Sie sich vor das Fahrrad und klemmen Sie das Vorderrad mit den Knien fest, während Sie Kontermutter und Gewindekonus lösen.
e. Fixieren Sie den Steuersatzkonus mit dem schmalen Steuersatzschlüssel. Lösen und entfernen Sie die Kontermutter mit dem breiten Schlüssel.
f. Demontieren Sie das Vorderrad.
g. Entfernen Sie alle Nasen- und Distanzscheiben, unterhalb der Kontermutter. Notieren Sie die Montagerichtung.
h. Schrauben Sie den Konus vom Gabelschaft. Notieren Sie die Position des Kugelrings in der Lagerschale.
i. Ziehen Sie die Gabel aus dem Rahmen und merken Sie sich die Position des unteren Kugelrings. Achten Sie sorgfältig

auf eventuell herausfallende Kugeln.

j. Reinigen und untersuchen Sie die einzelnen Teile.

Bei Gewinde-Steuersätzen wird häufig eine Nasenscheibe verwendet, deren Spitze im vertikalen Schlitz des Gabelschafts sitzen soll. Allerdings drehen sich diese Nasenscheiben häufig auf dem Gabelschaft und können sein Gewinde beschädigen. Das passiert vor allem dann, wenn die Nasenscheibe aus relativ dünnem Stahl ist. Mit breiteren Aluscheiben gibt es meist kein Problem. Wenn Sie Beschädigungen am Gewinde feststellen, feilen Sie die Nase ab oder tauschen Sie sie gegen eine glatte aus.

Kugelringe können durch einzelne Kugeln desselben Durchmessers ersetzt werden. Fetten Sie die Lagerschale reichlich, sodass die Kugeln in der Schale gehalten werden. Füllen Sie die Lagerschale nicht vollständig mit Kugeln, sondern lassen Sie eine Lücke von ca. 2 bis 3 Stück. Drehen Sie zur leichteren Platzierung den Rahmen im Montageständer möglichst kopfüber. Schieben Sie den Gabelschaft ins Steuerrohr und prüfen Sie die Drehbarkeit der Gabel. Jegliche Unregelmäßigkeit weist auf deplatzierte Kugeln hin. Öffnen Sie in dem Fall den Steuersatz, positionieren die Kugeln neu und montieren Sie die Gabel wieder.

**Vorgehen zur Montage von Gewinde-Steuersätzen:**

a. Fetten Sie die Kugelringe, Steuersatzschalen sowie das Gabelschaftgewinde.
b. Setzen Sie die Kugelringe in die Lagerschalen.
c. Schieben Sie den Gabelschaft ins Steuerrohr.
d. Schrauben Sie den Gewindekonus auf den Gabelschaft.
e. Montieren Sie vorhandene Distanzscheiben.
f. Schrauben Sie die Kontermutter auf den Gabelschaft. Beachten Sie, dass das Gabelschaftende die Oberkante der Kontermutter innen nicht berührt. Ergänzen Sie bei Bedarf eine Distanzscheibe.

## EINSTELLUNG VON GEWINDE-STEUERSÄTZEN

Gewinde-Steuersätze werden über Gewindekonus und Kontermutter justiert. Der Vorbau beeinflusst die Justierung nicht. Die beste Steuersatzeinstellung ist so locker wie möglich, ohne dass ein Ruckeln oder Knacken spürbar ist. Dies wird erreicht, indem man den zunächst lockeren Steuersatz schrittweise fester zieht, bis das störende Lagerspiel verschwindet.

**Vorgehen zum Einstellen von Gewinde-Steuersätzen:**

a. Montieren Sie das Vorderrad in der Gabel. Es dient als Hebel bei den folgenden Schritten.
b. Stellen Sie sicher, dass die Kontermutter locker auf dem Gabelschaft sitzt. Halten Sie den Steuersatzkonus mit einem Steuersatzschlüssel.
c. Drehen Sie den Steuersatzkonus mit der Hand im Uhrzeigersinn, bis er das Kugellager berührt. Drehen Sie den Konus mindestens um 1/4 Drehung zurück. Fixieren Sie ihn mit dem Steuersatzschlüssel und ziehen Sie die Kontermutter fest (Abb. 16.19).
d. Rütteln Sie in verschiedenen Lenkerstellungen an der Gabel. Zu diesem frühen Zeitpunkt werden Sie wahrscheinlich noch Spiel spüren. Wenn sich der Steuersatz fest anfühlt, lösen Sie die Einstellung, bis Spiel spürbar ist.
e. Stellen Sie das Vorderrad gerade und fixieren Sie es mit den Knien. Der Steuersatzkonus wird vorsichtig schrittweise im Uhrzeigersinn justiert. Fixieren Sie ihn zunächst mit dem Steuersatzschlüssel und merken Sie sich die Schlüsselstellung im Verhältnis zum Vorderrad.

ABB. 16.19

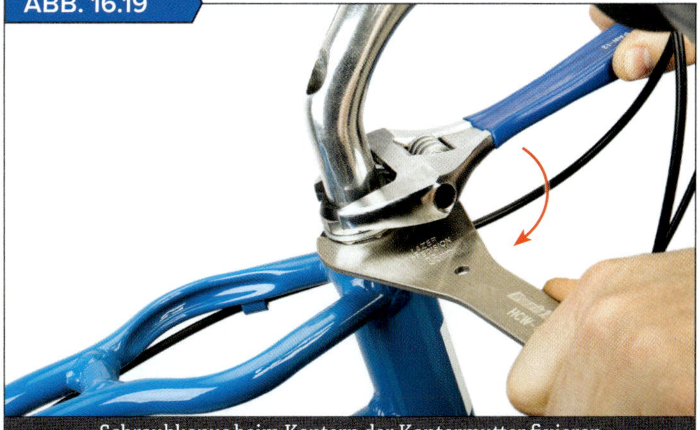

Schraubkonus beim Kontern der Kontermutter fixieren

f. Lösen Sie die Kontermutter und drehen Sie den Konus 1/16 bis 1/8 Drehung fester.
g. Fixieren Sie den Steuersatzkonus und kontern Sie die Kontermutter. Rütteln Sie zur Prüfung des Lagerspiels in verschiedenen Lenkerstellungen an der Gabel.
h. Wenn noch Lagerspiel feststellbar ist, wiederholen Sie die Schritte „e" und „f" so oft, bis es verschwunden ist. Der Steuersatz ist korrekt justiert, wenn in keiner Gabelstellung Spiel feststellbar und die Kontermutter fest gekontert ist.
i. Montieren Sie den Vorbau, justieren und sichern Sie ihn.

Eine andere Möglichkeit zum Testen des justierten Steuersatzes ist, das stehende Fahrrad mit gezogener Vorderradbremse am Lenker hin und her zu schieben. Wenn Sie ein Ruckeln oder Knacken feststellen, kann das auf den zu lockeren Steuersatz hinweisen. Allerdings kann dafür auch Spiel in der Bremse oder der Federgabel verantwortlich sein.

Wenn sich der Steuersatz nicht richtig justieren lässt, liegt vermutlich ein Problem vor. Lagerschalen oder -konen können verschlissen sein, die Kugelringe können verkehrt montiert sein oder eine Dichtung sitzt nicht richtig. Eine weitere Ursache können eine lockere Lagerschale oder ein wackeliger Gabelkonus sein. Wenn der Steuersatz in einer Gabelstellung optimal justiert ist, in einer anderen aber schwergängig ist, müssen wahrscheinlich Steuerrohr und/oder Gabelkonussitz plangefräst werden, damit die Kugellager parallel liegen. Wenden Sie sich dafür an einen Profi-Mechaniker.

## AUSTAUSCH & MONTAGE VON STEUERSÄTZEN

Der Steuersatz wird ausgetauscht, wenn er verschlissen ist oder durch ein besseres Modell ersetzt werden soll. Nach der Neumontage wird er neu justiert, wie oben beschrieben.

Für Steuersätze an Fahrrädern gibt es verschiedenste Standards. Beachten Sie daher, dass ein neuer Steuersatz wirklich zum Fahrrad passt. Anhang E bietet eine tabellarische Übersicht über die gängigsten Typen und Maße ohne Anspruch auf Vollständigkeit. Zur Feststellung der exakten Abmessungen muss der Steuersatz meist demontiert werden. Lassen Sie im Zweifel einen Profi-Mechaniker den verbauten Standard ermitteln.

In einigen Fällen kann ein schmaler Gabelschaft über passende Reduzierhülsen mit einem größeren Steuerrohr kombiniert werden. Diese werden in das Steuerrohr eingepresst und ermöglichen die Montage eines kleineren Steuersatzes. Reduzierhülsen gibt es von EC56 auf EC34 oder von EC34 auf EC30. Schmalere Steuerrohre können dagegen nicht mit größeren Gabelschaftdurchmessern kombiniert werden.

## BAUHÖHE VON STEUERSÄTZEN

Die Bauhöhe von Steuersätzen variiert bei den einzelnen Marken und Modellen. Sie bezeichnet das Stück des Gabelschafts, das der Steuersatz bedeckt (Abb. 16.20). Der Gabelschaft ragt immer über das Steuerrohr hinaus. Die Bauhöhe des Steuersatzes muss mit Steuerrohr und Gabelschaft kompatibel sein.

ABB. 16.20

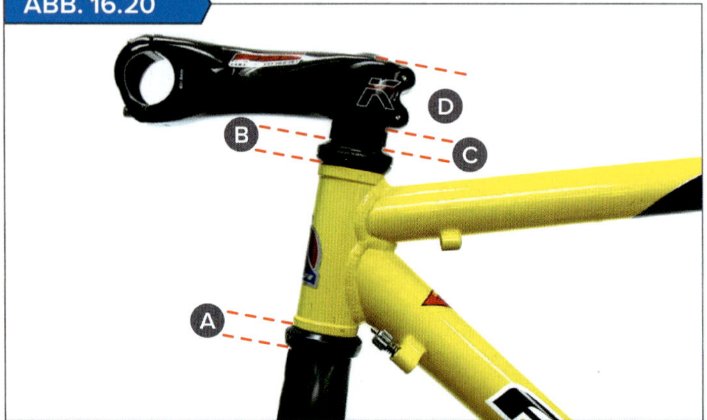


Die Bauhöhe ergibt sich aus (A) untere Bauhöhe + (B) obere Bauhöhe; nicht berücksichtigt werden (C) Spacer oder (D) Vorbauhöhe

Die Bauhöhe von Ersatz-Steuersätzen wird auf Verpackung oder Montageanleitung angegeben. Sie umfasst weder den Vorbau bei gewindelosen Steuersätzen, noch eventuell verwendete Spacer zur Positionierung des Vorbaus. Zum Austausch sollte der neue Steuersatz grundsätzlich dieselbe oder eine niedrigere Bauhöhe als der alte haben. Andernfalls kann der Gabelschaft für den Rahmen zu kurz sein oder es muss ein Spacer unterhalb des Vorbaus entfernt werden, sofern vorhanden.

## ENTFERNEN DER STEUERSATZSCHALEN

EC- und ZS-Steuersatzmodelle nutzen eingepresste Lagerschalen oder Adapter im Steuerrohr. Diese werden bei Austausch des Steuersatzes entfernt. IS-Modelle verfügen über Industrielager im Steuerrohr, die von Hand demontiert werden (Abb. 16.21).

Demontieren Sie zunächst Laufrad, Lenker und Gabel, wie beschrieben. Zur Entfernung der eingepressten Steuersatzschalen benötigen Sie einen passenden Austreiber wie den RT-1 von Park Tool für die Größen EC29 bis EC44 und ZS41 bis ZS44. Verwenden Sie den größeren RT-2 für die Schalen von EC49 bis EC56 und ZS44 bis ZS56. Ziehen Sie den Austreiber mit dem schmaleren Ende voran ins Steuerrohr (Abb. 16.22). Drücken Sie dabei das gefiederte Ende nicht mit den Händen zusammen, weil man sich leicht die Finger klemmen kann. Ein Klickgeräusch signalisiert, dass das gefiederte Ende die Schale passiert hat. Beachten Sie, dass der Austreiber nur gegen die Lagerschale drückt.

Schlagen Sie mit einem Stahlhammer auf den Austreiber und entfernen Sie die Schale aus dem Steuerrohr (Abb. 16.23). Wiederholen Sie den Vorgang mit der zweiten Steuersatzschale. Alternativ kann auch ein langer Körner verwendet werden, mit dem Sie beim Austreiben auf der Steuersatzschale „wandern".

ABB. 16.21

Entfernen eines Industrielagers aus einem IS-Steuersatz

ABB. 16.22

Austreiber RT-1/RT-2 mit dem spitzen Ende voran ins Steuerrohr ziehen

ABB. 16.23

Austreiben der eingepressten Lagerschale

Fahrräder mit gemischtem SHIS Standard benötigen häufig zwei unterschiedlich große Werkzeuge. Bei ZS44 oder EC44 oben und größerem ZS56 oder EC56 unten, beginnen Sie mit dem RT-1 an der kleineren Lagerschale oben. Anschließend verwenden Sie das größere RT-2 für die untere Lagerschale.

Der Gabelkonus wird am besten mit einem Abzieher, wie dem CRP-2 entfernt. Alternativ geht es auch mit einem Körner oder breiten Schraubendreher. Dies kann jedoch leicht zu Schrammen oder Schäden an Gabel oder Gabelkonus führen. Setzen Sie den Gabelschaft zum Schutz kopfüber auf ein Stück Holz.

Klopfen Sie mit einem Hammer vorsichtig den Gabelkonus wechselseitig vom Konussitz (Abb. 16.24).

ABB. 16.24

Gabelkonus wechselseitig vom Konussitz klopfen

Es gibt Carbongabeln, bei denen der Gabelkonus direkt eingearbeitet ist. In diesem Fall entfällt die Demontage natürlich, denn die Gabel ist montagefertig, so wie sie ist.

## EINPRESSEN DER STEUERSATZSCHALEN

Bei EC- und ZS-Steuersätzen werden die Steuersatzschalen in das Steuerrohr eingepresst. Diese Press- oder „Übermaßpassung" wird durch eine geringe Toleranz zwischen dem geringeren Innendurchmesser von Steuerrohr und dem größeren Außendurchmesser der Lagerschale ermöglicht. Die entstehende Vorspannung sorgt für den sicheren Halt dieser Verbindung. Generell kann die akzeptable Toleranz der Durchmesser zwischen 0,05 und 0,2 mm betragen.

Ermitteln Sie mit einem Messschieber den Außendurchmesser der Lagerschalen sowie den Innendurchmesser des Steuerrohrs an zwei um 90° versetzten Stellen. Mitteln Sie die ID-Werte und stellen Sie die Toleranz zwischen ID und AD fest (Abb. 16.25). Die Differenz ist der Betrag der Übermaßpassung. Beachten Sie Tabelle 16.1 mit Hinweisen zur Übermaßpassung.

ABB. 16.25

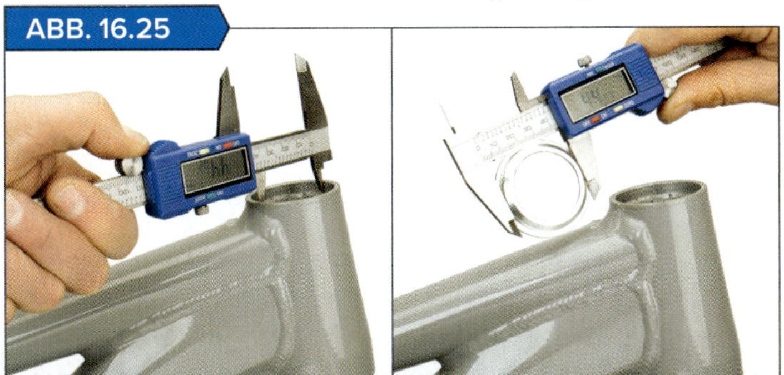

Innendurchmesser des Steuerrohrs ermitteln und mit Außendurchmesser der Lagerschalen vergleichen

Wenn die Passungstoleranzen zu gering sind, bewegen sich die Lagerschalen im Rahmen. Die Differenz zwischen OD und ID kann 0, oder schlimmer, der ID kann größer als der AD sein. Eine mögliche Lösung ist Montagepaste wie RC-1. Dieses Mittel dehnt sich und härtet aus, damit die Presspassung besser hält. Montagepaste benötigt eine saubere und trockene Oberfläche. Zur Entfernung benötigt man manchmal Heißluftpistole oder Föhn.

Die Steuersatzschalen müssen mit beträchtlichem Kraftaufwand und exakt parallel eingepresst werden. Am besten geht das mit einem Steuersatz-Montagegerät (HHP-2 oder HHP-3).

**TABELLE 16.1** *Hinweise zur Übermaßpassung*

| DIFFERENZ ZWISCHEN LAGERSCHALEN-AD UND STEUERROHR-ID | RESULTAT UND NOTWENDIGE MASSNAHME |
|---|---|
| 0,26 mm oder größer | Toleranz zu groß: ID des Steuerrohrs mit Reibahle vergrößern |
| 0,1 mm bis 0,25 mm | Optimaler Toleranzbereich |
| 0,01 mm bis 0,09 mm | Toleranz zu gering: Steuersatz mit größerem AD wählen oder Montagepaste verwenden |
| 0 mm oder negativer Wert | Einpressen unmöglich, da Lagerschale kleiner als Steuerrohr: Steuersatz mit größerem AD wählen; notfalls Einpressen bei Einsatz von Montagepaste möglich |

Die gestuften Führungszylinder beim HHP-2 garantieren die exakte Ausrichtung der Schalen beim Einpressen und passen für die meisten 1" und 1 1/8" Steuersätze. Ohne Führungszylinder pressen Sie nur eine Lagerschale zur Zeit ein.

**Vorgehen zum Einpressen von Steuersatzschalen:**

a. Stellen Sie die für das Einpressen akzeptable Toleranz sicher, wie oben beschrieben.
b. HHP-3: Entfernen Sie einen Handgriff mit Pressscheibe. HHP-2: Entfernen Sie die gleitende Einpressplatte.
c. Setzen Sie die Steuersatzschalen auf die Führungszylinder, falls verfügbar. Pressen Sie nur eine Lagerschale zur Zeit ein, wenn Führungszylinder nicht verfügbar sind oder nicht exakt für die Lagerschalen passen.
d. Platzieren Sie die obere Steuersatzschale auf dem Steuerrohr. Halten Sie Führungszylinder und obere Einpressplatte mit Gewinde fest, während Sie den Werkzeugschaft von oben ins Steuerrohr einführen. Beim Einpressen nur einer Lagerschale montieren Sie Pressscheibe und Handgriff (HHP-3) oder gleitende Einpressplatte (HHP-2).
e. Bei verfügbaren/passenden Führungszylindern setzen Sie den zweiten Führungszylinder mit der unteren Steuersatzschale auf die Pressplatte mit Handgriff (HHP-3) oder die gleitende Einpressplatte (HHP-2) (Abb. 16.26).
f. Drehen sie den Handgriff langsam im Uhrzeigersinn und achten Sie auf die korrekte Ausrichtung der Schalen im Steuerrohr. Pressen Sie die Schalen vollständig ein.
g. Prüfen Sie die Steuersatzschalen auf korrekten Sitz im Steuerrohr. Eine Lücke zwischen Rohr und Schale bedeutet unvollständiges Einpressen (Abb. 16.27).
h. Entfernen Sie das Montagegerät vom Rahmen. Beim Einpressen einzelner Schalen wiederholen Sie den Vorgang für die zweite Lagerschale.

ABB. 16.26

HHP-2 mit Führungszylindern und Lagerschalen im Steuerrohr

ABB. 16.27

Diese Schale sitzt noch nicht vollständig im Steuerrohr

## MONTAGE DES GABELKONUS

Der Gabelkonus wird auf den Konussitz an der Basis des Gabelschafts gepresst. Da der Innendurchmesser des Gabelkonus schmaler ist als der Außendurchmesser des Gabelkonussitzes, wird er beim Aufpressen aufgeweitet. Der Gabelkonussitz darf nicht mehr als 0,05 bis 0,15 mm größer sein als der Gabelkonus. Bei einer größeren Toleranz kann der Gabelkonus überlastet und beschädigt werden. Mit einem Gabelkonussitz-Fräser wie dem Profiwerkzeug CRC-1 von Park Tool kann ein professioneller Fahrradmechaniker den Gabelkonus nicht nur plan- sondern bei Bedarf auch schmaler fräsen. Wenn der Gabelkonussitz nur geringfügig größer als der Konus ist (0,04 mm oder kleiner), verwenden Sie zusätzlich eine haltbare Montagepaste. Mit einem Gabelkonusaufschlaggerät wie dem CRS-1 von Park Tool pressen Sie den Gabelkonus korrekt auf die Gabel. Verwenden Sie den CRS-15 für 1½" oder 1¼" Gabelschäfte. Setzen Sie dazu den Konus richtig herum auf die Gabel (Lagerlauffläche zum Gabelschaft weisend), platzieren Sie den am besten passenden Aluminiumring auf dem Werkzeug und schieben Sie es über den Gabelschaft. Schlagen Sie mit einem Hammer auf die Spitze des CRS-1, bis der Gabelkonus vollständig montiert ist (Abb. 16.28). Sobald dies der Fall ist, bekommt das Schlaggeräusch einen anderen Klang. Prüfen Sie abschließend den korrekten Sitz des Gabelkonus.

ABB. 16.28

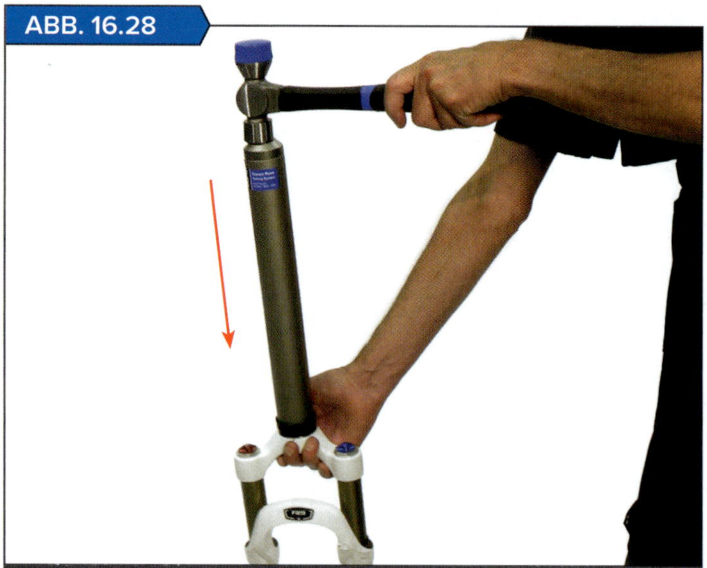

Aufschlagen des Gabelkonus

Bei einigen Steuersätzen mit Industrielagern ist der Gabelkonus mit einem Schlitz versehen. Er wird per Hand montiert und sitzt in einer Aufnahme im Lager.

## KÜRZEN VON GABELSCHAFTROHREN

Die Schäfte neuer Gabeln sind meist länger als benötigt und müssen passend gekürzt werden. Gewindelose Gabelschäfte müssen lang genug bleiben, um Vorbau und ggf. weitere Distanzscheiben aufzunehmen. Gabelschäfte mit Gewinde müssen genug Länge für die Montage der Steuersatzkontermutter bieten. Zu lange Gabelschäfte sind tendenziell bruchgefährdet.

## GEWINDELOSE GABELSCHAFTROHRE

Bei gewindelosen Gabeln bestimmt die Länge des Gabelschafts die Höhe von Vorbau und Lenker. Schätzen Sie daher bei Montage einer neuen Gabel die gewünschte Lenkerhöhe. Grundsätzlich kann man den Gabelschaft relativ lang lassen und die Position des Vorbaus mit Distanzscheiben erhöhen. Allerdings sollte der Vorbau aus Sicherheitsgründen bei Gabelschäften aus Stahl oder Aluminium nicht mehr als 40 mm oberhalb des Steuersatzes platziert werden. Wenn Sie eine höhere Lenkerposition benötigen, wählen Sie einen Vorbau mit größerer Steigung oder wechseln Sie auf ein größeres Fahrrad.

Bei Gabelschäften aus Carbon darf der Vorbau meist nur um maximal 30 mm höher positioniert werden. Fragen Sie im Zweifel Ihren Gabelhersteller.

Sie können den Vorbau auf einem längeren Gabelschaft auch unterhalb von Distanzhülsen montieren. Damit behalten Sie die Option auf spätere Erhöhung der Lenkerposition. Ein zu lang vorstehender Gabelschaft kann aber ein Sicherheitsproblem für den Fahrer bedeuten. Es ist nicht notwendig, den Gabelschaft länger zu lassen, als für die maximal zulässige Vorbauhöhe erlaubt ist. Dies sind generell rund 30 mm, die mit Distanzscheiben ober- und unterhalb des Vorbaus überbrückt werden.

Am sichersten und praktikabelsten stellen Sie die richtige Schaftlänge fest, indem Sie die Gabel zunächst in Originallänge im Rahmen montieren und zum Kürzen markieren. Bauen Sie die Gabel wieder aus und kürzen Sie sie mit Hilfe einer Gabelschneidführung wie der SG-6 oder SG-7.2. Für breitere „Keramik-" oder „Carbonblätter" nehmen Sie die weitere SG-8.

Bei Carbonschäften sollten Sie ein feineres Sägeblatt mit 32 TPI oder spezielle „Keramik-" bzw. „Carbonblätter" verwenden. Sägen Sie nur mit moderatem Anpressdruck. Carbonstaub ist wegen seiner winzig kleinen Partikel ein potenzielles Gesundheitsrisiko. Arbeiten Sie daher mit Feinstaubmaske und bei guter Belüftung. Mit einem nassen Sägeblatt minimieren Sie das Staubaufkommen. Wenn Sie ein „Diamantsägeblatt" verwenden, können Sie die Schneidöffnung der SG-6 mit Unterlegscheiben verbreitern. Glätten Sie die Schnittkante mit einem feinen, ebenfalls angefeuchteten Schleifpapier.

**Vorgehen zum Kürzen gewindeloser Gabelschäfte:**

a. Montieren Sie die Gabel komplett mit Steuersatz, Vorbau und gewünschten Distanzscheiben.
b. Drücken Sie von oben auf den Vorbau, um die Justierung des Steuersatzes zu simulieren und ziehen sie die Klemmschrauben des Vorbaus fest. Beseitigen Sie soviel Lagerspiel wie möglich, die Einstellung muss aber nicht perfekt sein.
c. Markieren Sie den Gabelschaft an der Oberkante der obersten Distanzscheibe (Abb. 16.29).

ABB. 16.29

Markieren der Schnittstelle am Gabelschaft

d. Demontieren Sie die Gabel wieder aus dem Rahmen. Nehmen Sie bei Gabelschäften aus Stahl oder Aluminium 3 mm in Richtung Gabelkonus ab und markieren Sie den Schaft an dieser Stelle. Dies ist die Schnittmarke. Diese Maßnahme gewährleistet, dass der Gabelschaft etwas unterhalb der Vorbauoberkante endet. Bei Gabelschäften aus Carbonfaser geben Sie mindestens 3 mm in Richtung Schaftende dazu, damit Sie eine Distanzscheibe oberhalb des Vorbaus zur sicheren Montage platzieren können.
e. Setzen Sie die Schneidführung auf den Gabelschaft, schieben Sie die Schneidöffnung genau über die Schnittmarke und drehen Sie den Klemmhebel fest. Klemmen Sie die SG-6 im Schraubstock oder den Gabelschaft im Montageständer.
f. Sägen Sie den Gabelschaft mit einer Bügelsäge und einem geeigneten Sägeblatt durch (Abb. 16.30).

ABB. 16.30

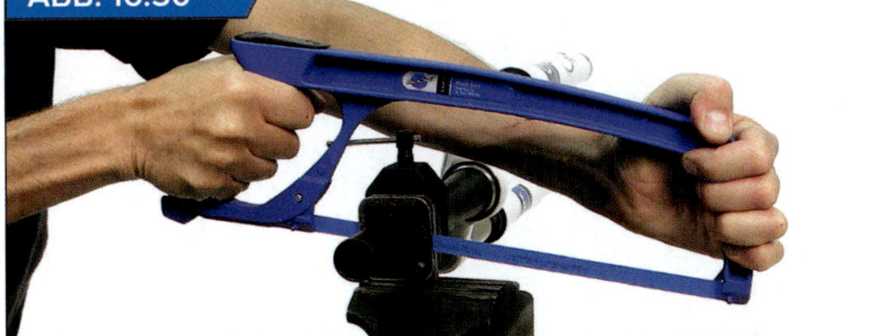

Mit nur leichtem Druck bei der Vorwärtsbewegung sägen

g. Lösen Sie den Klemmhebel und schieben Sie die Gabel weiter in die Schneidführung hinein.
h. Stahl- oder Aluminiumschaft: Entgraten Sie die Schnittkante außen mit einer Flach- und innen mit einer Rundfeile (Abb. 16.31). **Carbonschaft**: Glätten Sie die Schnittkante mit feinem Schleifpapier.

ABB. 16.31

Schnittkante des Gabelschafts sorgfältig entgraten und glätten

i. Entfernen Sie die Gabel aus der Schneidführung, wischen Sie sie ab und montieren sie im Rahmen.

### Montage von Gabelschaftkralle oder -klemmung

Gewindelose Steuersätze werden durch Spannung der oberen Steuersatzschale justiert. Diese Spannung wird über die Justierschraube in der Abdeckkappe und die Gabelschaftkralle oder eine Gabelschaftklemmung erzeugt (Abb. 16.32).

ABB 16.32

Gabelschaftklemmung links, Gabelschaftkralle mit Justierschraube rechts

Bei der Gabelschaftklemmung wird eine Buchse im Gabelschaft fixiert, die einen mit einem Innengewinde versehenen Klemmstopfen sichert. In den Klemmstopfen wird die M6 Justierschraube eingeschraubt. Der Stopfen muss mit dem Gabelschaftdurchmesser kompatibel sein. Dieses System kann wieder entfernt werden und empfiehlt sich insbesondere für Gabelschaftrohre aus Carbonfaser.

Demontieren Sie die Gabelschaftklemmung vor der Montage und fetten Sie das innere Gewinde. Merken Sie sich die Montagerichtung des Klemmkonus und vermeiden Sie Lagerfett auf den Klemmflächen. Setzen Sie den Klemmstopfen in den Gabelschaft und ziehen Sie ihn fest (Abb. 16.33)

ABB. 16.33

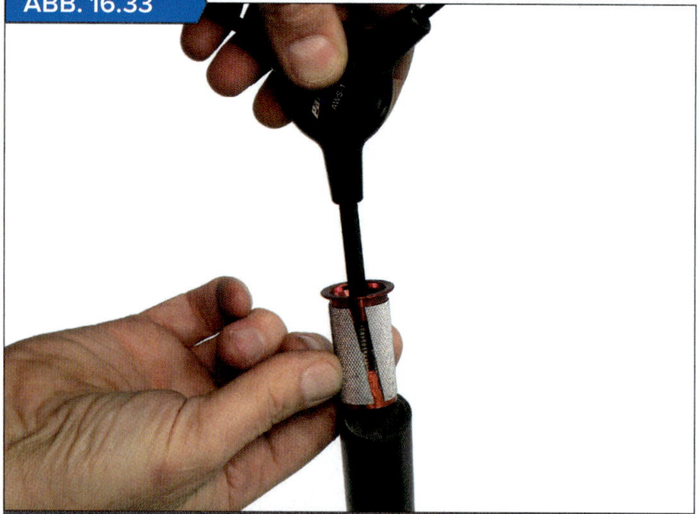

Klemmstopfen in den Gabelschaft setzen und Schraube festziehen

Die Gabelschaftkralle wird dagegen dauerhaft in den Gabelschaft eingeschlagen und kann nicht mehr schadlos demontiert werden. Ihr Durchmesser ist etwas größer als der Innendurchmesser des Gabelschafts. Dadurch „krallen" sich ihre scharfkantigen Enden dauerhaft in die Innenseite des Gabelschafts.

Wenn eine neue Schaftkralle installiert werden soll, treiben Sie die alte mit einem langen Austreiber tiefer in den Gabelschaft hinein. Dieses System ist für Gabelschäfte aus Carbonfaser nicht empfehlenswert, sondern nur für Schäfte aus Aluminium, Stahl oder Titan.

Die Gabelschaftkralle wird mit einem Montagegerät wie dem TNS-1 oder TNS-4 von Park Tool ca. 15 mm unterhalb der Oberkante des Gabelschafts eingeschlagen. Dadurch kann die Justierschraube zum Einstellen der Vorspannung vollständig in die Krallenmutter gedreht werden. Schrauben Sie die Krallenmutter mit der gewölbten konkaven Seiten voran auf das Werkzeug. Halten Sie das TNS-1 gerade über die Gabelschaftöffnung und schlagen Sie es mit einem Hammer bist zum Anschlag in den Gabelschaft (Abb. 16.34).

ABB. 16.34

Krallenmutter mit TNS-1 und Vorbau als Führung im Gabelschaft montieren

Der TNS-4 verfügt über eine Hülsenführung zur Montage der Krallenmutter. Schrauben Sie die Mutter auf das Werkzeug und schieben Sie es über den Gabelschaft (Abb. 16.35). Treiben Sie den Schlagkolben mit einem Hammer nach unten bis die Krallenmutter korrekt positioniert ist.

ABB. 16.35

Krallenmutter mit dem TNS-4 montieren

## GABELSCHAFTROHRE MIT GEWINDE

Bei einem Gewindeschaft muss das Gewinde tief genug reichen, damit der Gewindekonus auf das Lager drückt. Allerdings darf das Gewinde als potenzielle Schwachstelle nicht über die Einstecktiefe des Vorbauschafts hinaus gehen. Der installierte Vorbauschaft stärkt zwar das ganze System, aber im Zweifel sollte eine andere Gabel mit kürzerem Gewinde montiert werden.

**Vorgehen zum Kürzen von Gewindeschäften:**

a. Montieren Sie die Gabel komplett mit Steuersatz und allen Distanzscheiben im Rahmen.

b. Messen und notieren Sie den Überstand des Gabelschafts über der obersten Distanzscheibe.

c. Messen Sie bei der Kontermutter von unten die Bauhöhe bis zur „Lippe" an der Oberkante. Dieses Maß bestimmt den maximal möglichen Überstand des Gabelschafts, wobei Schaftende und Lippe der montierten Kontermutter sich nicht berühren dürfen. (Abb. 16.36). Ziehen Sie zusätzlich 1 mm ab, sodass eine kleine Lücke entsteht.

ABB. 16.36

Schnittbild einer Kontermutter auf dem Gewindeschaft; Schaftende und Lippe der Kontermutter dürfen keinen Kontakt haben

d. Ziehen Sie die nutzbare Bauhöhe der Kontermutter vom Überstand des Gabelschafts ab. Beispiel: Der Gabelüberstand beträgt 27 mm, die Kontermutter bietet 7 mm nutzbare Bauhöhe. Abzüglich 1 mm Sicherheit verbleibt eine Bauhöhe von 6 mm. Der Gabelschaft wird um 21 mm gekürzt. Markieren Sie diese Stelle auf dem Gabelschaft.

e. Schrauben Sie für einen geraden Schnitt die passende Gabelschneidführung wie die SG-1 (1" Schaft) oder SG-2 (1⅛" Schaft) bis zur Schnittmarke auf den Gabelschaft, klemmen Sie die Schneidführung in den Schraubstock (oder die Gabel in den Montageständer) und kürzen Sie den Gabelschaft mit einer Metallsäge.

f. Schrauben Sie den Gabelschaft weiter in die Schneidführung und glätten Sie dabei die Schnittkante mit einer flachen Feile in einem Winkel von ca. 45°. Entgraten Sie den Gabelschaft innen mit einer Rundfeile.

Anstelle einer Schneidführung können Sie notfalls einen Gewindekonus aus Stahl verwenden. Schrauben Sie ihn mit der Oberseite passend zur Schnittmarke auf den Gabelschaft, klemmen Sie den Schaft im Montageständer und fixieren Sie den Konus mit der Unterseite an der Halteklaue, damit er sich während des Kürzens nicht verdreht.

Viele Gabelschäfte mit Gewinde besitzen einen vertikalen Schlitz für die Nasenscheibe des Steuersatzes. Wenn der Schlitz bei gekürzter Gabel nicht mehr vorhanden ist, feilen Sie die Nasenscheibe glatt oder verwenden eine andere Unterlegscheibe. Stanzen Sie keinesfalls einen neuen Schlitz in den Gabelschaft.

**TABELLE 16.2** *Troubleshooting*

| SYMPTOM | MÖGLICHE URSACHE | LÖSUNG |
|---|---|---|
| Klappern im vorderen Bereich des Fahrrads | Steuersatz gelockert | Steuersatz einstellen |
| Quietschen im vorderen Bereich des Fahrrads | Trockene Lager oder unzureichende Übermaßpassung | Steuersatz warten |
| Quietschen nach Wartung | Unzureichende Übermaßpassung an Rahmen oder Gabel | Betroffene Steuersatzkomponenten mit Montagemittel erneut einpressen |
| Schwergängiges Lenkverhalten | Steuersatz stark verschlissen oder verschmutzt | Steuersatz warten mit Austausch verschlissener Komponenten |
| Steuersatz nur einseitig schwergängig | Lager(-schalen) nicht lotrecht im Steuerrohr montiert | Lager(-schalen) neu ausrichten und Gabelschaft auf Verbiegen überprüfen |

# KAPITEL 17

# RAHMEN & GABEL

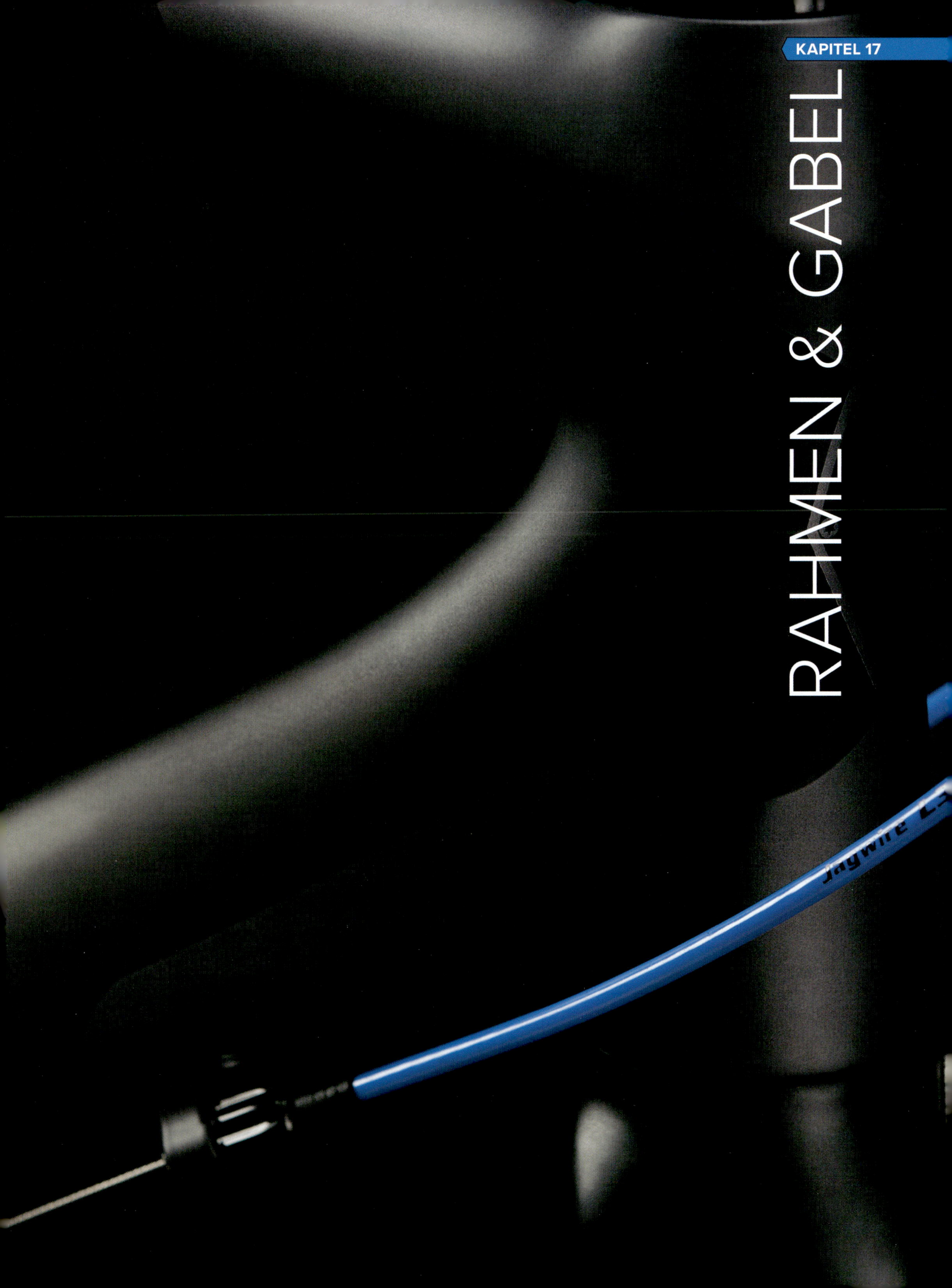

Rahmen und Gabel bilden das Skelett des Fahrrads, das direkt mit den Laufrädern verbunden ist. Der Rahmen trägt den Fahrer sowie diverse Komponenten. Mit der Gabel kann das Vorderrad geschwenkt werden, was für das Steuern unerlässlich ist. Vorder- und Hinterrad bilden bei Geradeausfahrt eine Linie. Beim Fahren bleibt das Fahrrad durch die Gleichgewichtshaltung des Fahrers in aufrechter Position. Einspurige Fahrzeuge wie Fahrrad oder Motorrad haben durch die während der Fahrt wirkenden Kräfte selbststabilisierende Eigenschaften, die dem Fahrer das Geradeausfahren erleichtern. Die Fahrtrichtung wird durch Gewichtsverlagerung und Lenkerdrehung gesteuert.

## RAHMENKOMPONENTEN

Der Rahmen besteht aus verschiedenen Komponenten (Abbildung 17.1). Zur Erzeugung bestimmter Fahreigenschaften manipulieren Fahrraddesigner Größe und Winkel aller Bereiche, Rohre oder Rohrverbindungen. Zum Beispiel kann die Veränderung des Steuerrohrwinkels um ein Grad die Lenkeigenschaften eines Fahrrads erheblich verändern. Fahrraddesign ist ein komplexes Thema, weil es verschiedene interaktive Variablen gibt, inklusive Fahrerkörper und Erwartungen an die Performance.

ABB. 17.1

Der Rahmen und seine Komponenten

### GABEL

Die Gabel ist die Verbindung zwischen Vorderrad und Hauptrahmen. In den Ausfallenden am unteren Ende der Gabelbeine wird das Laufrad fixiert, am oberen Vorbau und Lenker.

Die Gabelbeine treffen im Gabelkopf, auch Gabelkrone genannt, zusammen, der im Gabelschaft mündet. Der Gabelschaft verläuft im Steuerrohr und wird dort durch den Steuersatz gelagert. Gabeln gibt es passend für die unterschiedlichen Laufradgrößen. Durch die Gabelvorbiegung wird die Achsmitte des Vorderrads gegenüber der Lenkachse vorgelagert. Dies sorgt für Geradeauslauf und Fahrstabilität von Fahrrädern. Die bei der Fahrt auftretenden Kräfte biegen die Gabelbeine, die diese Belastung in den Gabelkopf weiterleiten. Dieser Bereich des Fahrrads wird am stärksten belastet, schon bei ruhiger Fahrweise. Ein Gabelbruch ist besonders gefährlich, da dies häufig zu schweren Stürzen führt (Abb. 17.2).

Federgabeln haben bewegliche Komponenten, die die relative Position des Laufrads zum Rahmen beim Überfahren von Hindernissen verändern. Weitere Informationen zu Federgabeln finden Sie in Kapitel 18.

ABB. 17.2

Defekte, verbogene Gabelbeine

### STEUERROHR

Dieses Rohr umfasst das Gabelschaftrohr. Der hier montierte Steuersatz ermöglicht die Drehbarkeit der Gabel. Die Länge des Steuerrohrs beeinflusst die Lenkerhöhe. Innendurchmesser und Ausführung bestimmen den verwendbaren Steuersatztyp.

Steuerrohre können durch größere Krafteinwirkung beschädigt werden. Der Gabelschaft schlägt gegen die Lagerschalen und das dünne Rohr kann dauerhaft deformiert werden. Zusätzlich ist dieser Bereich des Rahmens durch die hohe Dauerbelastung und Überbeanspruchung gefährdet.

### OBERROHR

Das Oberrohr verbindet Steuer- und Sitzrohr. Es ist von großer Bedeutung für die „Passform" des Fahrrads, denn seine Länge beeinflusst das Handling sowie Lenkerposition und Sitzneigung des Fahrers. Dieses Rohr ist leichter und dünnwandiger ausgeführt als andere Rahmenrohre, da es vergleichsweise gering belastet wird.

### UNTERROHR

Dieses Rohr verbindet Steuerrohr und Tretlagerhülse. Es wird sowohl durch die Kurbelkräfte als auch durch Lenkbewegungen stark beansprucht. Häufig ist es mit Gewindeösen für Flaschenhalter ausgestattet (Abb. 17.3).

ABB. 17.3

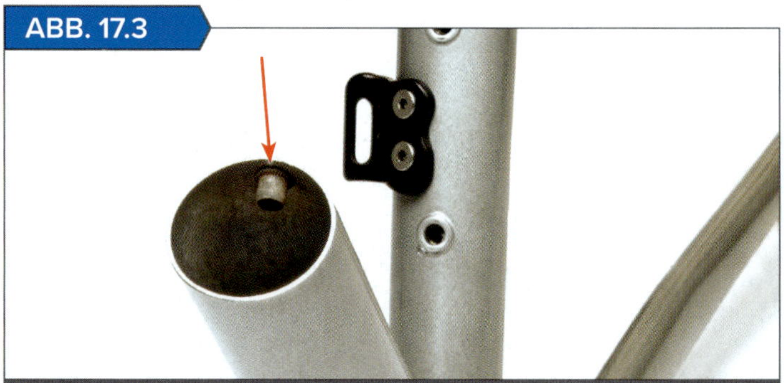

Schnittmodell eines Unterrohrs mit Gewindeöse

### SITZROHR

Das Sitzrohr ist die Verbindung zwischen Tretlagerhülse und Sattel(-stütze). Rahmengrößen werden allgemein mit der

Sitzrohrlänge angegeben. Häufig verfügt das Sitzrohr über Gewindeösen für Flaschenhalter und Aufnahmen oder Adapter für den Umwerfer.

### KETTENSTREBEN

Diese verbinden die hinteren Ausfallenden mit der Tretlagerhülse und sind relativ starker Belastung ausgesetzt. Die Ausführung der Kettenstreben hat direkten Einfluss auf das Fahrverhalten des Rahmens und wird auf die vorgesehene Ausführung und Größe des Laufrads abgestimmt. Bei manchen Rahmen befindet sich die Bremssattelaufnahme an der linken Kettenstrebe.

### SITZSTREBEN

Diese bilden die Verbindung von hinteren Ausfallenden zum Sitzrohr. Sie werden weniger stark belastet als die Kettenstreben, bilden aber die zweite Brücke zwischen Hauptrahmen und Hinterrad. Die hintere Felgen- oder Scheibenbremse wird meist an den Sitzstreben montiert,

### AUSFALLENDEN

Ausfallenden sind die Achsaufnahmen für die Laufräder an Gabel und Hinterbau. Traditionell sind offene Ausfallenden an Gabeln für 9 mm Achsen, die am Hinterbau für 10 mm Achsen ausgelegt. Geschlossene Ausfallenden für Steckachsen können für jeden Fahrradtyp verwendet werden und umschließen die Steckachse vollständig. An Gabeln findet man 12, 15 oder 20 mm Ausfallenden, für den Hinterbau gilt der 12 mm Standard.

Das rechte Ausfallende am Hinterbau von Fahrrädern mit Kettenschaltung verfügt über ein Schaltauge. Dies ist die Aufnahme für die 10 mm Schraube des Schaltwerks. Häufig ist das Schaltauge austauschbar, doch gibt es eine Vielzahl von verschiedenen Ausführungen zwischen den Marken und manchmal sogar Modellen untereinander.

### TRETLAGERHÜLSE

Dies ist das kurze Rohrstück zwischen den Kurbelarmen, welches das Innenlager aufnimmt. Es ist mit Unterrohr, Sitzrohr und Kettenstreben verbunden. Die Tretlagerhülse hat klassischerweise beidseitig Innengewinde zum Einschrauben und Justieren der Lagerschalen und Adapter (Abb. 17.4). Es gibt auch zahlreiche gewindelose Hülsen für Einpresslager.

ABB. 17.4

Tretlagerhülse mit Gewindegängen

### FEDERSCHWINGE

Bei vielen gefederten Rahmen bildet die Federschwinge den beweglichen Hinterbau (Abb. 17.5), der auf vom Hinterrad überfahrene Hindernisse reagiert. Die Schwinge ist über Lager mit dem Hauptrahmen verbunden. Ein Federsystem hält die Schwinge auf Spannung und ermöglicht ihre Schwenkbewegungen. Das Design der Lager in der Schwinge variiert ebenso wie die Lagerwartung bei jedem Modell.

ABB. 17.5

Schwingenarm eines vollgefederten Fahrrads

## RAHMENMATERIAL & EIGENSCHAFTEN

Rahmen werden aus Stahl, Aluminium, Titan, Carbonfaser, Magnesium, Kunststoff oder Kombinationen dieser Materialien hergestellt. Jeder Werkstoff verfügt über spezifische Eigenschaften, die sich auf das Fahrverhalten des Fahrrads auswirken. Jedes Material reagiert auf Belastung mit unterschiedlicher Verbiegung, erfordert unterschiedliche Verarbeitungsverfahren und verfügt über abweichende Reparatureigenschaften.

Wie jedes andere mechanisch belastete Bauteil kann auch ein Fahrradrahmen brechen. Wenn ein Rahmen schlecht entworfen, unsauber hergestellt oder einfach überlastet worden ist, können Brüche oder Verformungen auftreten.

Unabhängig vom verwendeten Material brechen Rahmen meist an den Rohrübergängen. In diesen Bereichen konzentriert sich die Belastung. Manchmal ist eine Verbindung schlecht verarbeitet oder für den Einsatzzweck zu schwach ausgelegt worden. Auch infolge eines Unfalls kann ein Rahmen brechen. Spontan nachgebende Rohrverbindungen können knacken oder brechen. Nicht zu unterschätzen ist die im Dauerbetrieb auftretende ständige Be- und Entlastung, die im Laufe der Zeit zu Materialermüdung führt. Ein starker Schlag oder Unfall kann Metallrahmenrohre verbiegen. Das betroffene Rohr einfach nur gerade zu biegen ist nicht praktikabel, denn es entsteht ein permanenter Schwachpunkt in diesem Bereich. Eine Wärmebehandlung ist obligatorisch.

Fahrradrahmen untersucht man am besten bei der Reinigung. Die meisten Lackierungen werden spröde und blättern ab, wenn das Material darunter arbeitet (Abb. 17.6). Dies ist häufig ein Hinweis auf (zukünftige) Schäden. Manchmal blättert Lack nur wegen seiner mäßigen Verarbeitung ab. Untersuchen Sie den betroffenen Bereich sorgfältig und ziehen Sie im Zweifel einen Fachmann hinzu.

ABB. 17.6

Unfallschaden am Unterrohr

## STAHL

Stahlrahmen werden unterschiedlich konstruiert. Die Rohre können mit Muffen verbunden und dann verlötet werden. Oder die Rohre werden auf Gehrung gesägt und direkt per TIG- oder MIG-Schweißen zusammengefügt. Stahlrahmen sind rostanfällig. Feuchtigkeit im Rahmen oder fehlende Lackierung können die Korrosion bis zum Totalschaden verschärfen. Dringend empfohlen ist außerdem der konsequente Einsatz von Montage- oder Lagerfett bei allen geschraubten oder gepressten Rahmenverbindungen wie Innenlagergewinde oder Steuersatzschalen. Ein guter Rahmenbauer kann viele Beschädigungen an einem Stahlrahmen reparieren. Bei geschweißten Stahlrahmen können Rohre manchmal ausgetauscht werden.

## ALUMINIUM

Aluminium ist ein häufig verwendeter Werkstoff, der relativ leicht verarbeitet und geschweißt werden kann. Manchmal werden Alurahmen auch mit Muffen verklebt. Aluminium hat ein geringes spezifisches Gewicht, kann aber mehr Material benötigen, um die gleiche Festigkeit wie Stahl zu erreichen. Aluminium rostet zwar nicht wie Stahl, korrodiert aber ebenfalls. Dies zeigt sich in Lochfraßkorrosion an der Oberfläche der Bauteile. Dadurch kann es geschehen, dass Komponenten wie Sattelstützen oder Lagerschalen in einem Alurahmen festfressen. Wie bei Stahl empfiehlt sich daher die Behandlung mit Montagefett vor dem Einbau von Komponenten. Zur Reparatur von Alurahmen sind spezielle Kenntnisse für Schweißen und Wärmenachbehandlung erforderlich.

## TITAN

Titan ist ein äußerst stabiler Werkstoff, der jedoch schwierig und kostenaufwendig zu verarbeiten ist. Insbesondere die Verformung erfordert viel Mühe. Fahrradrahmen aus Titan werden verschweißt. Es gibt kaum Probleme mit Korrosion, das Schmieren der Rahmenverbindungen wird trotzdem empfohlen. Die Reparatur von Titanrahmen ist aufgrund der erforderlichen Spezialkenntnisse und -ausrüstung schwierig vor Ort zu realisieren.

## CARBONFASER

Carbon- oder Kohlefaser ist ein Gewebe, das durch Epoxidharz die gewünschte Struktur erhält. Das Gewebe wird um oder in eine Form gelegt und mit Epoxidharz getränkt. Auf diese Weise lassen sich Rohre oder ganze Rahmenabschnitte herstellen. Carbonrohre werden meist unter Wärmeeinwirkung verklebt. Carbon wird oft mit Metallanschlüssen oder -rohren kombiniert, um die Stabilität zu erhöhen oder Komponenten zu montieren. Da Carbon für Gewindeverbindungen relativ ungeeignet ist, werden zum Beispiel Tretlagerhülse oder Gewindeösen aus Metall in den Rahmen eingearbeitet.

Carbonrahmen neigen zu Spontanbrüchen durch Unfallfolgen oder Materialermüdung. Da jeder Hersteller seine eigenen Materialmischungen und Herstellungsverfahren nutzt, gibt es keine allgemeingültigen Regeln, wann ein Carbonrahmen auszutauschen ist. Kontaktieren Sie im Zweifel den jeweiligen Hersteller.

Carbon kann bei der Benutzung Belastungsrisse zeigen, insbesondere wenn das Material zu schwach ausgelegt wurde. Typischerweise treten die Risse an den Rohrübergängen auf. Achten Sie auf Fissuren im Lack oder dem Epoxidverbund (Abb. 17.7).

ABB. 17.7

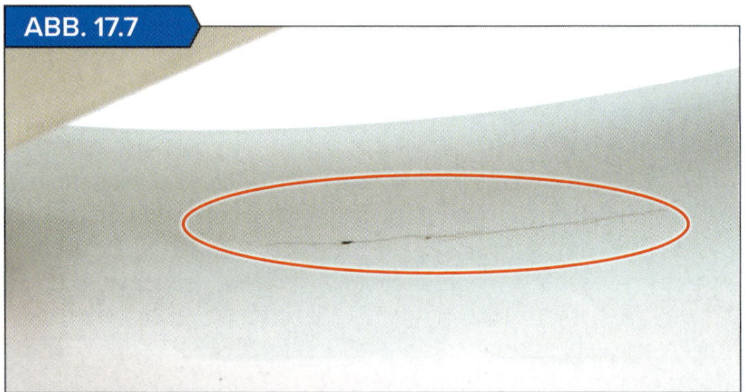

Verdächtiger Riss in der Lackierung eines Carbonrahmens

Durch Stoß oder Einstich können Risse in der Gewebestruktur der Kohlefaser entstehen. Beschädigte Rohre klingen anders im betroffenen Bereich. Klopfen Sie mit einer Münze oder Speiche an den Rahmen und achten Sie auf den Klang. Dieser wird im Verlauf des Rahmens je nach Rohrlänge und -durchmesser steigen und fallen. Bei einem beschädigten Carbonrahmen dagegen wird der Klang im schadhaften Bereich plötzlich stumpf abbrechen (Abb. 17.8).

ABB. 17.8

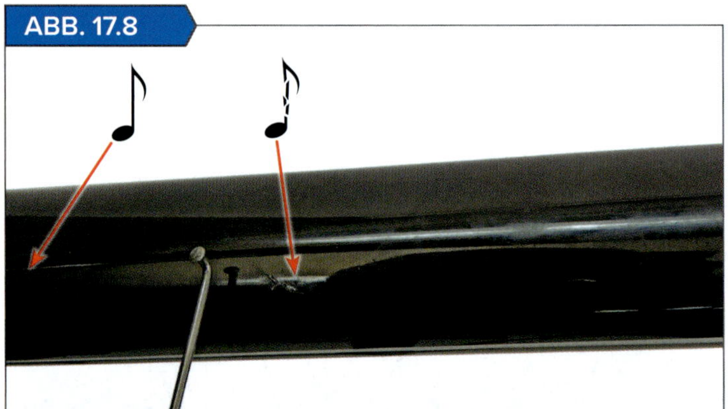

Klopfen Sie auf das Rohr und achten Sie auf stumpf abbrechende Töne als Hinweis auf Brüche im Carbonfasergewebe

Die Reparatur beschädigter Kohlefasern ist schwierig, aber möglich. Manchmal kann neues Gewebelaminat mit Epoxidharz auf der schadhaften Stelle verklebt werden. Unter Wärmeeinfluss wird die Struktur wieder hergestellt. Nach einer neuen Lackierung sieht die Reparaturstelle wieder gut aus. Diese Arbeit sollte nur von erfahrenen Fachleuten durchgeführt werden.

# KAPITEL 18

# FEDERUNG

Federung am Fahrrad bezieht sich auf Gelenke, Hebel, Schieber und sogar Reifen, praktisch alle Komponenten am Fahrrad, die dem Fahrer eine relativ gerade Strecke auf unebenem Untergrund ermöglichen. „Starre" (ungefederte) Fahrräder besitzen keine Gelenke oder Schwingen. Bei Verwendung irgendeiner Federungsart am Fahrrad wird die direkte Verbindung zwischen Laufrädern und Fahrer unterbrochen. An jedem Fahrzeug führt Federung dazu, dass die Räder Unebenheiten des Untergrunds durch Auf- und Abwärtsbewegungen ausgleichen. Federung kann Fahrkomfort und Leistungsfähigkeit des Fahrers steigern. Doch wie bei allen beweglichen Komponenten entsteht Verschleiß. Dieses Kapitel macht Sie mit Terminologie und Konzepten von Federung am Fahrrad vertraut. Der Fokus liegt dabei auf Hinweisen zu Verschleißerscheinungen. Allerdings erfordern die meisten Servicearbeiten an Federungskomponenten spezifisches Werkzeug und Spezialwissen. Sie sollten daher professionellen Mechanikern überlassen werden.

## FEDERGABELN

Teleskopgabeln sind die populärste Federung am Fahrrad. Deren untere "Standrohre" sind mit der Laufradnabe verbunden, die oberen "Tauchrohre" mit dem Steuerrohr (Abbildung 18.1).

ABB. 18.1

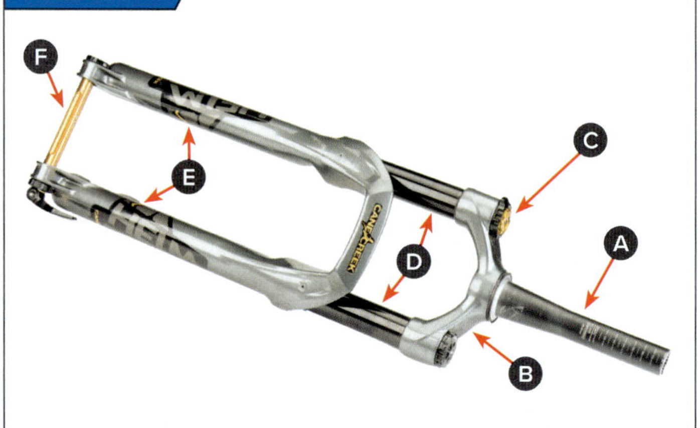


Komponenten einer Federgabel: (A) Gabelschaft, (B) Gabelbrücke, (C) Justierknopf, (D) Tauchrohre, (E) lStandrohre, (F) Steckachse

Rollt das Vorderrad über Unebenheiten, gleiten die Standrohre über den Tauchrohren auf und ab. Diese Bewegung findet in Lagerbuchsen statt, die in die Standrohre integriert sind. Das Teleskop-Federsystem trachtet danach, die Gabel in ausgefahrenem Zustand zu halten. Höherwertige Gabeln nutzen energieabsorbierende Dämpfer in den Gabelbeinen, welche die Geschwindigkeit reduzieren, mit der sich die Federn (de-)komprimieren.

Verschleiß entsteht durch die ständige Belastung in den Lagerbuchsen zwischen Stand- und Tauchrohren und zeigt sich zuerst als Spiel zwischen oberer und unterer Baugruppe. Ziehen und halten Sie zur Prüfung des Spiels die Vorderradbremse kräftig. Schieben Sie das Fahrrad vor- und rückwärts und achten Sie dabei auf Knacken oder Rucken, ähnlich wie bei der Überprüfung des Steuersatzes. Wenn Sie ein Knacken feststellen, legen Sie die andere Hand an den Übergang zwischen Stand- und Tauchrohr, um die Ursache in diesem Bereich zu lokalisieren und bewegen Sie das Fahrrad erneut (Abb. 18.2). Geringfügiges Spiel ist normal. Größeres Spiel dagegen heißt, dass die Lagerbuchsen erneuert werden müssen. Wenn dieser Zustand ignoriert und die Gabel weiterhin belastet wird, führt das letztendlich zu Verschleiß und Beschädigung der Tauchrohre. Da Tauchrohre nur selten als Ersatzteil angeboten werden, muss die gesamte Gabel ersetzt werden.

ABB. 18.2

Achten Sie bei gezogener Vorderradbremse auf Knacken oder Spiel zwischen Stand- und Tauchrohren beim Hin- und Herschieben des Fahrrads

Eine einfache Funktionsprüfung des Feder-/Dämpfungssystems ist das Eindrücken der Gabel. Stellen Sie sich über den Lenker und drücken Sie mit Ihrem Körpergewicht die Gabel soweit wie möglich ein. Die Tauchrohre sollen dabei in die Standrohre gleiten und zurückfahren, wenn Sie den Druck reduzieren. Wenn die Gabel so schnell zurückkommt wie Sie nachgeben, ist die Dämpfung nicht richtig abgestimmt. Informieren Sie sich beim Hersteller über die Einstellbarkeit der Dämpfung.

Das Federsystem kann auf ein oder zwei Spiralfedern in den Standrohren oder einem geschlossenen Luftdrucksystem bestehen. Bei einem Luftsystem findet man an der Gabel ein Ventil zur Prüfung und Anpassung des Federdrucks. Wenn die Gabel über Wochen oder auch Monate Federdruck verliert, ist das ein Hinweis auf Undichtigkeit, die eine Wartung erfordert.

Das Dämpfungssystem („Shock") einer Federgabel besteht oft aus Mineralöl, dass durch eine Anzahl Ventile und Öffnungen geleitet wird. Dies verlangsamt das Ausfedern („Rebound") der Gabel durch Energieverbrauch. Im Laufe der Zeit verschleißen die Dichtungen und Öl kann austreten. Untersuchen Sie die Gabel auf Spuren von Öl, die Hinweis auf ein Leck geben (Abb. 18.3). Die Dämpferwartung ist ein Job für Profis.

ABB. 18.3

Verdächtiger Flüssigkeitsfilm kann Hinweis auf ein Leck sein

Im Inneren der Gabelbeine gibt es häufig bewegliche Teile. Wenn sich diese lösen oder brechen, kann es zu entsprechenden

Geräuschen kommen. Wenden Sie sich dann an einen professionellen Mechaniker.

Federgabeln haben oft Einstellknöpfe zur Anpassung der Performance, die in der jeweiligen Bedienungsanleitung beschrieben werden. Wenden Sie sich an einen Federungsspezialisten, wenn die Einstellknöpfe schwergängig sind oder nicht in der gewünschten Position bleiben.

Wie alle Bauteile können auch Gabeln beschädigt werden, insbesondere durch Unfälle oder Überlastung. Untersuchen Sie regelmäßig den Gabelkopf am Übergang zu Gabelschaft und Tauchrohren. Fahren Sie niemals mit einer beschädigten Gabel.

## DÄMPFERELEMENTE (SHOCKS)

Der Begriff „Dämpfer(-element)" bezeichnet das Element für die Hinterbaufederung. Es dient ebenso wie die Federgabel zur besseren Fahrkontrolle. Am Hinterbau kann die Dämpfung beim Ein- und Ausfedern auftreten.

Hinterbaudämpfer gibt es mit einfachem oder doppeltem Federsystem. Luftdämpfer verfügen über eingebaute Druckluftkartuschen. Wenn das Fahrrad über ein Hindernis rollt wird der Hinterbaudämpfer zusammengedrückt. Dadurch wird die Luft in der Kartusche weiter komprimiert, die sich und damit den Dämpfer nach Ende der Belastung wieder ausdehnt.

Der Dämpfer kann auch mit einer außen liegenden Stahlfeder ausgestattet sein. Diese sind typischerweise in verschiedenen Federstärken verfügbar. Nur in sehr seltenen Fällen kann die Feder versagen.

Verschleiß kann am Verbindungslager zum Rahmen entstehen. Dieser lässt sich feststellen, wenn das Fahrrad angehoben wird. Stellen Sie dazu einen Fuß aufs Pedal und ziehen Sie das Fahrrad an der Sattelstütze aufwärts. Wenn Sie jetzt Spiel feststellen, kann es auch an einer zu lockeren Verschraubung von Dämpfer und/oder Federgelenken liegen. Prüfen Sie daher zunächst alle relevanten Schraubverbindungen. Wenn das Spiel immer noch besteht, ist wahrscheinlich ein verschlissenes Lager auszutauschen. Dafür werden häufig spezifische Werkzeuge benötigt, sodass dafür ein professioneller Mechaniker beauftragt werden sollte.

Das Tauchelement des Dämpfers gleitet durch eine Dichtung oder Lagerhülse, die ebenfalls verschleißen kann. Prüfen Sie diesen Bereich auf Ölspuren. Wenn ein Luftdämpfer nach wenigen Wochen oder Monaten Druck verliert, ist das ein Hinweis auf Undichtigkeit, die professionellen Service erfordert.

Die Demontage von Rahmendämpfern je nach Ausführung von Fahrrad und Dämpfer. Machen Sie sich im Zweifel vor dem Ausbau Notizen und Fotos. Bei Luftdämpfern ermitteln Sie mit einer Dämpferpumpe den aktuellen Gasdruck. Bei Stahldämpfern messen Sie die eingestellte Federlänge mit einem Maßband um ihre Kompression festzustellen. Oder Sie zählen die Zahl der Umdrehungen des Spannrings beim Lösen der Feder. Schrauben Sie die vordere/obere Dämpferschraube heraus und achten Sie dabei auf die Montagerichtung aller Scheiben und Hülsen. Schrauben Sie anschließend die hintere/untere Dämpferschraube ab und entfernen Sie den Dämpfer aus dem Rahmen.

## FEDERGELENKE

Bei einer Rahmenfederung wird das Hinterrad über eine bewegliche Federschwinge mit dem Rest des Fahrrads verbunden. Die Schwinge ist praktisch der Hinterbau des Rahmens. Bei den Federgelenken sind zwei wesentliche Punkte zu beachten: Es darf dort kein seitliches Spiel herrschen. Greifen Sie das Hinterrad an der Oberseite und bewegen Sie es von links nach rechts. Versuchen Sie eventuelles Spiel genauer zu lokalisieren. Überprüfen Sie zunächst die Nabe als mögliche Ursache. Auch eine gelockerte Verschraubung der Schwinge kann ein möglicher Grund sein. Prüfen Sie diese auf das vom Hersteller vorgeschriebene Anzugsdrehmoment.

Die Gelenke enthalten häufig Industrielager, die Spiel entwickeln und verschleißen können. Die Wartung besteht in Lageraustausch, der häufig nur mit Spezialwerkzeug möglich ist.

Der zweite Aspekt beim Verschleiß von Federgelenken ist deren Leichtgängigkeit. Entfernen Sie Hinterrad und Dämpfer aus dem Rahmen. Fassen Sie die Schwinge am Ende der Kettenstrebe und bewegen Sie sie auf- und abwärts (Abbildung 18.4). Dies sollte leicht und gleichmäßig ohne Widerstände geschehen. Wenn der Vorgang sich dagegen rau oder verzögert anfühlt, benötigt das Gelenk eine Wartung.

ABB. 18.4

Dämpfer lösen und Beweglichkeit der Hinterbauschwinge prüfen

# KAPITEL 19

# PANNENHILFE UNTERWEGS

Technische Probleme können und werden während der Fahrt auftreten. Um diese weitestgehend zu vermeiden, sollten Sie Ihr Fahrrad regelmäßig reinigen, schmieren und überprüfen. Bei einem gut gepflegten Fahrrad werden die meisten der hier beschriebenen Pannen kaum auftreten, selbst bei Geländefahrten.

## WERKZEUGAUSWAHL

Für den Fall einer Panne sollten Sie einige Werkzeuge dabei haben. Beachten Sie bei der Werkzeugauswahl die von Ihnen und Ihren Mitfahrern verwendeten Komponenten. Berücksichtigen Sie auch Gewicht und Platzkapazitäten. Ihr Budget und Ihre technischen Fähigkeiten sind ebenfalls relevant.

Es gibt eine Vielzahl von fertigen Werkzeug-Sets und Einzelwerkzeugen. Eine praktische Lösung ist das sogenannte „Multifunktions-Werkzeug". Dieses enthält verschiedene Werkzeugfunktionen wie Innensechskant, Schraubendreher, Speichenschlüssel, Reifenheber und andere. Es ist kompakt und kostengünstig. Stellen Sie sich Ihr eigenes Set für unterwegs zusammen. Die folgende Tabelle enthält empfehlenswerte Werkzeuge für normale Touren auf der Straße und im Gelände.

Ergänzend zum Werkzeug können einige einfache Dinge den Tag retten. Ein Kettenschloss macht ein Fahrrad innerhalb weniger Minuten nach dem Kettenriss wieder fahrbereit. Kabelbinder sorgen für provisorische Fixierung vieler Bauteile. Allerdings sollte auch die pfiffigste Notfallreparatur nur kurzfristig sein und schnellstmöglich durch eine dauerhafte Lösung ersetzt werden. Eine gerissene Kette zum Beispiel ist umgehend durch eine neue zu ersetzen.

**TABELLE 19.1** *Werkzeug für unterwegs*

| BEZEICHNUNG | PARK TOOL PRODUKT |
|---|---|
| Multifunktionswerkzeug mit Innensechskantschlüsseln | Diverse Optionen, inkl. MTC-40, IB-3, IB-2, MTC-20 |
| Kettennieter | CT-5, IB-3, MTC-40 |
| Reifenheber | TL-4.2, TL-6.2 |
| Flicken-Set | VP-1, GP-2 |
| Speichenschlüssel | SW-0, SW-2 nach Bedarf |
| Schraubendreher als Teil des Multifunktionswerkzeugs | IB-1, IB-2, MTC-20, MTC-30 |
| Mini- oder Rahmenpumpe | PMP-3.2, PMP-4.2 |
| Reifenwandflicken | TB-2 |
| *Sinnvolles Zubehör und Teile:* | |
| Ersatzschlauch in passender Größe | Selbst für Tubeless-Reifen ist ein Schlauch im Notfall hilfreich |
| Kettenschlösser | Passend für die Kettenbreite |
| $CO_2$-Patrone mit Füllstutzen | Besonders praktisch zum Neubefüllen von Tubeless-Reifen |
| Lappen oder Reinigungstücher | Zum Säubern der Hände |
| Kabelbinder | 6 Stück in verschiedenen Größen |
| Gewebeklebeband | Ein kurzer Abschnitt |

## NOTFALLREPARATUREN

Reparaturen unterwegs stellen eine besondere Herausforderung dar. Häufig sind die benötigten Werkzeuge oder Teile nicht alle vorhanden. Viele Fahrräder können für die Reparatur einfach umgedreht auf Lenker und Sattel gestellt werden, wenn Sie auf Brems- und Schaltgriffe sowie die Züge achten. Fahrräder mit Hydraulikbremsen sollten möglichst nicht umgedreht werden. Falls es trotzdem erforderlich war, lassen Sie das Fahrrad anschließend einige Minuten in Fahrposition stehen und testen Sie dann die Bremsen auf eingedrungene Luft.

Die folgenden Seiten behandeln typische Pannenfälle und geben Lösungsvorschläge. Sollte eine Reparatur fragwürdig sein, schieben Sie das Fahrrad besser nach Hause oder sorgen für den Rücktransport. Fahren Sie nie ein unsicheres Fahrrad!

### REIFEN PLATT

Nehmen Sie immer einen Ersatzschlauch mit, auf langen Touren oder in größeren Gruppen möglichst zwei. Ein Flicken-Set ist obligatorisch (siehe S. 18). Verwenden Sie zur Reinigung des Schlauchs vor der Reparatur ein Reinigungstuch auf Alkoholbasis aus dem Drogeriemarkt.

### REIFEN AUFGESCHLITZT

Verwenden Sie zur Notfallreparatur einen Reifenwandflicken wie den TB-1 von Park Tool (siehe Seite 19). Bevorraten Sie sich rechtzeitig vor der Tour. Ein Geldschein bietet im akuten Fall nur wenig Halt bei einem Riss. Tauschen Sie den Reifen später so schnell wie möglich aus.

### SPEICHENBRUCH

Die einzige dauerhafte Reparatur bei Speichenbruch ist die gebrochene mit den beiden benachbarten Speichen auszutauschen und das Laufrad neu zu zentrieren (siehe Seite 61). Wenn eine einzelne Speichen gebrochen ist, kann ein eventueller Seitenschlag durch Lockern der beiden Nachbarspeichen ausgeglichen und die Fahrt vorsichtig fortgesetzt werden. Bei einem Laufrad mit 28 oder weniger Speichen kann eine fehlende oder gebrochene Speiche schon ein Sicherheitsrisiko sein. Nur verbogene Speichen sind kaum ein Problem. Wenn das Laufrad noch rund läuft, fahren Sie einfach weiter. Sonst zentrieren Sie es nach und tauschen die betroffenen Speichen nach der Fahrt aus (siehe Seite 56).

### FELGE VERBOGEN

Stellen Sie fest, wie stark die Felge verbogen ist. Wenn das Bremsverhalten nicht zu stark beeinträchtigt wird, setzen Sie die Fahrt fort und reparieren/ersetzen die Felge anschließend. Eine starke Beule ist bei Felgenbremsen deutlich zu spüren und kann zum plötzlichen Blockieren der Bremse führen. Möglicherweise ist der Reifensitz beeinträchtigt. In beiden Fällen sollten Sie die Fahrt nicht ohne Reparatur fortsetzen.

### KETTE GERISSEN

Eine gerissene Kette kann normalerweise zur Behebung der Panne gekürzt und neu vernietet werden. Sie sollten sie aber wegen der Schwächung schnellstmöglich gegen eine neue austauschen. Achten Sie bei Montage der Kette auf die richtige Kombination von Innen- und Außenlaschen und entfernen Sie überflüssige Glieder bei Bedarf. Mit gekürzter Kette dürfen Sie nicht gleichzeitig auf größtes Kettenblatt und größtes Ritzel schalten. Häufigste Ursache für eine gerissene Kette sind Montagefehler. Überprüfen Sie daher nach jeder Kettenmontage alle Kettenbolzen und -glieder, um Probleme unterwegs zu vermeiden. Nach Reparatur der gerissenen Kette überprüfen Sie diese ebenfalls genau. Denn wo ein schwaches Glied war, können noch weitere sein. Weitere Hinweise zum Vernieten von Ketten finden Sie auf Seite 102.

## KETTE KLEMMT

Ein Kettenklemmer entsteht, wenn sich die Kette nicht wie üblich an der 6-Uhr-Position vom Kettenblatt löst. Sie bleibt stattdessen an einem Zahn hängen, wird aufwärts gezogen und klemmt im Rahmen fest. Wenn sie nicht zu fest sitzt, greifen Sie die Kette, ziehen sie nach unten und drehen die Kurbel rückwärts. Meist wird dabei der Lack beschädigt. Zweite Möglichkeit: Kette öffnen, aus dem Rahmen befreien und neu montieren. Letzte Möglichkeit: rechte Kurbel mit einem Abzieher entfernen. Prüfen Sie anschließend die Kette, denn sie kann beschädigt worden sein. Überprüfen Sie auch das Kettenblatt, das vielleicht die Ursache war. Bei einem verbogenen Zahn sollte es möglichst nicht mehr benutzt werden.

## KETTE VERDREHT

Die Kette kann durch Kettenklemmer oder Ablaufen verdreht oder gequetscht worden sein. Die Verdrehung kann mit Zangen gerichtet werden, von Hand ist es schwieriger. Platzieren Sie ein Ende des verdrehten Bereichs auf einem Ritzel, fassen Sie das andere Ende möglichst mit einer Zange und drehen Sie die Kette wieder aus. Ersetzen Sie die Kette so schnell wie möglich.

## KETTE QUIETSCHT

Einer quietschenden Kette fehlt Schmiermittel. Bei regelmäßiger Kettenpflege müssen Sie auf kürzeren Fahrten kein Schmiermittel mitnehmen. Extreme Nässe wäscht das Schmiermittel jedoch schnell aus. In diesem Fall kann alles, was in die Kettenglieder eindringt, kurzfristige Schmierung liefern. Notfalls stellen z. B. Sonnenmilch, Pflanzenöl, Mückenspray oder Cola die Kette zeitweilig ruhig. Reinigen und schmieren Sie die Kette anschließend besonders sorgfältig.

## SCHALTWERK SCHALTET IN SPEICHEN ODER RAHMEN

Die Ursache liegt in der falschen Einstellung der Stoppschrauben. Sie begrenzen den Schwenkbereich des Schaltwerks. Wenn Schaltwerk oder Schaltwerkauge verbogen sind, passen die vorherigen Einstellungen nicht mehr. Überprüfen Sie die parallele Stellung von Schaltungsrädchen und Ritzeln. Wenn Schaltauge oder Schaltwerkskäfig sich in Richtung der Speichen neigen, ist etwas verbogen. Setzen Sie einen passenden Innensechskantschlüssel in die Befestigungsschraube des Schaltwerks und ziehen Sie es so weit, bis es wieder parallel zu den Ritzeln steht (Abbildung 19.1). Überprüfen Sie das Schaltverhalten und justieren Sie bei Bedarf die Stoppschrauben neu. Bringen Sie das Fahrrad nach der Fahrt zur vollständigen Justierung in eine Werkstatt oder verfahren Sie nach den Anweisungen auf Seite 136.

## SCHALTUNG NICHT SYNCHRONISIERT

Häufigste Ursache für eine nicht synchronisierte Schaltung ist eine zu schwache Spannung des Schaltzugs. Verfahren Sie nach den Anweisungen auf Seite 133. Lassen Sie das Fahrrad durch einen Mitfahrer anheben, während sie per Hand kurbeln und die Zugeinstellschraube justieren.

ABB. 19.1

Schaltauge zurückbiegen, bis es gerade aussieht

## SCHALTWERK ODER SCHALTAUGE ZERSTÖRT

Wenn Schaltwerk oder Schaltauge zerstört wurden, können Sie die Schaltung nicht mehr benutzen. Notfalls fahren Sie das Fahrrad im Singlespeed-Modus (Abb. 19.2).

ABB. 19.2

Schaltwerk entfernen für den Singlespeed-Modus

**Vorgehen zum Umbau in den Singlespeed-Modus:**

a. Entfernen Sie die Kette. Beachten Sie dafür die Anweisungen auf Seite 102.
b. Entfernen Sie das Schaltwerk und andere betroffene Teile.
c. Wählen Sie eine Gangkombination. Kombinieren Sie bei 3-fach Kettenblättern das mittlere mit einem mittleren Ritzel. Wählen Sie bei 2-fach Kettenblättern das kleinere.
d. Führen Sie die Kette vom ausgewählten Ritzel zum Kettenblatt und lokalisieren Sie das Kettenglied, an dem die Kette gekürzt werden kann. Eventuell müssen Sie für eine bessere Kettenspannung ein anderes Ritzel wählen.
e. Vernieten Sie die gekürzte Kette. Sie muss so stramm sein, dass sie nicht vom Kettenblatt abfällt.
f. Drehen Sie die Kurbel per Hand langsam rückwärts und prüfen Sie dabei die Kettenspannung auf der Außenseite der Kettenschleife.

## SCHALTROLLEN VERLOREN

Suchen Sie zunächst die fehlenden Teile auf der direkt hinter Ihnen liegenden Strecke. Falls sie nicht mehr da sind, bauen Sie das Fahrrads wie beschrieben in den Singlespeed-Modus um.

## UMWERFER VERDREHT ODER VERBOGEN

Der Schaltkäfig des Umwerfers kann bei einem Kettenklemmer verbiegen. Richten Sie ihn wieder aus (siehe Seite 124). Die Außenseite des Käfigs soll möglichst parallel zu den Kettenblättern stehen. Wenn der Umwerfer nicht mehr richtig schaltet, wählen Sie ihr bevorzugtes Kettenblatt und stellen Sie den Umwerfer über Zugspannung oder Stoppschrauben darauf ein.

### KURBELARM LOSE

Wenn der Kurbelarm ganz abgefallen ist, fehlt wahrscheinlich die Kurbelschraube. In diesem Fall dürfen Sie das Fahrrad nicht mehr weiterfahren, da es ohne gesicherten Kurbelarm zu gefährlich ist. Wenn die Schraube noch da ist, bauen Sie Kurbelarm und Kurbelschraube wieder ein. Das Anzugsdrehmoment ist mit rund 35 Nm relativ hoch. Ziehen Sie die Schraube daher so fest, wie es mit dem vorhandenen Werkzeug geht. Bei einem geschlitzten Kurbelarm mit zwei Klemmschrauben ziehen Sie beide Schrauben gleichmäßig fest an.

### PEDAL LOSE

Eine lockere Pedalachse wird normalerweise mit einem 15 mm Maulschlüssel wieder im Kurbelarm fixiert. Manche Pedalachsen passen auch für 6 oder 8 mm Innensechskant. Wenn sich das Pedal nicht fixieren lässt, brechen Sie die Fahrt ab. Bei einer lockeren Pedalachse kann das Kurbelgewinde ausreißen — ein katastrophaler Sturz kann die Folge sein. Manche Kompaktwerkzeuge verfügen über einen kurzen 15 mm Maulschlüssel. Erzeugen Sie mit ihm so viel Anzugsdrehmoment, wie Sie dem Schlüssel zutrauen.

### KURBEL VERBOGEN

Nach einem Unfall kann die Kurbel verbogen sein, sodass das Pedal beim Treten eiert. Wenn die Kurbel nicht an den Rahmen schlägt, können Sie die Fahrt vorsichtig in kleineren Gängen fortsetzen und anschließend den Kurbelarm ersetzen. Versuchen Sie nicht, den Kurbelarm zurück zu biegen, denn dieser kann in der Folge bei Belastung brechen.

### INNENLAGER LOSE

Bei den meisten Innenlagermodellen lässt sich unterwegs kaum etwas reparieren. Passendes Werkzeug mitzuführen ist eher unpraktikabel. Wenn das Innenlager so lose ist, dass die Kurbelarme an den Rahmen schlagen, brechen Sie die Fahrt ab.

### SCHALTZUG GERISSEN

Wenn ein Schaltzug zwischen Schalthebel und Klemmschraube beschädigt worden ist, wird er relativ schnell reißen. Benutzen Sie den betroffenen Schalthebel möglichst wenig.

Falls der Schaltzug für den Umwerfer gerissen ist und Sie keinen Ersatz dabei haben, wählen Sie das für die restliche Strecke komfortabelste Kettenblatt. Bei 3-fach Kettenblättern ist das mittlere, bei 2-fach Kettenblättern das kleinere empfehlenswert. Drücken Sie den Schaltkäfig über das gewünschte Kettenblatt und drehen Sie die L-Schraube ein. Verfahren Sie beim hinteren Schaltwerk nach dem gleichen Prinzip, Nutzen Sie jedoch die H-Schraube zu Positionierung des Schaltwerks. Lose Kabel verfangen sich leicht in beweglichen Teilen. Entfernen Sie daher den defekten Zug und lagern Sie ihn sicher bis zur Entsorgung. Hinweise zur Montage von Schaltzügen finden Sie ab Seite 118.

### BREMSZUG GERISSEN

Flicken Sie keinesfalls gerissene Bremszüge, ein erneuter Defekt bei der Benutzung kann fatale Folgen haben. Wenn Sie die Fahrt ohne Reparatur fortsetzen, verhalten Sie sich vorsichtig und steigen Sie im Zweifelsfalle lieber ab. Ersetzen Sie den Bremszug so schnell wie möglich. Entfernen Sie den defekten Bremszug und lagern Sie ihn sicher bis zur Entsorgung. Hinweise zur Montage von Bremszügen finden Sie auf Seite 181.

### LENKER ODER VORBAU VERDREHT/VERBOGEN

Der Lenker kann nach einem Unfall im Gabelschaft verdreht sein. Richten Sie ihn wieder gerade, indem Sie sich direkt vor das Fahrrad stellen und das Vorderrad mit den Beinen festklemmen. Lösen Sie die Gabelschaftschraube(n) und drehen Sie den Vorbau gerade, bis der Lenker parallel zur Nabe steht. Ziehen Sie die Gabelschaftschraube(n) wieder fest. Bei einem gewindelosen Steuersatz überprüfen Sie zuvor noch das Lagerspiel (siehe S. 207). Wenn durch den Unfall Lenker oder Vorbau in sich verbogen sind, brechen Sie die Fahrt ab, denn diese können spontan brechen. Tauschen Sie die Komponenten schnellstmöglich aus.

### RAHMEN ODER GABEL VERBOGEN

Schwerere Unfälle können Gabel und/oder Rahmen beschädigen. Untersuchen Sie den Rahmen, insbesondere im Bereich des Steuerrohrs auf Unebenheiten, Lackplatzer oder andere Hinweise auf verbogene Rohre (Abb. 19.3). Ein verbogener Rahmen ist extrem unsicher und darf nicht benutzt werden.

Gabelbeine und -köpfe können verbiegen. Prüfen Sie das Fahrrad von der Seite und achten Sie auf Unregelmäßigkeiten. Auch eine verbogene Gabel macht ein Fahrrad unbrauchbar.

ABB. 19.3

Verbogener Rahmen im Bereich des Steuerrohrs

### SATTEL ODER SATTELSTÜTZE VERBOGEN

Wenn der Sattel auf der Sattelstütze wackelt, muss er in den meisten Fällen nur festgeschraubt werden. Weitere Hinweise finden Sie ab Seite 198. Bei gebrochener Sattelklemme ist eine Reparatur unterwegs schwierig. Entfernen Sie in diesem Fall Sattel und Sattelstütze zusammen. Nur den Sattel von der Sattelstütze abzubauen ist unfallträchtig und kann schmerzhafte Folgen haben. Eine verbogene Sattelstütze ist bruchgefährdet und darf nicht mehr benutzt werden.

# REFERENZMATERIAL

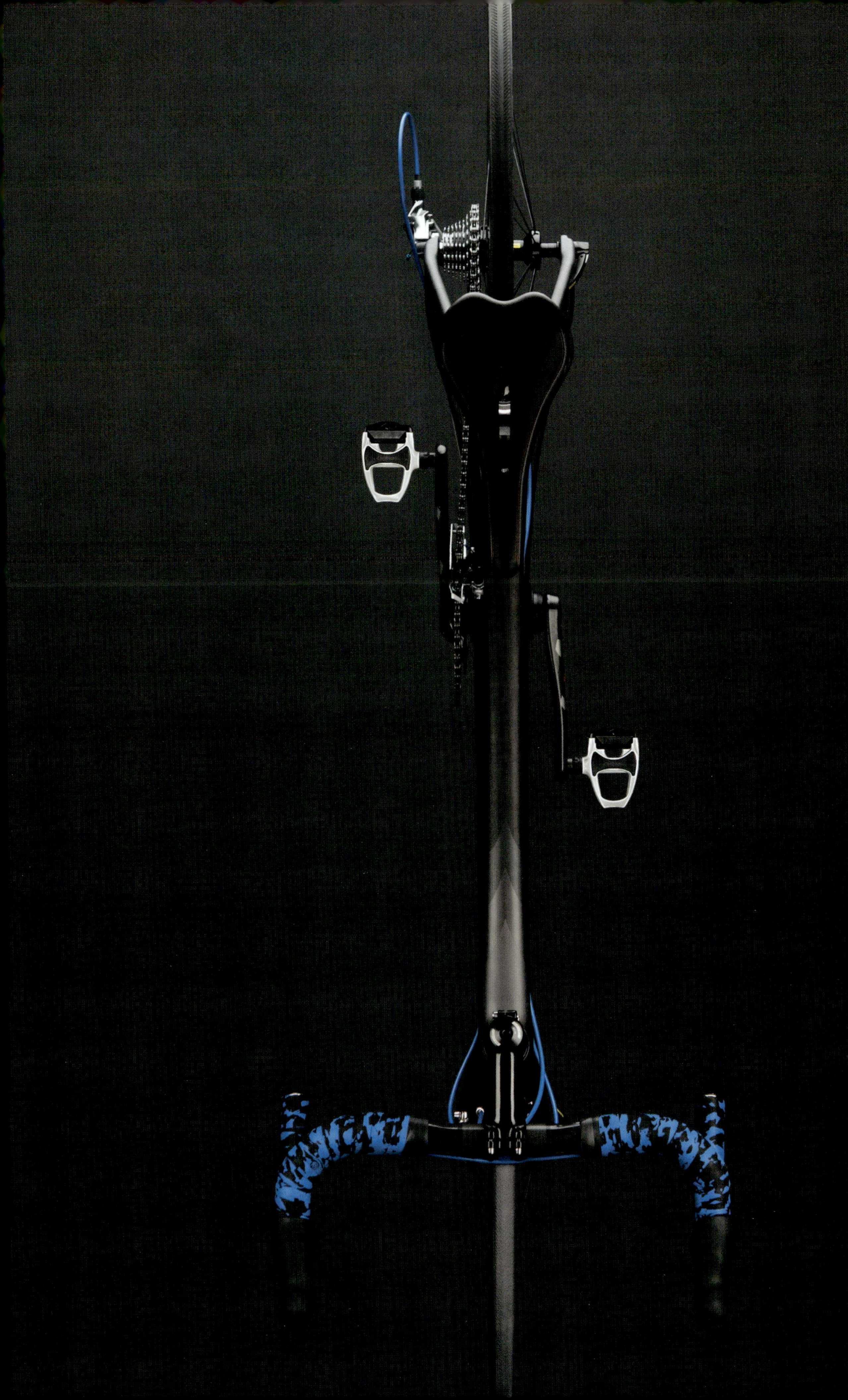

Die folgende Übersicht beschreibt eine umfangreiche Werkzeugausstattung für die Hobbywerkstatt. Sie bildet jedoch keine professionelle Fachwerkstatt ab, in der weitere Werkzeuge wie zum Beispiel Tretlagergewindeschneider oder Steuerkopffräser benötigt werden.

Häufig gibt es verschiedene Alternativen pro Werkzeugtyp. Prüfen Sie daher Ihren individuellen Bedarf vor der Auswahl.

**TABELLE A.1** *Werkzeugliste für die Hobbywerkstatt*

| ✓ | WERKZEUG | PRODUKTE | BEMERKUNGEN |
|---|---|---|---|
| | *Grundausstattung* | | |
| | Montageständer | PCS-4, PCS-9.2, PCS-10.2, PRS-22.2, PRS-25 | Der Montageständer bildet die Grundlage jeder Fahrradwerkstatt |
| | 3/8" Ratschenschlüssel | SWR-8 | Ratschenschlüssel mit 3/8" Aufnahme |
| | Steckschlüssel- und Bit-Set | SBS-1.2, SBS-3 | 3/8 "-Set mit den wichtigsten metrischen Stecknüssen, Innensechskant- und Torx®-Bits |
| | Drehmomentschlüssel | TW-5.2, TW-6.2 | Für kleine Gewinde: TW-5.2<br>Für größere Gewinde und Drehmomente: TW-6.2 |
| | Mini-Drehmomentschlüssel | ATD-1.2 | Für kleine Gewinde, mit Drehmomentbegrenzung |
| | Innensechskantschlüssel-Set | AWS-10, HXS-1.2, PH-1.2 | Praktisch ist ein Sortiment von zwei unterschiedlichen Schlüssel-Sets |
| | Torx®-Schlüssel | PH-T1.2, TWS-1, TWS-2, TWS-3 | Schlüssel mit sternförmigem Profil für Torx®-Schraubenköpfe |
| | Werkstattschürze | SA-1, SA-3 | |
| | Schraubendreher-Set | SD-SET | 3/16" und 1/4" Schlitz- sowie #0 and #2 Phillips-Schraubendreher |
| | Hammer | HMR-4, HMR-8 | Zweiseitiger Kopf: Stahl und Kunststoff |
| | Kombischlüssel-Set | MW-SET.2 | Maul-/Ringschlüssel (6–17 mm) |
| | Bügelsäge | SAW-1 | |
| | Spitzzange | NP-6 | |
| | Seitenschneider | SP-7 | |
| | Flachschneider | ZP-5 | Schneidet Kabelbinder und anderes an engen Stellen bündig ab |
| | Digitaler Messschieber | DC-1 | |
| | Bandmaß | RR-12 | Metrisch und zollig |
| | Luftkompressor | | Kleiner Tank mit 220 V ist ausreichend |
| | Füllpistole für Kompressor | INF-1.2 | |
| | *Innenlagerwerkzeug* | | |
| | Hakenschlüssel für Innenlager-Konterring | HCW-5 | Passend für die meisten Konterringe bei Vierkant-Innenlagern |
| | Stiftschlüssel | SPA-1, SPA-6 | Zum Einstellen der linken Lagerschale bei BSA-Innenlagern |
| | Innenlagerschlüssel, 36 mm Schale + Stiftschlüssel | HCW-4 | Für einstellbare Innenlager mit Stiftaufnahme links und 36 mm Lagerschale rechts |
| | Patronenlagerschlüssel | BBT-22, BBT-32 | Passend für Vielzahn-Patronenlager von Shimano®, FSA® und Race Face® ISIS Drive |
| | Lagerschalenschlüssel | BBT-9, BBT-19.2, BBT-69.2 | Passt für 44 mm Lagerschalen mit 16-Schlitzaufnahme von Shimano® Hollowtech®, Campagnolo®, Chris King®, FSA®, Hope®, SRAM®, Truvativ®, Race Face®, Surly®, Wheels Manufacturing®, Rotor®, Enduro® u. a. |
| | Justierkappenschlüssel | BBT-10.2 | Für die Justierkappe bei Shimano® Hollowtech® II Kurbelsystemen |
| | Innenlager Präzisionswerkzeug | BBT-47, BBT-35 | Beidseitig verwendbar für 16-Schlitzaufnahmen externer Lagerschalen mit 39 oder 48,5 mm |
| | Innenlagerschlüssel | BBT-18 | Passend für 8-Schlitzaufnahmen: ISIS Drive bei Truvativ®, Bontrager®, Kettenblätter von Bosch® active plus und Specialized® Levo®. |
| | Innenlagerschlüssel | BBT-27.2 | Passend für 48.5 mm und 49.3 mm Lagerschalen mit 16-Schlitzaufnahmen wie FSA® MegaEvo® und Wheels Manufacturing® PF30. |
| | Innenlagerschlüssel | BBT-49.2 | Passt für 39 mm 16-Schlitzaufnahme von Shimano® XTR® und Dura Ace®. |

| ✓ | WERKZEUG | PRODUKTE | BEMERKUNGEN |
|---|---|---|---|
| | | *Innenlagerwerkzeug (Fortsetzung)* | |
| | Innenlagerschlüssel | BBT-59.2 | Passt für 41 mm 16-Schlitzaufnahme wie bei Shimano® Ultegra® |
| | Innenlagerschlüssel | BBT-79 | Passt für 46 mm 12-Schlitzaufnahme von Race Face® BSA30, Rotor® BSA30, Zipp® Vuma®, Hawk Racing® BSA30, SRAM® DUB® und andere |
| | BB30 Montage-Set | BBT-30.4 | Für (De-)Montage von BB30 und PF30 Lagerschalen |
| | PressFit Montage-Set | BBT-90.3 | Für (De-)Montage von BB86 und BB90 Lagerschalen |
| | Campagnolo® Montage-Set | CBP-8 | Für Campagnolo® Ultra-Torque® und Power Torque™ Kurbelsysteme |
| | | *Steuersatzwerkzeug* | |
| | Schlüssel für Steuersatz-Kontermutter | PAW-12, HCW-6 | 32 mm und 36 mm halb offener Ringschlüssel für Steuersätze mit Gewinde, umschließt die Kontermutter sicher an 8 Punkten |
| | Steuersatz-Konusschlüssel | HCW-15 | 32 mm und 36 mm für Gewinde-Steuersätze |
| | Steuersatz-Montageset | HHP-2, HHP-3 | Zum Einpressen von Lagerschalen für Steuersätze und einige Innenlager |
| | Aufschlaggerät für Gabelkonus | CRS-1, CRS-15.2 | |
| | Montagegerät f. Aheadsetkrallen | TNS-1, TNS-4 | |
| | Schneidführung | SG-7.2 | Geeignet zum exakten Kürzen von Lenkern, Gabelschäften und (Aero-)Sattelstützen |
| | | *Nabenwerkzeug* | |
| | Achshalter | AV-1, AV-5 | Fixiert Laufradachsen ohne Beschädigung der Achsgewinde |
| | Konusschlüssel | DCW-1 bis 4, SCW-SET.3 | Einige Naben benötigen je zwei Schlüssel der Größen 13, 14, 15, 16 mm |
| | | *Laufradwerkzeug* | |
| | Zentrierständer | TS-2.2, TS-2.2P, TS-4.2, TS-8 | Vereinfacht das Zentrieren von Laufrädern |
| | Schwenksockel für Zentrierständer | TSB-2.2, TSB-4 | Macht die Profimodelle TS-2.2 und TS-4.2 mobil einsetzbar |
| | Tensionmeter | TM-1 | Zur Prüfung der Speichenspannung |
| | Zentrierlehre | WAG-4, WAG-5 | Zur Prüfung des Rundlaufs von Laufrädern |
| | Speichenschlüssel (Nippelspanner) | SW-0, SW-1, SW-2, SW-3, SW-5, SW-11, SW-12, SW-13, SW-14.5, SW-16, SW-16.3, SW-17, SW-18, SW-19, SW-20.2, SW-22.2, SW-40, SW-42 | Passende Schlüsselgrößen nach Bedarf auswählen |
| | Reifenheber | TL-1.2, TL-4.2, TL-5, TL-6.2 | Reifenheber in unterschiedlichen Formen und Ausführungen |
| | Flicken-Set | VP-1, GP-2 | VP-1: vulkanisierend; GP-2: selbstklebend |
| | Standpumpe | PFP-8 | Pumpenkopf passend für Dunlop-, Sclaverand- und Autoventil |
| | Speichen-Messlehre | SBC-1 | Zur Messung von Speichenlänge und Kugeldurchmesser |
| | | *Werkzeug für Antriebskomponenten* | |
| | Maul-Pedalschlüssel | PW-3, PW-4, PW-5 | PW-3: 15 mm und 9/16" Achsaufnahme; PW-4 und PW-5: nur 15 mm Achsaufnahme |
| | Innensechskant-Pedalschlüssel | HT-6, HT-8 | Für Pedale mit Innensechskantaufnahme in der Achse |
| | Kurbelabzieher | CCP-22, CCP-44, CWP-7 | CCP-22: nur für Vierkantkurbeln<br>CCP-44: nur für runde Vielzahnkurbeln (ISIS Drive. Shimano® Octalink®)<br>CWP-7: passt universell für Vierkant- und Vielzahnkurbeln |
| | Ritzel-/Freilaufabzieher | FR-1.3, FR-2, FR-3, FR-4, FR-5.2, FR-5.2G, FR-5.2GT, FR5.2H, FR-6, FR-7, FR-8, BBT-5/FR-11 | Abzieher nach Bedarf auswählen |
| | Ritzelabnehmer | CP-1.2, HCW-16.2, SR-2.2, SR-12, SR-18.2 | Zum Fixieren der Ritzel(-kassette) bei der Demontage, einige ältere Zahnkränze benötigen zwei Abnehmer (kleinstes Ritzel verschraubt) |
| | Kettennieter | CT-3.3, CT-4.3, CT-5 | |
| | Kettenschlosszange | MLP-1.2 | |
| | Kettenprüfer | CC-2, CC-3.2, CT-4 | Zur Prüfung von Kettenverschleiß |
| | Kettenreinigungs-System | CG-2.3 | Umfasst Kettenreinigungsgerät CM-5.2 Cyclone™, Zahnkranzreiniger, GSC-1 und CB-4 Bio ChainBrite™ Entfetter |
| | Mess- und Richtwerkzeug für Schaltauge | DAG-2.2 | Zur Justierung des Schaltauges am Rahmen |

| ✓ | WERKZEUG | PRODUKTE | BEMERKUNGEN |
|---|---|---|---|
| | | *Bremsenwerkzeug* | |
| | Bowdenzugspannzange | BT-2 | Die 4. Hand zur Einstellung von Felgenbremsen |
| | Kabelschneider | CN-10 | Zum Kürzen von Zügen und Hüllen |
| | Bremskolbenspreizer | PP-1.2 | Für Scheibenbremsen |
| | | *Diverses* | |
| | Lagerfett | HPG-1, PPL-1 | Ungefährlich für Dämpferelastomere, Keramiklager und Carbonfaser |
| | Reinigungsbürsten-Set | BCB-4.2 | |
| | Kettenöl | CL-1 | |
| | Schrauben- und PressFit Montagesicherungen | AP-1, RC-1, TLR-1, TLR-2 | Mittelfest, wieder lösbar |
| | Entfetter | CB-4 | Für Kette und Komponenten |
| | Handwaschpaste | | |
| | Isopropylalkohol | | Zur Reinigung von Bremsflächen und PressFit-Bereichen |
| | Reinigungsmittel | Glasreiniger, Spülmittel etc. | Zur Fahrradpflege |
| | Kabelbinder | | Verschiedene Größen, Längen und Farben |
| | Putzlappen | | Massenweise fusselfreie Baumwolllappen |
| | Ersatzschläuche | | Größen nach Bedarf |
| | Ersatzzüge und -teile | | Nur hochwertige Ware wählen |
| | | **FÜR NOTIZEN:** | |

**Achsmutter:** Sichert Laufräder mit Vollachse im Rahmen.

**ATB:** Abkürzung für All Terrainbike, andere Bezeichnung für Mountainbike, manchmal auch für Trekkingbike.

**Ausfallende:** Teil von Rahmen oder Gabel, in dem die Laufradachsen montiert werden.

**Autoventil:** Ventiltyp mit gefedertem, austauschbarem Einsatz, bei dem durch Eindrücken der Ventilstange gezielt Luft abgelassen werden kann.

**B-Einstellschraube:** Einstellschraube, die den Abstand des Kettenführungsrädchens am Schaltwerk zu den Ritzeln regelt.

**Blitzventil:** Moderne Variante des Dunlop-Ventils, das dank selbstdichtendem Ventilkegel ohne Ventilschlauch auskommt.

**Bremsarmstellschraube:** Verstellt die Federspannung in den Bremsarmen und bewegt diese so im Verhältnis zur Felge.

**Bremsenschnellverschluss:** Mechanismus zum Öffnen der Bremszange, um das Laufrad leichter zwischen den Bremsklötzen hindurch zu führen. Befindet sich manchmal am Bremsgriff.

**Bremsfläche:** Teil der Felge oder Bremsscheibe, der von den Bremsklötzen beim Bremsvorgang kontaktiert wird.

**Bremsflüssigkeit:** Mineralöl oder D.O.T. Bremsflüssigkeit für Hydraulikbremsen.

**Bremsgriff:** Hebel am Lenker zur Betätigung der Bremse.

**Bremsklotz:** Gummiklotz, montiert an Bremsarm bzw. –zange zum Abbremsen des Laufrads durch Reibung.

**Bremsklotzfluchtung:** Leicht gewinkelte Einstellung des Bremsklotzes zur Felge, vermeidet Bremsenquietschen.

**Bremsklotzschraube/-mutter:** Befestigungssystem zwischen Bremsklotz und Bremsarm/-zange.

**Bremssteg:** Kurze Rohrverbindung zwischen den Sitzstreben oberhalb des Laufrads. Dient bei vielen Fahrradtypen als Aufnahme für Seiten- und Mittelzugbremsen. Bei Standardrädern findet man stattdessen häufig die sogenannte Pletscherplatte.

**Bremsverbindungskabel:** Querverbindung zwischen Bremsarmen von Cantilever-Bremsen.

**Bremszange:** Hebelsystem, das die Bremsklötze auf die Felgenflanke drückt.

**Bremszug:** Dünnes gedrehtes Stahlseil zur Verbindung von Bremshebel und Bremszange.

**British Standard Cycle (BSC):** Ursprünglich britischer Gewindestandard, inzwischen weltweit verbreitet.

**Cantilever-Bremse:** Häufig verwendeter Bremsentyp bei Mountain- und Trekkingbikes. Besteht aus zwei Bremsarmen, die auf eigenen Anlötsockeln am Rahmen montiert sind und durch ein Stahlkabel verbunden sind.

**Cleats:** Adapter am Fahrradschuh, passend zur Klickaufnahme am Systempedal.

**Clutch:** Mechanismus im (hinteren) Schaltwerk, der das Abspringen der Kette von den Kettenblättern unter ungünstigen Fahrbedingungen durch erhöhte Federvorspannung verringert.

**DOT Bremsflüssigkeit:** Hydraulikflüssigkeit für Bremsen nach Vorgabe des US Department of Transportation (D.O.T.). Nicht kompatibel mit Mineralöl.

**Derailleur:** Oberbegriff für Schaltwerk und Umwerfer der Kettenschaltung, welche die Kette zwischen den Ritzeln bzw. Kettenblättern hin und her bewegen.

**Drahtreifen:** Gebräuchlichste Bauform eines Fahrradreifens, benannt nach dem ursprünglich aus Draht bestehenden Wulstkern an den Innenrändern des Reifens. Diese werden durch den Reifendruck unter das Felgenhorn gedrückt und so gegen das Abspringen gesichert.

**Drehschaltgriff:** Drehbarer Schaltgriff, ausgeführt als Teil des Handgriffs am Lenker.

**Drehmoment:** Unter einem Hebelarm angreifende, drehende Kraft. Das Anzugsdrehmoment bezeichnet die optimal anzuwendende Kraft für Schraubverbindungen.

**Dropper Sattelstütze:** Stütze mit Teleskopfunktion zur Höhenverstellung für die schnelle Anpassung des Bikes an unterschiedliche Fahrsituationen wie z. B. Abfahrten.

**Dunlop-Ventil:** Klassisches Fahrradventil, das als komplettes Bauteil in den Ventilschaft des Schlauchs eingesetzt und mit einer Überwurfmutter gesichert wird. Es verfügt im unteren Teil über einen dünnen zylindrischen Bereich mit einer kleinen Luftbohrung, die durch einen darüber gezogenen Ventilgummischlauch abgedichtet wird.

**Einstellbare Schale:** Linke justierbare Lagerschale eines Konus-Innenlagers.

**Einstellbarer Konus:** Variante eines Konus, der auf einem Gewinde zur Lagereinstellung bewegt werden kann.

**E-Plate Umwerfer:** Bauform, die per Adapterplatte an der Tretlagermuffe befestigt wird.

**ERD:** Abkürzung für „Effective Rim Diameter". Der „Effektive Felgendurchmesser" ist eine Messgröße im Laufradbau als Strecke zwischen den idealen Endpunkten zweier gegenüberliegender Speichen in der Felge.

**ETRTO:** „European Tire and Rim Technical Organization", legt zumindest auf europäischer Ebene einheitliche Industrienormen für Felgen und Reifen fest.

**Extern gelagertes Tretlager:** Bei diesem Tretlagertyp ist die Welle fest mit einer Kurbel verbunden, die Lager sind beidseitig außen auf der Tretlagermuffe platziert.

**Fauber-Antrieb:** Aus einem Stück gefertigte Einheit von Kurbeln und Tretlagerwelle. Findet vor allem bei BMX-Rädern Verwendung. Dieses System benötigt generell einen größeren Durchmesser der Tretlagermuffe, damit der Kurbelsatz hindurch geführt werden kann.

**Felge:** Metall- oder Kunststoffring am Laufrad, wird durch die Speichen mit der Nabe verbunden.

**Felgenband:** Abdeckband auf der Innenseite der Felge. Schützt den Schlauch vor den Felgenlöchern. Muss bei Tubeless Reifen die Felge vollständig abdichten.

**Felgenbremse:** Bremssystem, das durch direkte Reibung auf der Felgenflanke verzögert.

**Felgenschulterdurchmesser:** Durchmesser der Felge, muss mit dem Reifeninnendurchmesser übereinstimmen.

**Feste Lagerschale:** Rechte Lagerschale vom Konus-Innenlager.

**Flache Lenker:** Sammelbegriff für die meisten Lenkermodelle mit relativ flacher horizontaler Biegung vom Klemmbereich am Vorbau - im Gegensatz zu Rennlenkern.

**Flat Mount:** Sehr flach bauende Aufnahme für Scheibenbremssättel an Rahmen und Gabel.

**Foot-pound:** Maßeinheit (ft-lb) für Drehmoment, wird meist in den USA verwendet (1 ft-lb = 0,0833 in-lb = 1,3558 Nm).

**Freilaufkörper:** An der Hinterradnabe fixierter Sperrklinkenmechanismus, der das Rollen ohne Pedalbewegung im Leerlauf ermöglicht. Nimmt das Ritzel oder die Ritzelkassette auf und verbleibt bei deren Demontage an der Nabe.

**Freilaufzahnkranz:** Einfach- oder Mehrfachzahnkranz mit integriertem Sperrklinkenmechanismus. Wird komplett auf eine Hinterradnabe mit Gewindeaufnahme geschraubt.

**Gabel:** Nimmt das Vorderrad auf und verbindet es über die Achse mit dem Fahrradrahmen.

**Gabelkopf:** Horizontaler Abschnitt der Gabel am oberen Ende der Gabelbeine.

**Gabelschaft:** Verbindungsrohr zwischen Gabelkopf und Vorbau, das am stärksten belastete Bauteil am Fahrrad. Wird bei Gewindeausführung mit Schaftvorbau, ohne Gewinde mit gewindelosem Vorbau kombiniert.

**Gabelschaftkralle (Krallenmutter):** Mutter im gewindelosen Gabelschaft zur Einstellung des Steuersatzes.

**Gabelbeine:** Verbindungsrohre zwischen Ausfallende und Gabelkopf. Werden auch als Gabelscheiden bezeichnet.

**Gefädelte Hülle:** Brems- und Schalthülle, bei der kleine Metallhülsen wie auf einer Perlenkette über die Kunststoffhülse des Zugs gefädelt werden.

**Geflochtene Hülle:** Zughülle mit geflochtenen Stützdrähten über einer Innenhülse.

**Gewindeloser Vorbau:** Bauform, die auf einem gewindelosen Gabelschaft geklemmt wird.

**Gewindesteigung:** Messgröße für Schraubgewinde, bezeichnet die Distanz zwischen zwei benachbarten Gewindegängen.

**Gripshift®:** Drehschaltgriff von SRAM®.

**Hinterbau:** Hinterer Bereich des Rahmens, bestehend aus Sitzstreben, Kettenstreben, Ausfallenden, Bremssteg.

**Hülle:** Flexibler, äußerer Teil des Bowdenzugsystems, in dem der Innenzug verläuft.

**Hüllenendkappe:** Kleine Abdeckkappe aus Metall oder Kunststoff am Ende der Hülle.

**Hydraulikbremse:** Bremssystem mit hydraulischer Kraftübertragung zwischen Bremsgriff und Bremszylinder.

**Hydraulisch-mechanische Bremse:** Kombiniertes Bremssystem mit hydraulischer und mechanischer Kraftübertragung.

**Inbus®:** Siehe Innensechskant.

**Inch-pound:** Maßeinheit (in-lb) für Drehmoment, wird meist in den USA verwendet (1 in-lb = 0,113 Nm).

**Indexschaltung:** Schaltsystem mit definierter Rasterung für die einzelnen Gangabstufungen.

**Innenlager:** Kugellager und Welle, die in der Tretlagermuffe untergebracht sind und beide Kurbelarme verbinden.

**Innensechskant:** Werkzeugschlüssel mit Sechskantprofil. Auch bekannt unter dem Markennamen Inbus®.

**Innenzug:** Dünnes gedrehtes Stahlseil, findet als Bestandteil des Bowdenzugs Verwendung bei Bremsen und Schaltung.

**Integrierter Steuersatz:** Bei diesem Steuersatztyp sind die Lagerschalen ins Steuerrohr integriert, die Lager werden innerhalb des Steuerrohrs platziert. Bei Austausch werden nur die Lager gewechselt, nicht die Schalen.

**International Standards Organisation (ISO):** Verband zur Festlegung internationaler Normen und Standards für Branchen mit globalem Handel, wie der Fahrradindustrie.

**ISIS Drive:** Abkürzung für „International Splined Interface System". Vielzahnstandard für Kurbeln und Tretlagerwelle mit 10 Zähnen.

**ISO:** Siehe International Standards Organisation.

**Kabelbinder:** Gerastertes Kunststoffkabel fixiert fast alles.

**Kassette:** Anordnung von Ritzeln und Distanzscheiben auf einem Freilaufkörper bei einer Kettenschaltung am Hinterrad.

**Kette:** Aneinanderreihung von flexiblen Gliedern zur Kraftübertragung zwischen Kettenblatt und Ritzel.

**Kettenblatt:** Zahnrad am rechten Kurbelarm.

**Kettenblattmutter:** Dünnwandige geschlitzte Mutter, sichert mit der Kettenblattschraube das Kettenblatt an der Kurbel.

**Kettenblattmutternschlüssel:** Spezialschlüssel mit Nuten für die geschlitzte Aufnahme zur schonenden Fixierung der empfindlichen Muttern während Montagearbeiten.

**Kettenblattschraube:** Spezieller Schraubentyp zur Fixierung des Kettenblatts an der Kurbel.

**Kettenbolzen:** Kleiner Bolzen, der zwei Außenlaschen der Kette miteinander verbindet.

**Kettenführungsrolle:** Obere Ketten- oder Schaltrolle (G-pulley) am Schaltwerk, leitet die Kette auf die Ritzel.

**Kettenspannrolle:** Untere Ketten oder Schaltrolle am Schaltwerk, passt die Kettenspannung über die Rückholfeder am Schaltwerkskäfig an.

**Kettenstrebe:** Rahmenrohr zwischen Tretlagermuffe und hinterem Ausfallende, Teil des Hinterbaus.

**Kontermutter:** Mutter zum Sichern von Lagerkonus, Lagerschale oder anderer geschraubter Komponenten.

**Konus:** Abgerundeter (Innen-)Teil eines Lagers, auf dem das Kugellager sitzt.

**Konusschlüssel:** Dünner Maulschlüssel für die schmale Schlüsselaufnahme am Nabenkonus.

**Kurbel(-arm):** Hebel zwischen Pedal und Innenlager, auf der Tretlagerwelle montiert.

**Kurbelabzieher:** Werkzeug zum Entfernen der Kurbelarme von der Tretlagerwelle.

**Kurbelgarnitur:** Set für die Kraftübertragung vom Fahrer auf das Fahrrad, meist per Fuß, aber auch mit Handbetrieb. Bestehend aus Kettenblättern, Kurbelarmen und Kettenblattschrauben/-muttern.

**Kurbelschraube:** Fixiert die Kurbel auf der Tretlagerwelle.

**Kurbelstern:** Aufnahme für die Kettenblätter an der rechten Kurbel. Am häufigsten sind Vier-und Fünflochausführungen.

**Laufrad:** Wesentliche Komponente am Fahrrad, bestehend aus Nabe, Speichen, Felge, Reifen mit/ohne Schlauch.

**Lenker:** Verbindungsstück zwischen Vorbau des Fahrrads und den Händen des Fahrers.

**Lochkreisdurchmesser:** Durchmesser eines (gedachten) Kreises, der durch die Kettenblattschrauben definiert wird.

**Low Profile Steuersatz:** Bauweise mit eingepresster Lagerschale, welche die Lager innerhalb des Steuerrohrs platziert, auch als Zero Stack oder interner Steuersatz bezeichnet.

**Master Link:** Spezielles Kettenglied zum Verschließen der Kette. Fällt schmaler aus als ein klassisches Kettenschloss und passt durch den Schaltwerkskäfig.

**Maximalzähnezahl:** Messgröße für das Schaltwerk, gibt das größte Ritzel an, das geschaltet werden kann.

**Mechanische Scheibenbremse:** Bauform mit mechanischem Bowdenzug statt hydraulischer Bremsleitung.

**Mindesteinstecktiefe:** Durch Markierung gekennzeichneter Bereich von Sattelstütze oder Schaftvorbau, der aus Sicherheitsgründen mindestens im Sitzrohr bzw. Gabelschaft stecken muss (Faustregel: mindestens das 2,5-fache des Durchmessers).

**Mineralisches Hydrauliköl:** Flüssigkeit auf Mineralölbasis für Scheibenbremsen. Nicht kompatibel mit DOT Bremsflüssigkeit.

**Mittelachse:** Gedachte Mitte von symmetrischen Bauteilen. Beim Fahrrad meist auf die Längsachse von Rahmen und Laufrädern bezogen.

**Montagepaste:** Mittel für Steck- und Pressverbindungen, das nach Aushärtung expandiert.

**Montageständer:** Werkzeug zur sicheren Befestigung des Fahrrads bei Reparatur- und Wartungsarbeiten.

**Mountainbike:** Robuster Fahrradtyp mit breiten, grobstolligen Reifen, wirksamen Bremsen und Kettenschaltung für Berg- und Geländefahrten, häufig gefedert. Die Schaltung bietet eine weit gespreizte Entfaltung, meist mit untersetzten Berggängen. Wird auch als MTB oder ATB (für All Terrainbike) bezeichnet.

**Nabe:** Zentrales Bauteil des Laufrads, enthält Lager und Achse. Sie wird mittels Speichen oder Scheibe (Scheibenrad) mit der Felge verbunden und stellt über die Achse die Verbindung mit dem Fahrradrahmen her.

**Nabenbremse:** Sammelbegriff für Bremsentypen, die in die Nabe integriert oder an ihr befestigt sind. Dazu zählen Trommel-, Rücktritt- und Rollenbremse. Auch Scheibenbremsen gehören wegen der an der Nabe fixierten Bremsscheibe dazu.

**Nabenschaltung:** Schaltsystem mit Getriebenabe im Antriebsrad, meist dem Hinterrad. In der Nabe befindet sich ein Planetengetriebe, das verschiedene Übersetzungen ermöglicht. Dies sind je nach Bauweise 2-14 Gänge. Es wird nur ein Ritzel benötigt, Schaltwerk und Umwerfer dagegen nicht.

**Newtonmeter:** Maßeinheit (Nm) für Drehmoment (1 Nm = 8,851 in-lb).

**Nippel:** Siehe Speichennippel.

**Oberrohr:** Rahmenrohr, das Steuer- und Sitzrohr verbindet.

**Octalink®:** Eingetragenes Warenzeichen von Shimano® für Kurbel und Welle mit 8 Zähnen. Es gibt die nicht kompatiblen Versionen V1 und V2.

**PF:** Abkürzung für „PressFit". Eine Innenlagerversion, bestehend aus einer glatten zylindrischen Hülse mit Lagern oder Lageradaptern, die per Übermaßpassung montiert werden.

**PressFit:** Siehe „Übermaßpassung".

**Prestaventil:** Andere Bezeichnung für Sclaverandventil.

**Rahmen:** Herzstück des Fahrrads, an dem die anderen Komponenten und Laufräder montiert werden.

**Rapid Rise™ Schaltwerk:** Eingetragenes Warenzeichen von Shimano®. Bezeichnet ein Schaltwerk mit entgegengesetzter Wirkungsweise. Hier befindet sich dieser Schaltwerktyp im entspannten Zustand auf dem innersten Ritzel und wird durch den Schaltzug nach außen gezogen.

**Reifen:** Gummi- und Gewebehülle, die den Schlauch umschließt und direkten Kontakt zum Untergrund hat. Es gibt die unterschiedlichsten Größen, Ausführungen und Profile.

**Reifendichtmittel:** In schlauchlosen Reifen oder Schlauch gefüllte Flüssigkeit zum Abdichten kleinerer Löcher.

**Reifenheber:** Abgerundeter Hebel zur Demontage des Reifens von der Felge.

**Reifenwulst:** Am inneren Reifenrand eingearbeiteter Draht- oder Kunststoffkern. Fixiert den Drahtreifen am Felgenhorn.

**Rennlenker:** Lenkertyp mit nach unten abfallenden, gewölbten Griffbögen im rechten Winkel zum oberen Griffbereich. In verschiedenen Breiten und Formen verfügbar.

**Ritzel:** Antriebszahnräder an der Hinterradnabe.

**Rotor:** Andere Bezeichnung für Bremsscheibe.

**Sattel:** „Sitzplatz" des Fahrers auf dem Fahrrad.

**Sattelstütze:** Verbindungsrohr zwischen Sattel und Rahmen.

**Schaftvorbau:** Für Gewindesteuersätze passender Vorbautyp. Ermöglicht die sichere Höhenverstellbarkeit des Lenkers bei Beachtung der Mindesteinstecktiefe.

**Schaltauge:** Rahmenaufnahme für das Schaltwerk, an vielen Rahmen austauschbar.

**Schaltgriff/-hebel:** Auslöser für Schaltvorgänge.

**Schaltkapazität:** Messgröße für das Schaltwerk, bezeichnet die Fähigkeit, die durch die Zähnedifferenzen frei werdende bzw. erforderliche Kettenlänge aufzunehmen/freizugeben. Wird aus der Summe der Zähnedifferenzen der jeweiligen Kettenblätter und Ritzel ermittelt.

**Schaltrollen:** Zwei kleine Rädchen, die bei der Kettenschaltung die Kette durchs Schaltwerk leiten.

**Schaltwerk:** Komponente der Kettenschaltung am Hinterbau, welche die Kette zwischen den Ritzeln bewegt.

**Schaltzug:** Innenzug des Bowdenzugsystems an der Schaltung. Bei Kettenschaltung mit Umwerfer und Schaltwerk doppelt vorhanden, bei Nabenschaltung meist nur einfach.

**Scheibenbremsbeläge:** Metall-Grundplatten mit aufgeklebtem Reibungsmaterial, die sich innerhalb des Bremssattels befinden. Die Beläge werden dort gegen Bremsscheibe bzw. Rotor gedrückt und sorgen durch die entstehende Reibung zum Verlangsamen des Fahrrads.

**Scheibenbremse:** Bremssystem mit an der Laufradnabe montierter Bremsscheibe und an Rahmen/Gabelbein platziertem Bremssattel. Mit hydraulischer oder mechanischer Kraftübertragung verfügbar.

**Schlauch:** Luftführende Gummiblase im Reifen, meist aus Butyl oder Latex.

**Schlauchreifen:** Reifensystem, in dem der Schlauch in die Karkasse eingenäht ist und diese auf die Felge geklebt wird.

**Schnellspannachse:** Laufradachse bestehend aus Hohlachse

und Steckachse mit Verschlusshebel. Ermöglicht den werkzeuglosen Ein- und Ausbau des Laufrads.

**Schraderventil:** Andere Bezeichnung für Autoventil.

**Schraubenkleber:** Spezialflüssigkeit zur Sicherung von geschraubten Verbindungen.

**Sclaverandventil:** Schlanker Ventiltyp, ursprünglich nur bei schmalen Felgen von Rennrädern verwendet.

**Seitenzugbremse:** Felgenbremse mit zentraler Befestigung am Bremssteg des Rahmens bzw. Bohrung der Gabel oberhalb des Laufrads und seitlich angelenktem Bremszug.

**Sitzrohr:** Rahmenrohr zwischen Oberrohr und Tretlagermuffe, in dem die Sattelstütze platziert wird. Seine Länge bestimmt wesentlich die Rahmenhöhe.

**Sitzstrebe:** Rahmenrohr zwischen Sitzrohr und hinterem Ausfallende, Teil des Hinterbaus.

**Spacer:** Distanzringe aus Metall oder Carbonfaser in verschiedenen Größen zur Anpassung von Komponenten wie gewindelosen Vorbauten oder Freilaufkörpern/Ritzelkassetten.

**Speiche:** Lange, dünne Schraube zur Verbindung von Nabe und Felge, ein Ende mit Gewinde für Speichennippel, das andere mit Haken oder anderer Aufnahme für die Nabenflansch.

**Speichennippel:** Mutter am Gewindeende der Speiche, meist aus Aluminium. Benötigt zur Einstellung einen exakt passenden Nippelspanner.

**Sperrklinke:** Bewegliche Nocke in einem Ratschengetriebe. Dieses System wird vor allem in Freiläufen verwendet.

**Steuerrohr:** Verbindung zwischen Ober- und Unterrohr, enthält den Steuersatz sowie den Gabelschaft.

**Steuersatz:** Lagerung im Steuerrohr für die Verbindung von Vorderradgabel und Rahmen. Ermöglicht das Drehen der Gabel.

**Stoppschraube:** Schraube zur Begrenzung des Schwenkbereichs von Schaltwerk/Umwerfer.

**Tensionmeter:** Werkzeug zur Ermittlung der Speichenspannung von Drahtspeichen am Laufrad.

**Tretlagerhülse:** Tiefster Punkt des Rahmens, in dem das Innenlager untergebracht ist.

**Tretlagerwelle:** Welle des Innenlagers, die beide Kurbelarme verbindet. Bei zweiteiligen Tretlagern fest mit einem Kurbelarm verbunden.

**Tubeless Reifen:** Reifen-/Felgensystem, das wie Auto- und Motorradreifen ohne separaten Luftschlauch auskommt.

**Übermaßpassung:** Auch bekannt als „PressFit". Ein Bauteil ist minimal größer als sein Gegenstück. Die Bauteile werden durch den Montagedruck und ihre materialspezifische Elastizität zusammen gehalten.

**Umwerfer:** Komponente der Kettenschaltung oberhalb der vorderen Kettenblätter, leitet die Kette beim Schalten über diese.

**Unterrohr:** Stark beanspruchtes Rahmenrohr zwischen Steuerrohr und Tretlagerhülse.

**UST:** Abkürzung für „Universal System Tubeless". Standard in der Fahrradindustrie für Tubeless-Reifensysteme sowohl für Laufradfelgen wie auch Reifenwulstmaße.

**V-Brake®:** Eingetragenes Warenzeichen von Shimano® für V-Bremsen mit auf einem Parallelogramm am Bremsarm geführten Bremsklötzen.

**Verbindungskabel:** Bremskabel zur Verbindung zweier Felgenbremsarme bei Cantilever-, Mittelzugbremsen sowie U-Brakes.

**Vielzahnwelle:** Runde, hohle Tretlagerwelle mit an den Enden geschlitzten Aufnahmen für passend geschlitzte Kurbeln.

**Vierkantwelle:** Welle mit Vierkantquerschnitt an den Enden zur Aufnahme von Kurbeln mit quadratischer Bohrung.

**Vorbau:** Verbindungskomponente zwischen Gabel und Lenker.

**Welle:** „Achse" des Tretlagers, an der die Kurbeln montiert werden („Achse steht, Welle dreht").

**Zentrieren:** Herstellen von Geradeaus- und Rundlauf sowie Mittigkeit des Laufrads durch Justieren der Felge über die Anpassung der Speichenspannung.

**Zentrierlehre:** Werkzeug zur Bestimmung der Mittigkeit eines Laufrads über der Nabe.

**Zero Stack Steuersatz:** Niedrig bauender Steuersatz mit eingepressten Lagerschalen, welche die Lager innerhalb des Steuerrohrs platzieren, auch „Low Profile" oder „interner Steuersatz".

**Zuganschlag:** Aufnahmen für die Enden von Schalt- und Bremshüllen an Rahmen und Komponenten.

**Zugeinstellschraube:** Ausgehöhlte Schraube, die als Widerlager für die Außenhülle dient und über die durch Drehen die Zugspannung reguliert wird.

**Zugklemmschraube:** Quetscht und fixiert dadurch das Ende des Brems- oder Schaltzugs in seiner Aufnahme.

**Zweifach gelagerte Seitenzugbremse:** Felgenbremsentyp mit separat gelagerten Bremsarmen an einer mittigen Befestigung. Diese bewegen sich beim Bremsen entgegengesetzt.

Die Drehmomentempfehlungen der folgenden Tabelle sind in zwei üblichen Maßeinheiten angegeben: Die erste Spalte führt Newtonmeter (Nm) auf, die zweite inch-pound (in-lbs). Einige Hersteller geben für manche Komponenten oder Teile keine Empfehlung ab. Informieren Sie sich bei Bedarf beim jeweiligen Hersteller über aktualisierte Drehmomentwerte.

**TABELLE C.1** *Empfohlene Anzugsdrehmomente*

| KOMPONENTE | TYP/MARKE | Nm | IN-LBS |
|---|---|---|---|
| *Bereich: Lenker, Vorbau, Gabel, Steuersatz und Sattel* | | | |
| Schaftvorbau: Gabelschaftschraube | „Generische" Bauweise mit M7 - M8 Gewinde | 16–18 | 144–168 |
| | Shimano® | 19,6–29,4 | 174–260 |
| Vorbauklemmschrauben für gewindelosen Gabelschaft | Deda® | 8 | 71 |
| | FSA® Carbon | 8,8 | 78 |
| | Syncros® Splintbolzen | 10,1 | 90 |
| | Thomson® | 5,4 | 48 |
| | Time® Monolink | 5 | 48 |
| | Race Face® | 6,2 | 55 |
| Lenkerklemmung: 1- oder 2-Schraubenmodelle | Shimano® | 19,6–29,4 | 174–260 |
| | Control Tech® | 13,6–16,3 | 120–144 |
| Lenkerklemmung: 4-Schrauben Klemmplatte | Control Tech® | 13,6–16,3 | 120–144 |
| | Deda® Magnesium | 8 | 71 |
| | Thomson® | 5,4 | 48 |
| | FSA® OS-115 Carbon | 8,8 | 78 |
| | Time® Monolink | 6 | 53 |
| | Race Face® | 6,2 | 55 |
| MTB Lenkerhörnchen | Cane Creek® | 7,9 | 70 |
| | Control Tech® | 16,3 | 144 |
| Kontermutter für Gewinde-Steuersatz | Chris King® GripNut™ | 14,6–17 | 130–150 |
| | Tange-Seiki® | 24,5 | 217 |
| Sattelklemmschraube | Control Tech® 2-Schraubenversion | 16,3 | 144 |
| | Control Tech® 1-Schraubenversion | 33,9 | 300 |
| | Shimano® | 20–30 | 174–260 |
| | Syncros® | 5 pro Schraube | 44,2 pro Schraube |
| | Time® Monolink | 5 | 44,2 |
| | Truvativ® | M8: 22–24; M6: 6–7,1 | M8: 195–212; M6: 53–63 |
| | Campagnolo® | 22 | 194 |
| Sattelstützklemmung | Campagnolo® | 4–6,8; **Hinweis:** Sattelstützen benötigen nur geringes Anzugsdrehmoment, um nicht zu verrutschen. Vermeiden Sie das Überdrehen der Schrauben. | 36–60; **Hinweis:** Sattelstützen benötigen nur geringes Anzugsdrehmoment, um nicht zu verrutschen. Vermeiden Sie das Überdrehen der Schrauben. |
| *Bereich: Pedale, Kurbeln und Tretlager* | | | |
| Pedal in Kurbelgewinde | Campagnolo® | 40 | 354 |
| | Ritchey® | 34,7 | 307 |
| | Shimano® | 35 mindestens | 309,7 mindestens |
| | Truvativ® | 31,2–33,9 | 276–300 |
| Klemmschrauben an geschlitztem Kurbelarm | Shimano® Hollowtech® II | 9,9–14,9 | 88–132 |
| | FSA® MegaExo™ | 9,8–11,3 | 87–100 |
| Justierkappe am Kurbelarm | Shimano® Hollowtech® II | 0,5–0,7 | 4–6 |
| | FSA® MegaExo™ | 0,5–0,7 | 4–6 |

| KOMPONENTE | TYP/MARKE | Nm | IN-LBS |
|---|---|---|---|
| Kurbelschrauben (inkl. Vielzahn- und Vierfachkurbeln) | Shimano® | 34–44 | 305–391 |
| | Shimano® Octalink® XTR® (M15-Gewinde) | 40,3–49 | 357–435 |
| | Campagnolo® | 32–38 | 282–336 |
| | Campagnolo® Ultra-Torque® | 42 | 371 |
| | FSA® M8 Schraube | 34–39 | 304–347 |
| | FSA® M14 Stahlschraube | 49–59 | 434–521 |
| | Race Face® | 54 | 480 |
| | Syncros® | 27 | 240 |
| | Truvativ® ISIS Drive | 43–47 | 384–420 |
| | Truvativ® Vierkant | 38–42 | 336–372 |
| | White Industries™ | 27–34 | 240–300 |
| Selbstabziehende Kurbelschrauben | Shimano® | 5–6,8 | 44–60 |
| | Truvativ® | 12–14 | 107–124 |
| Kettenblattkassette am Kurbelarm (Sicherungsring) | Shimano® | 50–70 | 443–620 |
| Kettenblattschraube: Stahl | Shimano® | 7,9–10,7 | 70–95 |
| | Campagnolo® | 8 | 71 |
| | Race Face® | 11,3 | 100 |
| | Truvativ® | 12,1–14 | 107–124 |
| Kettenblattschraube: Aluminium | Shimano® | 5–10 | 44–88,5 |
| | Campagnolo® | 8 | 70,8 |
| | Truvativ® | 8–9 | 70,8–79,6 |
| Patronen-Innenlager | Shimano® | 49,1–68,7 | 435–608 |
| | Campagnolo® (dreiteilig) | 70 | 612 |
| | Campagnolo® Ultra-Torque® Schalen | 35 | 310 |
| | FSA® | 39,2–49 | 347–434 |
| | Race Face® | 47,5 | 420 |
| | Shimano® Hollowtech® II | 34,5–49,1 | 305–435 |
| | Truvativ® | 33,9–40,7 | 300–360 |
| | White Industries™ | 27 | 240 |
| *Bereich: Kettenschaltung und Schalthebel* | | | |
| Klemmschraube für Brems-/ Schalthebel am Rennlenker | Shimano® STI™ | 6–8 | 53–69 |
| | Campagnolo® | 10 | 89 |
| | SRAM® | 6–8 | 53–70 |
| Schalthebel für Standardlenker | Shimano® | 5–7,4 | 44–69 |
| Drehschaltgriff | Shimano® Revoshift® | 6–8 | 53–70 |
| | SRAM® | 17 | 150 |
| Befestigungsschraube für Umwerfer | Campagnolo® | 5 | 44 |
| | Campagnolo® | 7 | 62 |
| | Shimano® | 5–7 | 44,2–62 |
| | SRAM® | 4,5 | 39,8 |
| | SRAM® | 5–7 | 44–62 |
| Befestigungsschraube für Schaltwerk | Campagnolo® | 15 | 133 |
| | Shimano® | 8–10 | 70–86 |
| | SRAM® | 8–10 | 70–86 |

| KOMPONENTE | TYP/MARKE | Nm | IN-LBS |
|---|---|---|---|
| Zugklemmschraube für Schaltwerk/Umwerfer | Shimano® | 5–7 | 44–60 |
| | Campagnolo® | 6 | 53 |
| | SRAM® | 4–5 | 35,4–44,2 |
| Befestigungsschraube für Schaltrolle (Kettenspannrolle) | Shimano® | 2,9–3,9 | 27–34 |
| *Bereich: Laufrad, Nabe und Ritzel* | | | |
| Speichenspannung | — | Speichenspannung wird nicht als Drehmomentwert angegeben, sondern durch Biegen der Speichen ermittelt. Erfragen Sie die empfohlenen Werte beim jeweiligen Hersteller. | |
| Schnellspannachse Laufrad | — | Keine definierten Drehmomentwerte. In der Praxis wird der halb geöffnete Schnellspannhebel mit spürbarem Widerstand geschlossen. | |
| Achsmutter am Ausfallende | Shimano® | 29–44 | 260–390 |
| | SRAM® | 30–39,5 | 266–350 |
| Sicherungsring für Ritzelkassette | Shimano® | 29,4–49 | 260–434 |
| | Campagnolo® | 50 | 442 |
| | SRAM® | 40 | 354 |
| Kontermutter bei Konusnabe | Bontrager® | 17 | 150 |
| | Chris King® | 12,2 | 100 |
| | Shimano® | 9,8–24,5 | 87–217 |
| Freilaufkörper | Bontrager® | 45 | 400 |
| | Shimano® | 35–50 | 305–434 |
| | Shimano® XTR® mit 14 mm Innensechskant | 45–50 | 392–434 |
| *Bereich: Scheibenbremse* | | | |
| Bremsscheibe mit Center-Lock | Shimano® | 40 | 350 |
| | Avid® | 40 | 350 |
| Bremsscheibe mit Schraubenbefestigung (6 Schrauben M5) | Shimano® | 2–4 | 18–35 |
| | Hayes® | 5,6 | 50 |
| | Avid® | 6,2 | 55 |
| | Magura® | 3,8 | 34 |
| Bremssattelbefestigung | Avid® | 9–10,2 | 80–90 |
| | Magura® | 5,7 | 51 |
| | Shimano® | 6–8 | 53–69 |
| | Hayes® | 12,4; bei Manitou® Gabeln: 9 | 110; bei Manitou® Gabeln: 80 |
| | Tektro® | 6–8 | 53–69 |
| Bremssattelbefestigung für Flat Mount | Shimano® | 6–8 | 53–69 |
| | SRAM® | 5 | 44 |
| Befestigung der Bremsleitung | SRAM® | 8 | 71 |
| | Shimano® | 5–6 | 44–53 |

| KOMPONENTE | TYP/MARKE | Nm | IN-LBS |
|---|---|---|---|
| *Bereich: Felgenbremsen und Bremshebel* | | | |
| Bremshebel für Standardlenker | Shimano® | 6–8 | 53–69 |
| | Avid® | 5–7 | 44–62 |
| | Campagnolo® | 10 | 89 |
| Rahmenbefestigung der Bremszange: Seiten- und Mittelzugbremse | Cane Creek® | 7,7–8,1 | 68–72 |
| | Shimano® | 7,8–9,8 | 70–86 |
| | Tektro® | 8–10 | 69–89 |
| | Campagnolo® | 10 | 89 |
| Bremskörper am Bremssockel: V-Bremse und Cantilever | Avid® | 4,9–6,9 | 43–61 |
| | Control Tech® | 11,3–13,6 | 100–120 |
| | Shimano® | 8–10 | 69–89 |
| | SRAM® | 5–6,8 | 45–60 |
| | Tektro® | 6–8 | 53–69 |
| Bremsklötze: Gewindeschaft | Avid® | 5,9–7,8 | 53–69 |
| | Campagnolo® | 8 | 71 |
| | Cane Creek® | 6,3–6,7 | 56–60 |
| | Tektro® | 5–7 | 43–61 |
| | Shimano® | 5–7 | 43–61 |
| | SRAM® | 5,7–7,9 | 50–70 |
| Bremsklötze: Klemmschaft | Shimano® | 7,9–8,8 | 70–78 |
| Zugklemmschraube: V-Bremse und Cantilever | Control Tech® | 4,5–6,8 | 40–60 |
| | Shimano® | 6–7,8 | 53–69 |
| | SRAM® | 5,6–7,9 | 50–70 |
| | Tektro® | 6–8 | 53–69 |
| Zugklemmschraube: Seiten- und Mittelzugbremse | Campagnolo® | 5 | 44 |
| | Cane Creek® | 7,7–8,1 | 68–72 |
| | Mavic® | 7–9 | 62–80 |
| | Shimano® | 6–8 | 53–69 |
| | Tektro® | 6–8 | 53–69 |
| Bremsklotzschraube: Seiten- und Mittelzugbremse | Cane Creek® | 6,3–6,7 | 56–60 |
| | Shimano® | 6–8 | 53–69 |
| | Campagnolo® | 8 | 72 |
| | Tektro® | 5–7 | 43–61 |
| Zugklemmschraube für Kabelträger von Cantilever-Verbindungszug (M5) | Control Tech® | 4,5–6,7 | 40–60 |
| | Shimano® | 3,9–4,9 | 35–43 |
| | Avid® Shorty Ultimate | 3–5 | 26–44 |
| | Tektro® | 6–8 | 53–69 |

Die folgende Tabelle ermöglicht die schnelle Umrechnung verschiedener Maßeinheiten für Drehmomentwerte. Exakte Werte erhalten Sie bei Anwendung nebenstehender Formeln.

*in-lb = ft-lbs x 12*
*in-lb = Nm x 8,851*
*in-lb = kgf-cm x 0,87*

**TABELLE C.2** *Umrechnungstabelle Drehmomentwerte*

| IN-LBS | FT-LBS* | Nm* |
|---|---|---|
| 10 | 0,8 | 1,1 |
| 20 | 1,7 | 2,3 |
| 30 | 2,5 | 3,4 |
| 40 | 3,0 | 4,5 |
| 50 | 4,2 | 5,6 |
| 60 | 5,0 | 6,8 |
| 70 | 5,8 | 7,9 |
| 80 | 6,7 | 9,0 |
| 90 | 7,5 | 10,2 |
| 100 | 8,3 | 11,3 |
| 110 | 9,2 | 12,4 |
| 120 | 10,0 | 13,6 |
| 130 | 10,8 | 14,7 |
| 140 | 11,7 | 15,8 |
| 12,5 | 12,5 | 16,9 |
| 13,3 | 13,3 | 18,1 |
| 170 | 14,2 | 19,2 |
| 180 | 15,0 | 20,3 |
| 190 | 15,8 | 21,5 |
| 200 | 16,7 | 22,6 |
| 210 | 17,5 | 23,7 |
| 220 | 18,3 | 24,9 |
| 230 | 19,2 | 26,0 |
| 240 | 20,0 | 27,1 |
| 250 | 20,8 | 28,2 |
| 260 | 21,7 | 29,4 |
| 270 | 22,5 | 30,5 |
| 280 | 23,3 | 31,6 |
| 290 | 24,2 | 32,8 |
| 300 | 25,0 | 33,9 |
| 310 | 25,8 | 35,0 |
| 320 | 26,7 | 36,2 |
| 330 | 27,2 | 37,3 |
| 340 | 28,3 | 38,4 |
| 350 | 29,2 | 39,5 |
| 360 | 30,0 | 40,7 |
| 370 | 30,8 | 41,8 |
| 380 | 31,7 | 42,9 |
| 390 | 32,5 | 44,0 |
| 400 | 33,3 | 45,2 |
| 410 | 34,2 | 46,3 |
| 420 | 35,0 | 47,5 |
| 430 | 35,8 | 48,6 |
| 440 | 36,7 | 49,7 |
| 450 | 37,5 | 50,8 |
| 460 | 38,3 | 52,0 |
| 470 | 39,2 | 53,1 |
| 480 | 40,0 | 54,2 |
| 490 | 40,8 | 55,4 |
| 500 | 41,7 | 56,5 |

* Näherungswerte

## DREHMOMENTSKALA

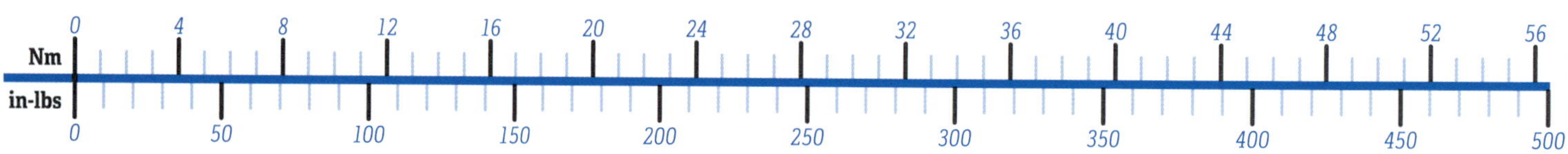

Die folgende Tabelle gibt einen Überblick über geschraubte Innenlager und durchgeschraubte „Thread Thru“ Lageradapter sowie die jeweils passenden Werkzeuge. Sie erhebt keinen Anspruch auf Vollständigkeit, da ständig neue Modelle auf den Markt kommen. Messen Sie den Außendurchmesser (AD) von Adapter, Lagerschale oder Konterring. Zählen Sie die Anzahl der Schlitze oder Zähne vergleichen Sie diese mit den Daten der Werkzeuge. Die angegebenen Werte sind nominell.

**TABELLE D.1** *Werkzeugübersicht für Gewinde-Innenlager*

| BESCHREIBUNG WERKZEUGAUFNAHME | DURCHMESSER NOMINELL | MARKE/ MODELLBEISPIELE | ABBILDUNG WERKZEUGAUFNAHME | PASSENDES PRODUKT VON PARK TOOL | MODELLNUMMER PARK TOOL |
|---|---|---|---|---|---|
| 20 interne Schlitze | 31,5 mm ID | Patronenlager von Shimano®, Race Face®, FSA® |  |  | BBT-22 oder BBT-32 |
| 16 Schlitze | 44 mm AD | Shimano® Hollowtech® II, Campagnolo®, Race Face®, FSA®, Truvativ® |  |   | BBT-9 oder BBT-69.2 |
| 16 Schlitze | 41mm AD | Shimano® Ultegra® SM-BBR60, XT® BB-MT800 |  |  | BBT-59.2 |
| 16 Schlitze | 39 mm AD | Shimano® DuraAce® BB9000, XTR® BB91 |  |  | BBT-49.2 |
| 16 Schlitze | 49 mm AD | FSA® 386 MegaEvo®, Wheels Mfg™ |  |  | BBT-27.2 |
| 12 Schlitze | 46 mm AD | Race Face Cinch® |  | 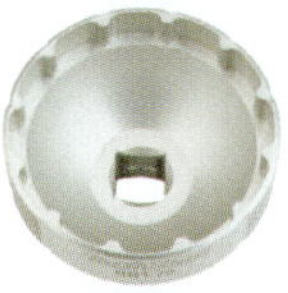 | BBT-79 |
| 12 Schlitze | 48 mm AD | Praxis® M30 |  |  | BBT-35 |
| 36 (oder 18) Schlitze | 51,7 mm AD | Praxis® M35 |  |  | BBT-35 |
| 16 Schlitze | 52,2 mm AD | Enduro® TorqTite® |  |  | BBT-47 |
| 12 Schlitze | 50,4 mm AD | Chris King® T47 |  |  | BBT-47 |

| BESCHREIBUNG WERKZEUGAUFNAHME | DURCHMESSER NOMINELL | MARKE/ MODELLBEISPIELE | ABBILDUNG WERKZEUGAUFNAHME | PASSENDES PRODUKT VON PARK TOOL | MODELLNUMMER PARK TOOL |
|---|---|---|---|---|---|
| 6 Nocken | 43mm AD | Campagnolo® Veloce®, Mirage®, Xenon® |  |  | BBT-4 |
| 8 Nocken | 43,4mm AD | Bontrager®, Truvativ®, Shimano® |  |  | BBT-18 |
| 12 Zähne | 23 mm ID | Campagnolo® Record®, Chorus®, Centaur® Vierkantwelle |  |  | BBT-5/FR-11 |
| 3 oder 6 Nocken | 44-46 mm AD | Konterring für linke (justierbare) Lagerschale diverser Konus-Innenlager |  |  | HCW-5 |
| 2 Abflachungen | 36 mm Abstand | Rechte (feste) Lagerschale diverser Konus-Innenlager |  | 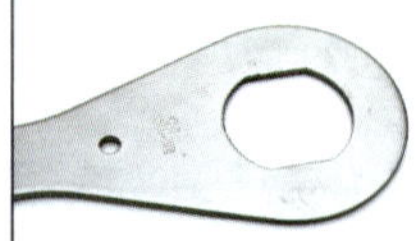 | HCW-4 |
| 2, 4, 6 oder 8 Löcher | 3 mm Durchmesser | Linke (justierbare) Lagerschale diverser Konus-Innenlager |  |  | SPA-1 |

Die drei Tabellen beziehen sich auf die Standardgrößen für Steuersätze bei Fahrrädern. Die klassischen Größenbezeichnungen werden neben dem neuen SHIS System (Standard Headset Information System) aufgeführt. Tabelle E.1 bezieht sich auf Steuerrohrmaße und führt Außendurchmesser (AD) der Lagerschalen neben dazu passenden Innendurchmessern (ID) der Steuerrohre auf. Tabelle E.2 listet die Maße von Gabelschaftenden mit und ohne Gewinde auf. Tabelle E.3 gibt einen Überblick über die wichtigsten Standardgrößen der Gabelkonussitze.

Messen Sie beim Austausch des Steuersatzes die alten Komponenten und/oder das Steuerrohr mit einem Messschieber. Beachten Sie die SHIS Bezeichnungen bei neuen Steuersätzen.

**TABELLE E.1** *Standardmaße von Steuersätzen und Steuerrohren*

| STEUERSATZTYP | TRADITIONELLE BEZEICHNUNG | SHIS BEZEICHNUNG | AD SCHALE/LAGER (mm) | ID STEUERROHR (mm) |
|---|---|---|---|---|
| Externe Schale; außerhalb des Steuerrohrs | 1" JIS konventionell | EC29 | 30,0 | 29,80–29,90 |
| | 1" Pro konventionell | EC30 | 30,2 | 30,00–30,15 |
| | 1" BMX Standard (alt) | EC33 | 32,8 | 32,60–32,70 |
| | 1 1/8" konventionell | EC34 | 34,0 | 33,80–33,95 |
| | 1 1/4" konventionell | EC37 | 37,0 | 36,80–36,95 |
| | Externe Schale (selten) | EC38 | 38,0 | 37,90–37,95 |
| | Externe Schale im 44 Standard | EC44 | 44,0 | 43,90–43,95 |
| | 1,5" konventionell | EC49 | 49,7 | 49,55–49,60 |
| | 1,5" konventionell | EC56 | 56,0 | 55,90–55,95 |
| Semi-integriert, Low Profile, Zero Stack; Lager bündig oder unterhalb Steuerrohr | 1" semi-integriert | ZS41 | 41,5 | 41,35–41,40 |
| | 1 1/8" semi-integriert | ZS44 | 44,0 | 43,90–43,95 |
| | 1 1/2" semi-integriert | ZS49 | 49,7 | 49,55–49,65 |
| | 1 1/2" semi-integriert (selten) | ZS55 | 55,0 | 54,90–54,95 |
| | 1 1/2" semi-integriert | ZS56 | 56,0 | 55,90–55,95 |
| Integriert; Lageraufnahme in Steuerrohr eingebaut | 1" IS (Cane Creek®) | IS38 | 38,0 | 38,15–38,25 |
| | 1 1/8" IS (Cane Creek®) | IS41 | 41,0 | 41,10–41,20 |
| | 1 1/8" italienisch (versteckt) | IS42 | 41,8 | 41,95–42,05 |
| | 1 1/4" integriert (nur untere) | IS47 | 47,0 | 47,05–47,10 |
| | 1 3/8" IS (nur untere) | IS49 | 49,0 | 49,10–49,20 |
| | 1 1/2" IS (nur untere) | IS52 | 52,0 | 52,10–52,15 |

**TABELLE E.2** *Standardmaße von Gabelschaftenden*

| TRADITIONELLE BEZEICHNUNG | SHIS BEZEICHNUNG | AD (MIT TPI) |
|---|---|---|
| 1" französisches Gewinde | 25,0 mm x 1,0 | 25,0 mm x 1,0 |
| 1" mit Gewinde | 25,4 mm x 24 tpi | 25,4 mm x 24 tpi |
| 1" ohne Gewinde | 25,4 mm | 25,4 mm |
| 1 1/8" mit Gewinde | 28,6 mm x 26 tpi | 28,6 mm x 26 tpi |
| 1 1/8" ohne Gewinde | 28,6 mm | 28,6 mm |
| 1 1/4" mit Gewinde | 31,8 mm x 26 tpi | 31,8 mm x 26 tpi |
| 1 1/4" ohne Gewinde | 31,8 mm | 31,8 mm |
| 1 1/2" ohne Gewinde | 38,1 mm | 38,1 mm |

**TABELLE E.3** *Standardmaße von Gabelkonussitzen*

| TRADITIONELLE BEZEICHNUNG | SHIS BEZ. | GABELSITZ AD (mm) | KONUSSITZ ID (mm) |
|---|---|---|---|
| 1" JIS | 27 | 27,1 | 27,0 |
| 1" Pro oder „Euro" | 26 | 26,5 | 26,4 |
| 1 1/8" mit/ohne Gewinde | 30 | 30,1 | 30,0 |
| 1 1/4" mit/ohne Gewinde | 33 | 33,1 | 33,0 |
| 1 3/8" integrierter Sitz | — | — | — |
| 1 1/2" mit gepresstem Sitz | 40 | 40,0 | 39,9 |

SATTEL
SCHALTZUG MIT HÜLLE
SATTELSTÜTZE
SCHALTWERK
FELGENBREMSE, MECHANISCH
MEHRFACHZAHNKRANZ
REIFEN
UMWERFER
KETTENBLATT
PEDAL
SPEICHE
KETTE

LENKER
BREMSHEBEL
ALTHEBEL
VORBAU
STEUERSATZ
BREMSLEITUNG, HYDRAULISCH
FEDERGABEL
FELGE
ÜLLE
EMSSATTEL, HYDRAULISCH
ROTOR
NABE
VENTIL